全国高校应用型人才培养规划教材·新闻传播系列

视频编辑与后期制作

主　编　肖冬杰
副主编　王　玉　徐锐英
参　编　王　博　于海军　谭广超
主　审　安立国

内容简介

本教材介绍了多种视频编辑软件和后期特效软件，打破了以往一本教材讲授一种软件使用功能的惯例。本教材没有千篇一律地讲授视频编辑软件的功能、性质、名称和作用等理论性知识，而是通过各章的案例展示，从不同的编辑特效软件、不同的使用方法等方面，介绍了各类实战技巧和软件使用方法。使学习者更多地了解目前我国视频节目编辑与后期制作的常用方法，节目制作的通用流程和所需的各类软硬件配合技巧等。

本教材适用于高校影视制作、新闻采编、动画、电视编导、节目制作与策划、广告装潢、平面设计、建筑及园林设计等专业学生使用；也可作为广大从业人员的参考用书以及非线性编辑培训班的教材。

图书在版编目(CIP)数据

视频编辑与后期制作/肖冬杰主编. —北京：北京大学出版社,2013. 10
(全国高校应用型人才培养规划教材·新闻传播系列)
ISBN 978-7-301-23319-1

Ⅰ. 视… Ⅱ. ①肖… Ⅲ. ①视频编辑软件—高等职业教育—教材 ②视频制作—高等职业教育—教材 Ⅳ. ①TN94

中国版本图书馆 CIP 数据核字(2013)第 236723 号

书　　名：视频编辑与后期制作
著作责任者：肖冬杰　主编
策 划 编 辑：温丹丹
责 任 编 辑：温丹丹
标 准 书 号：ISBN 978-7-301-23319-1/G·3721
出 版 发 行：北京大学出版社
地　　址：北京市海淀区成府路 205 号　100871
网　　址：http://www.pup.cn　新浪官方微博:@北京大学出版社
电 子 信 箱：zyjy@pup.cn
电　　话：邮购部 62752015　发行部 62750672　编辑部 62765126　出版部 62754962
印　刷　者：三河市博文印刷有限公司
经　销　者：新华书店
787 毫米×1092 毫米　16 开本　19.25 印张　490 千字
2013 年 10 月第 1 版　2019 年 7 月第 3 次印刷
定　　价：39.00 元

前　言

本教材是黑龙江省教育厅科学规划青年专项课题："构建广播电视传媒实体群，促进新闻专业人才发展研究"（课题编号：GZD1211006）的阶段性研究成果之一。随着时代的发展和科技的进步，大量的电子照片和视频资料被记录和保存，更多人希望通过制作影片的形式，把视频节目剪辑、制作并播放出来，供人们欣赏和回味。在这种情况下，学习视频节目制作和后期特效，就更加具有趣味性和必要性。

视频编辑与后期特效软件也是影视节目制作者们必备的工具，本教材从两方面入手，第一部分讲解影片和视频节目的基础编辑技巧；第二部分注重讲授影片画质的提升和特技的应用，使得编辑制作的节目具有更多的趣味性和技术性。

本教材的第一部分，主要讲述各种视频编辑软件对于影片或节目的粗略剪辑、精细剪辑、剪辑规律和原则等内容；第二部分，主要讲述如何提升节目制作水平、节目质量和特技等内容。编者结合工作和生活中经常遇到的视频制作任务，布局各章讲授的知识和技能。教材采用案例形式，针对具体任务，提出具体解决方案。根据节目制作流程安排了节目的剪辑、添加转场、特技、解说、配音、配乐、字幕和片头片尾等影片制作的全部环节的学习，每一个细节都采用温馨提示和注意事项模式，引导学习者获得更多的制作技巧，预留更多的个性发挥空间。

本教材的编者有来自于我国职业院校影视制作领域第一线和本科院校教学改革第一线的教师，在教学改革和项目开发过程中积累了丰富的实践经验；还有来自于我国传媒企业第一线的技术人员。他们的参与使得教材充满了时代气息。

教材具体编写分工如下：第一、四章由黑龙江农业经济职业学院、奥沙数码科技（大连）有限公司牡丹江分公司媒体总监肖冬杰老师负责；第二章由吉林师范大学、吉林星辰传媒公司于海军老师负责；第三章由白城师范学院徐锐英老师负责；第五章由黑龙江农业经济职业学院王博老师负责；第六章由辽宁交通高等专科学校王玉老师负责；第七章由沈阳工业大学谭广超老师负责。

本教材由肖冬杰任主编，哈尔滨师范大学传媒学院副院长、硕士生导师、黑龙江省影视家协会理事、哈尔滨市影视家协会理事安立国教授担任主审。

感谢为本教材提供帮助和支持的所有亲人、朋友和编者，感谢北京大学出版社温丹丹编辑在本教材编写过程中给予的帮助，感谢白城师范学院周永彬老师的无私奉献。

尽管本教材作者已经尽心尽力，但书中必定有疏漏和不当之处，敬请广大读者提出宝贵意见和建议，以便修订时改正错误和不当之处。

编　者

2013年10月

目　录

第一部分　视频编辑

第二部分　后期制作

第一部分

视 频 编 辑

第 1 章 概 述

自 20 世纪末，随着我国经济与科技的飞速发展，人民的生活水平得到不断提高，这大大推动了人们购买各种各样的摄影摄像产品以记录成长、表达情感和品味生活。这在改革初期看似高昂的奢侈品，现在已走进了千家万户，为人们的工作和生活增添了色彩与欢乐。当这些高科技产品给人们带来视觉盛宴的同时，伴随录制视频节目数量的积累，也给使用者带来了新的问题，如何整理、编辑、存储这些宝贵的视频资料呢？在小小的照相机或摄像机上观看，已经不能满足人们的各种需求。随着教育机构、企事业单位、婚庆公司、电视台等单位的节目制作质量的不断创新提高，家庭生活录影、大型活动纪实、重要工作汇报等的视频内容的制作越来越精良，探讨制作视频节目的方法与技巧就显得尤为重要，并且值得人们深入学习和研究。

1.1 视频节目制作技术发展综述

广泛意义上的视频节目是指，利用摄录设备拍摄记录下来的不同类型的视频片段，通过一定的技巧和方法组接、编辑而成的节目。狭义上的视频节目是指，电视节目、家庭录制视频、会议活动、文艺表演或游记视频等各类影像资料的总称。视频节目制作技术既包括广播电视台播放的电视节目制作技术，又包含家庭、企事业单位和个人录制的各类视频的编辑制作技术。一般视频节目制作主要有三个过程：策划与选题、实施拍摄、编辑和后期制作，本教材主要讲授编辑和后期制作部分。

节目制作主要经历早期的物理剪辑、线性编辑与目前使用的非线性编辑系统三个发展阶段。自 20 世纪末期，记录视频片段的介质从磁带式摄像机、光盘式摄像机、硬盘式摄像机发展至目前较为流行的闪存数据卡式摄像机和数字摄像机，经历了一个漫长的发展阶段。现如今，人们记录生活工作中的各类视频内容的器材也多起来，例如，手机、笔记本电脑、照相机、各类摄像头和种类繁多的摄像机，皆能够录制视频。但人们对于如何剪辑视频、如何提高视频画面质量、如何给视频添加文字说明、如何配置内容解说和背景音乐，甚至增添片头花絮等必要元素的方法却了解甚少，更谈不上掌握和熟练运用这些技巧了。人们对于所拍摄视频制作的节目质量要求越来越高，于是电脑高手们开始开发各类视频编辑软件、字幕软件、音效音乐软件、片头制作软件、后期特效制作软件等。这些软件从简单到复杂，从普通剪辑工具到专业制作功能应有尽有，五花八门。那么，如何运用这些编辑软件制作所拍摄的视频节目呢，本教材将依据各类人群的特点，根据视频节目播出等级、视频文件类型和节目制作要求，进行难度和类型的分类；用简单通俗的案例式引导来讲解，帮助学习者在短时间内掌握更多的视频节目制作的方法和技巧，从而更好地完成节目制作任务。

1.1.1 视频节目制作发展历史

DV 的流行和普及使得“非线性编辑”一词越来越被人们所熟悉，视频节目制作已经不再是电视台的专利技术了。今天的非线性编辑被赋予了很多新的含义，从狭义上讲，非线性编辑是指无须在存储介质上重新安排剪切、复制和粘贴素材，而是在电脑上利用编辑软件将它们进行组合。传统的录像带编辑，视频素材存放都是有次序的，必须反复搜索，并在另一个录像带中重新安排它们，因此称为线性编辑。下面介绍两个编辑系统的工作流程及各自的特点。

1. 线性编辑系统

线性编辑系统含义是基于磁带的电子编辑方式，采用两台或两台以上设备，例如，放像机和录像机同时工作的情形（如图 1-1 所示）。若要添加后期制作，还需要特技机、字幕机、调音台等设备（如图 1-2 所示）。线性编辑系统的工作流程十分复杂，需要多人操作且要协调好各自设备的匹配问题。线性编辑系统以素材的拍摄时间顺序进行搜索和录制，需要反复前后卷带以寻找目标素材，每播放、复制一次都损失原素材磁带的清晰指标。这给线性编辑系统便带来了很多缺陷和不足，例如，整体占地面积大、耗电多、占用人员多，查找素材需要快进倒带，即浪费时间，又易造成磁头、磁带磨损，限制了导演的思维等。

图 1-1 线性编辑系统教室（放像机与录像机）

图 1-2 线性编辑系统工作室（设备）

线性编辑有插入编辑、替换编辑等方法。剪辑时，放像机在寻找到目标素材位置时，需要把放像机的播放按钮和录像机的录制按钮同时按下，方可载入需要的素材。之后继续编辑还需要再次在放像机中寻找下一个素材位置，找到后重复上面的录制动作。只有反复寻找，反复记录，直到编辑完所有需要的视频素材，才能完成节目制作。编辑人员在编辑节目之前，还有准备工作要做，即他要对整个节目先有大概印象，或者了解整件事发生的经过才容易剪辑。线性编辑系统限制了艺术创作思路，其工作流程如图 1-3所示。

线性编辑系统的发展大致经历了三个阶段。

（1）物理编辑。由 1956 年美国安培公司生产的第一台二英寸录像机开始，这种编辑的编辑点精确，但对磁带的损伤是永久的。

（2）电子编辑。1961 年后，出现了一对一编辑系统，但精度仍不高。

（3）时码编辑。1967 年由美国电子工程公司研制，应用了预卷，较为精确，但多次复制造成的磁带上信号的损失也无法彻底避免。

传统线性编辑经过多年的发展，技术已相当成熟，硬件稳定性高，制作过程简单直观，受时代和科学技术的发展影响，线性编辑的缺点表现如下。

（1）模拟编辑系统信号全部为模拟信号，复制、转播时信号衰减，会影响图像质量。

（2）系统设备较多，安装调试复杂。

（3）录像机只能进行线性播放，在编辑时查找素材需要快进倒带，很浪费时间，并容易造成磁头和磁带的磨损。

（4）难于进行修改。

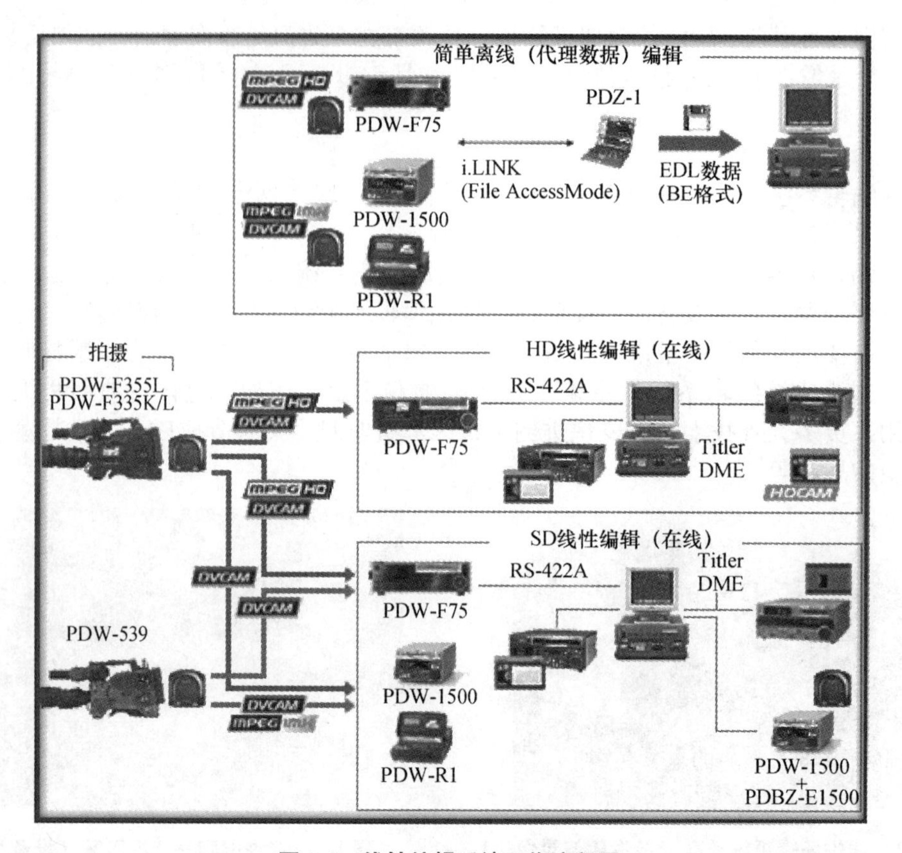

图 1-3 线性编辑系统工作流程图

（5）设备成本高。录像机磁头磨损，需要定期维护和更新，整套系统需要多台录像机、编辑机、字幕机、特技机、调音台等多台机器。

（6）整体占地面积大、耗电多、占用人员多。

（7）视频信号经过这些设备连接会造成质量的较大衰减和图像失真。

（8）在实现复杂的编辑功能和多层特技时困难，不适合制作三维片头和广告节目。

（9）操作的复杂性，限制了导演的艺术思维。

2. 非线性编辑系统

非线性编辑系统是集合电视技术和计算机技术的综合性技术，是集数据编码技术、数字图像处理技术、数字存储技术、计算机图形技术、音频技术和网络技术为一体的高科技产物。非线性编辑也是针对线性编辑而命名的，并利用电脑配置编辑软件与采集卡、摄像机、放像机等硬件的支持实现非线性编辑制作（如图 1-4 所示）。非线性编辑系统是应用计算机图像技术，在计算机中利用非线性编辑软件对各种原始素材进行反复的剪切、复制、粘贴、插入等编辑操作而不影响质量（如图 1-5 所示），并将最终结果输出到计算机硬盘、录像带、光盘或移动硬盘等记录介质上，这个制作流程称为非线性编辑，它可以实现多种传统电视制作设备的功能。编辑时，素材的长短和顺序可以不按照制作的长短和顺序的先后进行。对素材可以随意地改变顺序，随意地缩短或加长某一段。非线性编辑直接从计算机的硬盘中以帧或文件的方式迅速、准确地存取素材，进行编辑。

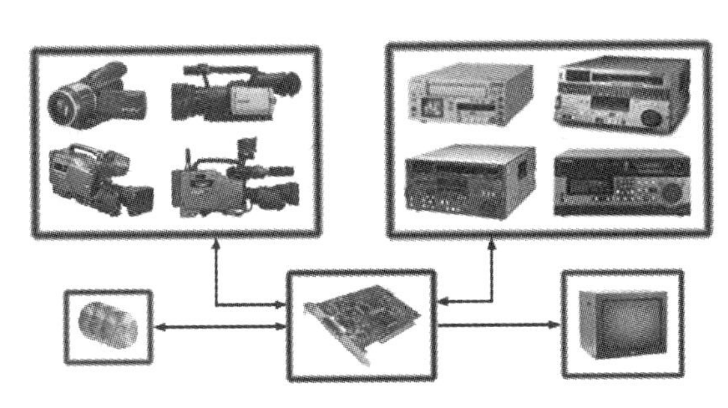

图 1-4　非线性编辑硬件设备

图 1-5　非线性编辑软件操作界面

非线性编辑系统的工作原理简述如下。首先，把采集自录像机、摄像机或其他信号源的模拟视频、音频信号经过图像卡、声卡转换成数字信号（即 A/D 转换），再经过数字压缩后形成数据流存储到硬盘中。若配备了数字录/放像机，则不需要经过 A/D 转换，可直接采集数字信号并将之送到硬盘存储。其次，按照编导人员或导演的创作意图，运用非线性编辑软件对存储在硬盘中的视频、图像、音频等各种数据进行编辑、添加特技、动画和字幕等综合处理。最后，把处理后的数据送到图像卡、声卡进行数字解压缩及 D/A 变换，送出模拟信号进行录制；或者直接输出数字信号进行录制。也可以输出信号直接进行播出，即把非线性编辑作为硬盘录像机代替普通录像机参与播出。

非线性编辑系统有以下优点。

（1）传统编辑系统的这些缺陷恰好被非线性编辑系统克服，用一台计算机替代了编辑机、特技机、字幕机、调音台、三维及二维动画创作系统等诸多设备，存储方式与其他计算机一样为非线性随机存储，编辑时只是根据构思把素材在存储器的存放地址编码编来编去，而实际上素材数据不随编辑而改动位置。

（2）节目编好后如果中间临时添加内容，只需插入一段需要添加的内容，不像传统编辑需要把添加处以后的节目重新灌制一次。

（3）节省时间，十分方便，信号基本上无损失。

（4）编辑、特技、动画、字幕、声音等各种操作可一次完成，占用人员少，可充分发挥制作人员的创造力和想象力，实现较复杂的编辑功能和多层特技效果。

（5）开放性好，便于联网，易于升级，发展前景广阔。

从硬件上看，非线性编辑系统可由计算机、视频卡或 IEEE1394 卡、声卡、高速硬盘、专用板卡以及外围设备构成。为了直接处理高档数字录像机传输来的信号，有的非线性编辑系统还带有高清的数字接口，以充分保证数字视频的输入、输出质量。

视频卡又称视频采集卡（如图 1-6 所示），是将模拟摄像机、录像机、LD 视盘机、电视机等设备输出的视频信号，输出为视频数据或者视频、音频的混合数据再输入电脑，并转换成电脑可辨别的数字数据，存储在电脑中，成为可编辑处理的视频数据文件。按用途可将视频卡分为广播级视频采集卡、专业级视频采集卡、民用级视频采集卡。

从软件上看，非线性编辑系统主要由非线性编辑软件以及二维动画软件、三维动画软件、图像处理软件和音频处理软件等外围软件构成。随着计算机硬件性能的提高，视频编辑处理对专用器件的依赖越来越小，软件的作用则更加突出。因此，掌握像 Premiere Pro（详见本教材第 2 章）、EDIUS（详见本教材第 3 章）、After Effect CS4（详见本教材第 5 章）、3D MAX

图 1-6　视频采集卡

（详见本教材第6章）等的非线性编辑软件和动画软件，就成为了制作视频节目的关键。除了这些必要软件，还有一些辅助经典小软件（详见本教材第4章、7章）也是视频节目制作的好帮手。

目前，我国非线性编辑系统有如下特点。

（1）全数字化的制作流程。

（2）系统集成度高，省略了包括录像机在内所有的传统设备，消除了由于多种视频设备连接共用带来的视频损失，大幅度提高了编辑制作的效率。

（3）编辑顺序任意性、跳跃性。

（4）素材管理方便。非线性编辑中每一个素材都可以以帧画面的形式显示在计算机屏幕上，不必倒带，只需要用鼠标拨动一个滑块来选中所需素材。

（5）充分体现编导意图。

（6）系统简单、可靠，易于维护。

（7）图像处理功能强大。

（8）声音信号同步处理准确方便。

（9）易于节目制作网络化，实现数据资源共享。

非线性编辑系统的工作流程并不复杂，通常有如下三个步骤。

（1）首先把来自摄像机、录像机、数据卡或其他信号源的视频、音频信号，分别经视频采集卡转换成数字信号，利用编辑软件进行采集，将数据存储到计算机硬盘中。

（2）根据节目的需要，使用多种编辑软件对硬件中的素材进行剪辑、制作，添加字幕、特技、音乐、音效或片头等操作，最后形成一个完整的符合节目需要的视频、音频节目。

（3）利用非线性编辑软件输出需要的数据文件格式并保存在计算机中，也可以存储至移动硬盘或U盘中播放，还可以直接录制到录像带播放，或者刻录制成VCD、DVD光盘。

线性编辑系统与非线性编辑系统经历了两个较长阶段的编辑历史，线性编辑系统与非线性编辑系统制作优越性对比，如表1-1所示。

表1-1 线性编辑系统与非线性编辑系统对比表

	线性编辑	非线性编辑
设备需求	放像机、录像机、特技机、字幕机、调音台等	电脑、视频卡、软件
制作时间	耗时费力	快捷简便
质量损失	每复制、播放一次都损失	复制、播放不损失
操作难度	复杂	简单
财力情况	耗费（购买多种设备）	经济
实时预览	不能	能
功能集成度	大型设备多，所需场地大	设备小型化，集成度高
编辑特效	少	多
制作效率	低	高
资源共享	不能	能
后期制作	复杂、难	容易

非线性编辑系统借助计算机来进行数字化制作，几乎所有的工作都在计算机里完成，不再需要那么多的外部设备，具有操作的快捷简便和随机的特性。非线性编辑只要上传一次就可以多次编辑，信号质量始终不会变低，不用占用很大空间放置机器，不用很多人同时操作，节省了设备、人力、物力，大大提高了效率。非线性编辑系统需要专用的编辑软件、硬件，现在的广播、电视、电影制作机构都采用了非线性编辑系统。概括来说，非线性编辑系统具有信号质量高、制作水平高、节约投资、高时效、网络化等多方面的优越性。

【案例1】构建非线性编辑系统工作室

非线性编辑系统工作室可分为训练室和专业室。

训练室供初学者或学生练习使用，专业室供企业专业编辑人员或教师使用。中间隔墙用落地式玻璃门相隔。既可用于监控，又浑然一体。

训练室配置1台教师机和30台练习机，采用无卡非线性编辑工作站，主要用于常规练习和教学使用。

教师机配置DELL Precision T7500原装高端品牌图形工作站，配以加拿大Matrox公司的DSX500/LE广播级板卡（如图1-7所示），EDIUS 5、Premier Pro 7.0、After Effects等专业非线性编辑软件。

推荐计算机配置Intel I7处理器、NAVID专业图形加速显示卡、4GECC校验内存、大容量高速硬盘阵列或光纤硬盘阵列、32英寸大屏幕显示器、Matrox DSX500广播级高标清I/O图像接口卡、中映Wd Editor全中文非线性编辑软件和专业非线性编辑机箱等。

学生计算机配置戴尔Studio XPS 8500品牌工作站，多媒体教学软件和EDIUS 5、Premier Pro 7.0和After Effects等专业非线性编辑软件。

专业室机房采用1台有卡非线性编辑工作机和9台无卡CPU+GPU+I/O架构的非线性编辑工作站，主要用于短片制作或教师科研，同时也可作为视频编辑、广告、电视编导等课程的采编制作室，并为后续非线性编辑课程存储素材。

辅助器材配置29寸专业彩色监视器、SONY DVCAM录像机（如图1-8所示）、SONY DSR-PD190P专业摄像机、SONY DSR-650WSP专业摄像机、D17r 2012磁盘阵列，DELL PowerEdge 1950标准机架式服务器、DELL PowerConnect 6248 48口千兆以太网交换机、山特UPS 3KVA在线式（8小时）电源和图腾42U服务器标准机柜等。

图1-7 Matrox DSX500/LE高清非线性编辑卡

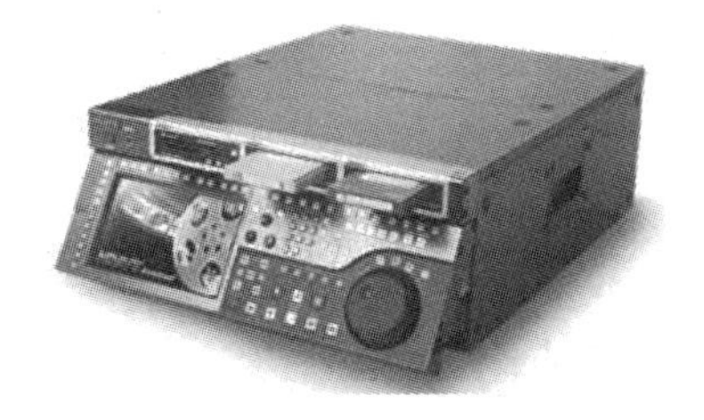

图1-8 SONY DVCAM录像机

非线性编辑系统缺点表现如下。

（1）存储介质——硬盘价格贵，数字压缩低时需更多硬盘空间，压缩高时图像质量会下降。

（2）特技生成不实时，需处理运算后才能看到生成效果，影响编导情绪。

（3）机器性能还不够稳定，会有反应迟缓、死机现象，造成工作数据延误或丢失。

（4）缺少全方位复合人才，制作人员的制作能力、美学修养、计算机水平、多媒体操作全面均衡发展不够，多是专于某一方面，在一定程度上限制了非线性编辑的普及。

在专业级的非线性编辑当中，还可以分为单机非线性编辑、网络非线性编辑、移动非线性编辑和流媒体非线性编辑等。随着影视制作水平的不断提高，对设备提出更新的要求，这一矛盾在传统编辑系统中很难解决，因为需要不断投资。而使用非线性编辑系统，则能较好地解决这一矛盾。非线性编辑系统所采用的，是易于升级的开放式结构，支持许多第三方的硬件、软件。通常，只需要通过软件的升级就能实现增加功能。网络化是计算机的又一大发展趋势，非线性编辑系统可充分利用网络方便地传输数字视频，实现资源共享，还可利用网络上的计算机协同创作，对于数字视频资源的管理、查询，更是易如反掌。

目前，国内的非线性编辑系统已经基本国产化，以中科大洋、索贝、极速、SDI 高清非线性编辑系统的国内厂家为代表占据了国内 90% 以上的市场份额。

1.1.2 视频节目制作未来发展趋势预测

随着科学技术的大力发展，人们正在努力地研制开发更加人性化、快捷、智能的编辑系统。对于未来视频编辑的发展方向，人们更多地希望能够拥有超清的画质、文件小且清晰、文件格式容易互相转换且不损失指标、微型编辑设备且价格低廉、特技功能强大且智能、视频文件格式具有超强的通用性与兼容性等视频编辑系统。对于制作手段方面的期望更多的是智能方案选择、一键式专业化编辑，编辑软件不但自带各类音乐、音效、字幕、片头模板等，还能根据用户选择搭配适合的特效和音乐。

1.1.3 如何选择视频编辑软件

对于掌握和运用视频编辑软件难易程度不同的人群，有不同的选择类型。根据爱好和需要选择适合自己的编辑软件，下面就行业、需求和节目类型介绍几款编辑软件供大家学习和参考。

非线性编辑系统其软、硬件组成一般有娱乐类、专业类、广播电视类三种，详细见表 1-2。

表 1-2 非线性编辑系统配置功能详表

一、娱乐类	
适用对象	家族和个人用户，价格相对便宜、制作简单、模板型
板　　卡	价格 3000 元以内。推荐百老汇 AV800-USB2.0、品尼高 MovieBox Dv
接　　口	可通过 1394 接口，USB、复合视频或 S 端子等进行采集，视频输出也多采用复合视频或 S 端子
格　　式	可将视频直接采集成 MPEG-2 文件或用于刻录 VCD、DVD
软　　件	自带视频编辑软件功能简单，非实时。虽然信号质量不错，但后期处理能力较差
二、专业类	
适用对象	小型电视台、企事业单位电教中心、大专院校、广告公司和商业用户等
板　　卡	价位在 1 万元左右，推荐加拿大 Matrox RT100 为代表（原 RT2500 升级版），还有百老汇 AV800 DVPro 等
接　　口	除了第一类板卡所有接口外，另外增加了更为专业的 YUV 分量输入/输出

（续表）

格　式	可以将视频直接采集成 MPEG-1、MPEG-2、MPEG-4 或 AVI，用于刻录 VCD、DVD
软　件	Adobe 公司的产品 Premiere Pro，可以进行实时编辑，多种效果实时调用。缺点是字幕制作功能较差，可选样式不多。在进行视频采集时只能对视频的存储格式选择而不能对视频的压缩进行任何有效的设置。而 EDIUS 5 可以对视频的压缩格式进行详细设置，并且是一款功能较多的非线性编辑专业软件
三、广播电视类	
适用对象	主要服务于大中型电视台、广告及传媒公司
板　卡	价位都在几十万元甚至上百万元。国外产品有 Matrox 公司的 DigiSuite、DigiSuite LE、DigiSuite DTV 和 DigiSuiteRT2000；Pinnacle 公司的 Reel Time、ReelTime Nitro DV/DC1000/DVD1000；DPS 公司的 5250、Velocity 系列。国内产品有索贝、中科大洋、新奥特等，使用加拿大 Matrox 公司的 DigiSuite 系列卡
接　口	高档视频卡拥有各种接口，甚至有 IEEE1394 端口、串行数字选择（实现数字信号的输入输出），可以兼容几乎所有标准视频设备
格　式	可将视频采集成 M-JPEG 格式的 AVI 文件，还支持 MPEG-1、MPEG-2、MPEG-4 等，如新奥特 DTV800，甚至能够在对节目进行剪辑、加特技效果后无需生成就可以实时刻录成 VCD 或 DVD
软　件	目前国内的非线性编辑厂家仍然沿袭将进口国外的视频卡加上自己开发的中文平台嫁接在一起卖给用户，所以选择编辑软件很重要，因为这将影响节目制作的效率

现今是科技高速发展的时代，非线性编辑系统不断在更新换代，硬件设备更替、升级时间越来越短，智能化、集成化程度越来越高。希望广大用户在选择非线性编辑配置软硬件时能够考虑到所购产品日后升级、换代等问题再做决定。

【案例 2】构建家庭用非线性编辑系统

非线性编辑系统的出现与发展，一方面使影视制作的技术含量在增加，越来越“专业化”；另一方面也使影视制作更为简便，越来越“大众化”。就目前的计算机配置来讲，一台家用电脑加装 IEEE1394 卡（如图 1-9 所示）和 1394 线（如图 1-10 所示），再配合如会声会影、Premiere Pro 等非线性编辑软件就可以构成一个非线性编辑系统。有的家用电脑或笔记本还自身带有 IEEE1394 接口（如图 1-11 所示）。由此，每个人都可以将感性的 DV 编织成一部理性的数字作品，成为自己表达情怀、记录生活、挥洒想象的一种新手段。

图 1-9　IEEE1394 卡

图 1-10　IEEE1394 线

图 1-11　笔记本上的 1394 接口

一般消费者配置非线性编辑系统要考虑计算机硬件配置问题，首先是良好的中央处理器，即人们常说的CPU；其次是电脑的显卡和内存；最后是硬盘大小。基于这几个方面的考虑，只要机器兼容性好，能够运用非线性编辑软件就大致可以了。

第一款推荐：5000元Intel平台配置，详细配置方案如表1-3所示。

表1-3 英特尔平台非线性编辑配置详单

英特尔机型		
配　置	**型　号**	**价格/元**
CPU	英特尔I5-4570	1290
主板	微星PH61	499
硬盘	西部数据ITB SATA3	375
内存	宇瞻4 GB	169
显卡	影驰GTX650黑将IT	785
电源	动力火车绝生侠X3	327
键盘、鼠标	罗技MK260	129
显示器	三星S22B液晶显示器	1099
光驱	先锋DVR-118 CHV	150
总价		4783

这套配置很好地控制了装机的成本，5000元左右的价格，就可以拥有一套主流配置，对于很多家庭用户来说，是比较适合的。

第二款推荐：5000元AMD平台配置，详细配置方案如表1-4所示。

表1-4 AMD平台非线性编辑配置详单

AMD机型		
配　置	**型　号**	**价格/元**
CPU	AMD FX-630	690
主板	微星A75	699
硬盘	西部数据1 TB	375
内存	宇瞻4 GB	169
显卡	影驰GTX650 1TB	785
电源	动力火车绝尘侠X3	327
键盘、鼠标	罗技 MK260	129
显示器	三星S22B液晶显示器	1099
光驱	先锋DVR-118 CHV	150
总价		4523

这款配置比较适合对性能要求高的上班族和学生选购。

第三款推荐：3000元Intel平台配置，详细配置方案如表1-5所示。

表1-5 英特尔平台非线性编辑配置详单

英特尔机型		
配 置	型 号	价格/元
CPU	英特尔 I3-3220	712
主板	铭瑄 H61 MU3 Pro	368
内存	宇瞻 4 GB DDR3 1600	169
硬盘	希捷 Barracuda 7200 500 GB	306
光驱	先锋 DVR-118 CHV	150
显卡	主板集成	—
显示器	AOC-2241 V	845
机箱	金河田 8209 B	149
电源	大水牛 450 全能版	259
键盘、鼠标	罗技 MK260	129
总价		3087

这是面向入门级校园/家庭的主流配置，性能具有保障，不但能满足日常的上网、学习、影视，而且还能玩主流网游，整机包括音箱也不超过3500元，性价比很高。

第四款推荐：品牌电脑套机配置参考，详细配置方案如表1-6所示。

表1-6 英特尔平台非线性编辑配置详单

联想 M4360（I5-3470）512 独显		价格/元
配 置	型 号	
CPU	英特尔酷睿 I5-3470	整套 3800
主板	H61	
硬盘	500 GB 7200 转，SATA2	
内存	4 GB DDR3	
显卡	独立显卡 512 MB	
显示器	21.5 英寸	
产品类型	家用时尚台式机	

该款产品能足够满足视频玩家的需求。

家庭娱乐类非线性编辑系统的有电脑、摄像机、编辑软件三样就足够了。如果只是简单编辑，则推荐会声会影、品尼高软件；如果发烧友推荐使用 EDIUS 或者 Premiere 软件。家庭娱乐不建议购买采集卡，一是价格贵，二是使用得不多。

专业非线性编辑系统与家用非线性编辑系统比较而言，设备录制指标略高、应用计算机配置较好、软件及采集卡性能更佳。专业的非线性编辑系统制作出来的视频节目质量相对较好，接近广播电视台非线性编辑制作的栏目质量，有些广告公司就使用专业非线性编辑系统制作具有广播电视台品质的节目，效果很好，但专业非线性编辑系统对摄制人员、编导、后期制作等工作人员素质要求较高。

【案例3】构建专业类非线性编辑系统

专业类非线性编辑系统较家庭娱乐类非线性编辑系统有设备价格高、视频质量好、专业性强等特点。如果条件允许的话，应该更多地选择视频专业厂家或商家出售的非线性编辑系统，因为专业的非线性编辑公司推出的产品大多兼容性好、稳定，而且保修、培训、售后等服务都可以满足。下面推荐两款不错的专业非线性编辑系统配置方案，以供参考。

第一款推荐：7000 元英特尔平台配置，详细配置方案如表 1-7 所示。

表 1-7 英特尔平台非线性编辑配置详单

配　置	型　号	价格/元
CPU	Intel Xeon 至强 E3-1230 V2 CPU（散） Socket 1155 四核 八线程 主频 3300 MHz 功耗 69 W，22 纳米，支持 Z77/H77 系列主板/双通道高频内存	1485
主板	技嘉华硕 P8Z77-V-UD3H 主板 （大板，三卡，PCI 插槽，USB3.0/SATA3.0）	1199
内存	金士顿 8GB 内存 DDR3 1600 骇客神条（双通道，4 GB×2）	400
显卡	技嘉 GV-N560OC-1GI 显卡 （256 bit，频率 900/4000 MHz，Mini HDMI/双 DVI，建议电源 500 W）	1542
硬盘	希捷 1TB 硬盘 7200 转 64 MB	459
显示器	三星 S22B360 HW22 寸显示器 （16：10，LED 背光，福韵系列，HDMI + VGA 接口，超薄）	1061
电源	游戏悍将红星 R500 M 电源 （铜牌，额定 500 W，最大 600 W，模组电源）	328
散热器	九州风神 玄冰 300 风扇（四线，调速功能）	99
总价		6573

还需要摄像机、采集卡就完成了非线性编辑的配备。采集卡视个人或单位购买条件选购不同价位的产品，康能普视 DVstorm XA Plus 采集卡价格在 5000 左右，价位不高，品质不错。

第二款推荐：万元英特尔平台配置，详细配置方案如表 1-8 所示。

表 1-8 英特尔平台非线性编辑配置详单

配　置	型　号	价格/元
CPU	Intel 酷睿 i7 3770 CPU（盒）22 纳米 四核 主频 3400 MHz 功耗 77 W	1925
主板	华硕 P8Z77-V LX 主板（大板，数字供电，USB 3.0 加速，VGA + DVI + HDMI）	842
内存	海盗船 8GB DDR3 1600 红蓝黑色复仇者内存（双通道，4 GB×2）CMZ8GX3M2A1600C9B	323
显卡	影驰 GTX660 黑将 显卡 D5 2 GB（192bit，主频 1006/6008 MHz，HDMI/DVI * 2/DP，建议电源 550 W）	1522
硬盘	西部数据 1TB 硬盘 7200 转 32 MB	464
固态硬盘	三星 120 GB 固态硬盘（840 系列，MZ-7TD120 BW）	585
光驱	先锋 DVR-220 CHV 刻录机	147
显示器	戴尔 U2212HM 21.5 寸显示器（全高清，广视角，可旋转，VGA + DVI + DP）	1260
机箱	酷冷至尊杀破狼机箱（电源下置，支持水冷，长显卡，背部离线，USB 3.0）	307

（续表）

配 置	型 号	价格/元
电源	航嘉冷静王至尊版电源，额定 400 W	353
鼠标	雷蛇炼狱蝰蛇鼠标	232
键盘	雷蛇黑腹狼蛛（背光键盘）	432
音箱	漫步者音箱 R201T06	188
总价		10279

采集卡推荐康能普视 EDIUS NX for HDV 高清编辑系统。EDIUS 编辑软件功能很强大，可以实现很多特技、转场和滤镜效果，属于专业范畴，有的小型电视台也用这套采集卡和软件。以前，一般构建专业非线性编辑系统还需要其他辅助设备，如摄像机、录像机、交换机等。目前流行的主流摄像机都是数字产品，使用数字卡闪存式存储素材，已经不需要录像机和录像带了，而只有在采集以往拍摄的录像带素材时才用到。交换机是用来连接网络或与其他非线性编辑系统之间进行调用素材时使用的，如果只有一套非线性编辑系统的话，那就不需要。

高级非线性编辑系统的适用对象是大中型电视台、广告及传媒公司等，即广播电视类非线性编辑系统，使用的编辑软件大多是大洋系列、索贝系列、奥维迅等品牌。也有使用 EDIUS 或者 Premiere 系列，Avid、Vegas 和 Final cut Pro 也是不错的选择。这些都是比较知名的非线性编辑软件，稳定性、兼容性好。

家庭娱乐类非线性编辑系统不推荐使用两个显示器编辑，但无论是专业类非线性编辑系统还是广播电视类非线性编辑系统，都是一个主机搭配两个显示器，以便于更好地操作。因为编辑界面的视窗较多、功能按钮和制作效果不能在一个显示器上很好地体现，所以更多时候编辑喜欢利用单独的一个显示器来实时显示制作好的视频节目。当然，因习惯和操作方法不同，也有使用外接电视同步输出显示的，两个显示器只用来显示软件操作界面和视窗，无论使用何种方式，最后的目的都是更好地完成编辑任务。

本节知识总结

理论要点

1. 掌握线性编辑系统与非线性编辑系统的概念、特点。
2. 了解线性编辑系统发展的三个阶段。
3. 了解视频节目制作发展史。
4. 掌握配置娱乐类编辑系统、专业类编辑系统、广播电视类编辑系统的相关知识和方法。
5. 掌握非线性编辑系统的配置要求和方法。

技术把握

1. 掌握配置娱乐类非线性编辑系统的要求和方法。
2. 熟悉专业类非线性编辑系统构建要求。
3. 熟悉广播电视类非线性编辑系统配置的方法和所需资源的寻找方式。

操作要点

在学习了本节知识的同时，希望学生能够查阅资料，了解更多的跟本节内容相关的知识，以便更好地消化本节知识。

首先，掌握电脑硬件组装和软件安装技巧。

其次，能够应用网络查找素材、下载各类非线性编辑软件。

最后，了解非线性编辑系统主要硬件的品牌，配套软件的兼容性及升级要求等信息。

注意事项

选择视频编辑软件时，注意电脑的配置、采集卡与编辑软件的兼容性。切记小牛拉大车，即电脑配置偏低，却安装大量软件程序，还进行复杂的视频编辑操作。这样很容易造成电脑死机、素材丢失等情况，如果机器运行慢，就会影响编辑效率和艺术创作思维。此外，最好选择官方网站下载视频编辑软件。

本节训练

1. 请说出线性编辑与非线性编辑之间的区别。
2. 请帮助你的朋友配置专业的非线性编辑系统，并出一套自己的设计方案。
3. 阐述目前我国非线性编辑系统发展的现状。
4. 请说出你所接触过的非线性编辑系统的配置或运行状况。
5. 未来国际传媒事业的发展态势如何？
6. 你对国外的传媒发展制作领域有哪些接触，谈谈你的见识吧！

想一想，写下本节感兴趣的知识内容吧！

____

____

____

____

1.2 各类视频节目编辑特点及要求

视频节目的种类有很多，按照广播电视类节目播出类型，可分为娱乐类节目、新闻类节目、社教类节目和服务类节目等；按照录制视频类型划分，又可以分为宣传营销类节目、纪实类节目、新闻类节目、文艺类节目、谈话类节目和科教节目等；如果再继续划分，以娱乐类节目为例，又可分为游记纪实、生日宴会、成长记录等类型。

1. 广播电视类节目制作要求及特点

广播电视类节目是我国传媒领域的佼佼者，这类节目必须贯彻执行党和国家在新闻宣传、广播电视方面的方针、政策和法律、法规，依法制作节目。广播电视台制定宣传工作计划，组织实施广播电视的重大宣传和报道工作，建立严格的广播电视节目审查把关制度，把握正确的舆论导向，发挥舆论监督作用，不断提高节目质量。广播电视媒体将社会责任作为衡量媒体的重要尺度，社会的责任也是媒体自身不可或缺的职业素质和自律意识。按照播出类型，广播电视类节目分为以下几类。

● 娱乐类节目：主要以音乐节目、综艺类节目、文艺文学节目、曲艺节目、戏剧、电影和话剧节目等构成。

● 新闻类节目：主要以社会新闻、消息内容为主。

● 社教类节目：主要以教学、讲座、知识、科普类、政策法规等节目为主。

● 服务类节目：主要以养生、科技指南等实用类节目为主。

广播电视类节目的制作，要求画面清晰细腻、色彩饱和且无偏差、转场巧妙、配置必要的字幕、音效、片花、解说及片头、片尾等内容。这类节目要有好的创意和主题。

广播电视类节目制作特点如下。

（1）策划团队强大，分工较细，职责明确。

（2）栏目包装精良，编导及导演素质较好。

（3）节目质量要求严格，画面编辑流畅且目的性强、画质高清细腻、栏目内在逻辑性强、节奏感好。

（4）多数为有目的性的拍摄、拼凑素材少，拥有恰到好处的特技效果、精细的片头制作和优质的推介片等。

2. 专业类节目制作要求及特点

专业类节目的制作，主要面对的是一般的企事业单位开展的工作性总结或因临时任务而策划制作的节目，如大型企业的宣传部、学校机关的电教室、小型传媒公司、广告公司等。为了完成某一项任务而制作的各类节目，统分为专业类节目。专业类节目根据内容又分为以下几类。

● 宣传营销类节目：主要由产品的宣传片、企业介绍片、推介片、产品直销片、广告等内容组成。

● 纪实类节目：主要以办公会议、检查、活动内容为主。

● 新闻类节目：主要以单位、部门新闻、消息内容为主。

● 文艺类节目：主要以单位、部门文艺活动、晚会、MTV、娱乐节目为主。

● 科教节目：主要以课程录制、讲座、教学应用、政策讲解等节目为主。

专业类节目的制作要求以宣传企业形象、讲解产品功能、介绍企业文化、宣传学院概况及单位内部文化的拓展和重大事件纪实工作为主。这类节目一般围绕企事业单位，以宣传为主、教学为辅、配合检查等目的而开展制作。此类节目一般没有强大的编导制作团队，通常是三五个人，甚至更少。

专业类节目的技术特点是：图像清晰、画面稳定、转场合理、色彩还原正确，配置必要的字幕、音效、片花、解说及片头、片尾等内容（如图 1-12 所示）。多数视频节目能够达到视频编辑点平滑、画质较好、有逻辑性、有解说、背景音乐和后期处理等。宣传片、汇报片、介绍片较多，这类节目剪辑性强、多为视频大拼盘（如图 1-13 所示）。

图 1-12　黑龙江农业经济职业学院宣传片截图 1

图 1-13　黑龙江农业经济职业学院宣传片截图 2

3. 家庭娱乐类节目制作要求及特点

以记录美好时光、儿童成长、亲友聚会等活动为目标的节目。家庭娱乐类节目制作，摄录要求不高，主要围绕家庭活动纪实为主。家庭娱乐类节目根据内容可分为以下几类节目。

- 游记纪实节目：主要以家庭成员旅游纪念内容为主。
- 生日宴会节目：主要以家庭成员、亲朋好友聚会、生日寿辰拍摄内容为主。
- 学习指南节目：主要以学习为目的的节目拍摄内容。
- 成长聚会节目：主要以儿童成长、同学聚会、记录生活等内容为主。

家庭娱乐类节目拍摄主题明确，拍摄目的性强，以纪实为主。制作的主要内容都是生活片剪辑（如图1-14所示）。添加字幕介绍、事件说明、背景音乐、拍摄时间等必要元素。

家庭娱乐类节目有共同的特点，即图像拍摄质量不高、设备简陋、纪实性强（如图1-15所示）、稳定性差、编辑技巧一般等。优点是录制及时、主题鲜明、娱乐性、纪实性强等。

图1-14　家庭娱乐视频截图1

图1-15　家庭娱乐视频截图2

1.3　视频、音频文件类型及特点

1.3.1　视频文件类型及特点

视频文件的格式多样、种类繁多，为了形成独自的特点和垄断，厂家相继推出自己的硬件产品及其配套的非线性编辑软件，所使用的文件皆是其非线性编辑软件专有后缀名称的文件。

下面就介绍几类目前常用的视频编辑文件类型。

1. AVI格式

AVI（Audio Video Interleaved，音频、视频交错格式）视频文件格式的优点是图像质量好，可以跨多个平台使用，缺点是体积庞大，压缩标准不统一，经常会遇到高版本Windows媒体播放器播放不了采用早期编码编辑的AVI格式视频文件，而低版本Windows媒体播放器又播放不了采用最新编码编辑的AVI格式视频。解决的方法是利用转换软件转换格式，但是会在播放转换过程中损失质量。

当然，AVI也有多种格式的文件形式，如微软的AVI文件、标准的AVI文件、还有DV的AVI文件格式等。

2. DV-AVI格式

DV（Digital Video Format，数字视频格式），它是由索尼、松下、JVC等多家厂商联合提出的。目前非常流行的数码摄像机就是使用这种格式记录视频数据的。它可以通过电脑的IEEE 1394端口传输视频数据到电脑，也可以将电脑中编辑好的视频数据回录到数码摄像机中。这种视频格式的文件扩展名一般也是AVI，所以人们习惯地称它为DV-AVI格式。

3. MPEG格式

MPEG（Moving Picture Expert Group，运动图像专家组）格式，家中常看的VCD、DVD就是这种格式。MPEG文件格式是运动图像压缩算法的国际标准，它采用了有损压缩方法从而减少运动图像中的冗余信息。MPEG的压缩方法是保留相邻两幅画面绝大多数相同的部分，而把后续图像中和前面图像有冗余的部分去除，从而达到压缩的目的。目前，MPEG格式有三个压缩标准，分别是MPEG-1、MPEG-2、和MPEG-4，另外，MPEG-7与MPEG-21仍处在研发阶段。

（1）MPEG-1：制定于1992年，它是针对1.5Mbps以下数据传输率的数字存储媒体运动图像及其伴音编码而设计的国际标准，也就是通常所见到的VCD制作格式。这种视频格式的文件扩展名包括MPG、MLV、MPE、MPEG及VCD光盘中的DAT文件等。

（2）MPEG-2：制定于1994年，设计目标为高级工业标准的图像质量以及更高的传输率。这种格式主要应用在DVD/SVCD的制作（压缩）方面，同时在一些HDTV（高清晰电视广播）和一些高要求视频编辑、处理上面也有相当的应用。这种视频格式的文件扩展名包括MPG、MPE、MPEG、M2V及DVD光盘上的VOB文件等。

（3）MPEG-4：制定于1998年，MPEG-4是为了播放流式媒体的高质量视频而专门设计的，它可利用很窄的带度，通过帧重建技术，压缩和传输数据，以求使用最少的数据获得最佳的图像质量。MPEG-4最有吸引力的地方在于它能够保存接近于DVD画质的小体积视频文件。这种视频格式的文件扩展名包括ASF、MOV、DivX和AVI等。

4. DivX格式

DivX格式是由MPEG-4衍生出的另一种视频编码（压缩）标准，也是通常所说的DVD rip格式，它采用了MPEG-4的压缩算法同时又综合了MPEG-4与MP3各方面的技术，即使用DivX压缩技术对DVD盘片的视频图像进行高质量压缩，同时用MP3或AC3对音频进行压缩，再将视频与音频合成并加上相应的字幕文件而形成的视频格式。

5. MOV格式

MOV格式是美国Apple公司开发的一种视频格式，默认的播放器是苹果的Quick Time Player。它具有较高的压缩比率和较完美的视频清晰度等特点，但是其最大的优点还是跨平台性，即不仅能支持Mac OS，同样也能支持Windows系列。

6. ASF格式

ASF（Advanced Streaming format，高级流格式）是微软为了和现在的Real Player竞争而推出的一种视频格式，用户可以直接使用Windows自带的Windows Media Player对其进行播放。由于它使用了MPEG-4的压缩算法，所以压缩率和图像的质量都很不错。

7. RM格式

Networks公司所制定的音频视频压缩规范称为RM（Real Media），用户可以使用Real-Player或Real One Player对符合Real Media技术规范的网络音频/视频资源进行实况转播，并且Real Media还可以根据不同的网络传输速率制定出不同的压缩比率，从而实现在低速率的网络上进行影像数据实时传送和播放。这种格式的另一个特点是用户使用RealPlayer或Real One Player播放器可以在不下载音频/视频内容的条件下实现在线播放。

8. RMVB格式

RMVB是一种由RM视频格式升级延伸出的新视频格式，它的先进之处在于RMVB视频格式打破了原先RM格式那种平均压缩采样的方式，在保证平均压缩比的基础上合理利用比特率资源，也就是说静止和动作场面少的画面场景采用较低的编码速率，这样可以留出更多的带宽空间，而这些带宽会在出现快速运动的画面场景时被利用。这样在保证了静止画面质量的前提下，大幅地提高了运动图像的画面质量，从而图像质量和文件大小之间就达到了微妙的平衡。

9. FLV 格式

FLV（Flash Video）流媒体格式是一种新的视频格式，由于它形成的文件极小、加载速度极快，使得在网络上观看视频文件成为可能，FLV的出现有效地解决了视频文件导入Flash后，使导出的SWF文件体积庞大，不能在网络上很好地使用等缺点。

FLV是目前被众多新一代视频分享网站所采用，增长最快、最为广泛的视频传播格式。是在Sorenson公司的压缩算法的基础上开发出来的。FLV格式不仅可以轻松地导入Flash中，并能起到保护版权的作用，同时，可以不通过本地的微软或者REAL播放器播放视频。

目前各在线视频网站均采用此视频格式，如新浪播客、56、优酷、土豆、酷6等，FLV已经成为当前视频文件的主流格式。

10. TGA 格式

TGA（Tagged Graphics）格式是由美国TrueVision公司为其显卡开发的一种图像文件格式，文件后缀为“tga”。TGA格式的结构比较简单，属于一种图形、图像数据的通用格式，在多媒体领域有很大影响，是计算机生成图像向电视转换的一种首选格式。

TGA图像格式最大的特点是可以做出不规则形状的图形、图像文件。一般图形、图像文件都为四方形，若需要有圆形、菱形甚至是镂空的图像文件时，TGA可就派上用场了。TGA格式支持压缩，使用不失真的压缩算法。在工业设计领域，使用三维软件制作出来的图像可以利用TGA格式的优势，在图像内部生成一个Alpha通道，这个功能方便了在平面软件中的工作。

1.3.2 音频文件类型及特点

任何节目都是视频和音频的混合体，没有哪一部优秀作品是有影无声，或有声无影的。二者相辅相成，不可或缺。当然，特殊艺术处理和过渡时期节目除外。也就是说，视频节目制作离不开音频文件的使用，音频文件包括音乐、音响、音效和解说等内容。音频文件即专指存放音频数据的文件，视频节目的对白、解说、环境声、背景音乐、音效、音响等都属于声音范畴。目前，主要有两类音频文件格式，即无损格式和有损格式两类。无损格式的音频文件有WAV、PCM、TTA、FLAC、AU、APE和TAK文件，有损格式音频文件有MP3、WMA、OGG和AAC等。目前，人们经常使用的音频文件主要有WMA、MP3和MIDI音频文件格式。

1. MP3 格式

MP3格式诞生于20世纪80年代的德国，文件较小。它是一种音频压缩技术，由于这种压缩方式的全称叫MPEG Audio Layer 3，所以人们把它简称为MP3。MP3是利用MPEG Audio Layer 3的技术，将音乐以1∶10甚至1∶12的压缩率，压缩成容量较小的文件。也就是说，它能够在音质丢失很小的情况下把文件压缩到更小的程度。而且还保持了原来的音质。正是因为MP3体积小、音质高的特点使得MP3格式几乎成为网络音乐的代名词。每分钟音乐的MP3格式只有1MB左右大小，每首歌的大小只有3～4 MB。使用MP3播放器时只要对MP3文件进行实时的解压缩，就能播放出来高品质的MP3音乐。

2. WAV 格式

WAV 格式是无损音乐格式。文件体积较大，也叫波形声音文件，是最早的数字音频格式，被 Windows 平台及其应用程序广泛支持。WAV 格式支持许多压缩算法，支持多种音频位数、采样频率和声道，采用 44.1 kHz 的采样频率，16 位量化位数，因此 WAV 的音质与 CD 相差无几，但 WAV 格式对存储空间需求大，不便于交流和传播。

3. MIDI 格式

MIDI 格式是作曲家的最爱，MIDI 允许数字合成器和其他设备交换数据。MID 文件并不是一段录制好的声音，而是记录声音的信息，然后再告诉声卡如何再现音乐的一组指令。这样一个 MIDI 文件每存 1 分钟的音乐只用大约 5～10 KB。如今，MID 文件主要用于原始乐器作品、流行歌曲的业余表演、游戏音轨以及电子贺卡等。

4. RealAudio 格式

RealAudio 格式主要适用于在网络上的在线音乐欣赏，现在 Real 的文件格式主要有 RA（RealAudio）、RM（RealMedia，RealAudioG2）、RMX（RealAudioSecured）格式。这些格式的特点是可以随着网络带宽的不同而改变声音的质量，在保证大多数人听到流畅声音的前提下，令带宽较富裕的听众获得较好的音质。

5. WMA 格式

WMA 格式是适合网络在线播放的音频格式。也是来自于微软的产品，音质要强于 MP3 格式，更远胜于 RA 格式，它是以减少数据流量但保持音质的方法来达到比 MP3 压缩率更高的目的，WMA 的压缩率一般都可以达到 1∶18 左右，它的另一个优点是内容提供商可以通过 DRM 方案（如 Windows Media centersManager7）加入防拷贝保护。这种内置版权保护技术可以限制播放时间和播放次数，甚至播放的机器等，对被盗版搅得焦头烂额的音乐公司来说这是一个福音。另外 WMA 还支持音频流技术，适合在网络上在线播放，Windows 操作系统和 Windows Media Player 的无缝捆绑，只要安装了 Windows 操作系统就可以直接播放 WMA 音乐，新版本的 Windows Media Player 7.0 更是增加了直接把 CD 光盘转换为 WMA 声音格式的功能，在新出品的操作系统 Windows XP 中，WMA 是默认的编码格式。因此，几乎所有的音频格式都感受到了 WMA 格式的压力。

一般获取音频数据的方法是采用固定的时间间隔，对音频电压采样（量化），并将结果以某种分辨率存储，例如，CDDA 每个采样为 16 比特或 2 个字节。采样的时间间隔可以有不同的标准，再如 CDDA 采用每秒 44 100 次；DVD 采用每秒 48 000 次或 96 000 次。因此，采样率、分辨率和声道数目是音频文件格式的关键参数。

音频制作所用的音响设备在技术方面要满足如下基本条件。

（1）频率范围：语音设备为 80～10 000 Hz，乐器设备为 40～15 000 Hz；

（2）失真小：输入输出波形基本一致；

（3）信噪比：达 30 dB，勉强可用；达 50 dB，感到满意；达 70 dB，在安静的室内满意。一般的录音室度满足信噪比达 70 dB 以上（如图 1-16 所示）。

下面介绍对声音拾取的要求。

（1）选择拾音器依据。应根据使用的场合和对声音质量的要求选择拾音器，再结合各种拾音器的特点，综合考虑选用。一般来说应考虑到声源的种类、声源的远近、声源的数量、声源的环境、声源的运动、拾声点的声压级、传声器是否入画面、拾音质量要求以及经济因素、设备条件等。

（2）正确使用传声器。

① 录音时，人嘴部与传声器距离在 30～40 cm 为宜。

图1-16 专业录音室

② 不宜用吹气或敲击的方法试验话筒，否则很易损坏话筒。

③ 在大场合使用时，应尽量减少传声器的数量。

④ 远离音箱，注意抗电磁干扰，一般采用屏蔽、低阻抗传输、平衡传输方式。

⑤ 传声器的使用还要注意防风、防震、防尘等。

(3) 声音拾取的注意事项。

① 在使用传声器时，传声器的输出阻抗与放大器的输入阻抗两者相同是最佳的匹配，如果失配比在3:1以上，则会影响传输效果。

② 传声器的输出电压很低，为了免受损失和干扰，连接线必须尽量短。

③ 传声器与人嘴部之间的距离越远，则回响越强，噪声相对越大；若距离过近，则会因信号过强而失真，低频声过重而影响语言的清晰度。因为指向性传声器存在着“近讲效应”，即近距离播讲时，低频声会得到明显的提高。

④ 声源与话筒之间的角度，应对准话筒中心线，若两者间偏角越大，则高音损失就越大。

⑤ 话筒放置的高度应依声源高度而定。

⑥ 注意声音拾取的环境，室内要避免吸纳噪声、固体传声的条件；室外要尽可能防止风声的拾取；特殊环境中要注意如火车厢内、风口浪尖的噪声等。

接下来介绍几种基本拾音技术。

(1) 远距离拾音技术 。远距离拾音技术是一种传统的录音技术。一般以室内的混响半径为参考数值，主拾音器置于混响半径0.5～1 m左右，辅助加强话筒多半应在混响半径之内，需要注意整体感和融合度。

(2) 近距离拾音技术。近距离拾音技术是现在使用得最多的一种录音技术，一般距离在1 m左右到几厘米。更有超近距离录音，可在1 cm左右。

要求：拾音器具有低灵敏度和宽动态范围。拾音时要加上防风罩，将拾音器准确置于声源辐射频率的均衡处。

远距离拾音和近距离拾音都是以空气为媒介的间接拾音技术。

(3) 直接拾音技术。这是一种以固体振动传导或以电磁振荡传导的直接拾音。如电子琴、电吉他、大提琴等采用直接拾音。

1.4 常见视频编辑软件介绍

一款操作简单、功能齐全的视频编辑软件能够解决视频编辑的大问题，什么样的软件更适合家庭爱好者编辑视频使用，什么样的软件是发烧友和专业视频编辑人员喜爱的软件？下面针对视频节目类型推荐几款常用的视频编辑软件，并介绍查找这些视频编辑小软件的方法。

1. 娱乐类家庭视频编辑软件

主要利用网络资源查找视频制作软件，可以在搜索引擎中输入关键词“家庭用视频编辑软件”，会出现很多款家庭用视频编辑软件和相关教程，软件的介绍很清晰地说明了软件的功能、用途和使用方法。可根据个人需要制作的视频文件类型来选择适合的编辑软件。

目前，能够检索到的家庭娱乐或DV制作的视频编辑软件有Adobe Premiere中文版家庭视频编辑软件、AVS Video Editor家用视频编辑软件和最强家用视频编辑会声会影软件等几款大众喜欢的主打产品。

（1）会声会影

会声会影是友立公司开发的一款家庭使用的视频编辑软件。它的早期版本Studio 10有三个使用向导，一是会声会影编辑器；二是影片向导；三是DV转DVD向导。这三个向导使这款编辑软件的使用更简便，对初学者有很大的吸引力。目前，软件更新至会声会影X5版本，其界面如图1-17所示。软件的使用在第四章有详细地讲解，此处不再赘述。

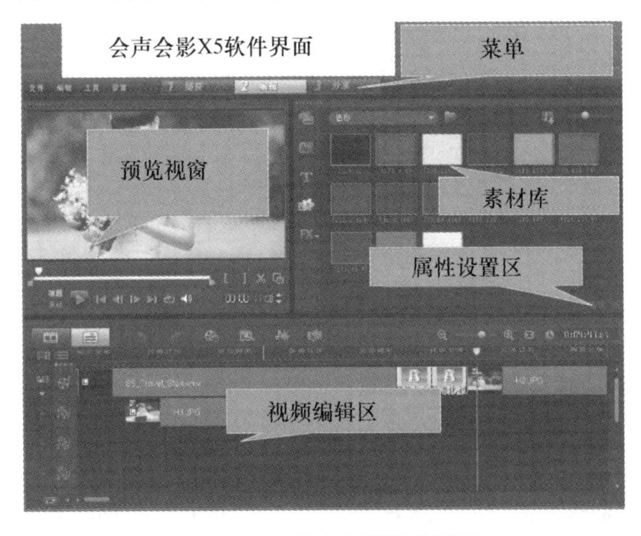

图1-17 会声会影软件界面

（2）Win DVD Creator

Win DVD Creator是英特维数码科技公司推出的产品，可以说是完全为家庭用户而定制的。这款软件的使用，只需四步“采集、编辑、编排创作、制作刻录”简单的操作就能完成复杂的制作过程。家庭用户能够将DV磁带上的家庭视频制作成个性化的精彩片段并刻录成盘，可以在DVD或VCD机上播放。Win DVD Creator的故事板界面使得整个制作DVD的过程简单到只是在屏幕上拖动图片，就能从摄像机里导入视频、添加图片、音乐、解说、标题、场景变换、特效和编辑它的时长，以及添加DVD章节和菜单，并储存成DVD（MPEG-2）或者VCD、SVCD、ASF、WMV影片。与专业的非线性编辑软件相比，

Win DVD Creator 2 在转场、文字特效，特别是在音频编辑方面还有一定的差距，不过对普通用户来说，它提供的功能已经足够用了。

（3）Pinnacle Studio

Pinnacle Studio 是品尼高公司出品的一款专业质量的家庭视频编辑软件。Pinnacle Studio 提供了一个专业家庭视频工作室所需要的一切功能，包括一体化的音频/视频同步采集、实时数字视频编辑和 CD、VCD、DVD 制作解决方案。只要将视频素材采集到电脑里，然后使用专业的编辑工具，制作例如场景转换、字幕特效和快慢动作等炫目的电影。编辑完的电影，可以输出到磁带、VCD 或 DVD 上，在 DVD 机上播放。用户只需单击几下按钮来选择影片风格和类型，就可以在几分钟内制作出家庭影片。另外，用户可以实时创建并预览特技，直接采集刻录到 DVD 光盘，以及在品尼高的媒体管理器中，通过拖放操作就可以简便地组织视频、照片、音效和音乐文件。品尼高在视频处理上的优势使 Pinnacle Studio 功能强大，最新版本的 Pinnacle Studio 15 是业余高手的首选。

【案例 4】 Pinnacle Studio 10 **安装演示**

打开 Studio Plus 700-USB version 10 的包装，除了 USB 视频采集盒、连接线和说明书之外，还有 4 张光盘。其中 2 张是 Studio 10 国际版的安装盘，另外 2 张分别是 PAL 制式和 NTSC 制式的附送素材盘。

在插入光盘后会自动弹出 Studio 10 安装画面，安装过程与大部分语言版软件相同。只需根据提示单击“下一步”按钮安装即可。

需要注意的是，安装过程中需要安装专业视频特效 Hollywood FX 6（如图 1-18 所示）。安装完毕后可以看到 Studio 10 的简易教程（如图 1-19 所示）。教程中有 Studio 10 各种特色功能的解说。安装时间大约 10 分钟左右，安装完成后，USB 外置视频捕捉盒的驱动也需要一起安装，方法是把 USB 外置视频捕捉盒与电脑相连，等待电脑自动识别后，就可以单击“下一步”按钮运行 Studio 10 了。

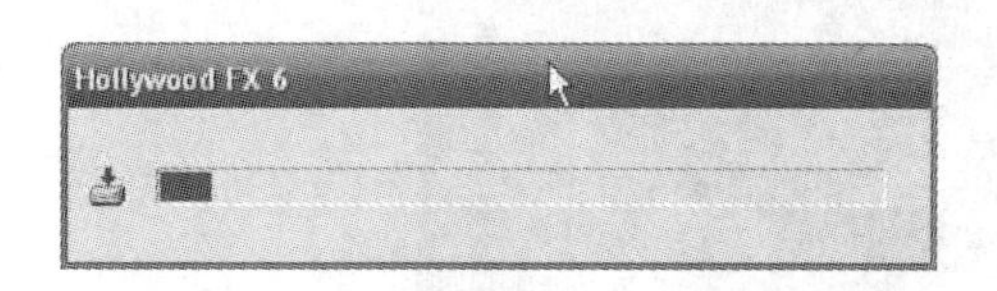

图 1-18　安装视频特效 Hollywood FX 6

图 1-19　Studio 10 **的简易教程界面**

以上即是 Studio 10 安装的全过程。软件官方建议最好使用 P4 2.4 GB 以上的处理器、512 MB 以上的内存和更大容量的硬盘才能流畅使用 Studio 10。

2. 专业类视频编辑软件

（1）Sony Vegas

Sony Vegas 是由索尼公司推出的一款整合视频与音效编辑的软件，它集视频剪辑、特效、字幕、音乐、合成等多种功能为一体，拥有高效率的操作界面（如图 1-20 所示）与多功能的优异特性，适用于专业编辑和个人用户。Vegas 是音视频制作、流媒体、影视广播等用户节目编辑软件的较好解决方案之一。

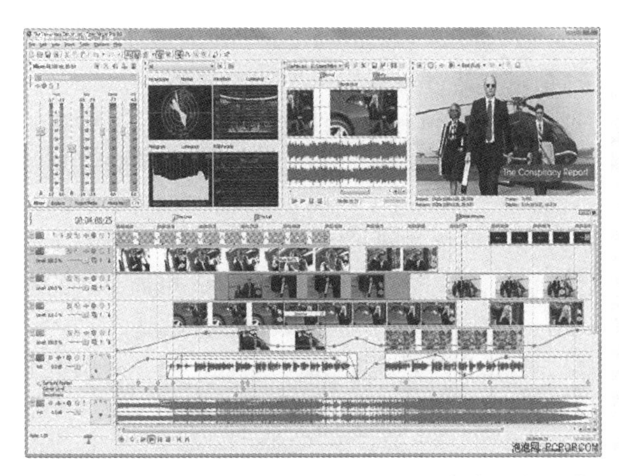

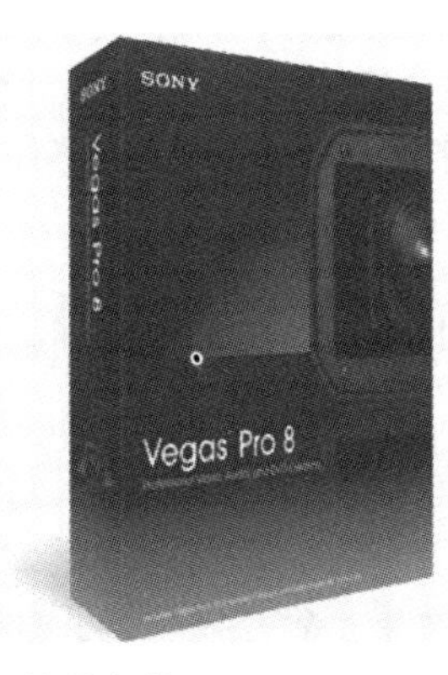

图 1-20　Sony Vegas 编辑软件操作节目及软件包装

（2） Adobe Premiere Pro CS4

Adobe Premiere 是一款强大的视频编辑软件，目前已经成为主流的 DV 编辑工具，作为一款专业非线性视频编辑软件在业内受到了广大视频编辑专业人员和编辑爱好者的一致好评。

Adobe Premiere Pro 是数码视频编辑的强大工具，它作为功能强大的多媒体视频、音频编辑软件，应用范围广、制作效果好，能够帮助用户更加完美的完成编辑工作。它以其新的合理化界面和通用高端工具，兼顾了广大视频用户的不同需求，在一个并不昂贵的视频编辑工具箱中，提供了前所未有的生产能力、控制能力和灵活性。Adobe Premiere Pro 是一个创新的非线性视频编辑应用程序，也是一个功能强大的实时视频和音频编辑工具，是视频爱好者们使用最多的视频编辑软件之一。软件的使用在第 2 章有详细讲解。

（3） Final Cut Pro

Final Cut Pro X 中的 Magnetic Timeline 拥有简洁的操作界面，强大的专业性工具，令剪辑无比地流畅、灵活。多条剪辑片段可如磁铁般吸合在一起，Timeline 内多余的黑色间隙也随之消失，让组合镜头变得轻而易举。同样，剪辑片段能够自动让位，以避免剪辑冲突和同步问题，让用户能专注于故事创作。借助互动式动态效果，人们可在工作中准确掌握在 Timeline 里发生的一切，便于轻松尝试新鲜创意。

【案例 5】Final Cut Pro 视频编辑计算机配置方案

① 最低系统要求

- Intel Core 2 Duo 或更高版本处理器的 Mac 电脑；
- 内存至少 2 GB RAM，推荐使用 4 GB RAM；
- 需支持 OpenCL 的图形卡，Intel HD Graphics 3000 或更新版本；
- 拥有 256 MB 的 VRAM 1 280 ×768 或更高分辨率的显示器，Mac OS X v10. 6. 7 或更高版本，ProKit 7. 0 或更高版本和 2. 4 GB 的磁盘空间。

② 应用程序要求

64 位架构可利用超过 4 GB 的 RAM，使用 GPU 和 CPU 进行后台渲染，ColorSync 管理的色彩流水线，在线性光色彩空间中实现高度精准的浮点渲染。利用所有可用的处理器在主屏幕或外接的 LED Cinema Display 上，以全屏模式实时预览播放 SD、HD、2 K 和 4 K 素材文件。拥有可定制的键盘，全面支持 Unicode 编码。

（4） EDIUS 6

EDIUS 是康能普视采集卡配套的专业非线性编辑软件。EDIUS Pro 以实时、多轨道、HD/SD 混合格式编辑、合成、色度键、字幕编辑和时间线输出等能力，为所有的视频获得格式，提供了无缝的实时工作流程。依靠实时视频转码技术，可以实时地在不同的 HD 和 SD 清晰度，长宽比和帧速率间执行转换。同时还具有实时回放和输出所有的特效、键特效、转场和字幕等功能，并且将工程输出到格式或 DVD 视频光盘等媒介上。拥有无限视频和音频轨、无限字幕和图形层、多轨过渡特技、同步配音录制、更加灵活的三点和四点编辑、多种格式转换能力和实时输出、提供了空前的制作效率和灵活性。

EDIUS 提供了 27 种实时视频滤镜，包括白平衡/黑平衡、颜色校正、高质量虚化和区域滤镜等。具有完全的用户化 2D/3D 画中画效果，实时色度键和亮度键功能。并且 EDIUS 中的所有效果是容易调整的，还可以组合起来产生成百上千的变化效果。专业级的视频特技 40 多种，每种都具有个性化的选择和多种预置功能，即便是最苛刻的视频编辑者，Xplode for EDIUS 和 EDIUS FX 也能够满足他们的要求。EDIUS 集成了 Canopus 强大的效果技术，为编辑者提供了高水平的艺术创造工具。软件的使用在第 3 章有详细讲解。

3. 广播电视类视频编辑软件

很多电视台专业编辑除了应用编辑软件 EDIUS、Final Cut Pro、Premiere Pro 和 Sony Vegas 以外，还经常会用到一些动画软件和后期特效软件以提高节目的品质，动画软件如 3ds Max 和 Maya ，特效软件如 Combustion 及 After Effects、Illustion 等。而对于电视台经常使用的视频编辑软件，则是专业公司出品的高端非线性编辑设备配套的编辑软件，这些软件大多是基于国外高端硬件组合国内改良的编辑软件而成，因其性能稳定、特技种类新颖、操作简便、个性化强等特点而受到编辑们的青睐。

（1） 3D Studio Max（3-Dimension Studio Max，三维影像制作室），它拥有强大功能而被广泛地应用于电视及娱乐业中。在影视特效方面也有一定的应用，比如片头动画和视频游戏的制作。广泛应用于广告、影视、工业设计、建筑设计、多媒体制作、游戏、辅助教学以及工程可视化等领域。软件的使用在第 6 章有详细讲解。

（2） Combustion 是一种三维视频特效软件，基于 PC 或苹果平台的 Combustion 软件是为视觉特效创建而设计的一整套尖端工具，包含矢量绘画、粒子、视频效果处理、轨迹动画以及 3D 效果合成等五大工具模块。软件提供了大量强大且独特的工具，包括动态图片、三维合成、颜色矫正、图像稳定、矢量绘制和旋转文字特效格式编辑、表现、Flash 输出等功能；另外，还提供了运动图形和合成艺术交互性界面的改进；增强了其绘画工具与 3ds Max 软件中的交互操作功能。

（3） After Effects 是 Adobe 公司推出的一款图形视频处理软件，适用于从事设计和视频特技的机构，包括电视台、动画制作公司、个人后期制作工作室以及多媒体工作室。而在新兴的用户群（如网页设计师和图形设计师）中，也开始有越来越多的人在使用 After Effects。它属于后期软件，软件的使用在第 5 章有详细讲解。

（4） Illustion 是一款特效粒子软件，可创作诸如火焰、洪水、瀑布、爆炸、烟雾、烟花、时空、粒子光效等大量的动画效果。操作简单、易学，效果好。软件的使用在第 7 章有详细讲解。

（5） 有很多人把 Maya 软件应用于三维设计，因为它可以提供完美的 3D 建模、动画、特效和高效的渲染功能。另外，Maya 也被广泛地应用到了平面设计（2D 设计）领域。Maya 软件的强大功能使得设计师、广告主、影视制片人、游戏开发者、视觉艺术设计专家、网站开发人员们极为推崇。

4. 视频编辑简单软件介绍

(1) Blaze Media Pro 是一款造型新颖，功能齐全的多媒体工具，其强大的转换功能深受制作者们的青睐。它支持音频、视频格式，而且其格式之间的转换功能非常强大，支持格式几乎覆盖所有文件类型，如支持 MP3、MP2、ASF、MPG、MPEG、MPE、AVI、WMA、WMV、VIV、MOV、QT、WAV、CDA、DAT、ASX、WAX、M3U、WVX、MIDI、AIFF、AU 和 SND 等文件格式。常见格式间的转换，如从 CD 提取文件转换为 WAV、MP3、WMA 文件，WAV 格式转换为 MP3 格式，MP3 格式转换为 WAV 格式，WAV 格式转换为 WMA 格式，WMA 格式转换为 WAV 格式，WAV 格式转换为 CD 文件，WAV 解码转换以及 MPEG、AVI、Multi-Page TIFF 和 FLIC 之间的相互转换等。此外，支持视频、音频设备的输入采集、输出下载等。

(2) Video Edit Magic 软件能提供高端编辑功能，如图 1-21 所示。它支持拖曳操作的界面能在仅仅数分钟内方便地将视频画面捕捉至编辑时间轴并组合为一个影片，还能添加专业场景、背景音乐、标题效果等。甚至能用它在一个时间轴上编辑和合并流行的文件格式（如 AVI、WMV、ASF、MPEG、JPEG）和更多格式的文件，当需要从多个媒体来源创作单个视频时，省时的功能显得很重要。

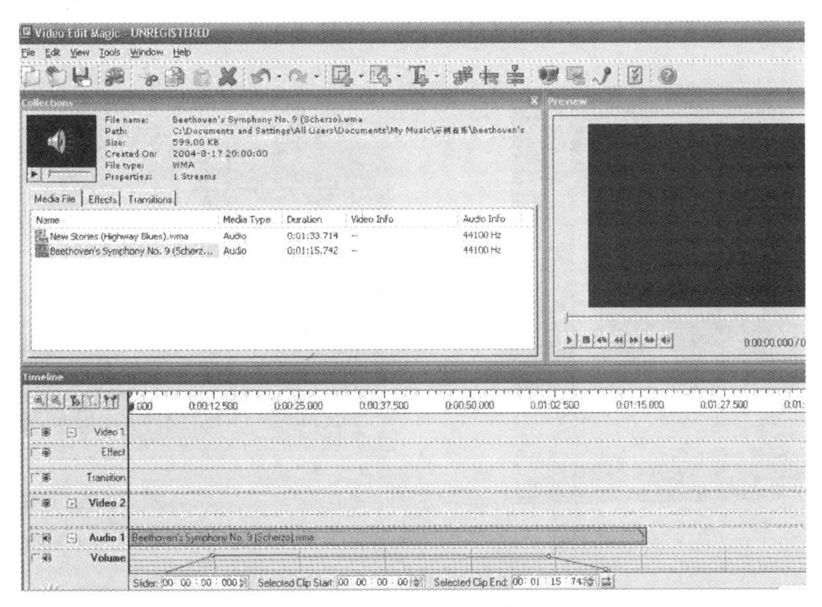

图 1-21　Video Edit Magic 操作界面

Video Edit Magic 支持可用于制作 VCD、SVCD 和 DVD 的 MPEG 影片格式，也能制作 QuickTime 和数码视频 AVI 输出格式；输出影片既支持 NTSC 制式，又支持 PAL 制式。它独特的图形音量显示功能可以将音频音量在 0% 到 400% 之间调节，并能制作出渐入、渐弱、多普勒和其他声效。Video Edit Magic 能方便地对视频进行加入、分离、裁剪、修整、色彩修正和合并，还包括 150 种内置过渡效果，是爱好者和专业人士将普通视频转化为艺术作品的最佳工具。

Video Edit Magic 的主要功能有在影片中加入特殊效果，将一段影片覆盖到另一个影片上，在影片中加入背景音乐或声音，在影片中加入文字标题，修改影片的时间长短，编辑修剪影音档案和多媒体档案预览，编辑单一多媒体文件中的影音组件等。

(3) Movica 是一款方便的视频编辑器，启动界面如图 1-22 所示，提供编辑 FLV、

WMV、MPG、RM 等视频格式的支持，实现简单的视频分割、视频合并、视频剪辑等操作。AVI 编辑可通过 Virtual Dub 或免费 AVI/MKV 编辑器很方便地实现。但 WMV、FLV、RM、MPG 等文件的编辑工具就相对较少，比较好的是一些命令型工具，包括 AsfBin、MpgTx、flvtool 等。Movica 软件的重点是对键盘快捷键做了优化，以使视频编辑更加简便，通过 Movica 软件可以实现常见视频格式，特别是 FLV 文件的分割、合并、剪辑等操作。

Movica 提供的标记剪辑功能非常方便，播放过程中可以随时设置标记起点和标记终点，然后可以存储被标记的影片片段；还可以设置多个标记片段，并支持多个片段的合并转储或者独立存储。

（4）Virtual Dub 是世界上最流行的视频处理软件之一，其编辑界面如图 1-23 所示，其强大的视频编辑处理能力有目共睹，内置功能丰富的滤镜插件，配合 XviD 或 DivX 编解码器，广泛应用于视频剪辑、压缩处理、影像画面调整、字幕压制、DVDRip 制作等众多方面。最大的亮点在于，可以直接使用其他视频的音轨或最普通的 MP3 音频替换现有视频的音频部分。例如邀上几个朋友为某部影片配上一段个性十足的声音、对白、搞笑的解说、介绍或者音效，绝对是件妙趣横生的事。另外，Virtual Dub 的视频捕捉功能也能够轻松捕捉屏幕及鼠标指针，并进行编码压缩。软件的体积小巧、免安装程序、功能较多且完全免费。

图 1-22 Movica 软件启动界面

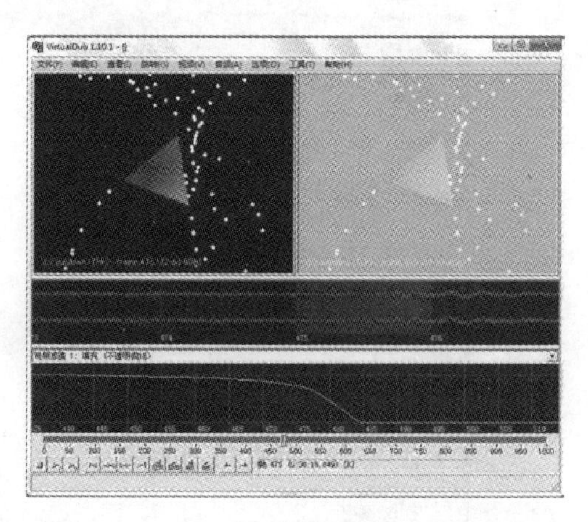

图 1-23 Virtual Dub 1. 10. 2 汉化版软件界面

在 Virtual Dub 软件的汉化版本中，除英文版本软件已集成的滤镜插件之外，还额外添加了已汉化的非锐度屏蔽滤镜、制作马赛克滤镜、边界涂抹滤镜、红绿蓝色均衡器、变色滤镜等几款好用的滤镜插件。

（5）Avidemux 是一个免费的视频编辑器，可以进行剪切、过滤和编码等任务，如图 1-24 所示。它支持广泛的文件格式，包括 AVI 文件的编辑、DVD 的 MPEG 文件编辑、MP4 和 ASF 文件编辑，并能将声音从文件中分解出来，剪辑、修改和去掉。该款软件支持强大的队列任务处理和脚本功能。汉化版本操作起来更加明了、简便，如图 1-25 所示。

【温馨提示】Avidemux 软件的开始菜单不提供卸载方式，建议通过添加/删除程序或者软件管家的强力卸载功能进行卸载。

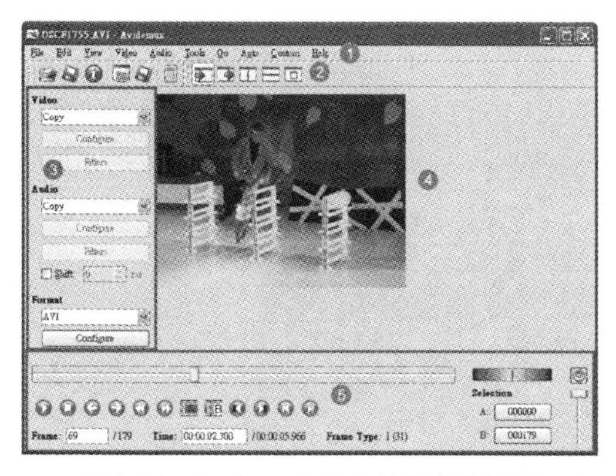

图1-24 Avidemux2.6.1软件操作界面

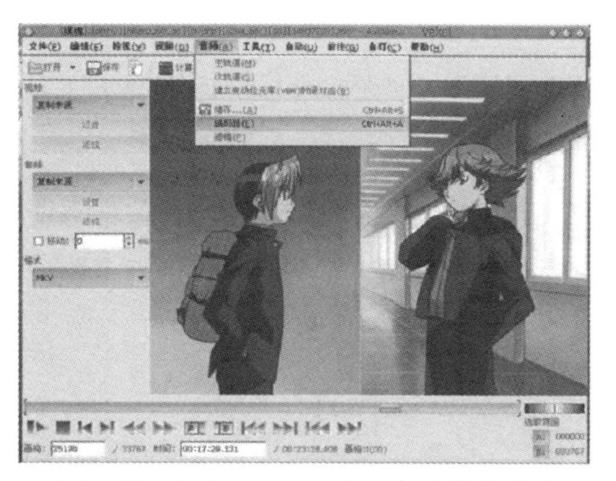

图1-25 Avidemux2.6.1汉化版本操作界面

（6）Jahshaka是全球首个开放源代码的实时视频剪辑特效软件，以强大的功能著称。如Jahshaka 2.0RC1包括混合和匹配CPU、GPU特效的能力，桌面媒体用户界面支持；非线性编辑，全面的实时2D\3D GPU动画特效支持，节点方式的合成，强大的3D模型支持，完整的GPU扣像加速，GPU色彩校正，基于网页方式的资源浏览器及视频绘制，同时支持Linux、Mac OS X、LRIX和Windows平台。

5. 辅助视频编辑软件介绍

视频编辑辅助的小软件，按照类型划分为字幕类软件、音乐剪辑制作类软件、特效类小软件、平面图形处理软件、格式转换软件等。这些软件看似功能单一，操作简单，实际作用非常重要。利用这些不同功能的小软件，可以制作出精美新颖、独特魅力的视频节目，令人耳目一新。

（1）Subtitle Workshop视频制作字幕软件是一款电影字幕编辑工具，如图1-26所示。支持所有的字幕文件格式，能够实现字幕的建立、编辑、转换等功能。软件程序支持30种常见国家的语言对应字幕的建立。创建字幕格式多样，并支持多种影片字幕格式。如DKS Subtitle格式（*.dks）、DVDSubtitle格式（*.sub）、I-Author Script格式（*.txt）、MacSUB格式（*.scr）、MicroDVD格式、MPlayer（*.mpl）、MPlayer 2（*.mpl）、Philips SVCD Designer（*.sub）、Phoenix Japanimation Society（*.pjs）、PowerDivX（*.psb；*.txt）、RealTime（*.rt）等。

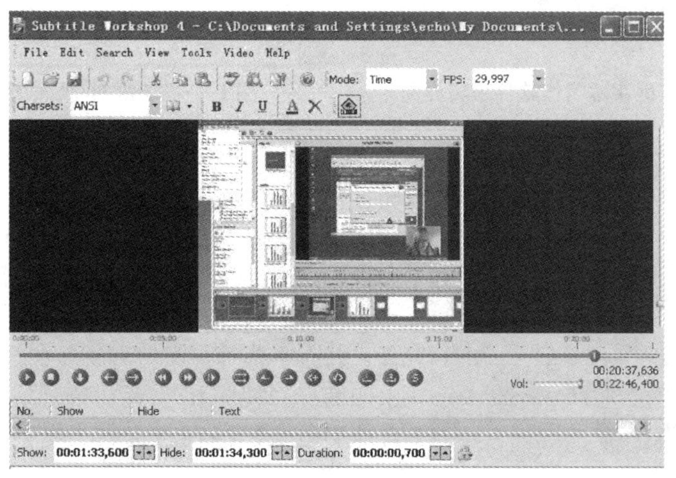

图1-26 Subtitle Workshop字幕软件制作界面

（2）DV视频字幕制作伴侣是一款把DV摄录下来的视频或个人收藏的WMV、ASF、VCD、MPEG等视频文件，添加卡拉OK字幕或普通字幕的软件，其操作界面如图1-27所示。此外，还可以利用它来制作自己的MTV，在视频上添加自己的logo等，是一款不错的软件。

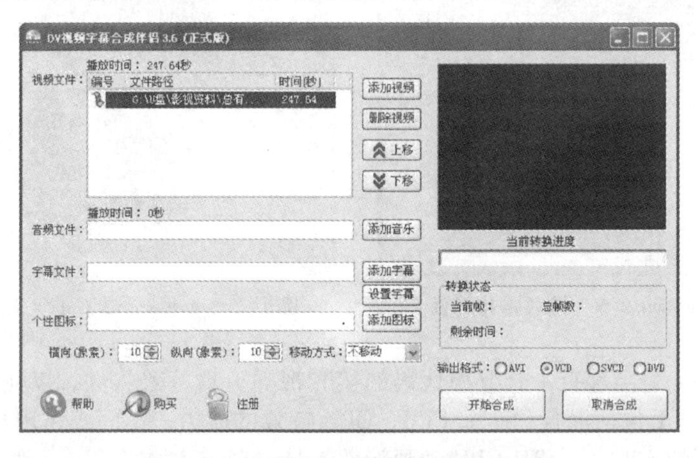

图1-27 DV视频字幕制作伴侣操作截图

（3）小灰熊字幕制作软件是一款专门制作卡拉OK字幕的软件，如图1-28所示，操作简单、容易，字幕类型多样。卡拉OK歌词工具（如图1-29所示）也是一款不错的歌词字幕制作软件，适合家庭使用。能够实现字幕的添加、修改、个性字幕设计等功能。

图1-28 小灰熊字幕制作软件编辑界面

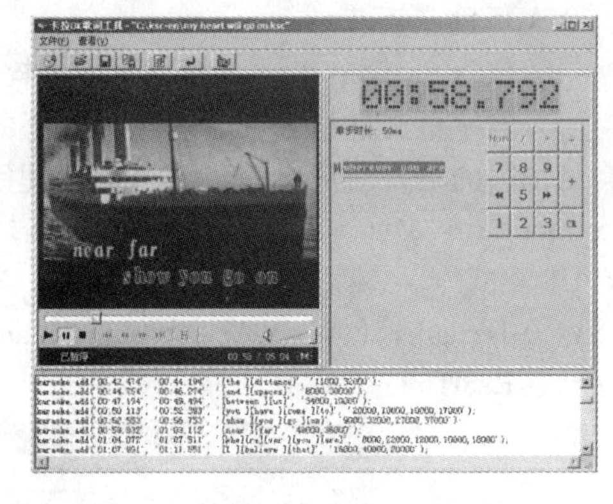

图1-29 卡拉OK歌词工具编辑界面

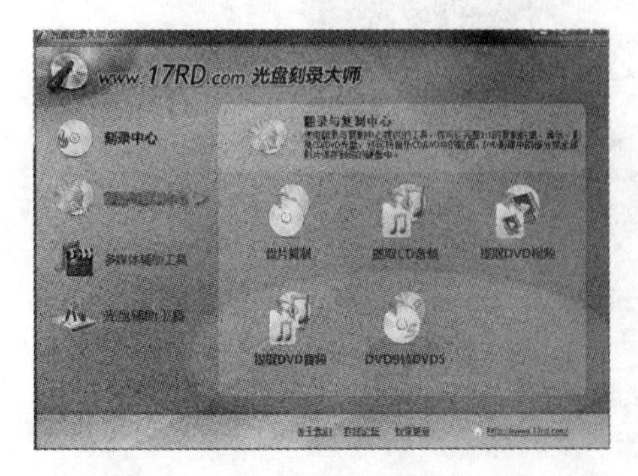

图1-30 光盘刻录大师操作界面

（4）光盘刻录大师是一款专门把制作好的视频、音频文件刻录到光盘的软件，如图1-30所示，其辅助提取功能能够提取CD、DVD文件中的音频或视频。

（5）超级转换秀软件，支持为视频添加滚动字幕、电影字幕等各类普通文字，还可以为画面添加水印商标、视频相框等功能，实现各类文件转换且速度较快，视频质量高，支持CPU优化，如图1-31所示。

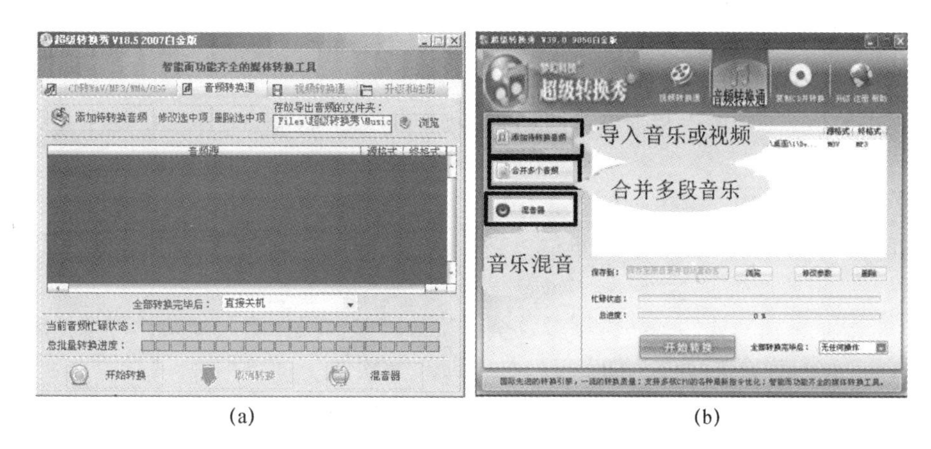

(a) (b)

图1-31 超级转换秀软件

（6）Guitar Pro软件是专业的吉他曲谱制作软件，支持MIDI导入，MIDI输出，如图1-32所示。支持吉他六线谱的编辑，可以个性配置8个音频轨道。除了可以直接输入音符编辑外，也可以输入MIDI文件或是ASCII Tab文件，它会自动转成六线谱。另外，程序本身内置六国语言，有输出、存档与列印的功能，并附有和弦的指导辞典。

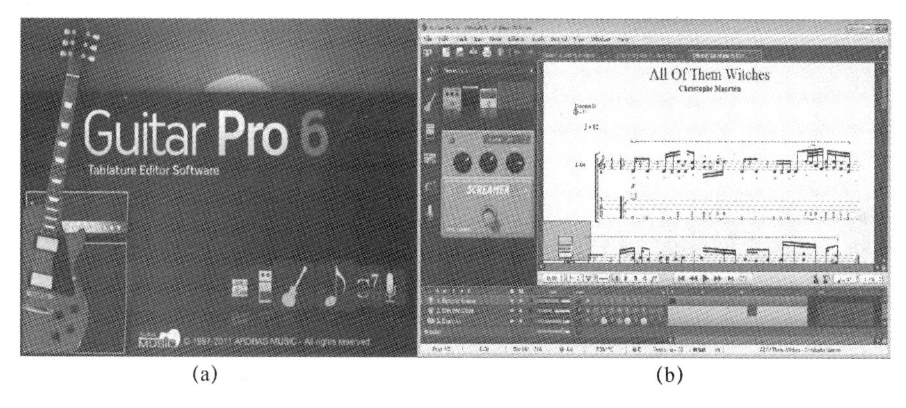

(a) (b)

图1-32 Guitar Pro 6软件的打开和操作界面

（7）Cool Edit Pro是一款非常出色的数字音乐编辑器和MP3制作软件。有人把Cool Edit形容为音频“绘画”程序，它可以用声音来“绘”制音调、声音、弦乐、颤音、噪声或是调整静音。Cool Edit Pro还提供放大、降低噪声、压缩、扩展、回声、失真、延迟等多种特效。支持同时处理多个文件，轻松地在几个文件中进行剪切、粘贴、合并、重叠声音的操作。还可以用其生成噪声、低音、静音、电话信号等声音。该软件包含CD播放器，此外还支持可选的插件、崩溃恢复、自动静音检测和删除、自动节拍查找、录制等功能。

（8）音频编辑大师是一款功能强大的音频编辑工具，它可以对WAV、MP3、MP2、MPEG、OGG、AVI、g721、g723、g726、VOX、RAM、PCM、WMA、CDA等格式的音频文件进行各种处理。如剪贴、复制、粘贴、多文件合并和混音等常规处理。还可以对音频波形进行反转、静音、放大、扩音、减弱、淡入、淡出、规则化等常规处理；具有混响、颤音、延迟等特效；支持槽带滤波器和带通滤波器。

辅助视频编辑的软件还有很多，利用网络的丰富资源，总能够找到适合自己的软件。这些视频编辑软件功能各有特色，俗话说工欲善其事，必先利其器，一款经典的特色编辑软件，不仅能解决工作、生活中的编辑任务制作问题，还能为视频节目打造出特色和亮点。

依据软件的应用领域，视频编辑软件可以概括地分为四类。

(1) 玩具式软件，操作非常简单，功能和特效不多，质量要求不高，属于娱乐尝试性软件。

(2) 业余级别的视频编辑软件，具有一定的功能和特效，操作相对简单，特效是程序式的，不能进行调整或只能有限地调整，制作的节目质量不高，如会声会影、品尼高等软件。

(3) 半专业级别的软件，功能相对较全，特效较多，操作略微复杂，可根据编导或导演的要求，实现一些特殊效果，如 EDIUS 、Vegas 等软件。

(4) 专业级别的制作软件，如 Premiere、After Effects，功能强大，操作复杂，需要认真学习。

本节知识总结

理论要点

1. 了解广播电视类节目制作软件、专业类节目制作软件和娱乐类节目制作软件的特点，并掌握其各自节目制作要求和原则。

2. 了解各类视频、音频文件格式的特点和使用方法。

3. 掌握家庭级、专业级和广播电视级视频编辑软件的品牌，了解非线性编辑软件的发展动态。

4. 了解视频软件的分类原则。

5. 掌握常用视频编辑软件和辅助软件的功能和用途。

技术把握

1. 掌握娱乐类节目、专业类节目制作要求、制作方法和技巧。

2. 熟悉各类视频软件的运用方法，了解软件名称、功能和作用。如会声会影、Win DVD Creator、Pinnacle Studio 的功能和使用技巧。

3. 掌握软件的分类方法，能够利用网络检索视频节目软件。

4. 掌握一般视频编辑小软件的检索、下载和安装技巧，并能够根据软件教程自学操作。

5. 了解辅助视频编辑小软件的检索、下载和安装技巧，并能够根据软件教程自学操作。

6. 掌握 Pinnacle Studio 10 安装技巧。

7. 掌握视频非线性编辑系统的配置技巧，了解方案配置要求。

操作要点

首先，掌握家庭娱乐类和专业类视频节目编辑制作编辑要求，注重为视频添加字幕、音乐、解说、片头、时间说明等必要信息。

其次，掌握各类视频软件的安装技巧。

最后，尝试学会运用不同软件制作各类特效。

注意事项

本节的注意事项即对视频、音频文件的选择、利用要合理，了解各类文件的功能和作用。掌握不同编辑软件生成各自不同文件之间的关系，能够合理利用，制作出精良的节目。

本节训练

1. 请举例说明娱乐类软件、专业类软件、广播电视类制作软件都有哪些。
2. 试着配备家庭非线性编辑系统。
3. 请选择并下载一款家庭电子相册制作软件。

想一想，写下本节感兴趣的知识内容吧！

____

____

____

____

1.5　案例制作

本节采用了大量的案例，引导学生学习各类视频文件的制作方法。通过网络视频下载、制作电子相册、分享和上载家庭视频到网络、网页软件制作视频等案例的讲解，使得学生了解当前制作电子相册和视频节目的方法。从而，掌握一种或多种方法制作属于自己的电子相册或视频节目。

1.5.1　网络视频下载案例

网络资源的分享性使得这个世界更加多姿多彩，想必有不少人想把网络中一些精彩的视频文件或经典节目下载到自己的电脑中收藏起来。如土豆网、新浪播客、优酷网等视频播客。但大多数人却不知道如何下载网络播放平台中的视频文件，主要原因在于播客通常采取了一定的技术将视频文件地址隐藏起来，下面介绍下载这些在线视频的方法。

【准备知识】

FLV Downloader 是下载网络视频的网站（如图 1-33 所示），它提供了一种简便的方法，只需复制视频的 URL 视频地址，将其粘贴至 FLV Downloader 操作界面的文本框中，单击“下载”按钮即可。甚至还可以添加多个视频，它们会被加入至下载队列中（如图 1-34 所示）。FLV Downloader 界面如图 1-35 所示。这是功能性的软件。它还支持 Youtube、metacafe、dailymotion、break 等多个网站。

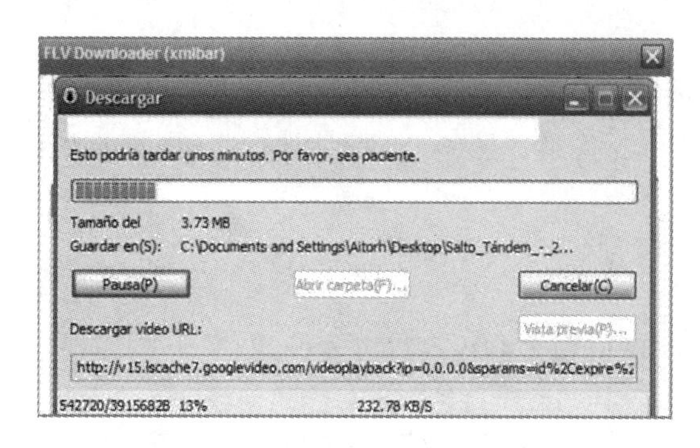

图 1-33 FLV Downloader 下载界面

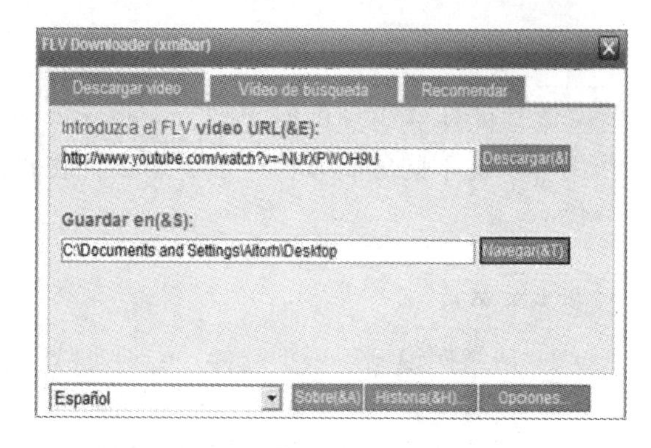

图 1-34 FLV Downloader 多任务下载界面

图 1-35 FLV Downloader 打开界面

【案例 6】 下载微电影《宝贝擒贼》

【具体操作】

（1）使用搜狗搜索引擎搜索“FLV Downloader”，如图 1-36 所示。

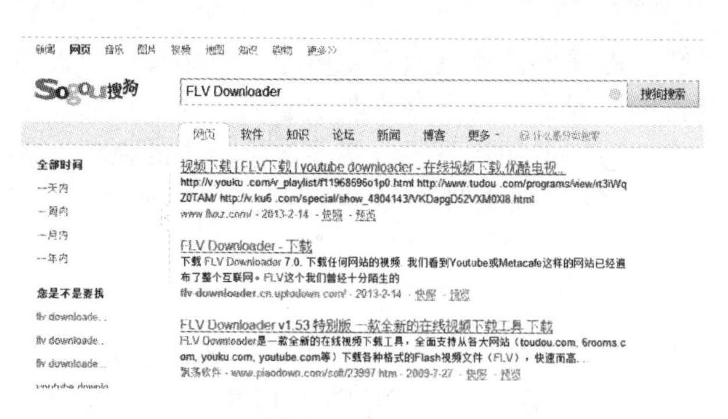

图 1-36 搜索 FLV Downloader 界面

（2）选择第一个搜索到的结果即可，打开搜索目标界面，并复制所要下载的微电影地址 http：//www. tudou. com/listplay/a55tr4j-t-k/IuITX4LuRP0. html，如图 1-37 所示。

（3）在推荐的三个格式中选择一种，并右击另存到桌面。

图1-37 复制微电影《宝贝擒贼》的地址界面

【案例7】下载电影《听风者》

【具体操作】

(1) 打开想要进行下载的在线视频，在视频的下方，找到下载选项并单击它，如图1-38所示。

(2) 在弹出的下载对话框中，提示“下载该视频需要使用土豆下载工具iTudou，安装后便可下载视频”(如图1-39所示)，即如果要直接下载土豆视频，则必须下载它专属的下载器，因此单击“下载iTudou”按钮进行下载。

图1-38 下载指示截图

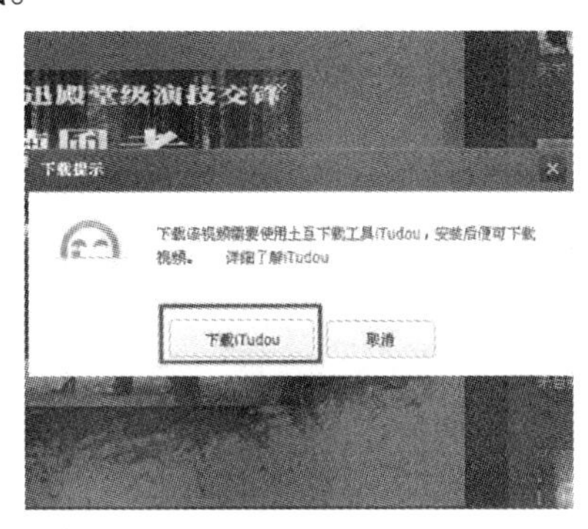

图1-39 土豆下载工具iTudou提示框

(3) 页面随后跳转到工具下载页面，单击“立即下载”按钮如图1-40所示，之后双击下载的iTudou软件安装图标，就会进入下载界面，如图1-41所示。注意安装目录不要选择C盘，否则重装系统时数据会丢失。

图1-40 iTudou下载界面

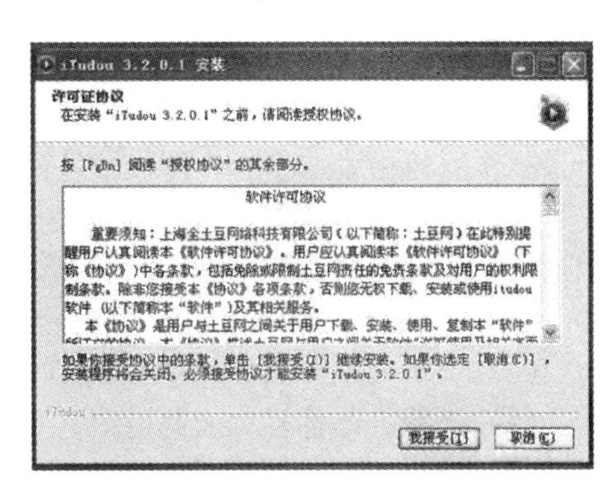

图1-41 Tudou安装界面

图 1-42 下载版本选择截图

(4) 回到刚才的在线视频界面，再次单击“下载”按钮，选择下载的版本，单击即可，如图 1-42 所示。此时，会弹出刚刚安装的 iTudou 软件下载界面，一般在线视频都不会太大，很快就能完成下载操作。

(5) 在线视频已存在电脑中了，可以随时进行观看。若要知道视频文件被下载到哪里，只要右击刚刚下载的视频，选择“查看文件”即可，如图 1-43 所示，打开的文件夹就是默认下载的在线视频的存放路径。

(6) 对文件的存放路径可以进行设置，单击“设置”选项，找到“下载选项”，在“文件保存到”选项中单击“浏览”选择对应的存放路径，确定更改即可，如图 1-44 所示。

图 1-43 查看文件路径截图

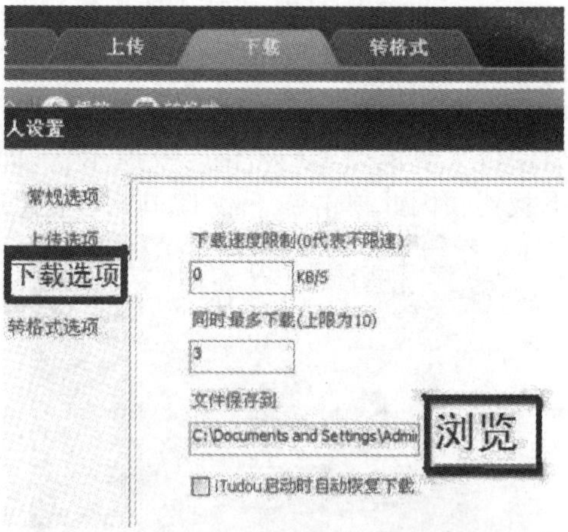

图 1-44 更改文件存放路径截图

虽然上述下载视频的方法，只是针对土豆网的视频下载，但像优酷、56 等其他的视频网站下载视频的方式与此类似，只不过需要下载对应网站的视频下载工具罢了。现在比较流行的百度影音只需下载播放器，在播放的时候就会自动进行下载，十分方便。

【温馨提示】不同网站的在线视频，需要下载对应的下载工具才能进行电影或视频的下载。下载的在线视频保存的路径不要选择 C 盘，因为若系统在重新安装系统之后出现故障、崩溃现象，下载到 C 盘的文件就会消失，所以在选择保存文件的盘符时，一定要慎重。

【训练任务】

制作下列相关内容的节目，题目自拟，方法不限。

(1) 下载节目并制作历年春晚经典小品集锦；

(2) 下载网络在线视频——“魔术揭秘”两部；

(3) 下载网络 After Effects 视频软件的学习教程；

(4) 下载两期《百家讲坛》的节目；

(5) 下载一部你喜欢的微电影；

(6) 下载一部高清节目广告；

(7) 下载一部企业宣传片；

（8）制作 5 期你喜欢的节目集锦；

（9）尝试两三种下载方式，下载一部影片；

（10）讲述你实验过的下载视频的全过程，与全班同学分享心得。

【训练要求】

每名学生至少选择一个任务，要求学生能够认真完成任务，有所创新。

【验收方法】

教师可适当进行操作示范，学生根据操作步骤进行操作，并把制作好的作品发给老师。课堂上，教师组织学生分析作品质量情况，存在优缺点。教师点评、分析出现的问题并总结。课后，学生将作品分析材料交给教师。

1.5.2　家庭视频节目案例制作

网络资源的极大化和普及化，使得信息传递更加便利和快捷，更多的人能够在第一时间分享亲人、朋友的快乐和幸福。如身在外地工作的爸爸想看儿子的进步故事、身在外地的爷爷奶奶想看孙子的成长照片，出差中的妈妈想看女儿在学校参加活动的精彩视频等，这些都能通过网络平台来实现。这些网络平台不但可以展示各种生活照片、工作视频、家庭聚会等各类图、文、影像资料。还能够随时更新人物或故事的发展情况，让关心的人能及时了解他们平时的生活现状，了解儿女在外地的生活、学习情况。那么，这些网络平台是如何实现这些功能的呢？下面就介绍一种利用网络平台制作电子相册的方法。

【准备知识】

（1）在搜索引擎中输入“宝宝树”字样，如图 1-45 所示，选择第一项结果，单击打开网页。随后出现“宝宝树”首页信息，如图 1-46 所示，这是一个记录宝贝成长点滴故事的交流性门户网站。

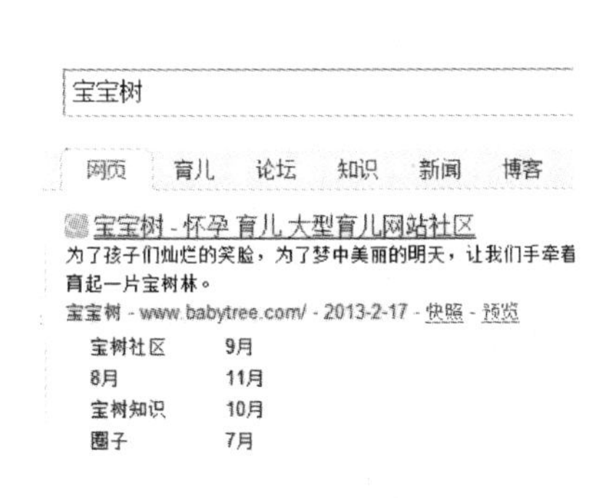

图 1-45　搜索截图

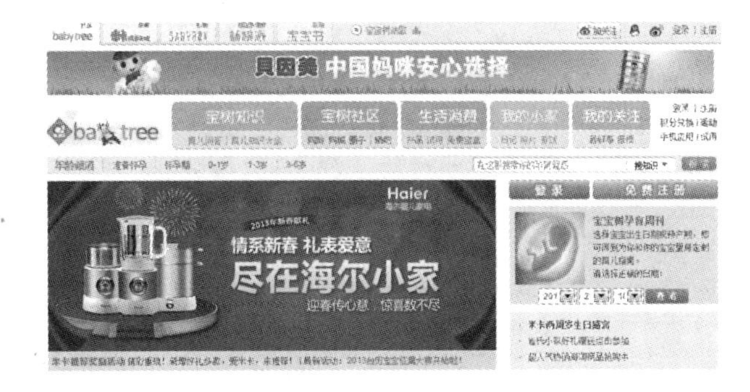

图 1-46　宝宝树首页

（2）按照要求进行信息注册并登录网站，如图 1-47 所示，接下来就可以制作家庭视频节目或电子相册了。

图 1-47 注册宝宝树网站与登录截图

【案例 8】网络平台电子相册、视频制作

【具体操作】

（1）当在宝宝树网站注册完网站信息后，在主页中找到“我的小家”按钮单击进入，如图 1-48 所示。设定主页风格，在视频框的下面有“照片”、“视频”字样，如图 1-49 所示，单击“视频”或“照片”按钮上传电脑中提前准备好的视频节目或照片。

（2）按照要求填写视频资料或照片资料等相关信息，如图 1-50 所示。并单击“开始上传”按钮，如图 1-51 所示。

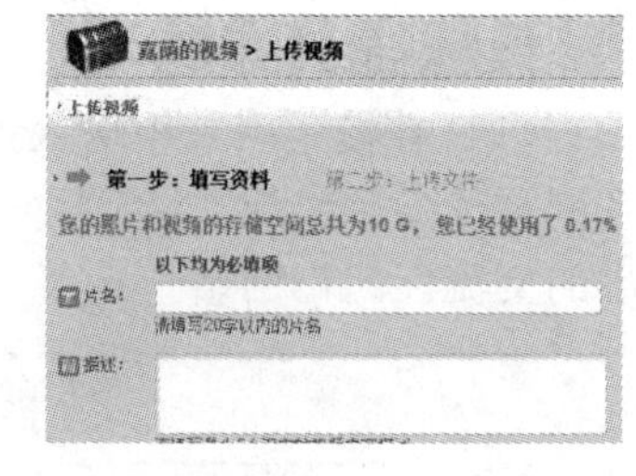

图 1-48 我的小家截图　　图 1-49 “视频”字样截图　　图 1-50 上传视频页面截图

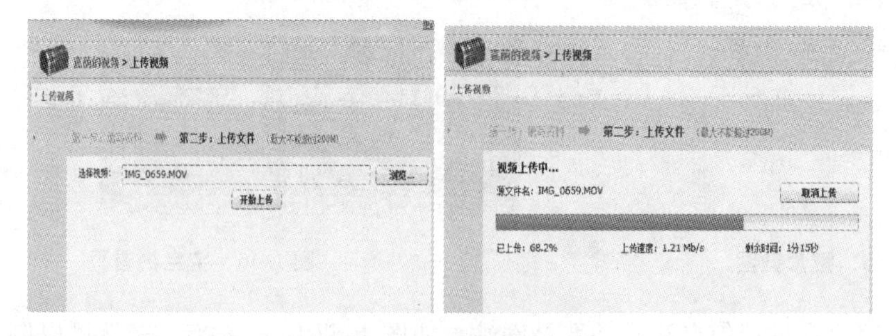

图 1-51 上传视频截图

（3）视频上传完毕，所有上传的视频均在标题栏上的“视频”页面内，如图 1-52 所示。

（4）单击要制作的视频，在视频下方会出现“编辑”字样，单击进入编辑界面，左侧有视频模板、背景音乐、特效滤镜等设置，可进行必要的修改。模板式的编辑，可以实时修改，随时可以更换不同的模板。

图1-52　视频位置截图

【温馨提示】 由于网站经常改版、升级，有些模板会根据网站更新、变动而被其他新功能替代。但所有的网站类视频制作模式大体相同，编辑好的视频节目也可以下载到电脑。

【训练任务】

制作下列相关内容的节目，题目自拟，方法不限。

（1）制作宝贝生活小片段（可以是婴儿、宠物搞笑、幽默瞬间）；

（2）制作家庭聚会电子相册或视频；

（3）制作旅游纪实片（可单线记录，也可旅游拼盘）；

（4）制作高中同学会电子相册或视频；

（5）制作你的微电影；

（6）制作属于自己的广告；

（7）制作生日会（见证幸福的时刻，你的、我的或者她的生日会电子相册或视频）；

（8）制作我和闺蜜（死党）的那些事；

（9）制作恋爱留念电子相册或视频；

（10）制作自己的成长记忆录（从小学、初中、高中、大学，你能找到的都拼起来吧，美女/帅哥变形记）；

（11）制作我和我的班级；

（12）制作寝室生活片断。

【训练要求】

每名学生至少选择一个任务，要求学生能够认真完成任务，有所创新。

【温馨提示】 此部分内容训练，需要注意两个问题。一是内容选择上，主题要鲜明，内容要健康向上，画质要清晰，节目有内在联系，逻辑性强，有主次之分。最好是学生自己动手拍摄的，可以额外加分，既锻炼学生的摄影技巧，又能够提高学生的创作能力、编导能力。二是制作的平台选择，下大工夫寻找适合自己内容设计的网络平台电子相册模板或软件，制作完成后上载到网络。

【验收方法】

教师可适当进行操作示范，学生根据操作步骤进行操作，并把制作好的作品发给老师。课堂上，教师组织学生分析作品质量情况，存在优缺点。教师点评、分析出现的问题并总结。课后，学生将作品分析材料交给教师。

1.5.3　制作电子相册

热爱生活的人，都喜欢利用照相机把平时的美好瞬间留下来，闲暇时候打开相册看一看，别有一番感觉。下面介绍如何把照片制作成电子相册。

【准备知识】

（1）选择需要的电子相册制作软件，推荐使用美图秀秀、佳影 MTV 电子相册或者数码大师。

（2）下载这些制作电子相册的软件并安装、注册。

（3）进入编辑之前要准备好需要制作的图片、音乐、想好需要填写的文字及片头名称等信息。

（4）还要准备好 DVD 光盘，制作后刻录使用。若不刻录，可准备其他介质以便携带数据节目。

利用佳影 MTV 电子相册、数码大师或者美图秀秀，可以将图片、音乐、相框、滚动文字快速结合，制作出精美的电子相册。并能够将视频相册保存为 DVD、SVCD 和 VCD 格式，上传到网站。

【案例 9】利用佳影软件制作电子相册

【具体操作】

（1）下载电子相册制作软件，在搜索引擎中输入“电子相册软件”或“倍亲回忆精灵”字样搜索。下载的制作软件有各种说明，如软件功能、作用、操作方法，而且很多都是免费的，选择个人认为适合的即可。

（2）选择佳影 MTV 电子相册制作软件，单击进入软件界面后，有很多种主题式电子相册软件，如旅游专题、婚庆专题、宝宝专题等。选择第一个类型“倍亲回忆精灵 V4.6.6 制作电子相册软件”，如图 1-53 所示，并打开下载页面，选择下载地址，右击“本地高速下载”选择“目标另存为（A）”或者右击选择“使用迅雷下载”项目皆可，如图 1-54 所示。

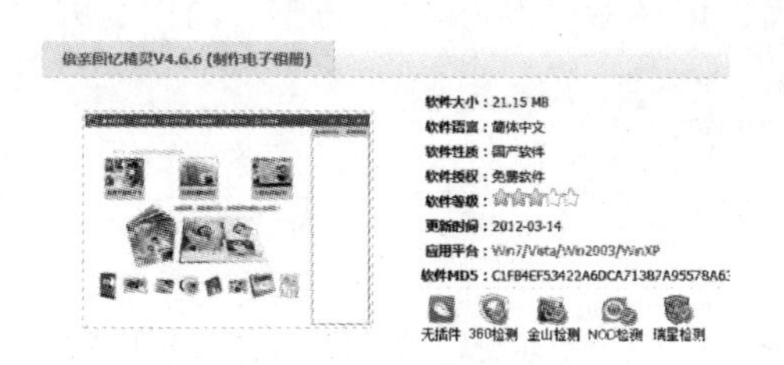

图 1-53　电子相册制作软件

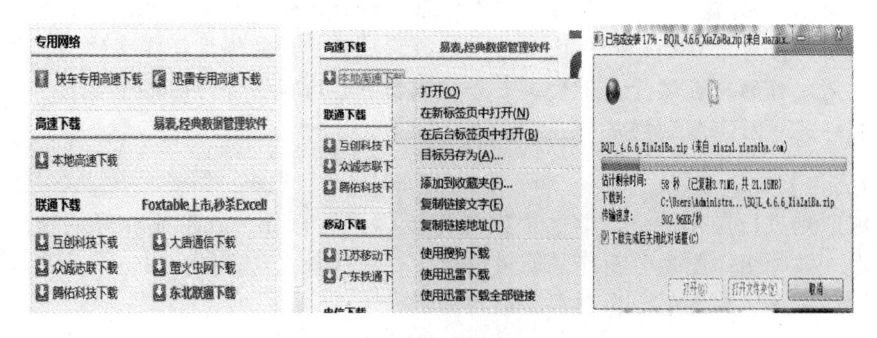

图 1-54　下载电子相册制作软件

（3）把下载好的电子相册软件解压，解压前和解压后图标对比，如图1-55所示。

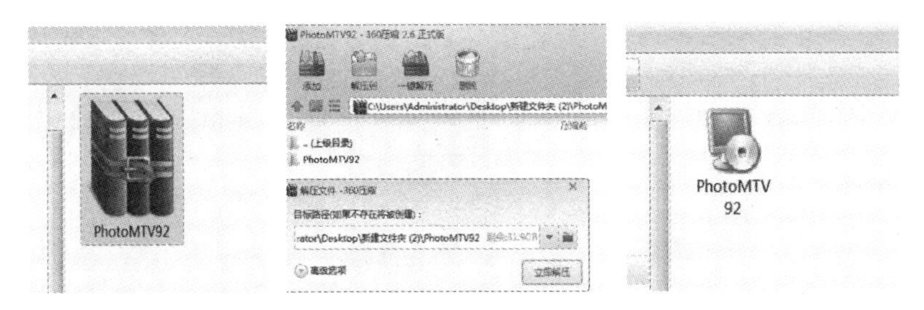

图1-55 解压电子相册制作软件

（4）按照软件提示信息进行安装，如图1-56所示，单击“完成”按钮退出安装系统。

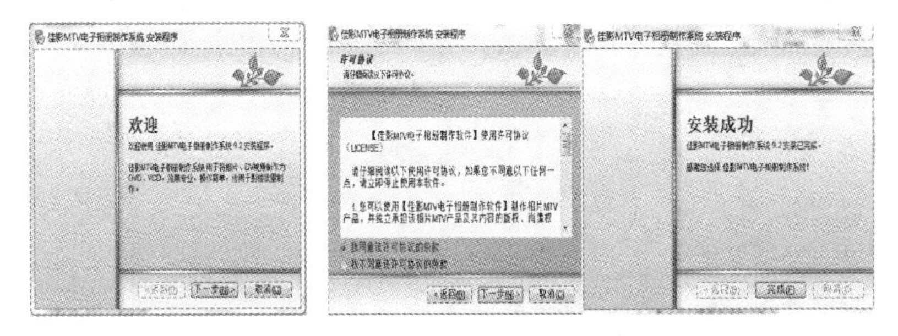

图1-56 电子相册软件安装截图

（5）软件安装完成后，桌面会显示两个图标，一个是操作演示图标、一个是软件运行图标，如图1-57所示。双击“佳影MTV”图标打开软件，进行相关信息设置与测试，软件界面如图1-58所示。

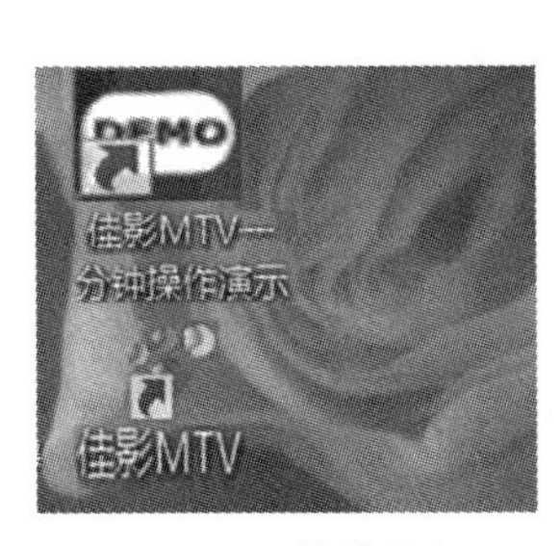

图1-57 软件图标

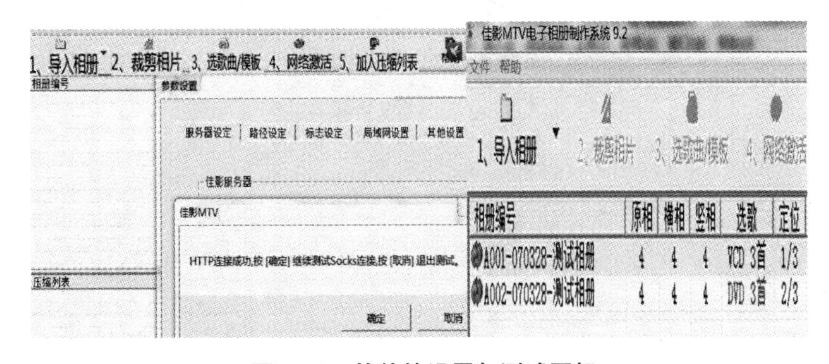

图1-58 软件的设置与测试图标

（6）现在开始编辑，第一步单击导入相册，查找要制作的相册照片依次导入软件，如图1-59所示。

（7）第二步修整照片，可以放大局部或改变照片布局，然后单击“保存”按钮。黄色框可以更改照片的横幅或竖幅，如图1-60所示。单击生成图像按钮，生成制作好的图片，如图1-61所示，生成结束后单击“关闭”按钮，关闭图像修整对话框。

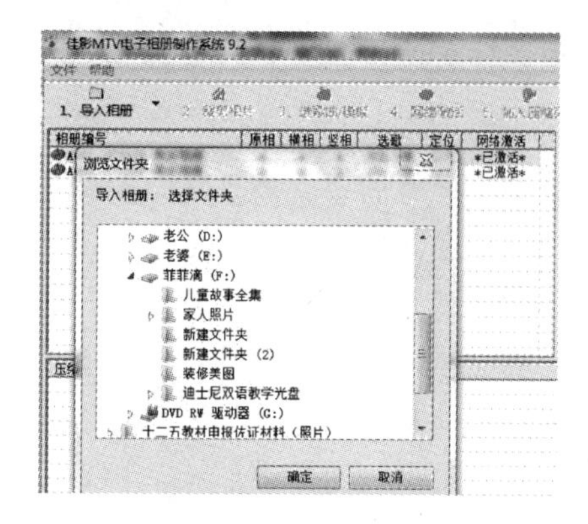

图 1-59 导入相册截图

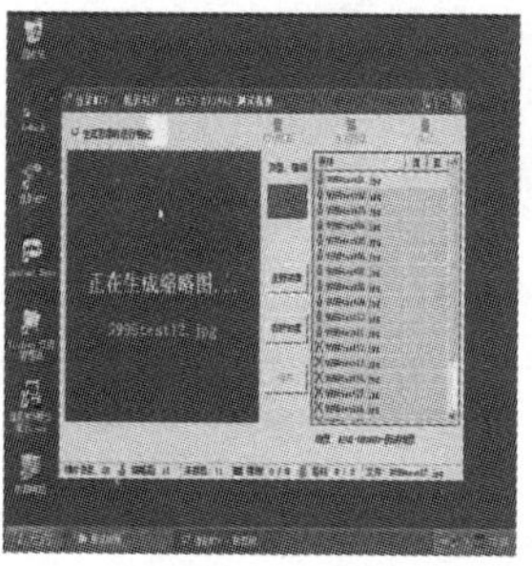
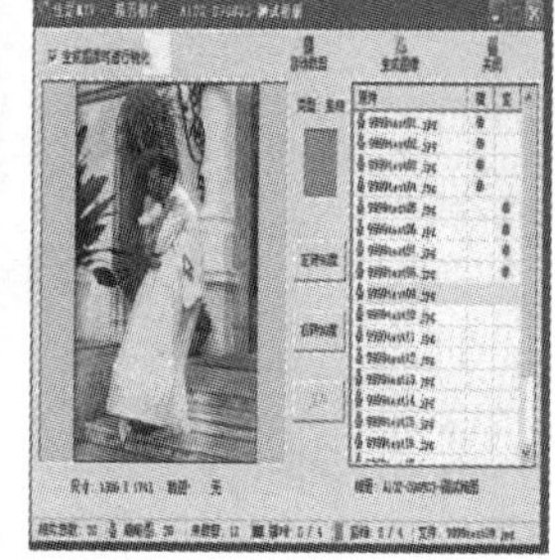

图 1-60 修整照片截图

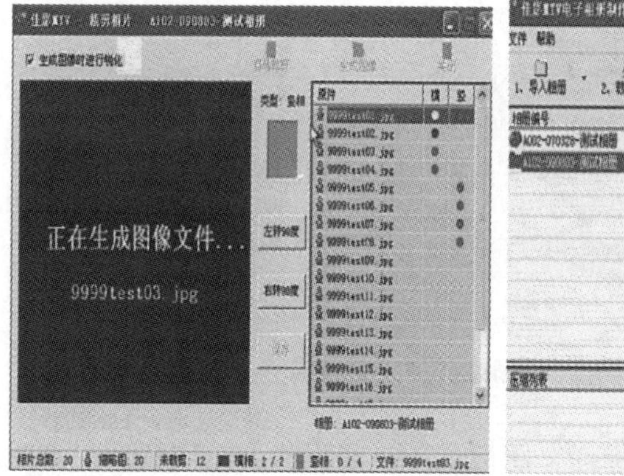

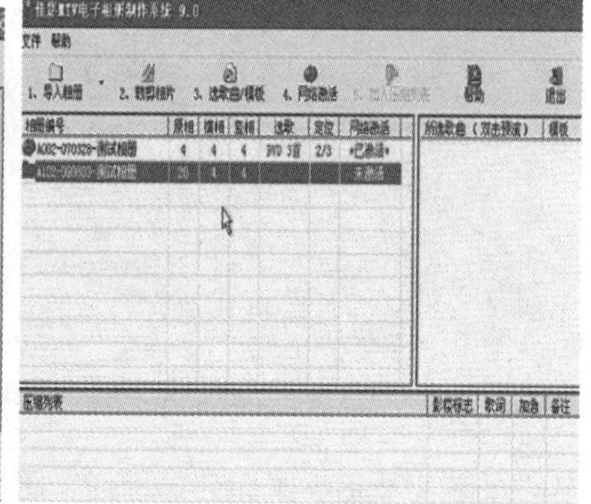

图 1-61 图像生成截图

（8）第三步选择歌曲和模板，给相册搭配歌曲并选择理想的模板，如图 1-62 所示。

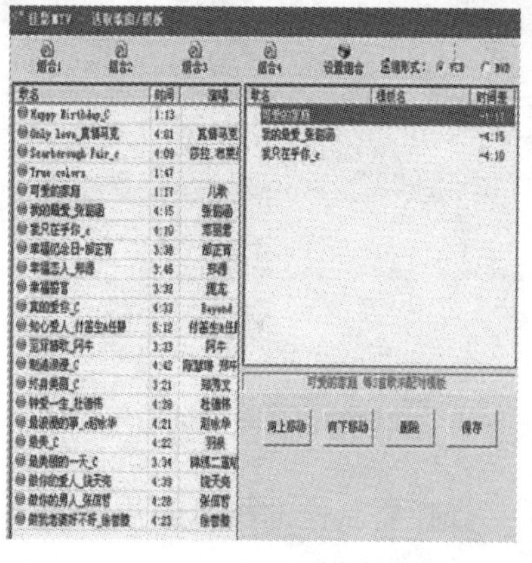

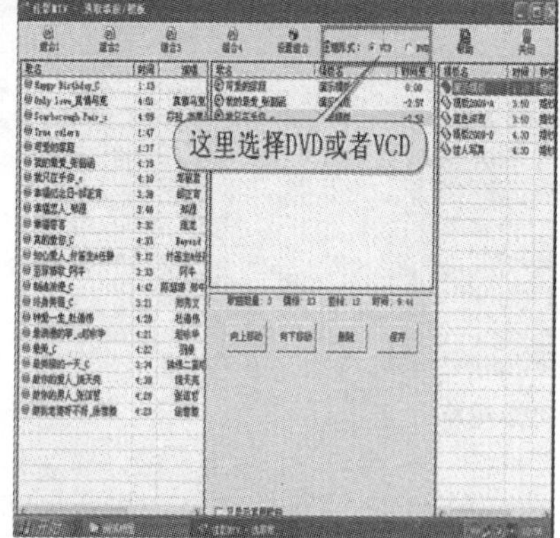

图 1-62 模板与音乐搭配截图

（9）第四步选择网络激活，如图 1-63（a）所示加入压缩列表。单击窗口左下方开始压缩按钮，如图 1-63（b）所示。压缩好的文件可上传到网络，也可以直接刻录成 DVD 或者 VCD 光盘，如图 1-63（c）所示。

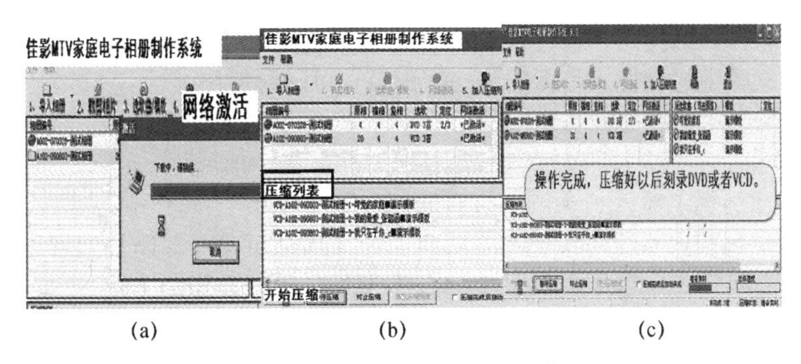

(a) (b) (c)

图1-63 网络激活与压缩文件截图

这样一部好看的电子相册就制作完成了。如果有兴趣还可以尝试使用美图秀秀制作另一部精美的电子相册！

【温馨提示】 由于软件经常改版、更新，有些模板会根据软件更新、升级而改动操作步骤和特效。但所有的电子相册制作模式大体相同，同时还可以利用电子相册制作软件编辑视频节目。

【训练任务】

制作下列相关内容的节目，题目自拟，方法不限。

（1）制作幽默生活小片段电子相册或视频；

（2）制作节日聚会电子相册或视频（春节、劳动节、儿童节、中秋节或国庆节等假日小聚等）；

（3）制作旅游纪实片或电子相册；

（4）制作同学会（初中、高中、大学、培训班的好朋友）电子相册或视频；

（5）制作郊游电子相册或视频；

（6）制作姐们幸福时光（闺蜜、死党、寝室好友的欢乐回忆）电子相册或视频；

（7）制作生日会电子相册或视频；

（8）制作摄影佳作集合（选择你认为好的摄影作品，集合成册）电子相册；

（9）制作幸福一家人电子相册或视频；

（10）制作甜蜜时光电子相册或视频。

【训练要求】

每名学生至少选择一个任务，要求学生能够认真完成任务，有所创新。

【验收方法】

教师可适当进行操作示范，学生根据操作步骤进行操作，并把制作好的作品发给老师。课堂上，教师组织学生分析作品质量情况，存在优缺点。教师点评、分析出现的问题并总结。课后，学生将作品分析材料交给教师。

1.5.4 美图秀秀在线制作照片

掌握利用网络上的在线软件制作电子相册。学习给电子相册配置解说、字幕、背景音乐，设置转场和添加特效等内容。

【准备知识】

在线制作软件与下载的软件区别在于，在线制作软件只能在网络上使用，当关闭网络或网页时，该软件即刻关闭，若还需使用软件编辑其他电子相册，则需重新查找该地址。而下载到本地电脑中的软件，只需安装一次即可，可随时使用。

【案例 10】利用美图秀秀制作相册

【具体操作】

（1）在搜索引擎中输入“美图秀秀在线制作照片”。

（2）单击出现的搜索项“美图秀秀网页版—在线制作图片及图片处理工具”。网页版美图秀秀有三个向导，分别是美化图片、人像美容、拼图，如图 1-64 所示。根据制作需要选择相应的向导处理、美化需要制作成电子相册的照片。单击“美化图片”向导，弹出对话框，选择“打开一张图片”进入图片编辑界面，如图 1-65 所示。

图 1-64 美图秀秀网页版

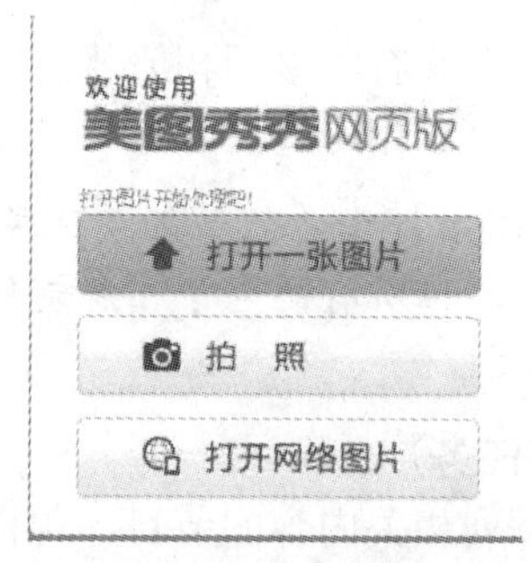

图 1-65 美化图片向导截图

美图秀秀网页版制作页面如图 1-66 所示，有“打开图片”、“美化图片”、“人像美容”、“拼图”、“动画”和“保存与分享”6 个菜单栏。在编辑界面的左侧，是调整照片的各种修整工具，包括人物磨皮处理、亮度、对比度、旋转、剪切等工具。其他相应的文字、特效、边框等信息也都在页面左侧显示，操作方便。

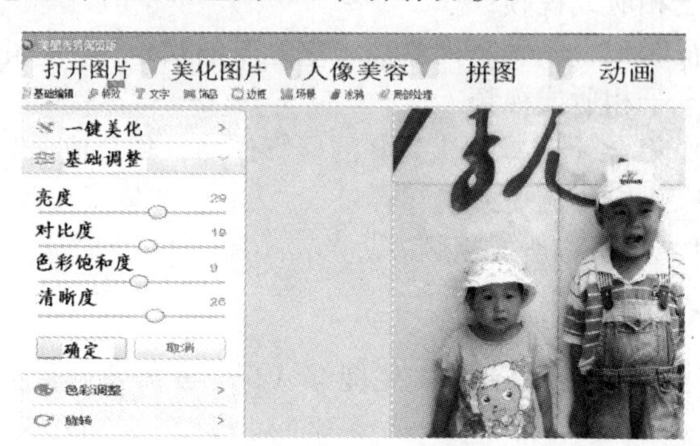

图 1-66 美图秀秀网页版编辑界面

（3）基础编辑。根据照片需要，在基础编辑菜单中选择人像美肤、亮度、色彩、清晰度等进行参数值调整，如图 1-67 所示，使照片看起来更为美观。

（4）特效设计。选择“特效”菜单，根据需要调试各种风格不同的效果，如图 1-68 所示。这些特效使得照片看起来更具艺术感染力。

（5）文字编辑。给照片添加适当的文字说明，可利用静态文字、文字模板或漫画文字，为照片添加个性的文字说明，如图 1-69 所示，使得画面更加具有趣味性和个性。

（6）饰品设计。给照片添加各种饰品，可选择适当的饰品使照片看起来更萌、更美、更帅，如图 1-70 所示，选择的饰品可随意放大、缩小和删除。

图 1-67　基础编辑面板

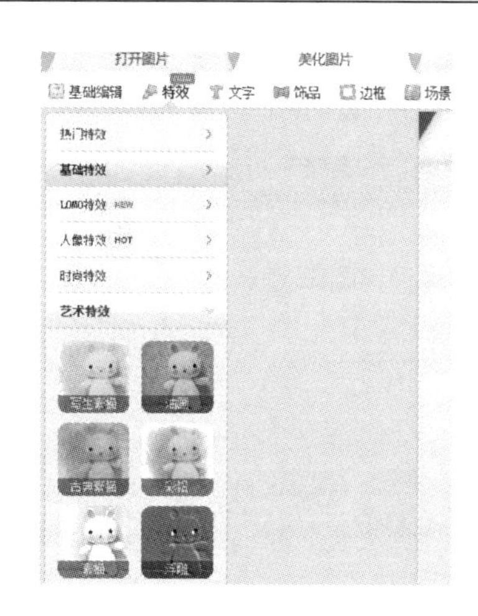

图 1-68　特效编辑面板

图 1-69　文字编辑面板

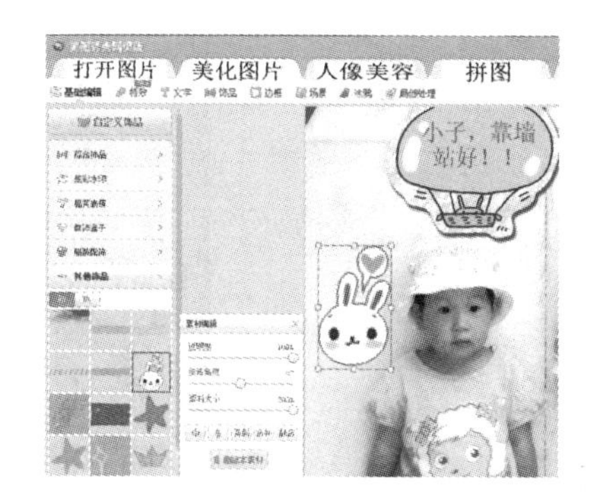

图 1-70　饰品编辑界面

（7）给照片添加个性边框（如图 1-71（a）所示）及场景（如图 1-71（b）所示）。

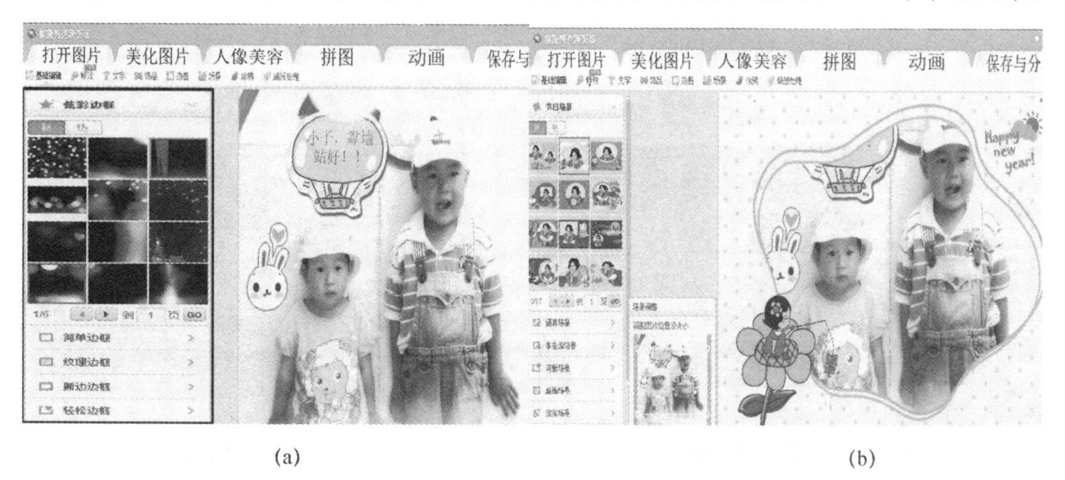

(a)　　　　(b)

图 1-71　边框及场景编辑界面

（8）在涂鸦中，还可以给照片加上马赛克，如图 1-72 所示。

（9）人像美容的处理，使得照片更具魅力，如图 1-73 所示。电子相册绝大多数都是人物留念类照片，所以很多编者都喜欢人像美容，让照片中的人物看起来更美、更帅。

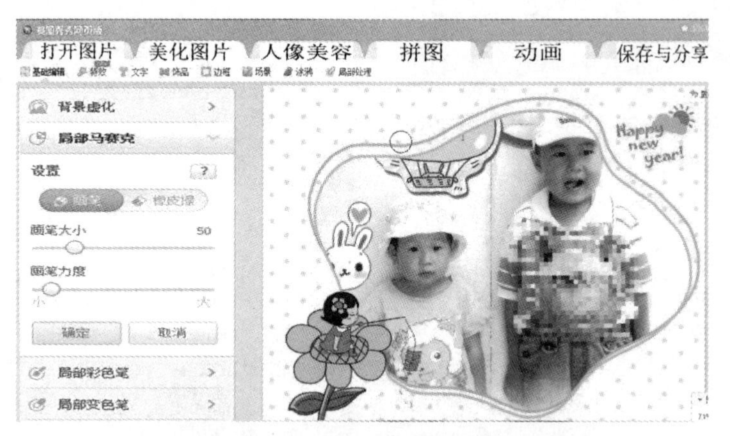

图 1-72 设计马赛克效果图

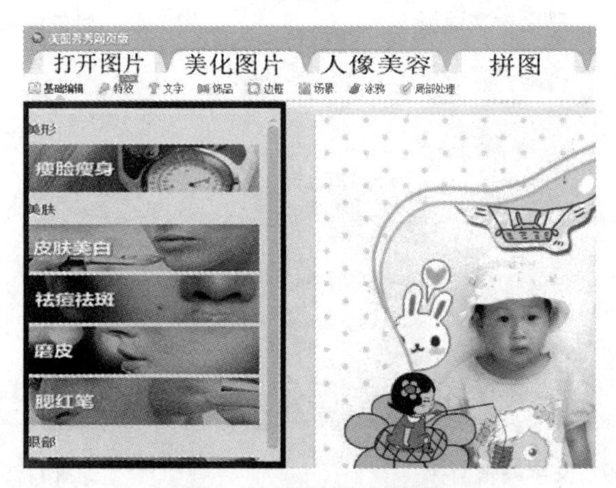

图 1-73 人像处理界面

（10）拼图，选择适合的拼图图片、背景和边框。制作精美的相册拼图，如图 1-74 所示。

（11）为相册设置动画，如图 1-75 所示。

图 1-74 拼图效果截图

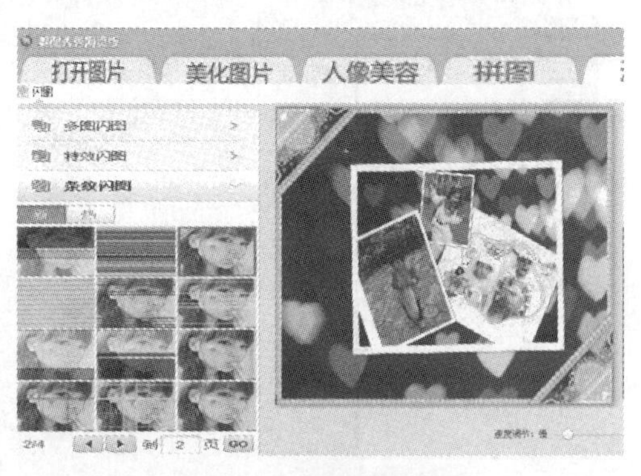

图 1-75 动画设置截图

（12）最后，为相册命名保存到电脑中。

【温馨提示】 网页类制作软件，更新、改版较快。实时的特效更加个性，操作简单、快捷。不足的是调整能力有限。若要更加灵活的图片处理功能和人性化设置，则需要下载软件安装使用。

【训练任务】

制作下列相关内容的节目，题目自拟，方法不限。

（1）制作宠物集锦；

（2）制作小温馨（见证幸福的时刻，你的、我的或者她的友情、亲情、爱情）电子相册；

（3）制作自拍集锦电子相册；

（4）制作初恋留念电子相册；

（5）制作自己的成长记忆录电子相册；

（6）制作我的涂鸦（美术作品、音乐练习纪念照等，经历过的足迹）电子相册。

【训练要求】

每名学生至少选择一个任务，要求学生能够认真完成任务，有所创新。

【温馨提示】此部分内容训练，需要注意两个问题。一是内容选择上，主题要鲜明，内容要健康向上，节目有内在联系，逻辑性强。二是制作的平台选择，寻找适合自己设计内容的网络平台电子相册模板或软件，制作完成上载到网络。

【验收方法】

教师可适当进行操作示范，学生根据操作步骤进行操作，并把制作好的作品发给老师。课堂上，教师组织学生分析作品质量情况，存在优缺点。教师点评、分析出现的问题并总结。课后，学生将作品分析材料交给教师。

本节知识总结

理论要点

1. 了解网络下载视频电影、音乐、视频等资源的要求和步骤。
2. 了解网络平台中各类视频、音频文件格式的特点和使用方法。
3. 掌握下载土豆网、新浪播客、优酷网等播客的视频文件的方法。
4. 了解视频模板制作家庭电子视频或电子相册的原则。
5. 掌握网络平台在线软件制作家庭视频节目或电子相册的功能和步骤。

技术把握

1. 掌握网络下载电影、音乐、视频等资源的方法和技巧。
2. 熟练掌握下载土豆网、新浪播客、优酷网等播客的视频文件技巧。
3. 掌握利用网络平台，上载、制作家庭电子相册。
4. 掌握软件版电子相册的制作技巧。
5. 掌握网页在线制作电子相册的技巧。

操作要点

首先，掌握网络下载电影、音乐、视频等资源的方法和技巧。能够依据个人审美观处理各类图片，并增添各类效果，如边框、花纹、滤镜、转场等效果。还能够为视频相册添加字幕、音乐、解说、片头、时间说明等必要信息。

其次，掌握下载土豆网、新浪播客、优酷网等网络平台的视频文件方法或技巧，了解并掌握大型文件的存放和格式转换等问题。

最后，尝试学会运用网页在线软件制作电子相册并添加各类美化效果和滤镜。掌握软件版电子相册的制作技巧，并了解该款软件的改版、升级和更新情况。

注意事项

本节的讲授内容是利用网络平台制作各类电子相册和家庭视频，在制作的过程中，要保持网络的畅通，如果网络在制作过程中中断，就需要重新制作，非常麻烦。

对视频、音频文件的选择和利用要合理，了解各类文件的功能和作用。掌握不同编辑软件生成各自不同文件之间的关系，能够合理利用，制作出精良的节目。

本节训练

1. 举例说明娱乐类软件、专业类软件、广播电视类制作软件有哪些。
2. 尝试下载几部过瘾的动作、科幻、爱情大片。
3. 下载一款家庭电子相册制作软件。
4. 分享和上载一部做好的经典、幽默、搞笑、怪伽的电子相册到网络上。

想一想，写下本节感兴趣的知识内容吧！

____

____

____

____

1.6 模拟训练

本节实战技巧训练，教师可以带领学生一起操作，也可以作为教师实训项目任务让学生独立或分组完成，列举一些生活中常见的案例和制作准备，通过这些实战训练，使学生能够清晰地了解制作家庭娱乐类视频节目、专业类视频节目都需要拥有哪些知识准备和技巧能力。同时，在训练制作的过程中，锻炼学生们的协作精神及创新能力，懂得与他人分享、分担成果和责任。了解除了工作之外还有很多伙伴和其他值得珍惜的东西。

1.6.1 生活片剪辑训练

(一) 实训目的

熟悉软件的操作界面，掌握软件的使用方法，增强创新节目制作能力。强化软件学习的牢固性，提高节目剪辑组接能力和后期制作技巧。

(二) 实训内容

【准备知识】

1. 剪辑原则

视频剪接是为了将所拍摄的素材串接成节目，最大限度地表现节目的内涵，突出和强化拍摄主体的特征，来增强节目的魅力和感染力。然而，在对素材进行剪接加工的过程中，必须要符合剪辑规律。当然，为达到某些艺术效果的情况除外。

（1）突出主题

突出主题，合乎思维逻辑，是对每一个节目剪接的基本要求。在剪辑素材中，不能单纯追求视觉习惯上的连续性，而应该按照内容的逻辑顺序，依靠一种内在的思想实现镜头的流畅组接，达到内容与形式的完善统一。

（2）注意遵循“轴线规律”

轴线规律，是指组接在一起的画面一般不能跳轴。镜头的视觉代表了观众的视觉，它决定了画面中主体的运动方向和关系方向。例如，在拍摄一个运动镜头时，不能是第一个镜头向左运动，下一个组接的镜头向右运动，这样的位置变化会引起观众的思维混乱。

（3）要动接动，静接静

在剪辑时，前一个镜头的主体是运动的，那么组接的下一个镜头的主体也应该是运动的；反之，如果前一个镜头的主体是静止的，组接的下一个镜头的主体也应该是静止的。

（4）景别的变化要循序渐进

镜头在组接时，景别跳跃不能太大，否则就会让观众感到跳跃太大、不知所云。因为人们在观察事物时，总是按照循序渐进的规律，先看整体后看局部。在全景后接中景与近景逐渐过渡，会让观众感到清晰、自然。

景别是指由于摄影机与被摄体的距离不同，而造成被摄体在影视画面中所呈现出的景物范围大小的区别。景别的划分，以成年人为例一般可分为五种，由近至远分别为特写（人体肩部以上）、近景（人体胸部以上）、中景（人体膝部以上）、全景（人体的全部和周围背景）、远景（被摄体所处环境）。没有人物的镜头，叫空镜头。在电影中，导演和摄影师利用复杂多变的场面调度和镜头调度，交替地使用各种不同的景别，可以使影片剧情的叙述、人物思想感情的表达、人物关系的处理更具有表现力，从而增强影片的艺术感染力。

景别越大，环境因素越多；景别越小，强调因素越多。

景别的选择应当和影片实际相结合，服从每部影片的艺术表现要求，要努力把风格同内容结合起来，使每个镜头都能够统一在完整的叙述中。

（5）要注意保持影调、色调的统一性

影调是针对黑白画面而言，在剪接中，要注意剪接的素材应该有比较接近的影调和色调。如果两个镜头的色调反差强烈，就会有生硬和不连贯的感觉，影响内容的表达。

（6）注意每个镜头的时间长度

素材镜头保留或剪掉的时间长度，应该根据前面所介绍的原则，确定每个镜头的持续时间，该长则长，该短则短。画面的因素、节奏的快慢等都是影响镜头长短的重要因素。

2. 镜头的运用

影视镜头语言是多种多样的，根据影视内容和表现人物性格的需要而使用不同的镜头。摄影机从开拍起到停止拍摄，这一片段叫做一个镜头。从第二次开拍到再停止就算第二个镜头。一般地来说，电影镜头有下列几种。

（1）拉镜头。它的作用是为了让观众在看清楚某一重点的基础上，由点到面，认识人物和环境，局部和整体的关系。拉镜头使人产生宽广舒展的感觉。例如，故事片《苦菜花》中的第一个镜头，首先出现的是一朵盛开的苦菜花的特写镜头，然后又出现一只小手伸入画面采摘，但观众却看不到人物，也不知道是谁的手，这时镜头拉开了，观众才看到是曼子在欣喜地挖出苦菜花。这种拍摄方法，就叫做拉镜头。

（2）移镜头。顾名思义，就是镜头始终是跟随一个在行动中的表现对象进行拍摄，以便连续而详细地表现他的活动情形，或在进行中的动作和表情。

（3）摇镜头。这是指摄影机放在固定位置，向左右环顾，摇摄全景，或者跟着拍摄对象的移动进行摇摄。它常用于介绍环境或突出人物行动的意义和目的。

（4）推镜头。是指被摄人位置不动，只移动摄影机推成近景或特写镜头。同一个镜头内容，缓慢地推近，给人以从容，舒展和细微的感受；快推则会产生紧张、急促、慌乱的效果。推拍，可以引导观众更深刻地感受人物的内心活动，加强气氛的烘托。

（5）主观镜头。是将电影的镜头当做剧中人物的眼睛来观察和表达客观事物的，它可以模拟感觉、渲染气氛。主观镜头比较普遍的是用来表现人物在特殊情况下的精神状态，也常用来反映人物的幻觉、想象，这在电影中是经常出现的。同时，对于刻画人物性格也有突出的作用。例如，故事片《小花》的开头，有一段小花寻找哥哥的回忆镜头，她先用奔跑的镜头，引出当年的小花，又用喊哥哥的声音回到了现实，处理得自然流畅，产生较强的艺术效果。

（6）空镜头。这种镜头，以具体的视觉形象（即画面）表明一定的时间、地点，没有人物，没有语言，只表现具有一定寓意的自然景物和气氛的场面。如山、水、海、青松、花草、白云、月亮、飞鸟等。它是使电影富有诗情画意的重要手段，从而造成宽广、深邃的意境。

（7）俯仰镜头。俯仰镜头可分为俯镜头和仰镜头。俯镜头除鸟瞰全景之外，还可以表现阴郁、压抑的感情，一般起贬义的作用。仰镜头为瞻仰景，在感情上起着褒意的作用。

（8）升降镜头。升降镜头一般用于大场面的拍摄，它能够改变镜头视角和画面空间，有助于戏剧气氛和效果的渲染。

（9）综合性镜头。综合性镜头，指镜头的运动方式是多种多样的。有时为了使电影更充分、更突出地表现某一情节，往往在一个电影镜头里，将推、拉、升、降、摇、移等镜头结合在一起使用。它为画面造成正、侧、仰、俯、平等各种不同的镜头角度，既能表现环境的全貌，又能表现某个特定人物的近景，以及人物与人物之间的关系，使电影更加富有表现力。因此，电影镜头既可以单独使用，又可以结合、交织在一起使用，这种镜头也称为长镜头。

（10）变焦距镜头。它是指摄影机的位置不变，通过安装在影机内的变焦距镜头的焦距变化，使拍摄对象在不改变与摄影机的距离的条件下，加速或匀速地拉远或推近，带来一定的节奏。

3. 镜头的选择

镜头的选择，是成功的关键。一部好的作品，镜头的选择一定要与众不同，不但需要审美功底、艺术眼光，还要能够设计好的镜头。选择镜头需要把握以下几点内容。

（1）选择符合作品主题的镜头。

（2）选择能够有效表达作品内容的镜头。

（3）选择符合作品整体风格的镜头。

（4）选择影像质量好的镜头。

（5）镜头选择注意多景别、多角度、多视点，避免重复。

4. 剪辑点的确定

视频节目编辑中，何时需要更换镜头，更换何种镜头，都有一定的剪辑原则，这些原则是根据人的心理需求和视觉规律总结出来的，运用剪辑原则编辑的影片，剧情更加流畅，叙事更加完整和紧凑。

（1）叙事剪辑点

以看清画面内容所需的时间长度为依据确定剪辑点，确保叙事的完整流畅。

（2）动作剪辑点

以画面的运动过程，包括人物动作、摄像机动作、景物活动等为依据，结合实际生活规律来连接镜头，使内容和主体动作的衔接自然流畅。

（3）情绪剪辑点

以心理活动和内在的情绪变化为依据，使思想或情绪的演变顺畅自然，并进一步激发观众的共鸣。

（4）节奏剪辑点

根据运动、情绪、事物发展过程的节奏，结合镜头的造型特征，通过镜头连接点的处理来体现快慢动静的对比。

剪辑与制作方法可以参考第2章第2、3节；第3章第2、3、4节；后期制作可参考第5、6章；家庭用户及初学者请参考第4章内容，以便更好地完成视频编辑；家庭用户及初学者后期特效制作参考第7章内容。

【训练任务】

制作下列相关内容的节目，题目自拟，方法不限。

（1）编辑儿童成长阶段电子相册或视频；

（2）制作生活甜蜜（和家人在一起的幸福时刻，一起K歌，一起郊游）电子相册或视频；

（3）制作同学聚会剪辑；

（4）创作MTV；

（5）制作家庭剧微电影（编导—拍摄—剪辑）；

（6）制作一部生活小插曲（生活小片段自拍）视频；

（7）制作一部家庭搞笑记录集（创意家庭搞笑集）视频；

（8）制作运动、娱乐纪实片；

（9）制作家庭健身操视频片；

（10）制作我爱广场舞生活（学广场舞健身并拍摄下来；为家人锻炼纪实，或记录一种舞蹈）纪实片；

（11）制作友人婚礼剪辑；

（12）制作幼儿园联欢会视频；

（13）制作舞蹈大赛实况（民族舞大赛、现代舞大赛、歌唱比赛等）视频；

（14）制作青春万岁（青春，我为你痴狂）电子相册或视频。

以上皆以制作电子相册任务实现制作技巧训练，可在编辑过程中，适当增加拍摄的视频内容，保证这些视频内容的作用是为节目增添特色，而非画蛇添足。

【训练提示】

选择训练任务后，可制作成电子相册或视频节目。

电子相册的制作，以自我拍摄的照片为主，利用网页在线制作电子相册软件或下载美图秀秀软件安装制作皆可。若有更新、更好版本的软件更佳，制作手段不限，看重制作技巧、制作过程、用心程度和作品最终效果。

视频节目制作，以自我拍摄的片段剪辑为主，利用会声会影、品尼高等家庭用编辑软件进行剪辑、添加特效、边框、滤镜、字幕、音乐和解说等内容的编辑制作。

【选材要求】

利用本教材中讲授的视频编辑软件和后期制作软件完成以上任务，可独立完成，也可与同学合作完成。选择其中一个项目任务在规定时间内完成。时长不限、题目自拟、最好配有字幕、音乐、解说、片头及片尾时间、说明等必要内容。图片和视频选择，以主题鲜明、内容健康、画质清晰、逻辑性强、风格鲜明、视角新颖、构思巧妙等素材为主。

脚本先行，制作前需要先设计文字策划方案及分镜头脚本，标明制作主题、风格、作品名称、时长及内容的故事简介等信息。

分镜头脚本编写的格式采用镜头运用技巧和文字、画面搭配形式，各类编写项目内容可自选，主要内容有镜头、解说词和画面，三项必不可少。当然，这种编写脚本的模式，也不是一成不变的。还可根据个人习惯，为了更好地拍摄制作，适当增加其他说明性内容。

军训纪实分镜头脚本编写模式参考如表 1-9 所示。

表 1-9　军训纪实分镜头脚本

镜头号	景　别	特　技	解说词	画　面
1	远景	黑场淡出	又是一年新生军训	军训方队全景画面
2	近景	切画面	新同学们都站在方队内，等待教官的命令	军训学生的半身画面

（三）实训要求

每一部作品要求故事的完整性，有开始、发展、高潮和结局。内在逻辑性强，无明显错误。节目画面整洁、镜头过渡自然、转场运用恰当、解说和背景音乐音量适中、无字幕错别字、字体大小合适、无色彩偏、后期效果好、剪辑符合生活规律。充分考虑人物神态、注重人物内心描写和动作刻画等。

（四）实训方法

教师可适当进行操作示范，学生根据操作步骤进行操作，把制作好的作品发给老师。课堂上，教师组织学生分析作品质量情况，存在优缺点。教师点评、分析出现的问题并总结。课后，学生将作品分析材料交给教师。

1.6.2　家庭 MV 的制作训练

（一）实训目的

掌握不同编辑软件的使用方法，能够综合运用多种编辑制作手法、熟悉不同软件之间的配合方式。增强创新节目的制作能力，强化各类编辑软件学习的牢固性，提高编辑方法和后期制作技术。

（二）实训内容

【准备知识】

蒙太奇（法语：Montage），原为建筑学术语，意为构成、装配。最早被延伸到电影艺术中，后来逐渐在视觉艺术等衍生领域被广为运用。

蒙太奇一般包括画面剪辑和画面合成两方面：画面剪辑是指由许多画面、图样并列或叠化而成的一个统一图画作品；画面合成是指制作这种组合方式的艺术或过程。电影将一系列在不同地点，从不同距离和角度，以不同方法拍摄的镜头排列组合起来，从而叙述情节、刻画人物。

当不同的镜头组接在一起时，往往又会产生各个镜头单独存在时所不具有的含义。例如，卓别林把工人群众赶到厂门的镜头，与被驱赶的羊群的镜头衔接在一起；普多夫金把春天冰河融化的镜头，与工人示威游行的镜头衔接在一起，就使原来的镜头表现出新的含义。每个镜头虽然只表现一定的内容，但组接一定顺序的镜头，能够引导观众的情绪和心理，启迪观众思考。

影片的蒙太奇包括声画蒙太奇和声声蒙太奇技巧与理论。

蒙太奇组接镜头与音效的技巧是决定一个成功影片的重要因素。在影片中的表现有以下几方面。

(1) 表达寓意，创造意境

镜头的分割与组合，声画的有机组合，相互作用，可以给观众在心理上产生新的含义。如果使用蒙太奇技巧和表现手法的话，就可以使得一系列没有任何关联的镜头或者画面产生特殊的含义。

(2) 选择与取舍，概括与集中

一部几十分钟的影片，是从众多素材镜头中挑选出来的。这些素材镜头不仅就内容、构图、场面调度上均不相同，而且连摄像机的运动速度都有很大的差异，有些时候还存在一些重复。编导就必须根据影片所要表现的主题和内容，认真对素材进行分析和研究，重新进行镜头组合，力求做到可视性的保证。

(3) 引导受众，激发联想

由于每一个单独的镜头只表现一定的具体内容，但组接后就有了一定的顺序可以严格地规范和引导、影响观众的情绪和心理，启迪观众进行思考。

(4) 创造银幕的时间概念

运用蒙太奇技术可以对现实生活和空间进行剪接、组织、加工和改造，使影视时空在表现现实生活和影片内容的领域极为广阔，延伸了银幕（屏幕）的空间，达到了跨越时空的作用。

(5) 形成节奏

蒙太奇技巧使得影片的画面形成不同的节奏，蒙太奇可以把客观因素和主观因素综合在一起，通过镜头之间的剪接，将视觉节奏和听觉节奏有机地组合在一起。

蒙太奇具有叙事、表意两大功能和三种类型，最基本的类型分别是叙事蒙太奇、表现蒙太奇和理性蒙太奇。第一种是叙事手段，后两种主要用以表意。

(1) 叙事蒙太奇

叙事蒙太奇由美国电影大师格里菲斯等人首创，是影视片中最常用的一种叙事方法。它的特征是以交代情节、展示事件为主旨，按照情节发展的时间流程、因果关系来分切组合镜头、场面和段落，从而引导观众理解剧情。这种蒙太奇组接脉络清楚、逻辑连贯、明白易懂。叙事蒙太奇又包括平行、交叉、颠倒、连续四种蒙太奇。

① 平行蒙太奇

平行蒙太奇常以不同时空（或同时异地）发生的两条或两条以上的情节线并列表现，分头叙述而统一在一个完整的结构之中。平行蒙太奇应用广泛，首先，因为用它处理剧情，可以删剪过程以利于概括集中，节省篇幅、扩大影片的信息量，并加强影片的节奏；其次，由于这种手法是几条线索并列表现，相互烘托，形成对比，易于产生强烈的艺术感染效果。如影片《南征北战》中，导演用平行蒙太奇手法表现敌我双方抢占摩天岭的场面，节奏紧张，扣人心弦。

② 交叉蒙太奇

交叉蒙太奇又称交替蒙太奇，它将同一时间不同地域发生的两条或数条情节线索迅速而频繁地交替剪接在一起，其中一条线索的发展往往影响其他线索，各条线索相互依存，最后汇合在一起。这种剪辑技巧极易引起悬念，造成紧张激烈的气氛，加强矛盾冲突的尖锐性，是掌握观众情绪的有力手法，惊险片、恐怖片和战争片常用此法造成追逐和惊险的场面。

③ 颠倒蒙太奇

颠倒蒙太奇是一种打乱结构的蒙太奇方式，先展现故事或事件的现在状态，然后再回去介绍故事的始末，表现为事件在概念上过去与现在的重新组合。颠倒蒙太奇常借助叠印、划变、画外音、旁白等转入倒叙。运用颠倒蒙太奇，打乱的是事件顺序，但时空关系仍需交代清楚，叙事仍应符合逻辑关系，事件的回顾和推理都采用这种结构。

④ 连续蒙太奇

连续蒙太奇是沿着一条单一的情节线索，按照事件的逻辑顺序，有节奏地连续叙事。这种叙事自然流畅，朴实平顺，但由于缺乏时空与场面的变换，无法直接展示同时发生的情节，难于突出各条情节线之间的对列关系，不利于概括，易有拖沓冗长、平铺直叙之感。因此，在一部影片中绝少单独使用，多与平行、交叉蒙太奇手法混合使用，相辅相成。

（2）表现蒙太奇

表现蒙太奇是以镜头排列为基础，通过相连镜头在形式或内容上相互对照、冲击，从而产生单个镜头本身所不具有的丰富含义，以表达某种情绪或思想。其目的在于激发观众的联想，启迪观众思考。表现蒙太奇又包括抒情、心理、隐喻和对比四种蒙太奇。

① 抒情蒙太奇

抒情蒙太奇是一种在保证叙事和描写连贯性的同时，表现超越剧情之上的思想和情感。最常见、最易被观众感受到的抒情蒙太奇，往往是在一段叙事场面之后，恰当地切入象征情绪情感的空镜头。如苏联影片《乡村女教师》中，瓦尔瓦拉和马尔蒂诺夫相爱了，马尔蒂诺夫试探地问她是否愿意永远等待他。瓦尔瓦拉一往情深地答道：“永远！”紧接着画面中切入两个盛开的花枝的镜头。盛开的花枝本与剧情无直接关系，但却恰当地抒发了作者与人物的情感。

② 心理蒙太奇

心理蒙太奇是人物心理描写的重要手段，它通过画面镜头组接或声画的有机结合，形象生动地展示出人物的内心世界，常用于表现人物的梦境、回忆、闪念，幻觉、遐想、思索等精神活动。这种蒙太奇在剪接技巧上多用交叉、穿插等手法，其特点是画面和声音形象的片段性、叙述的不连贯性和节奏的跳跃性，声画形象带有剧中人强烈的主观性。

③ 隐喻蒙太奇

通过镜头或场面的排列进行类比，含蓄而形象地表达创作者的某种寓意。这种手法往往将不同事物之间某种相似的特征突显出来，以引起观众的联想，领会导演的寓意和领悟事件的情绪色彩。运用这种手法应当谨慎，隐喻与叙述应有机结合，避免生拉硬套。

④ 对比蒙太奇

通过镜头或场面之间在内容（如贫与富、苦与乐、生与死，高尚与卑下，胜利与失败等）或形式（如景别大小、色彩冷暖，声音强弱、动静等）的强烈对比，产生相互冲突的作用，以表达创作者的某种寓意或强化所表现的内容和思想。

（3）理性蒙太奇

理性蒙太奇是指两个镜头的冲突会产生全新的思想。最早提出理性蒙太奇概念的是爱森斯坦。理性蒙太奇主要分为杂耍蒙太奇、反射蒙太奇和思想蒙太奇。运用了理性蒙太奇手法的典型电影作品是《十月革命》和《战舰波将金号》。

① 杂耍蒙太奇

杂耍蒙太奇是一个特殊的时刻，其间一切元素都是为了促使把导演打算传达给观众的思想灌输到他们的意识中，使观众进入引起这一思想的精神状况或心理状态中，以造成情感的冲击。这种手法在内容上可以随意选择，不受原剧情的约束，促使造成最终能说明主题的效果。如影片《十月革命》中表现孟什维克代表居心叵测的发言时，插入了弹竖琴的手的镜头，以说明其“老调重弹，迷惑听众”。

② 反射蒙太奇

反射蒙太奇是利用所描述的事物和用来作比喻的事物同处一个空间，它们互为依存，或是为了与该事件形成对照，或是为了确定组接在一起的事物之间的反应，或是为了通过反射联想揭示剧情中包含的类似事件，以此作用于观众的感官和意识。

③ 思想蒙太奇

思想蒙太奇是利用新闻影片中的文献资料重加编排表达一个思想，这种蒙太奇形式是一种抽象的形式，它只表现一系列思想和被理智所激发的情感。观众冷眼旁观，在银幕和他们之间造成一定的“间离效果”，这种效果完全是理性创作的结果。

2. 节目的特技处理

在视频节目制作过程中，如果增加一些特技效果，会使节目增色不少，看起来更具有品质和科技含量。可以从以下方面增加特技来提高节目的档次。

（1）亮度、对比度和画面层次的调整。

（2）色彩的调整，如色调的改变，色彩的替换等。

（3）画面几何变换，如水波纹、球面化等。

（4）运动效果调整，可以使一段画面像文字一样进行移动、缩放、翻转等。

（5）镜头切换之间，如转场、特技都能令节目新颖。

（6）片头、片尾，显示节目的层次和风格。

（7）故事的幽默、搞笑、高潮、低谷或故事关键时刻，可利用特技处理来增加技术感。

（8）节目导视、片花、推介片、宣传片等部分，可利用特技推广节目特色。

制作方法可以参考第 2 章第 2、3 节、第 3 章第 2、3、4 节，后期制作可参考教材第 5、6 章，家庭用户及初学者视频编辑请参考第 4 章内容，后期特效请参考第 7 章。

3. 声音蒙太奇

声音蒙太奇是指对声音的创作、选择和组接，声音蒙太奇是以声音的最小可分段落为时空单位进行剪辑的，主要通过语言、音乐、音响三条线的起伏错落来表现，三条线连贯、交替、补充共同形成节奏。

在画面蒙太奇的基础上进行声音与画面、声音与声音之间的各种从形式和关系的有机组合。在影视节目中声音与画面有机地结合，可以对画面起到补充、深化、烘托和渲染的作用，并赋予画面形象以更丰富的内涵力。正如画面蒙太奇一样，声音的排列组接可以产生含义，声音的不同组接顺序也可以表达不同的内涵，例如下面三组以声音为主的镜头：

1——会议室内鸦雀无声　　2——一人在演讲　　3——会议室内嘈杂

如果按照 1—2—3 的顺序组合，则可以说明是一场并不受欢迎的演讲；相反，如果按 3—2—1 的顺序排列，则可以说明演讲内容比较吸引人或者很精彩。可见，在认可画面创造性思维能量的同时，声音的创造性结构也能产生有意义的传达。声音在影视中的作用如下。

（1）声音的互相补充作用

当一种声音的表现力或感染力逐渐减弱时，转换或增加另一种声音，可以补充前一种声音力量的不足，并同前一种声音结合起来共同说明一定的问题。在影片《乡音》中，象征古老生活方式、缓慢节奏的油坊木撞声，和象征现代化快节奏生活方式的机器声；象征封闭落后的独轮车的吱吱声，和象征现代化的火车声的双重对比，都是声音互补的创造性运用。

（2）声音的互相转换

在某些场合，当声音不能增强画面的表现力，甚至限制画面的艺术表现时，往往用另一种格调的声音来替换，而产生新的魅力。例如，一个工地劳动的效果声逐渐转换为轻快的劳动号子的音乐旋律，就可以贯穿整个劳动场面，十分流畅。

（3）声音的互相对列

常用于表现环境气氛造成人物的内心情绪不一致的场合。在影片《烈火中永生》的开头，有一段重庆闹市区的镜头：乞丐伏在地上拾烟头，许多穿皮鞋、高跟鞋、皮靴的脚走过他身边，"高等华人"走向舞厅，报童叫卖声"……卖报！卖报！新民晚报……"，除了这种现场声外，画面还运用了表现处于闹市区的爵士乐声，构成双重空间。

（4）声音的混合运用

多个声源的声音与画面交织在一起后表达主题思想，其实现实生活中声音本来就是复杂和多样的。例如，可以用音响效果声替换人声来表现人物内心活动等。

（5）声音的主观运用

非写实声包括主观化声音、纯主观声音和纯写意声音三类，它们的运用使声画有机结合有了更进一步的发展。当写实声音以某种程度的主观化处理后，就成了主观化声音；纯主观声音常用于展示人物的内心世界，或者无法用写实声音说明的内容；最常见的纯写意声音是背景音乐。

声音蒙太奇组接主要的技巧手法有以下几种。

- 声音的切入、切出；
- 声音延续；
- 声音导前；
- 声音渐显、渐隐；
- 声音的重叠和声音转场。

声音的切入、切出与镜头组接中"切"的方式一样，就是一种声音突然消失，另一种声音突然出现。可进行特殊的时空转换。在声画合一的场合里，均采用声音的切入、切出技术进行声音转换。

声音的转场是一种当段落场景转换时，利用前一场景结束而后一场景开始时声音的相同或相似性，作为过渡因素进行前后镜头组接的声音蒙太奇方式。这种转场手法较为生动、流畅和自然。

总之，声音在电视节目的蒙太奇结构中起着承上启下的作用，同时，声音对画面的补充、深化、烘托和渲染作用也都是影视节目中不可或缺的重要部分。

【训练任务】

制作下列相关内容的节目，题目自拟，方法不限。

（1）制作一部生活纪录片（儿童、成人、老年人等的故事纪录片）；

（2）自制家庭剧微电影（策划—编导—拍摄—剪辑）；

（3）制作 MV 大串烧（充分利用蒙太奇的各类表现手法来制作节目）；

（4）制作清新 MV（风格统一）；

（5）制作幸福时光（利用蒙太奇技巧，以时光岁月为线索编辑）视频。

也可以按照视频节目分类进行任务训练，具体任务如下：

（1）制作新闻片（校园网络电视台播出的消息、新闻）；

（2）制作宣传片（可以是饮品、鞋帽、专业等的宣传片）；

（3）制作访谈类节目（校内专家、名师访谈，校外企业家、政界领导者、英雄等人物访谈）；

（4）制作微电影（设计自己的微电影或电视故事）；

（5）制作纪录片（跟踪拍摄，追访民间的传统文化）；

（6）制作娱乐片（仿娱乐节目制作个性节目，编导能力大体验）。

【选材要求】

利用本教材中讲授的视频编辑软件和后期制作软件完成以上任务，可独立完成，也可与同学合作完成。选择其中一个项目任务在规定时间内完成。时长不限、题目自拟、最好配有字幕、音乐、解说、片头及片尾、说明文字等必要内容。图片和视频选择，以主题鲜明、内容健康、画质清晰、逻辑性强、风格鲜明、视角新颖、构思巧妙等素材为主。

（三）实训要求

每一部作品都要求故事的完整性，有开始、发展、高潮和结局。内在逻辑性强，无明显错误。节目画面整洁、镜头过渡自然、转场运用恰当、解说和背景音乐音量适中、无字幕错别字，字体大小合适，无色彩偏差、后期效果好、剪辑符合生活规律。充分考虑人物神态、注重人物内心描写和动作刻画等。

要求实训中的每一名同学都需要认真记录笔记，按步骤操作。边操作边思考，发挥个性，有所创新。在实训中，能够互相团结，互相帮助，有集体荣誉感和上进心。

本次实训一次课不能够完成任务，需要配合多课时来完成，学时分配参考如表 1-10 所示。

表 1-10　各类视频节目制作学时分配一览表

项目任务	总 学 时	岗　　位	理　　论	实　　践	教学方法
新闻片	24～28	记者、编辑	10	14～18	任务驱动
宣传片	24～26	策划、后期	8	16～20	模拟、团队
访谈类节目	26	主持、采访	12	14	启发、协作
微电影	24～28	编剧、制片	10	14～18	创意、竞赛
纪录片	24	编导、摄录	8	16	项目教学
娱乐片	24	后期、主持	8	16	任务驱动

此表所设学时，可根据学生整体素质和个体差异而定，可适当调整个别节目制作任务总学时、理论和实践学时的长度。

【温馨提示】拍摄制作前的节目策划和分镜头脚本，需要教师严格把关，及时调整学生的策划方案和拍摄计划，保证学生节目制作任务训练可行、顺利、完整地完成。

（四）实训方法

教师可适当进行操作示范，学生根据操作步骤进行操作，把制作好的作品发给老师。课堂上，教师组织学生分析作品质量情况，存在优缺点。教师点评、分析出现的问题并总结。课后，学生将作品分析材料交给教师。

第 2 章　Adobe Premiere Pro 软件使用

2.1　Adobe Premiere Pro 软件概述

Adobe Premiere Pro 是美国 Adobe 公司出品的一款以视频编辑为主的非线性编辑软件，它是数码视频编辑的强大工具，涉及多媒体视频、音频编辑软件，能够协助用户更加高效地完成各项任务。

2.1.1　特点

Adobe Premiere Pro 以其合理化的操作界面和通用高端工具，兼顾了广大视频用户的不同需求，在普通的视频编辑工具箱中，提供了前所未有的生产能力、控制能力和灵活性。Adobe Premiere Pro 是一个能够创新，给人无限制作空间的非线性视频编辑软件，同时，也是一个功能强大的实时视频和音频编辑工具，是视频爱好者们使用最多的视频编辑软件之一。

2.1.2　功能介绍

Adobe Premiere Pro 不仅提供了一整套功能标准的数字视频编辑工具，而且还能够进行高级色彩校正增强视频效果；音频编辑拥有艺术级插件和其他 VST（Virtual Studio Technology）插件，轻松实现 5.1 环绕声的创建与制作；精确的关键帧控制可以细调视觉和运动特效；多摄像机编辑可以轻易迅速地编辑多机位拍摄的素材。Adobe Premiere Pro 具有广泛的硬件支持，不但支持价格便宜的用于 DV（Digital Video，数字视频）和 HDV（High Digital Video，高清晰数字视频）格式编辑的计算机，也支持用于采编 HD（High Definition，高清）格式的高性能工作站。

2.1.3　了解操作界面

Adobe Premiere Pro 软件的操作界面如图 2-1 所示。

图 2-1　软件的操作界面

1. 项目窗口

项目窗口用于对素材进行管理，这些素材包括：视频文件、音频文件、图形、静态图像和序列（Sequence01、Sequence02）文件。注意：在素材框中放置的素材只是素材的链接，当素材的链接被导入素材框后，素材在硬盘上存储的路径、名称不能被修改，否则 Adobe Premiere Pro 会认为素材丢失，所以在利用 Adobe Premiere Pro 工作前应该对素材在硬盘上的存储进行合理的管理，如图 2-2 所示。

图 2-2　项目窗口

2. 监视器窗口

（1）素材源监视器窗口用于观看素材，只要在项目窗口中双击要观看的素材，即可在素材源监视器窗口中打开观看（如图 2-3（a）所示）。此外，素材源监视器窗口还可以对素材进行剪切。

（2）节目监视器窗口用于观看时间线上的节目制作效果，如图 2-3（b）所示，观看时间线上的节目。

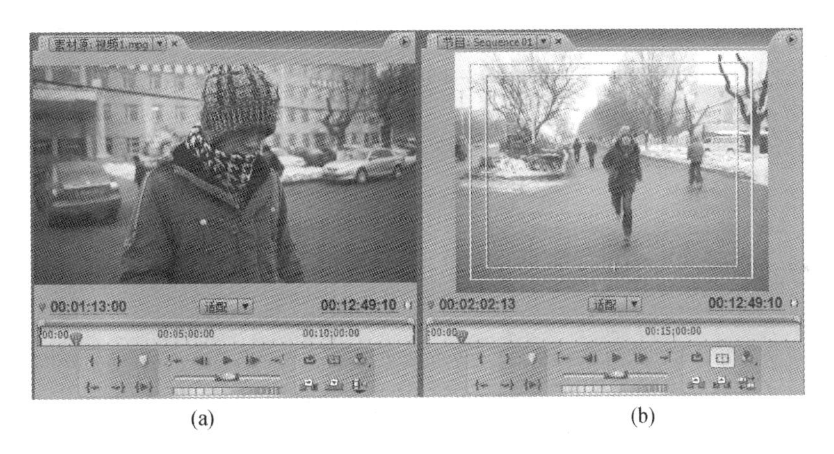

(a)　　(b)

图 2-3　监视器窗口

3. 时间线窗口

时间线窗口是完成剪辑工作的主要窗口。在时间线窗口上可以展开多个时间序列（Sequence01、Sequence02）对素材进行编辑。每个时间序列包含若干视频轨道和音频轨道。可以在项目窗口中新建时间序列，Adobe Premiere Pro 支持时间序列的嵌套，即时间序列可以当作素材来用，这样可以将完整的任务分解成若干易于处理的时间序列分别完成，然后进行整合，如图 2-4 所示。

4. 效果窗口

效果窗口包括预设、音频特效、音频切换效果、视频特效、视频切换效果；相应的文件夹下包含了众多的音频、视频转场特效、音视频特效，极大地改善了剪辑效果，如图 2-5所示。

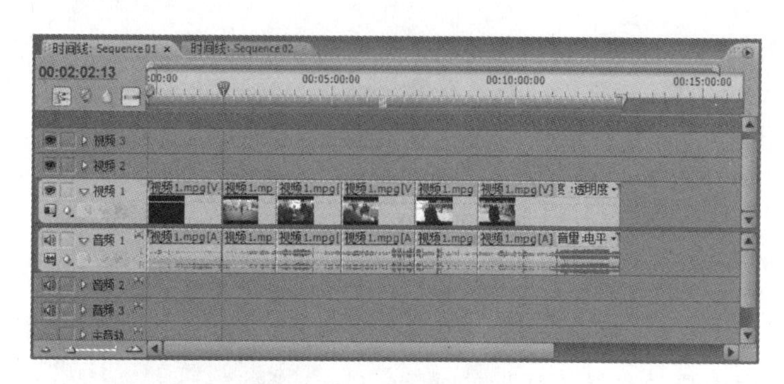

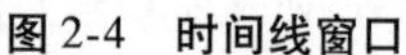
图 2-4 时间线窗口

图 2-5 效果窗口

5. 特效控制窗口

如果在时间线上选择任意一个剪辑点上的特效，在特效控制窗口中就会显示该剪辑的特效参数。视频素材（包括静态图形与图像）都具有一种或几种默认的特效，如视频和图像拥有的运动、不透明度、时间重置；音频素材具有音量控制特效。每种特效都可以随着关键帧的设置而发生变化。每次对视频、音频素材添加特效时，都会在特效控制窗口中显示特效参数，如图 2-6 所示。

6. 调音台窗口

时间线上每一个音频轨道都有一套控件，可以通过音量滑块和转动旋钮进行调节，如图 2-7 所示。

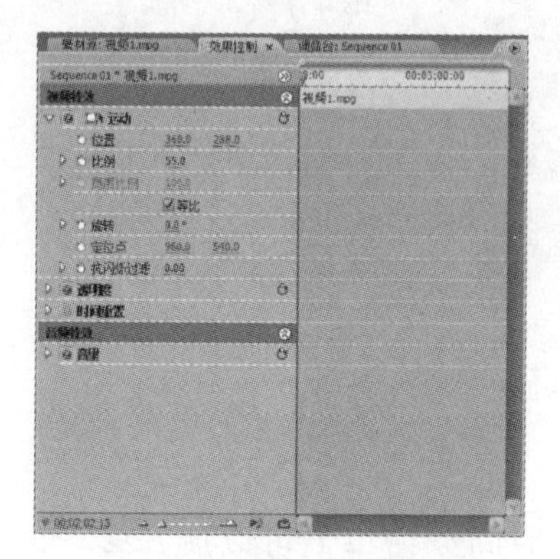

图 2-6 特效控制窗口

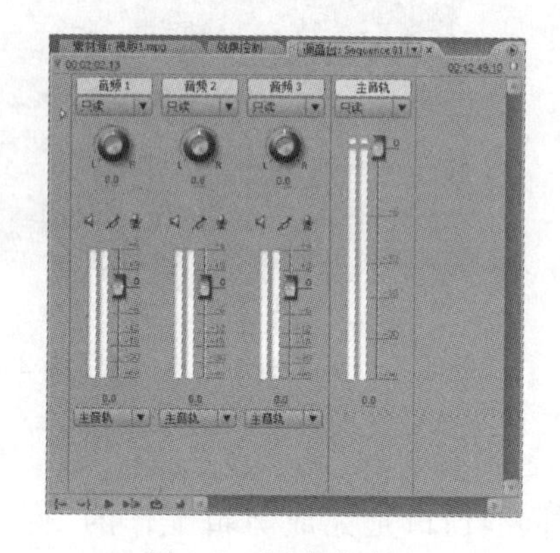

图 2-7 调音台窗口

7. 工具箱窗口

工具箱里包含各种编辑工具，如图 2-8 所示。

8. 信息窗口

信息窗口是对项目窗口中当前选取的素材、时间线序列中选取的素材或切换特效等信息进行快速显示，如图 2-9 所示。

9. 历史窗口

历史窗口对编辑过程中的每一步操作进行记录，并且可以撤销最近的操作，即当回到先前状态时，该点之前的所有操作步骤都被取消，如图 2-10 所示。

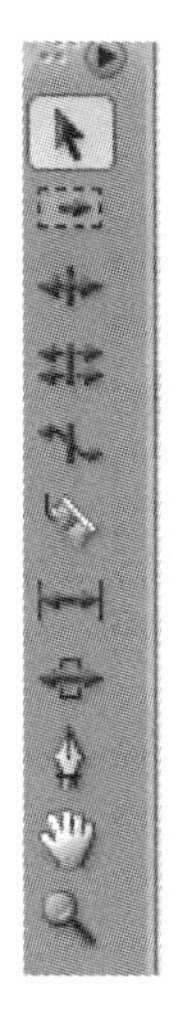

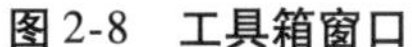

图 2-8　工具箱窗口

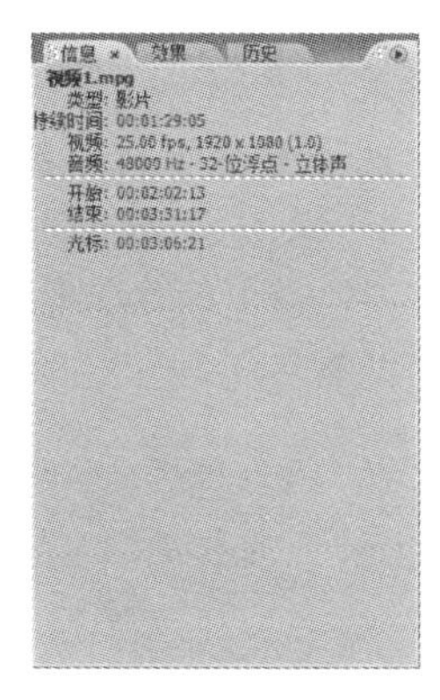

图 2-9　信息窗口

图 2-10　历史窗口

2.2　Adobe Premiere Pro 软件使用技巧

掌握 Adobe Premiere Pro 软件的使用技巧很简单，概括来说，学会了的视频素材的剪辑方法和原则、软件的转场设置和使用、滤镜的应用技巧、字幕的制作、解说和背景音乐的设置及其他使用功能，基本上就掌握了软件的使用技巧了。

2.2.1　快速掌握 Adobe Premiere Pro 软件的使用方法

【案例 1】婚礼剪辑

【准备知识】

利用网络查阅相关剪辑原则的知识内容，了解镜头与镜头之间的衔接方法。或者查阅第 1 章第 6 节模拟训练部分中的各类实训知识准备内容，以辅助接下来要做的镜头剪辑，更好地完成剪辑部分的学习。

【具体操作】

(1) 利用软件把视频采集到电脑中，并将素材导入到软件的项目窗口，如图 2-11 所示。

图 2-11　素材导入

【**温馨提示**】有两种办法可进行素材的导入。

方法一：

（1）打开“文件”菜单；

（2）在“文件”菜单中选择“导入”素材；

（3）在打开的“导入”对话框中选择需要导入工程的素材文件，如图2-12所示。

方法二：在项目窗口的空白处双击，直接打开素材导入窗口。

（2）将素材放置到时间线上的视频轨道1轨中，如图2-13中。

① 单击并把文件拖动至时间线上的视频1轨上，将素材左侧边缘与该轨的起点对齐；

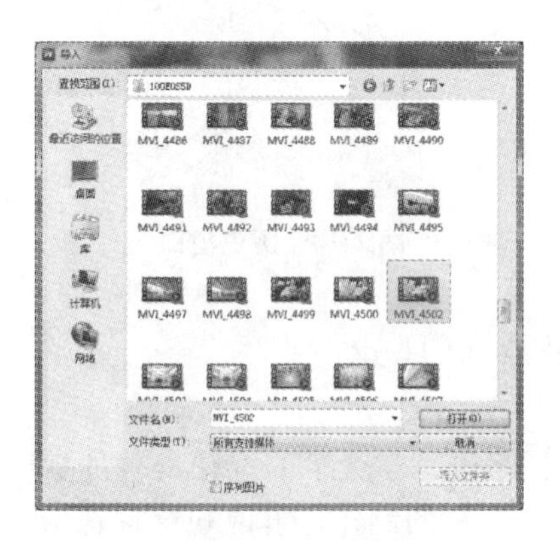

图2-12　导入窗口

图2-13　操作截图

② 按下空格键播放这段素材，可以在播放过程中利用节目监视器窗口进行素材浏览，再次按下空格键可以停止素材播放，时间指示器停留在当前帧，如图2-14、图2-15所示。

图2-14　播放截图

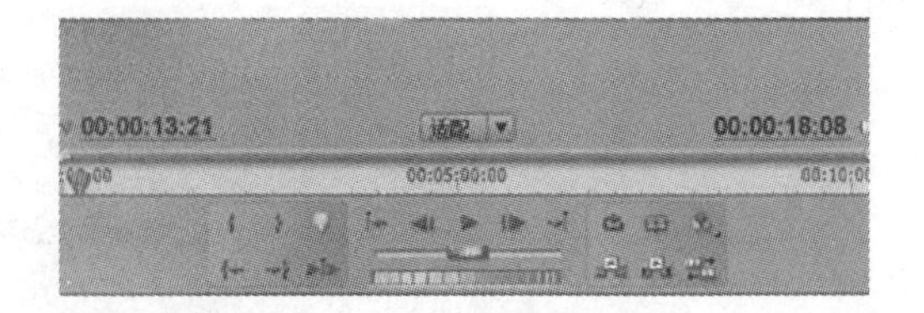

图2-15　播放截图

（3）选取图2-16工具箱中的剃刀工具，在选择好的剪辑点位置进行剪辑操作，如图2-17所示。利用鼠标选择要删除的素材，按键盘上的Delete（删除）键进行删除操作。

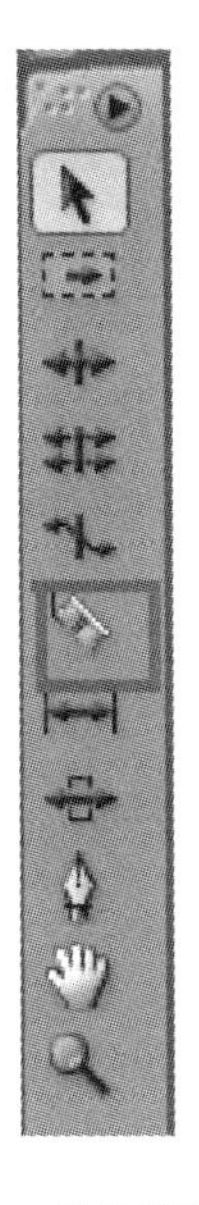

图 2-16　选取剃刀工具

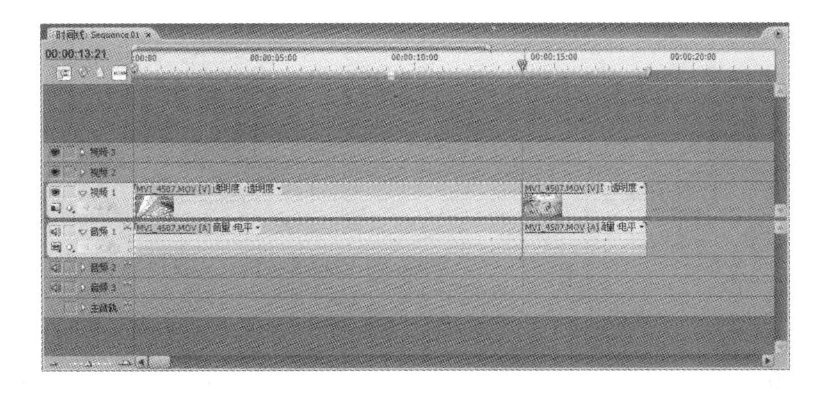

图 2-17　对素材的剪切

也可以利用鼠标在素材的开始和结尾（素材的入点、出点）进行向左或向右的拖曳，来进行素材的剪切。当素材被还原为原始长度后，就没办法再继续延长。当然，图片素材除外。

（4）将剪辑所需的素材按编排好的顺序进行排列，完成视频剪辑，如图 2-18 所示。

图 2-18　时间线截图

（5）生成作品。

① 打开“文件”菜单，选择导出影片；

② 选择文件存储的位置，将影片命名为“成品”，

③ 保存并输出，如图 2-19 所示。

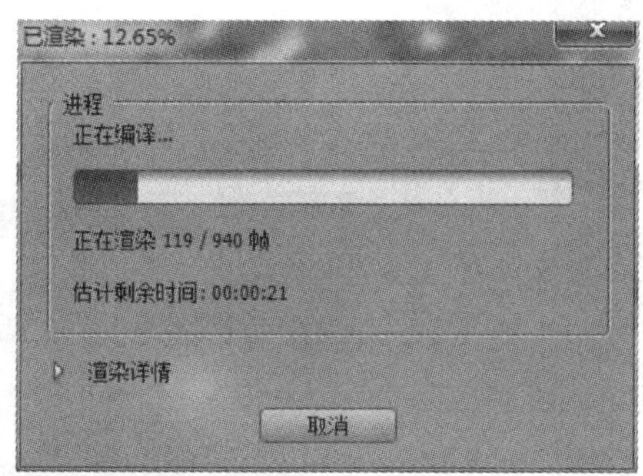

图 2-19　输出设置与输出过程

2.2.2　剪辑原则与方法

【案例 2】校园新闻片剪辑

【准备知识】

新闻最重要的就是真实性，在采访新闻时，为记录事件的真实画面和场景，通常记录内容很多，而且时间很长。但播出时间却要求很短，所以后期剪辑时应该运用缩略法剪辑，即“解说词 + 画面”的形式。除非重大事情，可用同期声，不限时间，否则其他新闻要求内容精短、以讲述清楚为准。

新闻片的镜头组接方法以黑色转场起，淡入淡出效果为主。新闻片追求的是真实性，而不是花哨的转场。

镜头画面以全景交代事件的发生地点，近景交代事件发展的状况，特写描述事件发展带来的结果，还有大全景配合交代地理位置等信息，凡能够帮助体现事件发展的原因、位置、时间、发展、结果等信息的景别和镜头均可使用。

镜头和画面的选取，要注意以下几点：

（1）有会标的全景画面；

（2）会议主持人特写画面；

（3）领导与参会人员近景和特写画面；

（4）主席台中景画面；

（5）会场摇镜头画面；

（6）与会人员中景画面；

（7）拉镜头接局部摇镜头画面；

（8）领导讲话特写画面；

（9）参会人员记录特写画面；

（10）局部中景画面；

（11）移动（走动）中景画面；

（12）固定镜头若干个。

【注意事项】不可有虚假人为因素播报信息。仰拍暗示伟岸、高大、英雄人物，但是角度选不好画面容易拍变形。俯拍暗示蔑视、小看、坏蛋、小偷，这种拍法应该避免出现

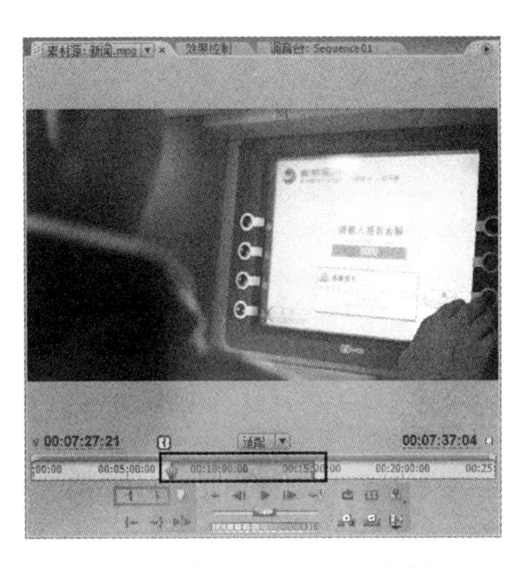

图 2-20　素材监视器窗口的剪辑

在对领导人的拍摄当中。平拍角度要选择好，最好选择侧面 45 度角拍摄，因为正面平拍没有立体感，会显得镜头呆板。

【具体操作】

（1）素材的导入与浏览

将校园新闻素材导入项目窗口中，在项目窗口中双击各个素材，可以在素材监视器窗口中进行素材的预览。

（2）通过素材监视器窗口的预览，可以在素材监视器窗口中进行视频、音频的裁剪。

① 在选定的素材的入点和出点处，利用素材监视器窗口中的入点、出点设定键（如图 2-20 中所示的凸显的部分）进行素材的剪切，即选择需要的素材进行新闻节目编辑。

② 利用鼠标在时间线上选择目标轨道，使用时间指示器确定素材在轨道中将要被添加的位置，如图 2-21 所示。然后利用素材监视器窗口中的插入和覆盖按钮将剪切好的素材添加到时间线上，如图 2-22 所示。

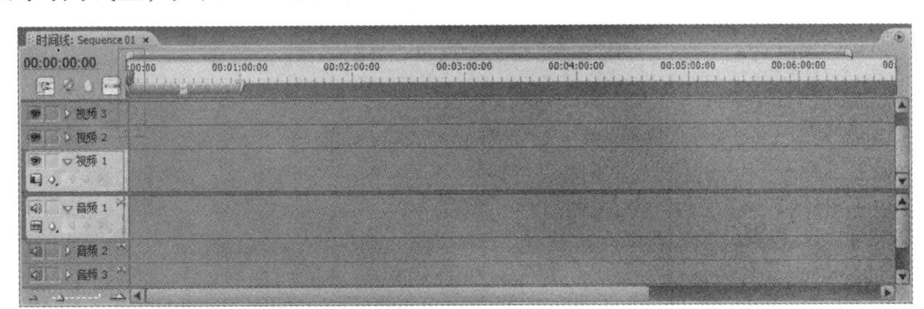

图 2-21　目标轨道与当前位置的选择

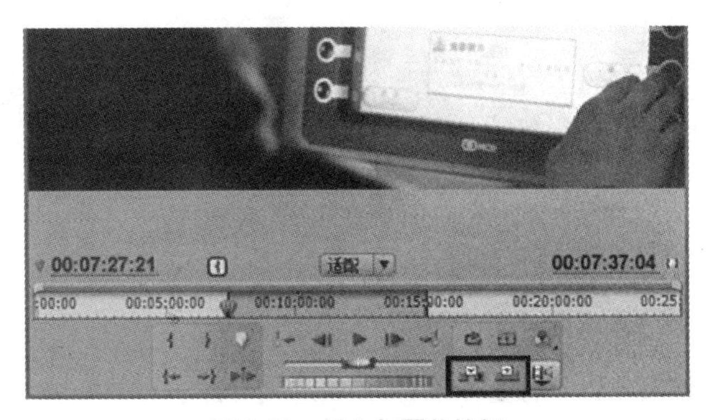

图 2-22　插入与覆盖按钮

- 插入：在时间指示器所在的位置将时间线上的素材自动剪切成两部分，第一部分以后的所有素材向后移动，以适应被插入素材的长度。
- 覆盖：覆盖从时间指示器所在位置之后的素材。

③ 在新闻类节目制作中，往往需要记者出镜与拍摄现场画面进行串联，可以利用节

目监视器窗口的视频、音频切换功能（如图2-23（a）、（b）、（c）中所示的凸显的部分）实现视频和音频分离的操作，完成新闻播报与现场画面的制作，如图2-24所示。

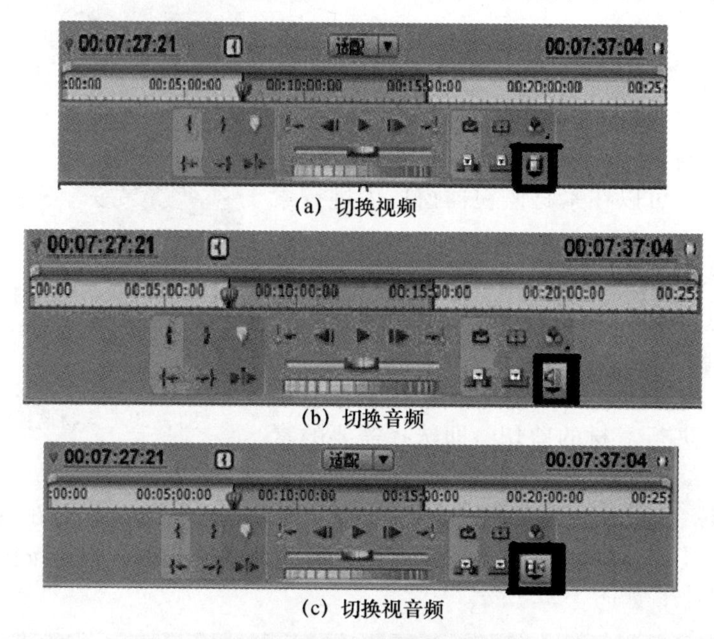

（a）切换视频

（b）切换音频

（c）切换视音频

图2-23　视频、音频的分离操作

图2-24　时间线操作截图

（3）生成校园新闻

① 打开“文件”菜单，选择导出影片；

② 选择文件存储的位置，将影片命名为“校园新闻”；

③ 保存并输出。

2.2.3　转场的设置与使用

【案例3】婚礼转场剪辑

【准备知识】

婚礼的剪辑有着独特的审美视角，在对婚礼进行剪辑时，要把握好镜头与镜头之间的切换，力图通过恰当唯美的转场效果，使婚礼的镜头切换形成独特的审美风格。通常来说，婚礼的转场要配合婚礼整体风格的节奏和画面，使之达到锦上添花的效果。

【注意事项】转场效果花样繁多，但不要滥用。在大多数电视新闻、电视剧节目中只用硬切编辑。

【具体操作】

（1）在时间线上选择相邻的两段素材准备为其添加视频转场效果。

注意：素材的组接点应该是被剪切过的，只有被剪切过的两段素材才能流畅地实现各种转场效果；否则将在转场的开始或者结尾不断重复首帧画面或者尾帧画面。如图 2-25 圈形标注所示，在剪辑的右上方和左上方均带黑色三角形，这表示剪辑处于其原始状态，没有被剪切过；剪切过的素材不会带有这样的标记，如图 2-26 所示。

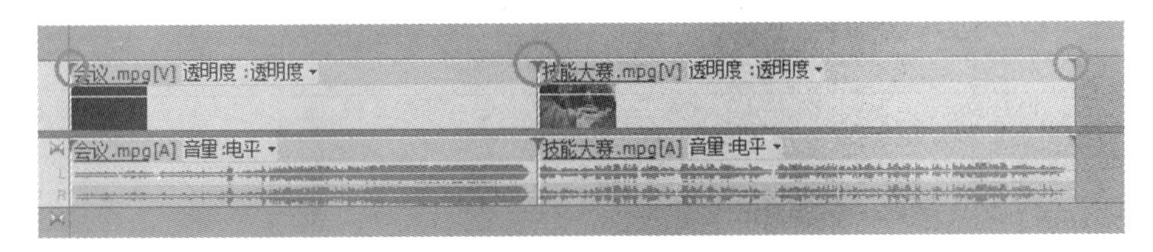

图 2-25 编辑点

图 2-26 时间线上素材

（2）在“效果”窗口中选择视频切换效果。

在视频切换效果文件夹下具有众多的转场特效，选择所需切换特效并点击移动到相邻两段视频素材的中间，如图 2-27、图 2-28 所示。

图 2-27 操作截图

图 2-28 转场放置界面

（3）转场特效设置。

① 双击时间线上的转场特效区域，打开特效控制窗口，对所添加的特效进行设置，如图2-29所示。

② 拖曳特效的时间滑块来改变特效持续时间，或者直接改变特效持续时间码的数值，如图 2-29 矩形区域所示。

③ 选择“显示实际来源”项目，观看实际的转场效果，如图 2-29 圆形区域。

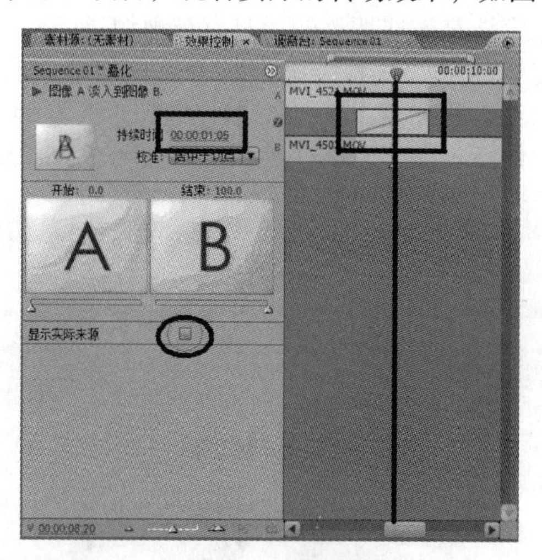

图 2-29 转场调节

2.2.4 滤镜的使用

【案例 4】视频素材透视效果

【准备知识】

滤镜原本是指在单反相机中，按放在镜头前部的具有各种视觉变换功能的镜片，在 Adobe Premiere Pro 中，特指的是一系列的数字滤镜，通过这些滤镜的使用，可以在后期编辑过程中对原始视频素材进行一系列的效果调整。通常来说，每种滤镜都可以进行自定义的调整，使之符合作品的创作需要。

在这里三维滤镜特指那些可以调整三维参数的滤镜。

【具体操作】

（1）将多功能面板切换成“效果”标签，如图 2-30 所示。

此外，也可以通过窗口菜单 | 选择工作区 | 特效操作来激活“效果”窗口。

（2）打开“视频特效”文件夹，在“透视”效果中找到“基本 3D”效果，单击选择效果，并将其拖放到时间线的视频素材上，如图 2-31 所示。

（3）进行“基本 3D”选项设定。

在时间线上选中刚刚添加视频特效的视频素材；打开“效果控制”窗口，找到“基本 3D”选项，如图 2-32 所示。

在“基本 3D”选项下，可以根据需要调节每个属性的参数，当调节各项数值时画面会随之变化。通过添加关键帧的方法来实现画面的三维视频效果。

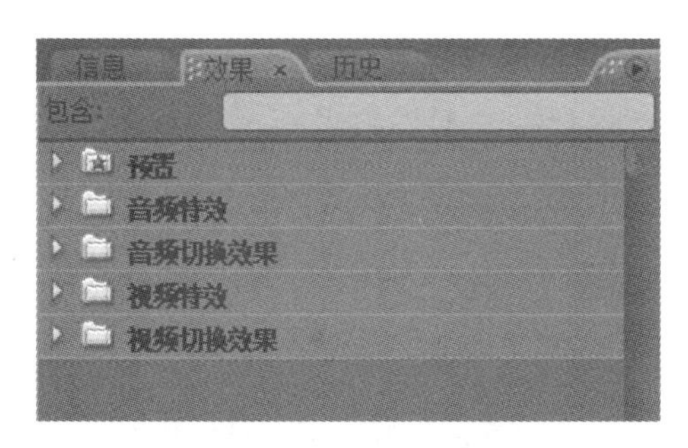

图 2-30 “效果”窗口

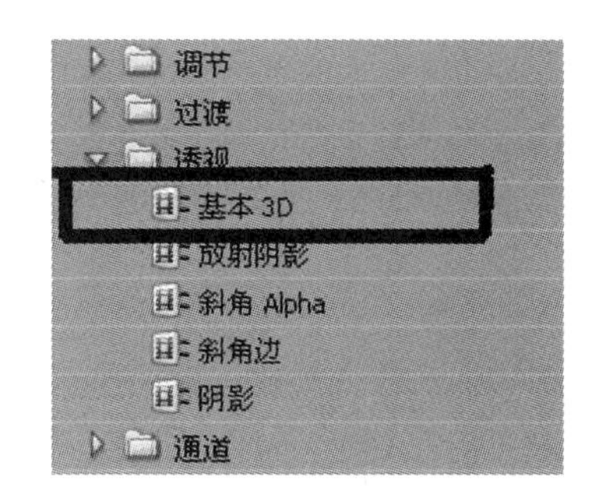

图 2-31 选择“基本 3D”效果

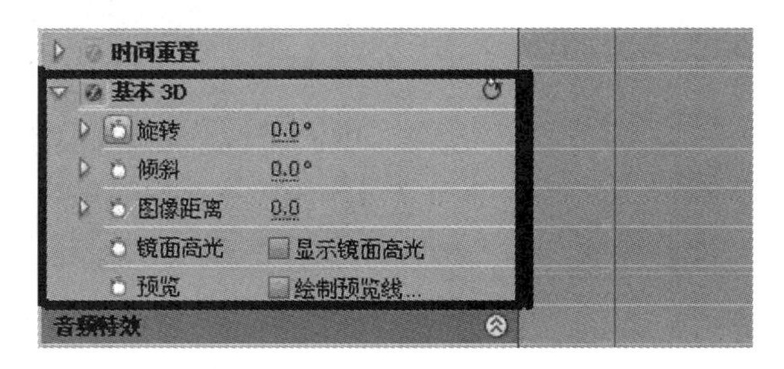

图 2-32 调整参数界面

具体操作步骤如下。

(1) 在效果控制窗口下将时间指示器拖放到即将设定的特效的起始位置，然后将“基本 3D”中的“旋转”、“倾斜”和“图像距离”三个属性的关键帧图标按下，这时各个属性以当前值为关键帧值，如图 2-33 所示。

(2) 将时间指示器拖放到即将设定的特效的结束位置，调整“基本 3D”的各项属性的参数，由于各个属性参数值的变化，系统自动生成结尾点关键帧，如图 2-34 所示。可以看到节目窗口中的视频已经发生了变化。

Adobe Premiere Pro 中的动画为差值动画，当某一属性参数值在两点间发生变化时，就会在两个参数之间产生动画效果。

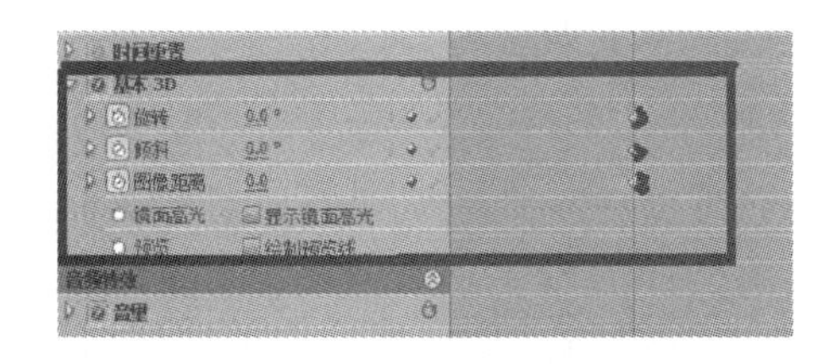

图 2-33 设置关键帧动画

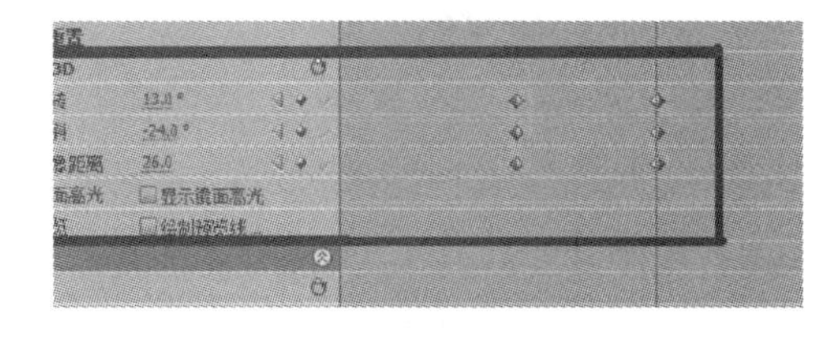

图 2-34 参数调整后效果图

(3) 利用空格键（或利用节目监视器窗口下的播放键）播放视频内容。

(4) 若需要移除滤镜，则可以在“效果控制”窗口中选择“基本 3D”特效名称，按 Del 键即可删除。

【案例 5】马赛克效果制作

【具体操作】

(1) 打开“视频特效”文件夹，在“风格化”效果文件夹中选择“马赛克”效果，如图 2-35 所示。

（2）将“马赛克”效果拖放到时间线的视频素材上。

（3）在时间线上选中刚刚添加视频特效的视频素材，打开“效果控制”窗口找到“马赛克”选项，如图 2-36 所示。

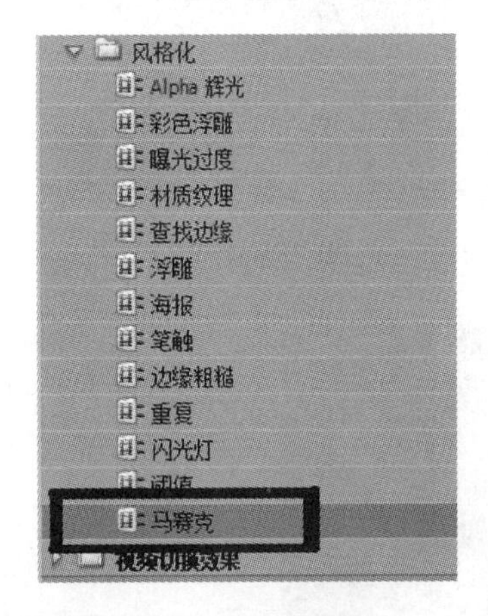

图 2-35 视频特效

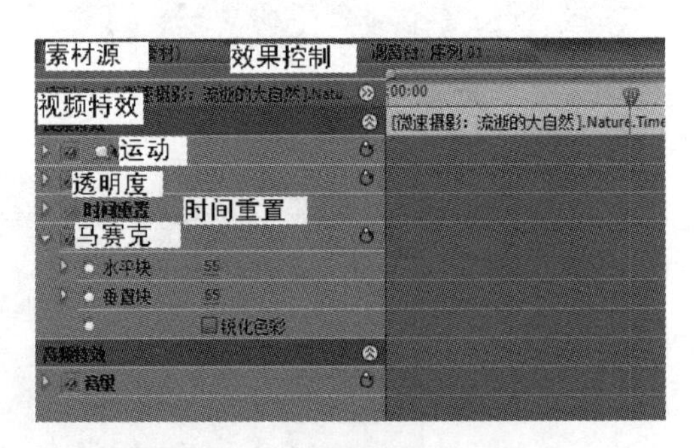

图 2-36 视频特效参数界面

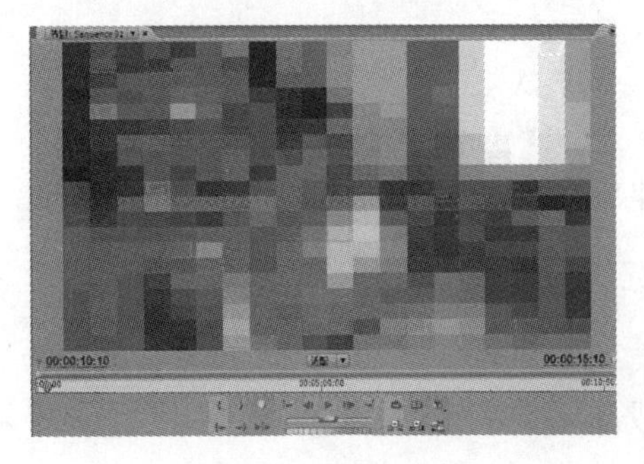

图 2-37 马赛克效果

（4）在“马赛克”选项下，可以根据需要调节其中每个属性的参数，当调节各项数值时，可以看到节目窗口中的视频在跟随变化，也可以设置关键帧增强画面效果、形成各种滤镜的动态效果，如图 2-37 所示。

（5）若需要移除滤镜，则可以在“效果控制”窗口中选择“马赛克”特效名称，按 Del 键即可删除。

2.2.5 Adobe Premiere Pro 软件的其他功能

【案例 6】字幕的使用

【准备知识】

字幕在电视节目制作过程中具有重要的地位，它可以弥补音频、视频信息的不足，起到提示画面的作用，可以使观众更快速准确地了解画面的内容。通过调整字幕属性，字幕可以多种形式展现在观众面前，无论动态、静态的字幕都是影视作品中的重要组成部分。这些形式都可以在字幕软件中展现出来，字幕已经成为视频编辑中不可或缺的部分。

【具体操作】

（1）打开字幕选项，或者通过组合键 Ctrl + T 打开，如图 2-38 所示。

（2）在左侧的工具栏中，通过文字工具 T 实现文字的写入。

垂直文字可以通过工具栏中的“垂直文字工具”来实现。

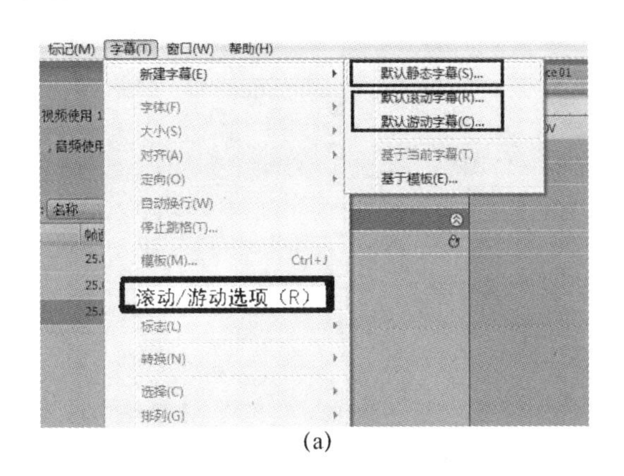

(a)

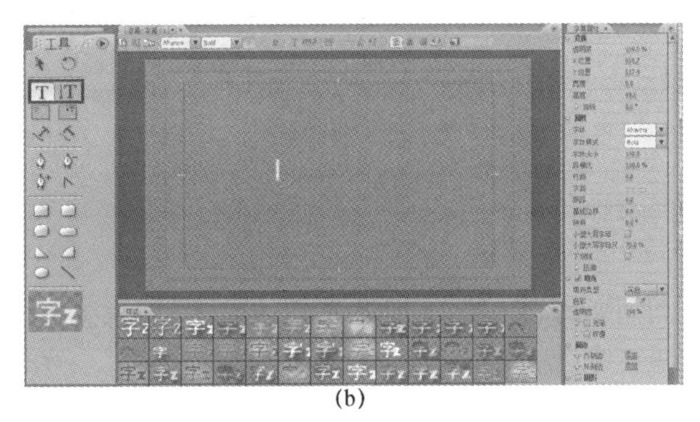

(b)

图 2-38　字幕界面

（3）输入文字“农经视角”，如图 2-39 所示。

（4）文字的效果可以直接通过选择下方的“文字样式”来实现，如图 2-40 所示。

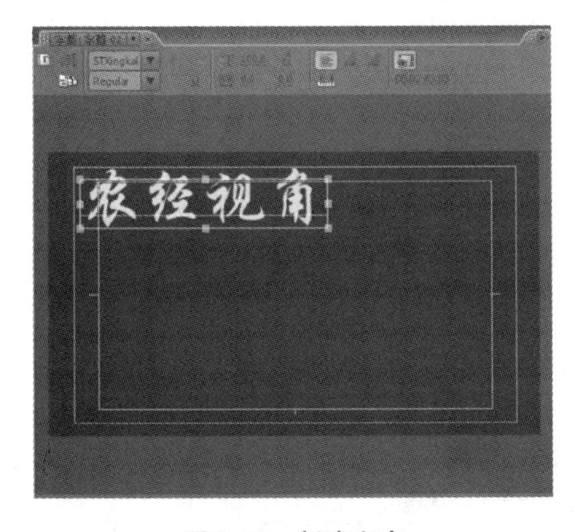

图 2-39　新建文字

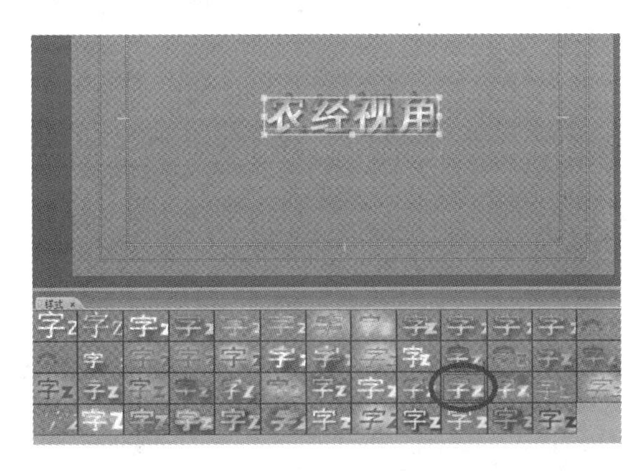

图 2-40　文字样式调整

当然，文字的样式可以通过左侧的“字幕属性”来实现完全自定义，如图 2-41 所示。

【注意事项】做好的字幕如同在透明玻璃上写字一样，即文字的背景是透明的。在选择字体时，一定要选择中文字体，比如“黑体”、“宋体”等，如果选择外文字体，文字不识别时会变成乱码。

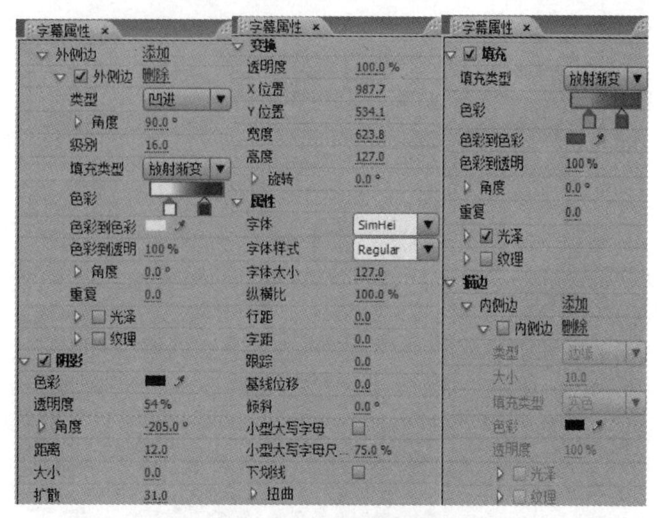

图 2-41 字幕属性

【案例 7】背景音乐制作

【准备知识】

背景音乐通常是指用来调节气氛，配合画面情节发展，抒发感情的一种音乐，正确恰当地使用背景音乐，可以使观众达到一种身临其境的感受。因此，背景音乐通常是和画面的中心思想紧密配合的，二者相得益彰，共同使观众达到艺术的享受。

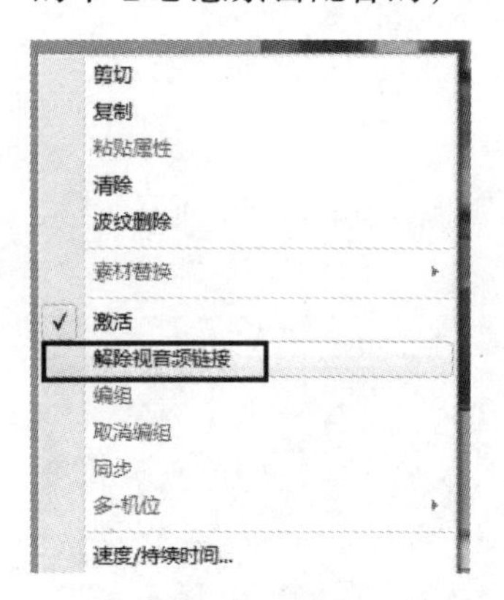

图 2-42 “解除视音频链接”选项

【具体操作】

（1）导入需要的背景音乐。

（2）如果需要删除视频素材中的声音，可以在时间线上，选中视频素材并右击，选择“解除视音频连接”，然后点选音频轨道上的声音，按 Del 删除即可，如图 2-42 所示。

（3）将导入的背景音乐拖入到时间线上的相应的音频轨道。

通过“效果”窗口中的“音频特效”和“音频切换效果”可以给背景音乐施加各种效果，声音的效果设置和视频滤镜的使用方法一样，都是通过在“效果控制”窗口中设置参数进行改变的，而且可以轻松制作关键帧动画，如图 2-43、图 2-44 所示。

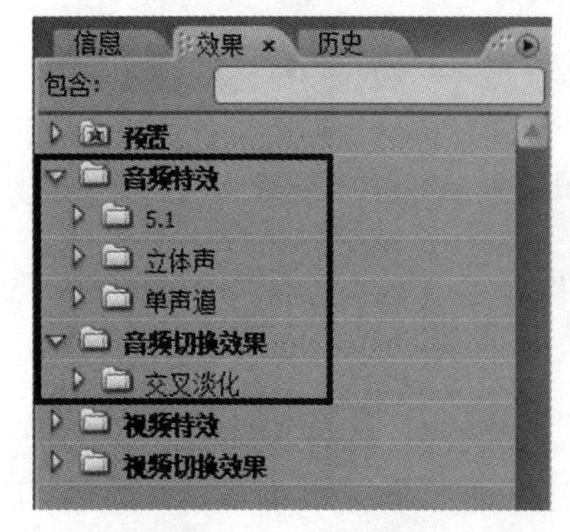

图 2-43 特效界面

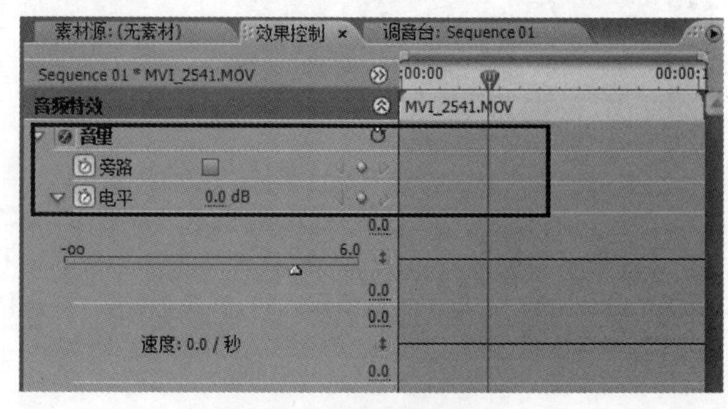

图 2-44 关键帧调整界面

（4）如果需要录制解说词，则可以打开“调音台”窗口，如图 2-45 所示。

图 2-45　打开“调音台”窗口

（5）通过“调音台”窗口下方的红色按钮实现解说词的录制，如图 2-46 所示。

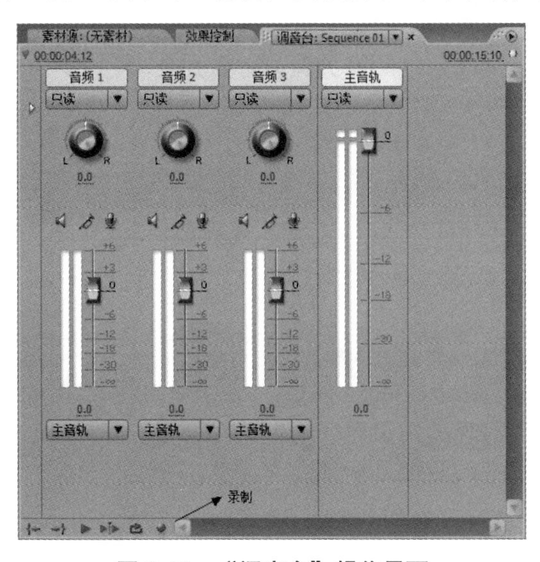

图 2-46　“调音台”操作界面

本节知识总结

1. 了解 Adobe Premiere Pro 软件的剪辑流程。
2. 掌握 Adobe Premiere Pro 软件的基本剪辑技巧。
3. 掌握视音频转场效果的制作。

4. 掌握视音频滤镜的使用与设置。
5. 掌握字幕的制作方法。

技术把握

1. 掌握 Adobe Premiere Pro 软件的基本剪辑技巧。
2. 掌握视音频滤镜的使用与设置。
3. 了解会议新闻的拍摄技巧。
4. 了解镜头组接与转场设置。

操作要点

首先，了解各类电视节目的特点，根据不同类型的节目制作要求进行前期素材的采集。

其次，熟练掌握 Adobe Premiere Pro 软件的基本剪辑技巧，对素材进行有效的选择，进而完成从粗剪到精简的剪辑过程。

再次，恰当地运用转场滤镜与视频、音频滤镜。

最后，利用音效、音乐、字幕等渲染节目效果。

注意事项

本节的讲授内容是利用 Adobe Premiere Pro 软件进行视频、音频的基本剪辑。结合具体范例对节目制作的基本流程、剪辑技巧进行演示。一定要遵循不同类型的电视节目特点进行剪辑工作，多学多看提高自己的审美能力，做到技术与艺术的完美结合，创作出优秀的电视艺术作品。

本节训练

1. 给自己或者家人做一段以照片为素材的视频短片。
2. 将我们的旅游录影做成一部风光片。
3. 拍摄剪辑一部 MV。
4. 拍摄剪辑一部自己团队的微电影。

想一想，写下本节感兴趣的知识内容吧！

____

____

____

____

2.3 案例制作

案例引导学习，有更多优势和效率，通过案例融合各类软件的操作技能，加深软件各部分功能的协调配合，更好地完成视频制作任务。转场、特殊效果滤镜、字幕制作、音乐与解说合成等很多内容演示，掌握案例制作的方法，举一反三引导学习者掌握 Adobe Premiere Pro 软件其他功能的使用方法。以综合案例形式，融合多种编辑手段和特技，提高软件的使用能力。

2. 3. 1　转场效果案例

通过本案的学习，掌握 Adobe Premiere Pro 软件的转场使用方法。

【案例 8】GPU 转场的使用

【准备知识】

GPU 英文全称 Graphic Processing Unit，中文翻译为“图形处理器”。GPU 转场是 Adobe Premiere Pro 利用计算机显卡的 GPU 进行转场运算。GPU 加速性能需要经 Adobe 认证的 GPU 卡才可以实现。

【具体操作】

（1）转场效果只能施加在两个素材之间，单个素材片段无法施加转场效果。

（2）在“效果”面板中找到“视频切换效果”选项，并在其中的“GPU 转场切换”中选择“页面滚动”效果，将其拖放到将要施加的两段素材之间。

（3）打开素材窗口中的“效果控制”标签，在这里，可以通过调节各项数值，改变“页面滚动”的效果。在效果控制窗口可以控制添加在素材上的所有视频、音频特效的效果，如图 2-47 所示。

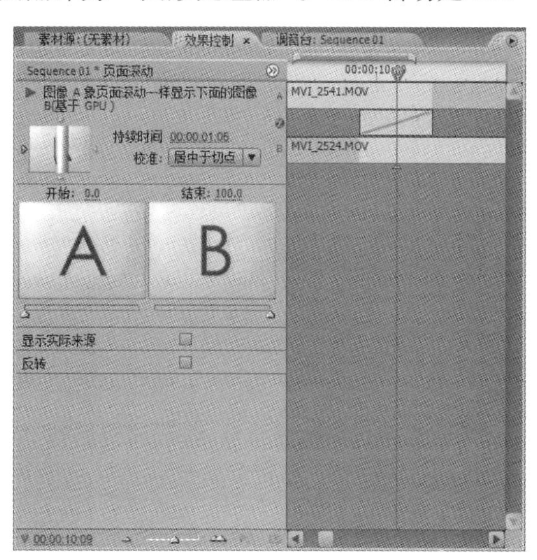

图 2-47　音频特效

（4）将持续时间设为 30，选择“显示实际来源”和“反转”项目后，看到的效果如图 2-48 所示。

图 2-48　特效效果

2. 3. 2　滤镜使用案例

通过本节案例的学习，掌握 Adobe Premiere Pro 软件的滤镜使用方法。

【案例9】调节视频素材的颜色

【准备知识】

人们在拍摄过程中，难免会因为各种原因造成前期素材的偏色，这时可以利用 Adobe Premiere Pro 的三路色彩校正功能来弥补偏色的问题。当人们对影片色彩有特殊要求时，也可以根据片子的内涵进行相应的偏色处理，达到良好的艺术效果。

【具体操作】

（1）在“效果”“视频效果”“色彩校正”中找到“三路色彩校正”选项，如图2-49所示。

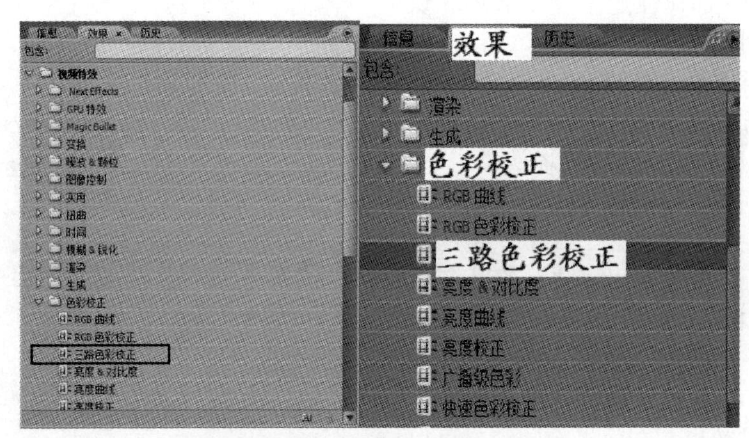

图2-49　“三路色彩校正”选项

（2）将此效果施加于时间线上的偏色素材之上。

（3）在“效果控制”标签中打开“三路色彩校正”的控制盘，如图2-50所示。

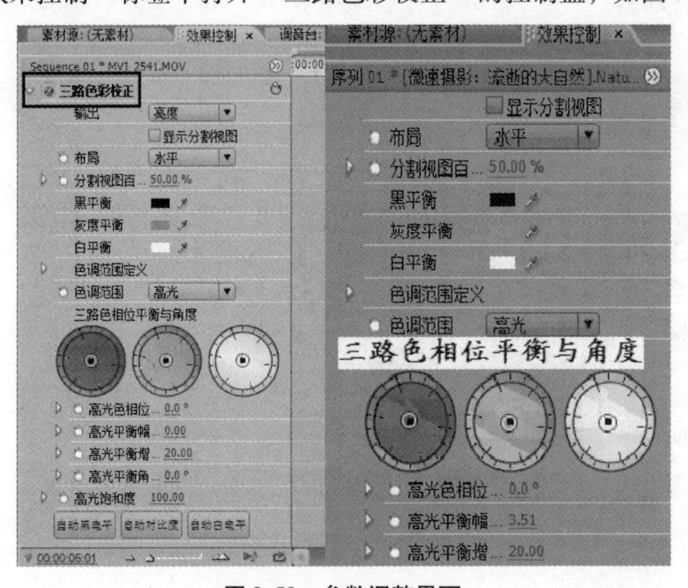

图2-50　参数调整界面

（4）根据素材偏色的程度和特点，通过调节各项数值来尽可能地校正偏色。

【案例 10】蓝屏键的使用

【准备知识】

虚拟演播室技术已经得到广泛使用，不仅节约人力物力财力，而且能够充分发挥人们的想象，进行自由创造完成一些无法实拍的场面，为视频制作开辟了一个新的空间。虚拟演播室中关键的技术之一就是蓝屏抠像。

【具体操作】

(1) 在“效果”窗口|“视频特效”|“键”|“蓝屏键”，将其施加于时间线上的素材之上。如图 2-51、图 2-52 所示，当施加蓝屏键后，素材中的蓝色背景已经基本去掉，背景显黑色。

图 2-51　施加效果之前的蓝色背景

图 2-52　施加效果之后的黑色背景

(2) 可以通过效果控制下的“蓝屏键”控制盘对素材进行微调，使蓝色背景去掉得更彻底，又不至于影响主要对象，效果调整界面如图 2-53 所示。

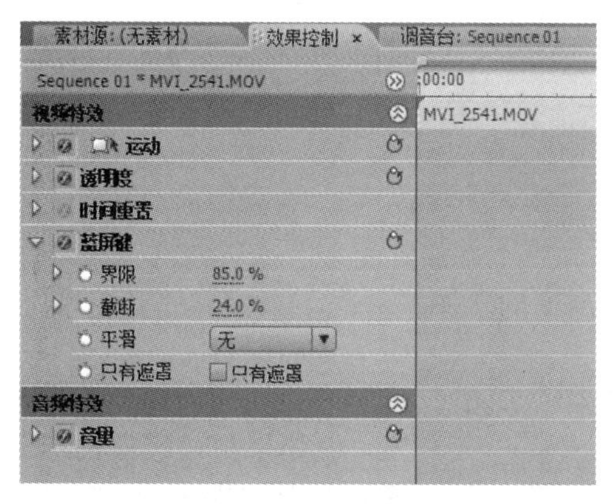

图 2-53　效果调整界面

(3) 经过处理后，被去掉蓝色背景的对象，背景为透明色，放在时间线任何视频上的一个轨道上使用，即可看到应用后的抠像效果，如图 2-54 所示。

图 2-54　处理后的效果

2.3.3 音频编辑制作案例

通过本节案例的学习，掌握 Adobe Premiere Pro 软件的音频编辑方法。

【案例 11】声音混响的调整

【准备知识】

当声波在空气中传播时，遇到障碍物会发生反射或者衍射，每反射一次都要被障碍物吸收一些。当声源停止发声后，声波要经过多次反射和吸收，最后才消失，使人感觉声源停止发声后声音还继续一段时间，这种现象叫做混响，这段时间叫做混响时间。混响时间不能太长，否则什么也听不清楚；混响时间太短，则响度不够。混响时间的长短是音乐厅、剧院、礼堂等建筑物的重要声学特性。

【具体操作】

(1) 将欲导入的背景音乐从素材窗口拖放到时间线上。

(2) 将“效果”窗口中的|“音频特效”|“立体声”|“延迟”效果拖放到时间线上的音频上。

(3) 打开原素材窗口中的“效果控制”标签，通过调节“延迟”效果中的各项数值，调整声音素材的听觉效果，直到达到满意的程度，如图 2-55 所示。

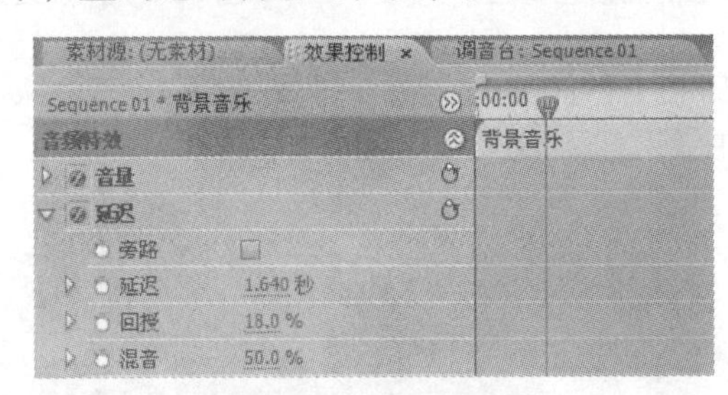

图 2-55 延迟设置

【案例 12】音频左右声道的变换

【准备知识】

对于立体声的音频素材存在左右两个声道，均衡是指左右两个声道的声音电平值相当，但如果左右声道的电平值发生变换，我们就会感觉到声源左右摇摆，实现声音在“位置”上的变化。

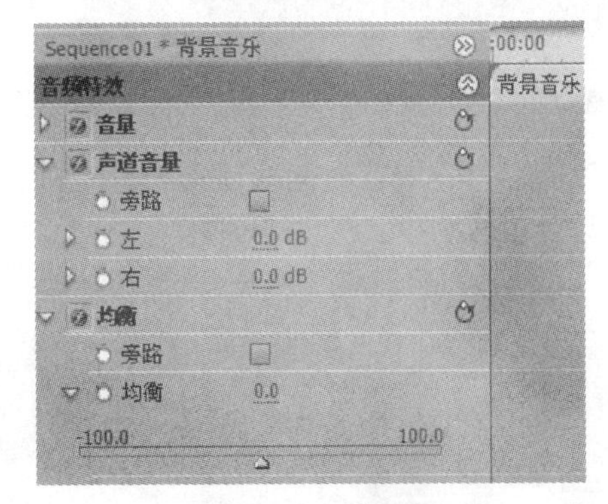

图 2-56 均衡设置

【具体操作】

(1) 将“效果”窗口|“音频特效”|“立体声”|“均衡”效果拖放到时间线上的音频上。

(2) 打开原素材窗口中的“效果控制”标签，通过调节“均衡”效果中的各项数值，调整声音素材的听觉效果，直到达到满意的程度，如图 2-56 所示。

2.3.4 动画效果制作案例

通过本节案例的学习，掌握 Adobe Premiere Pro 软件的动画效果制作方法。

【案例 13】视频画面的缩放动画

【准备知识】

在 Adobe Premiere Pro 中，任何视频素材、图片素材，只要将这些素材放置在时间线上，在这些素材的特效控制窗口里就会激活它们的固有视频特效属性，包括运动、透明度、旋转、重心点、缩放、时间重置等。Adobe Premiere Pro 软件进行差值动画计算，任何属性的数值只要在两个关键帧之间发生变化，即产生动画。

【具体操作】

（1）如图 2-57 所示，将时间轴拖放到动画的初始时间点。

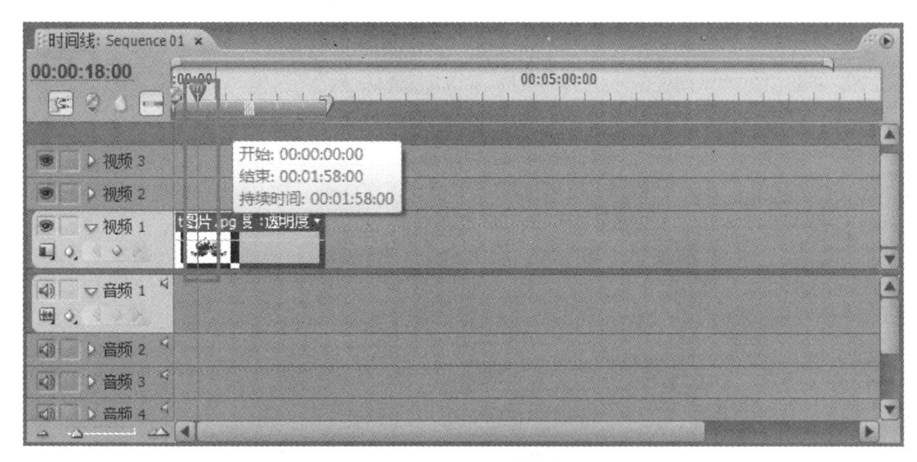

图 2-57　时间线操作截图

（2）如图 2-58 所示打开“效果控制”窗口，在初始位置时间点插入关键帧，以比例缩放为例，其他位移、旋转、透明度和重心点属性运动设置方法也相同。

（3）如图 2-59 所示，单击“效果控制”窗口中的菱形图标，插入初始关键帧，将会在“效果控制”窗口右侧显示初始关键帧。

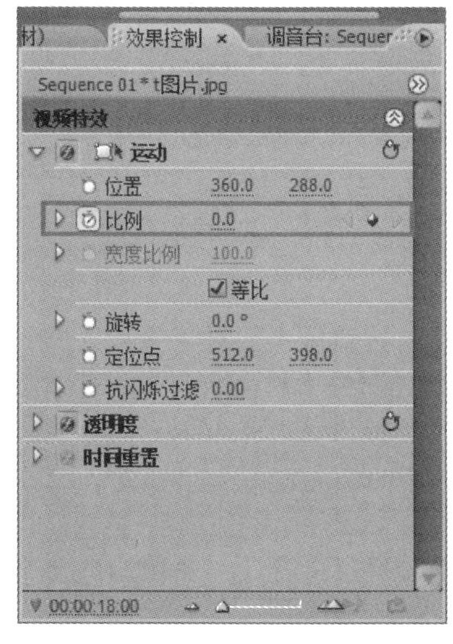

图 2-58　比例设置

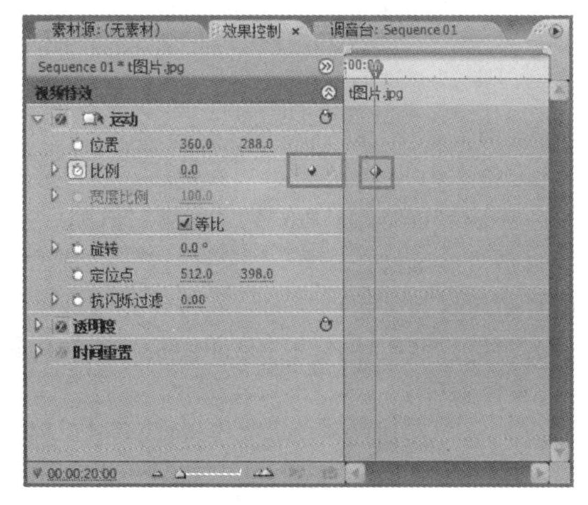

图 2-59　设置关键帧

（4）将时间轴拖动至动画结束位置，如图 2-60 所示。

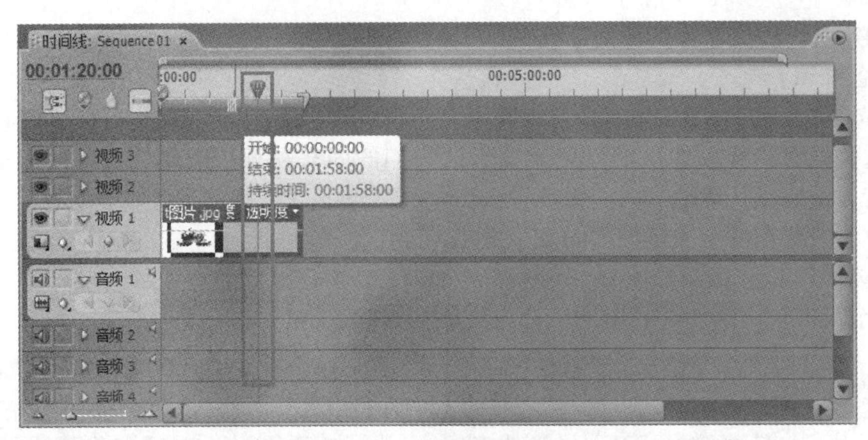

图 2-60 设置结束位置

（5）改变“效果控制”窗口中动画结束时间点的比例数值，并插入结束时间点的关键帧，如图 2-61 所示。

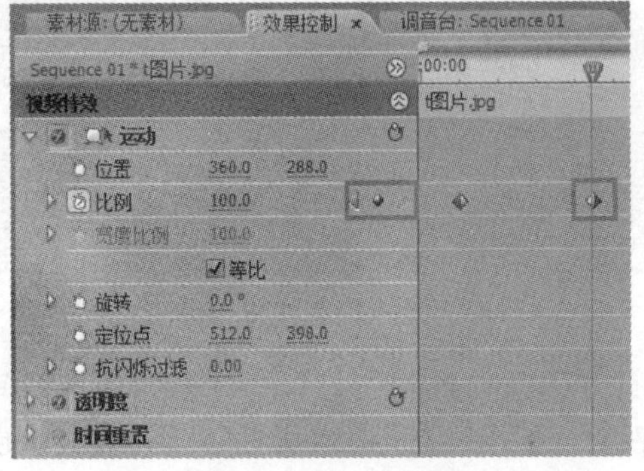

图 2-61 插入关键帧

至此，基础属性缩放的动画设置就完成了，其他如旋转、透明度、位移等动画的设置方法与此相同。

2.3.5 综合功能使用经典案例

通过综合案例的学习，掌握 Adobe Premiere Pro 软件的高级编辑方法。

【案例 14】四点编辑

【准备知识】

在 Adobe Premiere Pro 中有两种编辑模式：插入编辑与覆盖编辑。对于一段素材，覆盖编辑是指该素材在编辑点之后的内容将从该编辑点开始被新的素材代替，被代替素材的长度与新素材长度相同。而插入编辑是指该素材在编辑点处断开，直接插入新的素材，断点后的素材自动向后移动，移动的长度与插入素材的长度相同。

【具体操作】

（1）将要编辑的视频拖放到时间线上，在“素材源”窗口下方选择要使用的素材起点后，选择如图 2-62 所示的“入点”位置。

（2）在需要的位置选择“出点”位置，如图 2-63 所示。

（3）在时间线上或“节目”窗口中，单击“入点”按钮。如图 2-64 所示。

（4）在时间线上或“节目”窗口中根据合适的位置单击“出点”按钮，如图 2-65 所示。

图 2-62　选择入点

图 2-63　选择出点

图 2-64　选择入点

图 2-65　出点设置截图

(5) 在“素材源”窗口中，单击“插入”按钮，如图 2-66 所示。

(6) 弹出“适配素材”对话框，如图 2-67 所示。

图 2-66　插入按钮截图

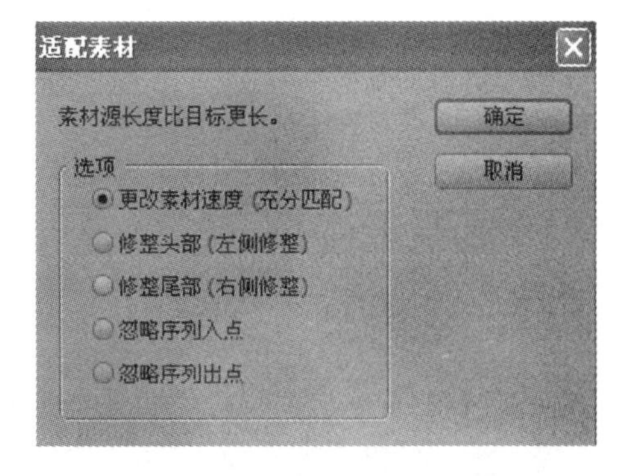

图 2-67　“适配素材”对话框

选项中的第 1 项表示当在“素材源”窗口中截取的素材长度与在“节目”窗口中截取的素材长度不一致时，软件询问是否拉伸或者压缩“素材源”窗口中的素材长度。

第2项表示改变“素材源”窗口中截取视频的起始位置，使之符合“节目”窗口中被截取的视频长度。

第3项表示改变“素材源”窗口中截取视频的终点位置，使之符合“节目”窗口中被截取的视频长度。

【案例15】变速编辑

【准备知识】

将素材的原始速度定位为100%，大于100%的数值，将以快速播放；小于100%的数值，将以慢速播放。当选中“速度反向”时，素材开始倒放。为了防止音频在快速与慢速过程中出现失真情况，可以开启“保持音调”选项。

【具体操作】

（1）将要编辑的视频拖放到时间线上，如图2-68所示。

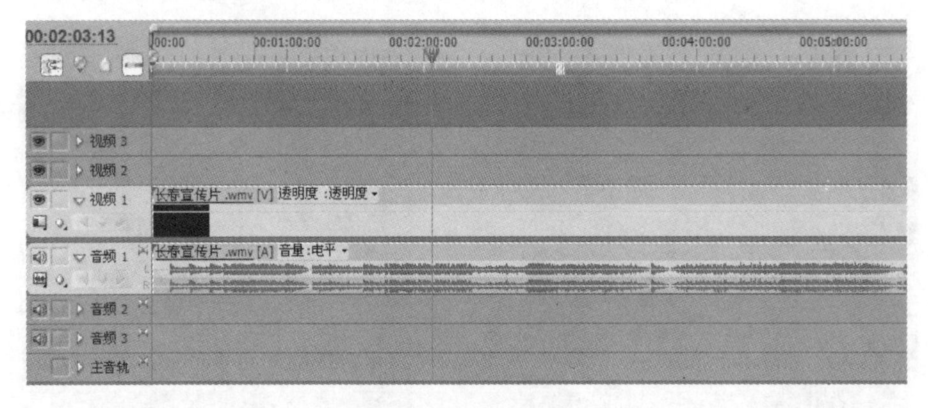

图2-68 时间线截图

（2）在时间线上的素材上，右击选择“速度/持续时间”，如图2-69所示。

（3）在弹出的对话框中，通过调整速度的百分数或者持续时间，便可调整素材的速度，如图2-70所示。

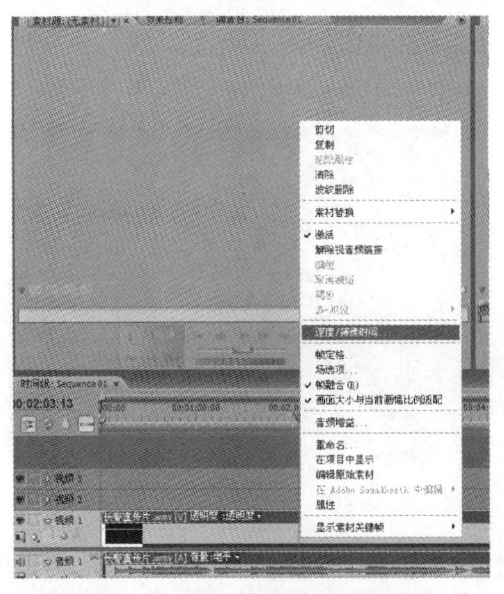

图2-69 速度时间的限制设置截图

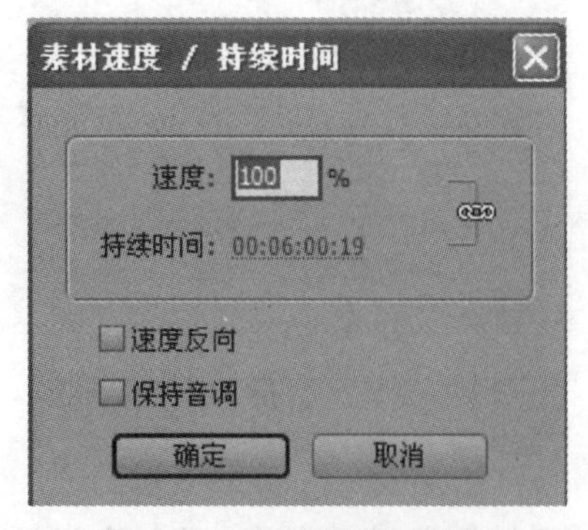

图2-70 速度设置对话框

2.4 模拟训练

本节是实战技巧训练，列举了一些生活中常见的案例和制作准备，教师可以带领学生一起操作，也可以作为实训项目任务让学生独立或分组完成。通过这些实战训练，学生能够清晰地了解制作宣传片、新闻片、纪实片的制作，都需要有哪些知识准备和技巧能力。

2.4.1 宣传片的制作

（一）实训目的

熟悉软件的操作界面，掌握软件的使用方法，增强创新节目的制作能力。强化软件学习的牢固性，提高宣传片中画面剪辑组接能力和后期制作技巧。

（二）实训内容

【准备知识】

1. 拍摄主题

（1）生活类视频要选取周围的人、事物进行非虚构的视频作品创作。以记录主体为主要拍摄对象，提炼主体对象的特点，可以着重强调，也可以围绕主体对象，侧面加以渲染以达到烘托所要描绘的主体的方法。

（2）剧情类、创意类视频作品的创作是指主题青春向上、正能量的作品内容，戏剧性强，创意新颖。

（3）宣传片的创作。以企业宣传片制作为例，它是企业自主投资制作，主观介绍自有企业主营业务、产品、企业规模及人文历史的专题片。这类片子主要有四种，一是企业宣传片，二是企业形象片，三是企业专题片，四种是企业历史片。每一类都有不同的表现侧重点，但归根结底是企业的正能量形象片或说明片。

2. 拍摄知识

（1）拍摄纪实类的作品，注重前期的策划，要不断深化主题，尽量采用平实的手法去记录人与人、人与社会的关系，利用各种辅助设备，注重多角度、多景别的拍摄素材，增强画面的真实感。

（2）剧情类的作品要注重分镜头稿本的创作，增强镜头的语言性，充分利用场面调度，完成叙事。

（3）宣传片主要围绕表现的主体，美化、适当夸张主体的功能和作用，以激起人们对其产生好感、兴趣或购买欲望。

3. 画面注意事项

（1）解说词要和画面配合恰当，要让解说词作为画面的深入阐述而不是累赘。

（2）注意细节画面的展现，细节是任何题材的片子都不可或缺的一个重要组成部分，以细节打动人，细节能成为片子画龙点睛的部分，从而给观众留下深刻的印象。

（3）注意片子整体叙事结构的创意新颖，只有新颖而又富有创意的宣传片，才能引发观众的关注与思考。

（4）注意光影变化，保持色调一致，注重构图。

【训练任务】

制作下列相关内容的节目，题目自拟，方法不限。

（1）高校宣传片的作品创作；

（2）制药企业宣传片的作品创作；

（3）地方政府宣传片的作品创作；

（4）城市宣传片的作品创作；

（5）旅游景区宣传片的作品创作；

（6）选择一个目标，对其进行宣传制作，可以是乳品厂、工具厂、小学校、政府部门等目标。

【训练提示】

（1）选择训练任务后，小组团队作战制作视频节目。

（2）在视频节目制作中，以自我拍摄的片段剪辑为主，利用 Adobe Premiere Pro 非线性编辑软件进行剪辑、添加特效、边框、滤镜、字幕、音乐和解说等内容的编辑制作。

（3）若在制作过程中，出现问题或遇到困难，请与任课教师联络，及时解决。在整个训练过程中，教师始终辅导学生，直到完成任务。

【选材要求】

（1）利用本教材中讲授的视频编辑软件和后期制作软件完成以上任务，可以独立完成，也可以与同学合作完成。选择其中一个项目任务在规定时间内完成，时长不限、题目自拟、最好配有字幕、音乐、解说、片头及片尾、说明文字等必要内容。图片和视频选择，以主题鲜明、内容健康、画质清晰、逻辑性强、风格鲜明、视角新颖、构思巧妙等素材为主。

（2）脚本先行，制作前需要先设计文字策划方案及分镜头脚本，标明制作主题、风格、作品名称、时长及内容的故事简介等信息。

（3）分镜头脚本编写的格式采用镜头运用技巧和文字、画面搭配形式，各类编写项目内容可自选，主要内容有镜头、解说词和画面，三项必不可少。这种编写脚本的模式，还可根据个人习惯，适当增加其他说明性内容。

（三）实训要求

每一部作品都要求故事具有完整性，有开始、发展、高潮和结局；内在逻辑性强，无明显错误；节目画面整洁、镜头过渡自然、转场运用恰当、解说和背景音乐音量适中、无字幕错别字、字体大小适合、无色彩偏差、后期效果好、剪辑符合生活规律；充分考虑人物神态、注重人物内心描写和动作刻画。

（四）实训方法

教师可适当进行操作示范，学生根据操作步骤进行操作，把制作好的作品发给老师。课堂上，教师组织学生分析作品质量情况，存在优缺点。教师点评、分析出现的问题并总结。课后，学生将作品分析材料交给教师。

2.4.2 新闻短片的制作

（一）实训目的

熟悉软件的操作界面，掌握软件的使用方法，增强节目创新制作能力。强化软件学习的牢固性，提高新闻节目制作技巧和剪辑组接能力。

（二）实训内容

根据所学的知识，完成下列主题的新闻短片制作。

（1）制作校园新闻短片；

（2）制作家庭新闻短片；
（3）制作社区新闻短片；
（4）制作班级新闻短片；
（5）制作你喜爱的体育短片；
（6）制作新闻节目；
（7）制作娱乐新闻短片；
（8）制作国际新闻短片。

【选材要求】

选择实训内容中的任意一项，可以独立完成，也可以与同学合作完成。在教师规定时间内完成作品的制作，时长不限、题目自拟、最好配有字幕、解说、片头及片尾时间等必要内容。图片和视频选择，以主题鲜明、内容健康、画质清晰、逻辑性强、风格鲜明、视角新颖、构思巧妙等素材为主。最好是同学或个人自己拍摄的内容。

（三）实训要求

作品要求具有新闻事件的完整性，无虚假内容；内在逻辑性强，无明显错误，不啰唆，事件交代清楚；节目画面整洁、镜头过渡自然、转场运用恰当、解说音量适中、无字幕错别字、字体大小合适、无色彩偏差、剪辑符合生活规律。

（四）实训方法

教师可适当进行操作示范，学生根据操作步骤进行操作，把制作好的作品发给老师。课堂上，教师组织学生分析作品质量情况，存在优缺点。教师点评、分析出现的问题并总结。课后，学生将作品分析材料交给教师。

2.4.3　纪实片的制作

（一）实训目的

熟悉软件的操作界面，掌握软件的使用方法，增强节目创新制作能力。强化软件学习的牢固性，提高纪实类节目制作技巧和剪辑组接能力。

（二）实训内容

根据所学知识，完成下列主题的纪实类节目制作。
（1）制作高校发展纪实短片；
（2）制作儿童成长纪实短片；
（3）制作社区纪实活动短片；
（4）制作班级纪实片；
（5）制作你喜爱的纪实短片；
（6）选择你认为有价值的事物，跟踪拍摄制作纪实短片；
（7）制作人物专辑纪实；
（8）制作生活纪实片。

【选材要求】

选择实训内容中的任意一项，可以独立完成，也可以与同学合作完成。在教师规定时间内完成作品制作，时长不限、题目自拟、最好配有字幕、解说、片头及片尾等必要内容；图片和视频选择，以主题鲜明、内容健康、画质清晰、逻辑性强、风格鲜明、视角新颖、构思巧妙等素材为主。

最好是同学或个人自己拍摄的内容。

(三) 实训要求

作品要求纪实性强，有一定的社会研究价值，无虚假内容；纪实作品内在逻辑性强，体现生活现状或事物原貌；画面清晰整洁、镜头过渡自然、解说音量适中、无字幕错别字、字体大小合适、无色彩偏差、剪辑符合生活规律。

(四) 实训方法

教师可适当进行操作示范，学生根据操作步骤进行操作，把制作好的作品发给老师。课堂上，教师组织学生分析作品质量情况，存在优缺点。教师点评、分析出现的问题并总结。课后，学生将作品分析材料交给教师。

第3章　EDIUS软件的编辑技巧

3.1　软件概述

目前，EDIUS有三个面向不同用户的软件版本可供选择，分别是EDIUS Neo（入门级）、EDIUS Pro（专业级）和EDIUS Broadcast（广播级）。无论哪一款的EDIUS非线性编辑软件，都提供了其他HD/SD编辑方案所无法企及的实时混合编辑视频性能。这三款非线性编辑软件都具有相同的核心内容，如实时HD/SD编辑技术和无与伦比的Canopus编解码器，支持各种混合格式的实时编辑等。选用哪一种EDIUS软件版本需要根据操作者采集、编辑和输出过程中所用到的视频设备和格式而定。

EDIUS Neo是实时编辑的入门级非线性编辑软件，具有基本的工具和特性，简化了EDIUS Pro所具有的多机位编辑、三维画中画、时间重映等功能，是教师授课和个人发烧友的完美首选。EDIUS Pro能支持很多的专业格式，提供比Neo更高级的特性。EDIUS Broadcast是为了满足高端的广播电视和后期制作环境的需要而设计的，具有EDIUS Pro所有的特性，加上对具有行业标准的设备和格式的支持，包括最新的无带化记录存储格式，如Infinity、DVCPRO P2、XDCAM等。

3.1.1　功能特点

EDIUS非线性编辑软件是EDIUS系列产品的核心。EDIUS 4不仅继续沿用了以往独有的编解码技术和领先设计理念，同时在EDIUS Pro 3的基础上又添加了流行的多机位编辑、多时间线序列及增强的颜色校正控制等其他更多的新功能。EDIUS 6.02是专业高性能的非线性编辑软件，支持从全帧尺寸的高清工程到低成本的HDV 1080i、1080P、720P，标准的标清工程以及基于最新媒体介质的Infinity、DVCPROLP2、XDCAM系统。软件界面优美，操作简单，可无限添加音频和视频、字幕轨道，可进行NTSC、PAL制，HD、SD、AVI、MPEG1/2、MOV等多格式混合编辑制作。高画质，高实时性的混合编辑操作，成为制作人员强有力的编辑创作工具，有效地提高了工作效率和节目质量；丰富的视频效果和数百种转场特技，可以满足任何挑剔的专业编辑人员制作优秀影片的要求；软件中捆绑的Pro Coder视频格式转换软件，不仅可将制作完成的高清、标清成品输出成HD、SD、AVI、MPEG1/2、MOV、WMV等多种文件格式，也可进行大部分高清、标清，NTSC、PAL制式视频格式之间的相互转换，满足日益增长的节目交流需要。

EDIUS具有如下功能。

- 实时的HD、HDV、DV、MPEG-2、无压缩、无损SD视频的混合格式编辑。
- 全面支持Infinity、DVCPROLP2、XDCAM、DVCPRO HD、DVCPRO 50、VARICAM等多种摄像机和录像机的输入和输出。快捷方便的用户界面，可无限添加视频、音频、字幕和图形轨道。
- 实时高清/标清的特效、键、转场和字幕。
- 不同高清/标清长宽比（如16∶9和4∶3）、帧速率（如60i、50i和24p）和分辨率（如1440×1080，1280×720和720×480）之间的实时编辑和转换。

- 最多达8机位的同时多机位编辑。
- 支持嵌套的时间线序列。
- 基于多核心CPU技术，高速HDV时间线输出。
- 应用Pro Coder Express for EDIUS输出高质量、多格式的视频。
- 无需渲染，直接从时间线实时DV输出。
- 可以直接从时间线输出到DVD，制作带菜单的操作DVD。
- 广播级的HD/SD字幕制作。
- 批量输出和段落编码。
- 支持Behringer BCF2000（如图3-1所示）、Jog、Shuttle（如图3-2所示）等第三方外设。

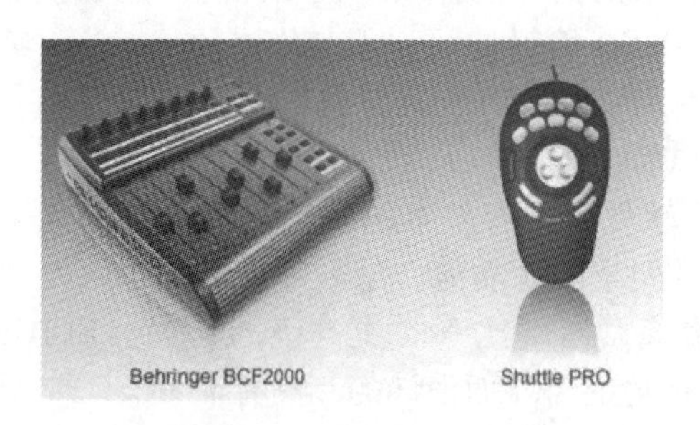

图3-1 Behringer BCF2000

图3-2 Shuttle与EDIUS编辑机操作台

3.1.2 EDIUS界面

双击软件图标后，软件启动界面如图3-3所示。编辑开始看到的是一个欢迎界面，如图3-4所示。

图3-3 EDIUS 6.02 启动界面

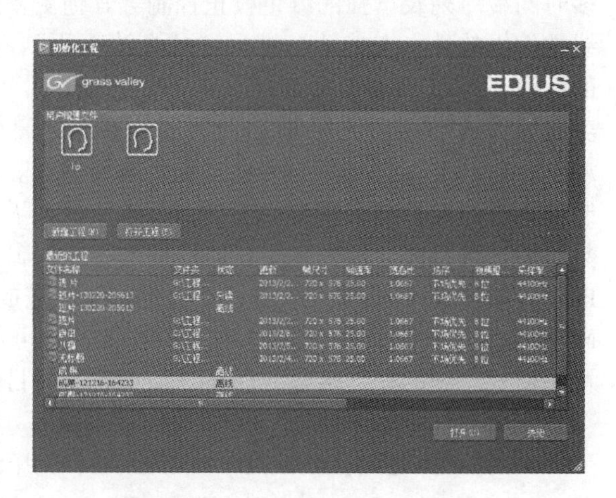

图3-4 EDIUS 6.02 欢迎界面

首先，对“初始化工程”界面进行各项参数设置和项目选择，如图3-5所示。

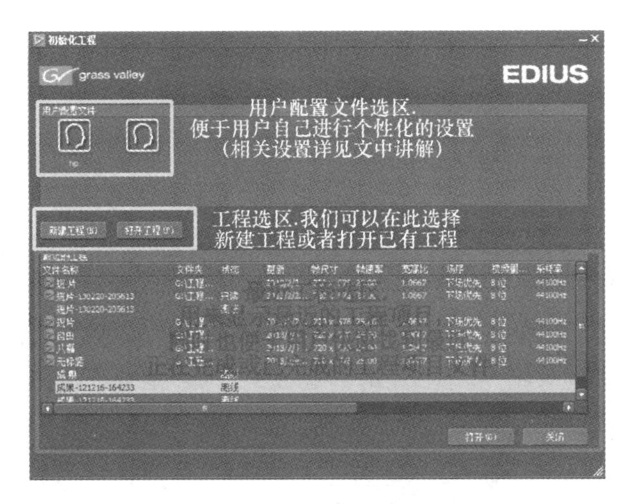

图 3-5　EDIUS 6.02“初始化工程”界面

在初始化工程面板中，有两个区域需要调整，分别是用户配置文件选区和工程选区。用户配置文件选区，即用户自身可以设置属于自己习惯的快捷键、界面风格布局、程序设置以及自定义添加的按键和插件等操作方式。工程选区包括两个选项，新建工程和打开工程。打开工程是借助软件打开已建立的工程，此操作的必备条件是必须建立已有的工程文件；新建工程则是用户新创建的一个工程文件。

其次，单击“新建工程”，打开“工程设置”面板，如图 3-6 所示。

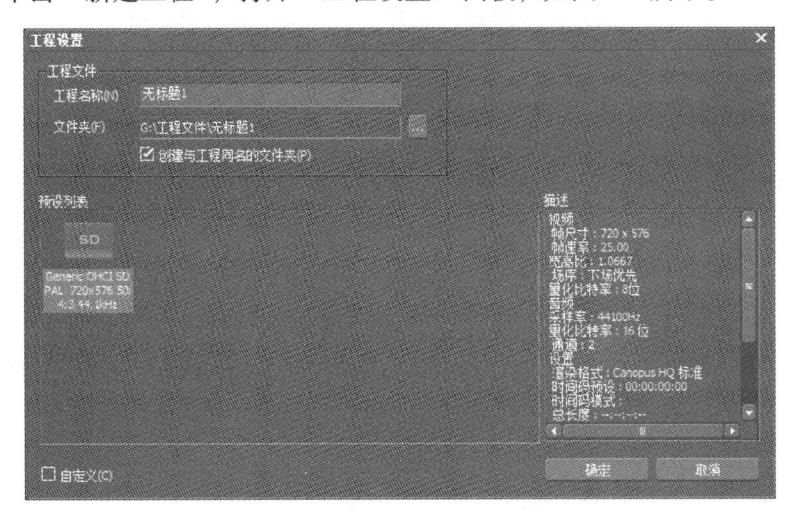

图 3-6　“工程设置”面板

该设置面板包括的设置对象有以下几部分内容。

- 工程名称——为新建的工程文件命一个名字。默认状态下为“无标题 1”。
- 文件夹——新建的工程文件所在的文件夹，即工程文件的储存路径。在文件夹后方有个按钮 ，当鼠标放在其上时，显示“文件夹”，主要的作用是选择保存工程文件的路径。
- 创建与工程同名的文件夹——选择是否创建与工程同名的文件夹，如果取消选择，需要用户自己为文件夹取名。
- 预设列表——系统预先设计好的项目工程文件。

- 描述——用户选择工程文件模式，在描述区域会显示视频、音频的各种属性。
- 自定义——如果预设列表中没有想要的工程设计方案，可以通过自定义进行相应的修改。

选择“自定义”，在预设列表中的预设文件上双击，便可进到修改预设文件的窗口，如图 3-7 所示。

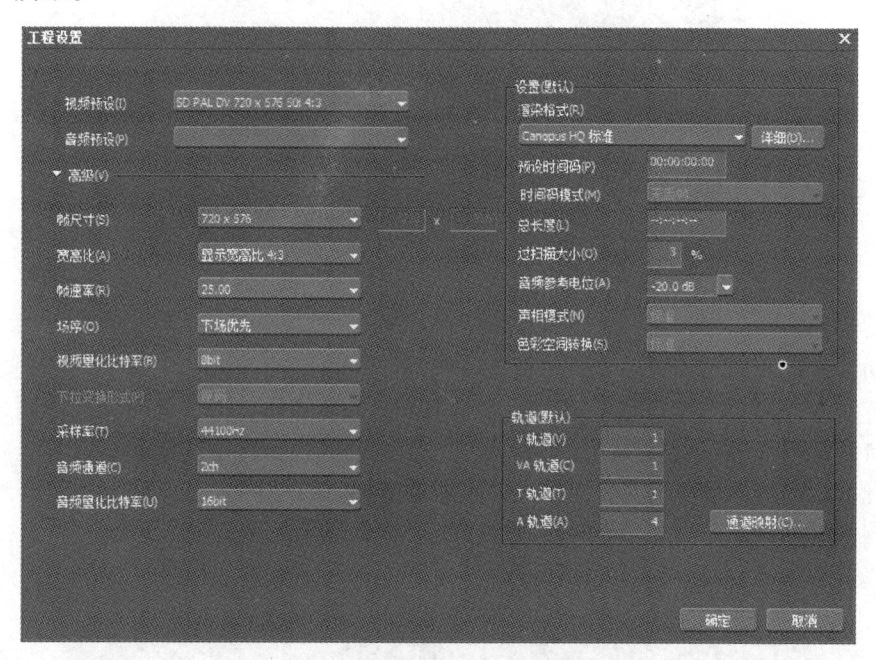

图 3-7 “自定义”工程设置

在“自定义”界面中出现若干个选项，如视频预设、音频预设、帧尺寸、宽高比、帧速率、场序、视频量化比特率、下拉变换形式、采样率、音频通道、音频量化比特率、设置（默认）选项卡、轨道（默认）选项卡。下面对这些预设选项进行简单介绍。

（1）标清与高清

高清，英文为 High Definition，意思是“高分辨率”。一般所说的高清，有四个含义：高清电视、高清设备、高清格式和高清电影。高清电视，又叫 HDTV，是由美国电影电视工程师协会确定的高清晰度电视标准格式。一般所说的高清，代指最多的就是高清电视了。电视的清晰度，是以水平扫描线数作为计量的。

标清，英文为 Standard Definition，是物理分辨率在 720 p 以下的一种视频格式。720 p 是指视频的垂直分辨率为 720 线逐行扫描。具体来说，是指分辨率在 400 线左右的 VCD、DVD、电视节目等“标清”视频格式，即标准清晰度。而物理分辨率达到 720 p 以上则称作为高清。关于高清的标准，国际上公认的有两条：视频垂直分辨率超过 720 p 或 1080 i；视频宽纵比为 16 : 9。

对于“高清”和“标清”的划分首先来自于所能看到的视频效果。由于图像质量和信道传输所占的带宽不同，使得数字电视信号分为 HDTV（高清晰度电视）、SDTV（标准清晰度电视）和 LDTV（普通清晰度电视）。从视觉效果来看 HDTV 的规格最高，其图像质量可达到或接近 35 mm 宽银幕电影的水平，它要求视频内容和显示设备水平分辨率达到 1000 线以上，分辨率最高可达 1920 × 1080。从画质效果来看，由于高清的分辨率基本上相当于传统模拟电视的 4 倍，画面清晰度、色彩还原度都要远胜过传统电视。而 16∶9 的宽屏显示也给观看者带来更宽广的视觉享受。从音频效果来看，高清电视节目支持杜比 5.1 声道环绕声，而高清影片节目支持杜比 5.1 True HD 规格，这将给观看者带来超震撼的听觉享受。

（2）PAL/NTSC 制式

NTSC 制又称为恩制，它属于同时制，是美国在 1952 年 12 月首先研制成功的，并以美国国家电视系统委员会（National Television System Committee）的缩写命名。这种制式的色度信号调制特点为平衡正交调幅制，即包括了平衡调制和正交调制两种，虽然解决了彩色电视和黑白电视广播相互兼容的问题，但是存在相位容易失真、色彩不太稳定的缺点。NTSC 制电视的供电频率为 60 Hz，场频为每秒 60 场，帧频为每秒 30 帧，扫描线为 525 行，图像信号带宽为 6.2 MHz。采用 NTSC 制的国家有美国、日本等。

PAL 制又称为帐尔制，它是为了克服 NTSC 制对相位失真的敏感性，在 1962 年，由前联邦德国在综合 NTSC 制的技术成就基础上研制出来的一种改进方案。PAL 是英文 Phase Alteration Line 的缩写，意思是逐行倒相，也属于同时制。它对同时传送的两个色差信号中的一个色差信号采用逐行倒相，另一个色差信号进行正交调制方式。这样，如果在信号传输过程中发生相位失真，则会由于相邻两行信号的相位相反起到互相补偿作用，从而有效地克服了因相位失真而引起的色彩变化。因此，PAL 制对相位失真不敏感，图像彩色误差较小，与黑白电视的兼容也较好；但 PAL 制的编码器和解码器都比 NTSC 制的复杂，信号处理也较麻烦，接收机的造价也比较高。

由于世界各国在开办彩色电视广播时，都要考虑到与黑白电视兼容的问题，因此，采用 PAL 制的国家较多，如我国、德国、新加坡、澳大利亚等。不过，需要注意一个问题，由于各国采用的黑白电视标准并不相同，即使同样采用 PAL 制，但在某些技术特性上还会有差别。PAL 制电视的供电频率为 50 Hz、场频为每秒 50 场、帧频为每秒 25 帧、扫描线为 625 行、图像信号带宽分别为 4.2 MHz，5.5 MHz，5.6 MHz 等。

值得注意的是：中国采用的视频制式是 PAL-D 式，因此在视频的制作以前，编辑人员要根据不同的要求考虑视频的制式问题。

- 帧尺寸——编辑工程文件的画面大小。
- 帧速率——所编辑的工程文件每秒钟经过的画面。
- 视频扫面方式——电视的标准显示模式中，i 表示隔行扫描，p 表示逐行扫描。

每一帧图像由电子束顺序地一行接着一行连续扫描而成，这种扫描方式称为逐行扫描。

把每一帧图像通过两场扫描完成则是隔行扫描，即在两场扫描中，第一场（奇数场）只扫描奇数行，依次扫描 1，3，5，…行；而第二场（偶数场）只扫描偶数行，依次扫描 2，4，6，…行。隔行扫描技术在传送信号带宽不够的情况下起了很大作用，逐行扫描和隔行扫描的显示效果主要区别在稳定性上面，隔行扫描的行间闪烁比较明显，逐行扫描克服了隔行扫描的缺点，画面平滑自然无闪烁。

目前先进的显示器大都采用逐行扫描方式。

- 宽高比——视频图像的宽度和高度之间的比率。

计算公式为宽高比 = 冠部高度/平均直径 × 100% 冠部角冠部主刻面与腰部水平面的夹角。

投影屏幕尺寸一般都按照对角线的大小来定义的。根据图像制式不同，屏幕的长宽比例也有下面几种格式：传统影视的宽高比是 4∶3，宽屏幕电影的宽高比是 1.85∶1，高清晰度电视是 16∶9，全景式格式电影是 2.35∶1，目前比较受观众欢迎的宽高比是 16∶9。

● 音频预设——在这里较为普遍的选择44.1 kHz/2ch，该方式与音乐制作和人耳的听觉习惯有关。

● 帧尺寸、宽高比、帧速率——在视频预设选项中有相关的介绍，一般情况保持默认即可，若要做个性化工程，也可自行调节。

● 场序——分为上场优先、下场优先、逐行。这里简单描述一下三者的概念和区别。

视频画面是由众多像素块排列形成的，这样就会出现行、列，因此一个画面会出现若干行和若干列，播放时，就出现了视频信号传送的方式不同，奇数行（1，3，5，...）先于偶数行（2，4，6，...）被传送的方式称为是上场优先，反之是下场优先，而按照顺序一行一行地传送的方式，称为逐行。由于使用的视频采集设备的设置不同和输出后播放设备的要求不同，会采取不同的场序，EDIUS采用的是下场优先，目前也是最适用的场序方式。

视频量化比特率、下拉变换形式、采样率、音频通道、音频量化比特率。根据使用的素材的不同和要求不同，可以自行设定，若无特殊要求，建议使用默认的设定。

设置（默认）选项卡和轨道（默认）选项卡，使用默认的数值即可。

设置完成，单击“确定”按钮，便可进入到操作界面；单击“取消”按钮，会退回到上一界面。

和所有的Windows标准程序一样，EDIUS的操作界面（如图3-8所示），由菜单栏和程序主界面组成。

EDIUS的操作界面由四部分组成（如图3-9所示）。

图3-8 EDIUS编辑主界面

图3-9 EDIUS编辑界面介绍

【温馨提示】视频预览窗口一旦关闭，整个工程将关闭。在视频预览窗口状态下，通过菜单栏的“视图”｜“窗口布局”｜“常规”（Shift + Alt + L）操作，就可以恢复所有的窗口。

下面介绍EDIUS的界面内容。

1. “文件”菜单

文件菜单分为以暗线分割的9个部分（如图3-10所示），下面简单介绍几个常用的选项。

“新建工程”选项、“保存工程”选项和“退出工程”选项的使用，与常用的软件类似。“添加素材”选项是指将外部的素材文件添加到EDIUS的素材库中，只有通过对素材库中的素材进行调用，才可以进行编辑。在素材库面板（如图3-11所示）中双击，便可调出寻找素材的窗口，如图3-12所示。

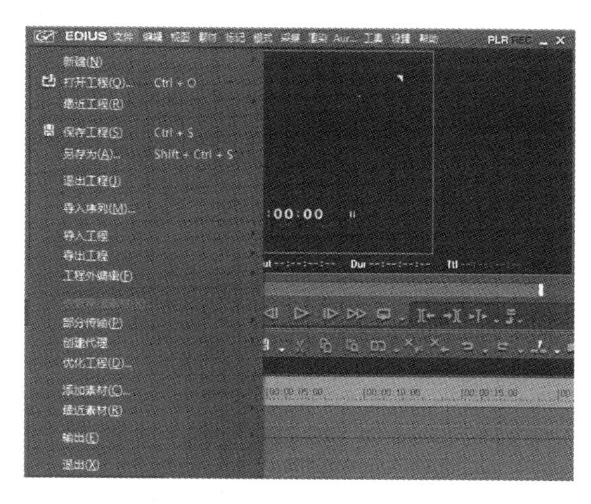

图 3-10　“文件”菜单下拉选项

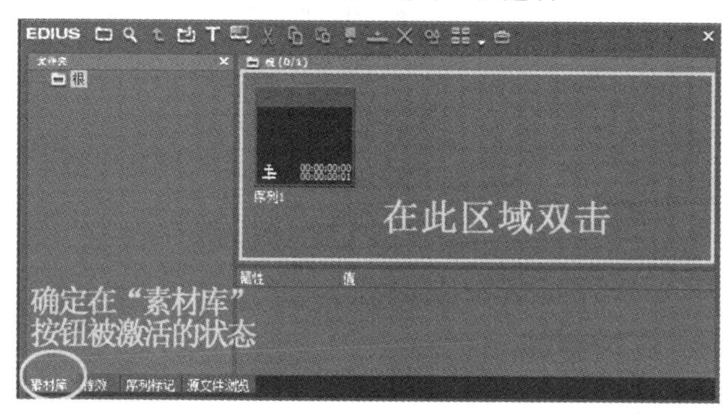

图 3-11　素材库面板

图 3-12　打开“素材”窗口

EDIUS 支持的文件类型，如表 3-1 所示。

表 3-1　EDIUS 软件支持的文件类型详表

支持的视频格式	支持的图片格式	支持的音频格式
Canopus DV	DPX（SMPTE 268M-2003）	AAC
Canopus HQ	Flash Pix File	AIFF
Canopus Lossless	GIF	Dolby Digital AC-3
Infinity JPEG 2000	JPEG	MPEG audio
3GPP	JPEG File Interchange Format	MPEG audio layer-3（MP3）
AVCHD	Mac Pict File	Ogg Vorbis
AVC-Intra	Maya IFF File	PCM Wave
DirectShow video *	Photoshop（PSD）	Windows Media Audio（WMA）
DV25	Portable Network Graphics（PNG）	
DVCPRO 50（包括 P2）	QuickTime Image File	
DVCPRO HD（包括 VariCam、P2）	SGI	
GFCAM、H. 246 TS *	Targa	
MPEG-1（系统或元素流）	Windows Bitmap	
MPEG-2（节目或元素流）	Windows Meta File（WMF）	
MPEG-2（HDV）		
MXF *		
QuickTime *		
无压缩（AVI）		
XDCAM（SD 和 HD）		
XDCAM EX		
Windows Media Video（WMV）		

“输出”选项是指完成一个视频的编辑后，以何种方式打包，如图 3-13 所示。

图 3-13　“输出”选项

最后的“退出”选项是指从文件下拉菜单退回到操作界面，与“退出工程”选项不同，“退出工程”选项是指关闭正在操作的工程文件，也就是关闭了软件。

2. 编辑菜单

编辑菜单如图 3-14 所示。

编辑菜单中很多的选项功能和 word 软件的使用方法相同，也有很多选项可以通过名字就可以知道它的功能。如波形删除（波形剪切）、删除（剪切）、部分删除的区别等，如图 3-15 所示。

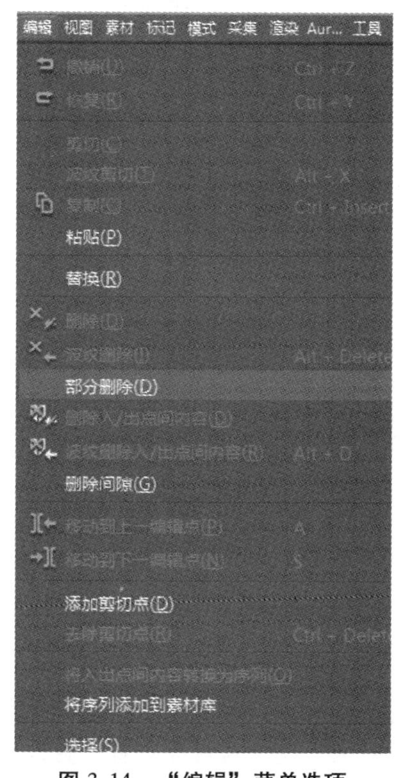

图 3-14　“编辑”菜单选项

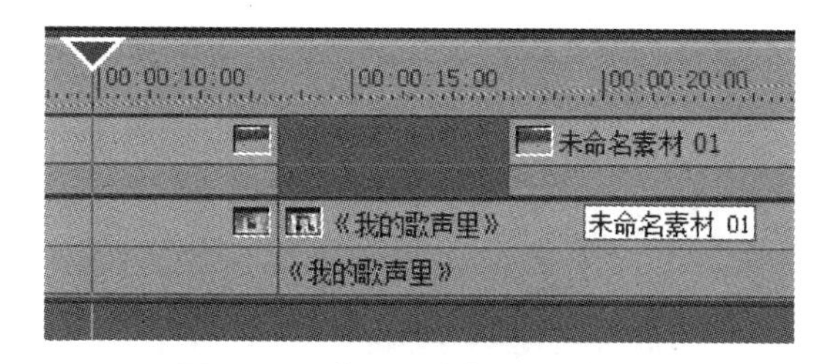

图 3-15　波形删除与删除的区别

通过操作，删除某个片段以后，后面的素材不会跟进，删除部分留下空缺；而波形删除不仅把片段删除，而且会自动将后面的素材与前面的素材连在一起；对于部分删除，是指对于某个素材或者是某段素材的相关附加内容（如仅视频、仅音频、特效、滤镜等）进行删除。

3. “设置”菜单

“设置”菜单中包含了很多设置的工程文件的项目选项，或是对预设文件进行修改，如图 3-16 所示。

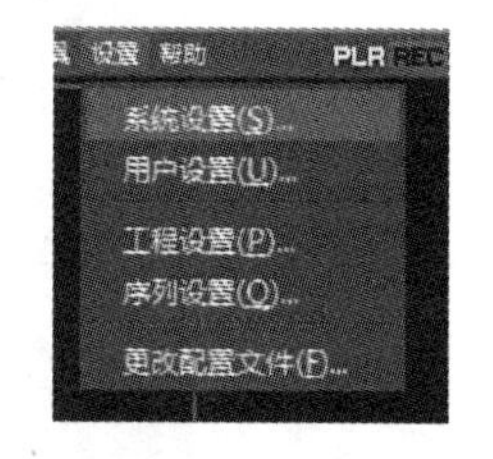

图 3-16　“设置”菜单

如果是公共办公使用 EDIUS，由于个人的习惯不同，EDIUS 自带一种可以切换不同用户习惯的功能，即用户配置文件。

在“系统设置”选项中，选择“用户配置文件”，单击“新建配置文件”命令可以重新获得一个默认设置的配置文件，如图 3-17 所示。

“用户设置”选项，非常方便，一个预设文件可以让后期编辑人员马上工作在熟悉的环境中。而且在编辑过程中，EDIUS 可以随时在多个用户偏好设置文件之间切换，制作人员完全可以为自己预设多个对应不同任务的软件环境。偏好设置可以保存为一个预设文件（. eup 文件），以方便导入和导出，如图 3-18 所示。

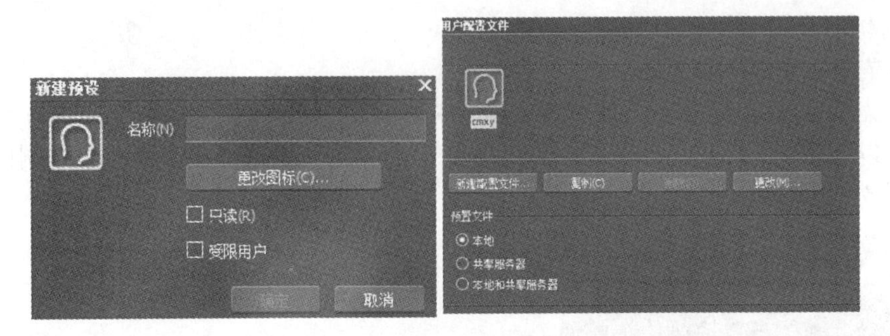

图 3-17 创设配置文件（1）

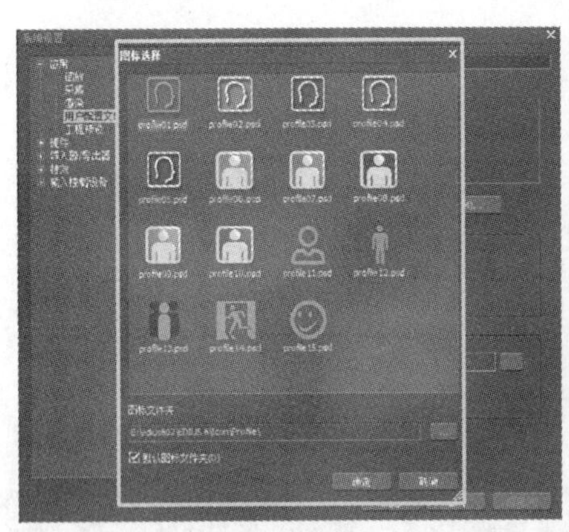
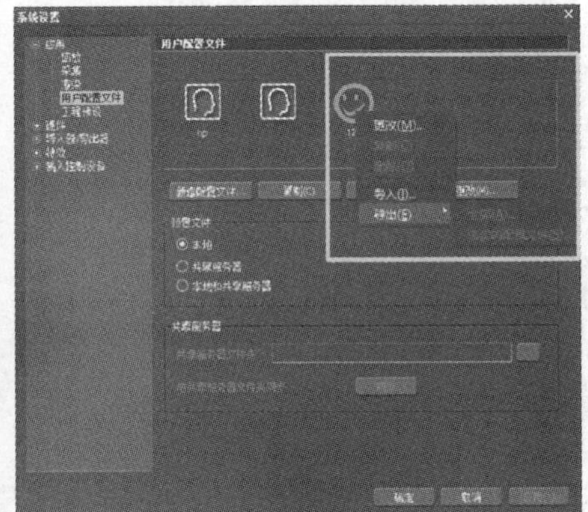

图 3-18 创设配置文件（2）

4. 认识窗口

默认状态下软件的视图为双窗口模式，屏幕上半部分会被两个视频窗口所占据。左视窗称作“播放（Player）”窗口，如图 3-19 所示，它用来采集视频素材或监看单独选定的素材内容。右视窗称作录制窗口或“制作效果”窗口，播放时间线上已编辑好的视频内容，所有编辑工作都是在时间线上进行操作的，时间线上的内容是最终视频输出的内容。

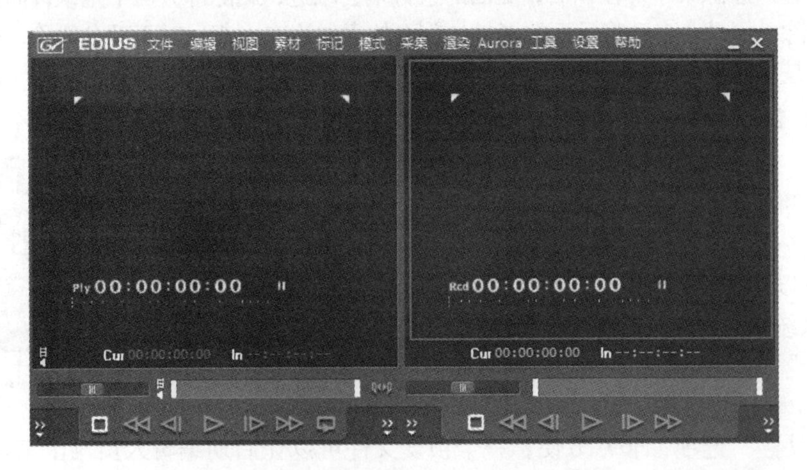

图 3-19 EDIUS“播放”与“录制”窗口

屏幕的下半部分被时间线区域占据，后期剪辑工作简单地说就是将合适的素材，放置到合适的时间线位置上去。

在图 3-20 所示的时间线展示图中，每一行称作一个轨道，轨道是用来放置各类素材的。左侧 1VA 代表视频主轨，即放置主要视频内容在此轨道中；字母 V 表示视频，即所有视频素材都可以放置在此类轨道上；字母 A 表示音频，即所有音频素材皆可放置在此类轨道中；字母 T 表示字幕，即编辑的字幕要放置在此轨道上。在编辑时，所有视频素材都要放置在带有字母 V 的轨道中，时间线上方的工具栏显示了当前工程的名称，并提供了各式各样的常用工具快捷键图标。

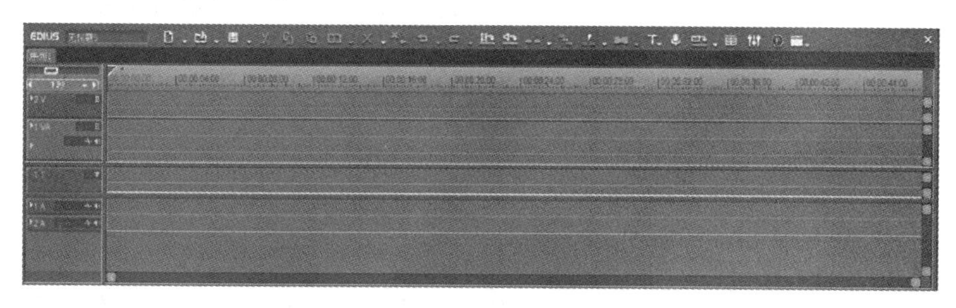

图 3-20　EDIUS 时间线展示图

轨道的左侧区域称作轨道面板，如图 3-21 所示。

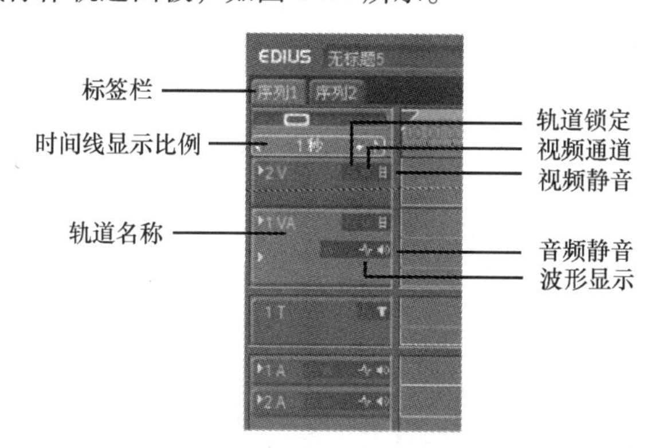

图 3-21　时间线面板功能展示图

【注意事项】标签栏显示当前序列的名称，多个序列标签卡，单击即可切换。

对于后期编辑人员来说，工作中最频繁的动作之一就是调节时间线的显示比例。单击按钮旁边向下的小箭头，打开显示比例菜单，EDIUS 提供了许多显示比例可供使用，如图 3-22 所示。除此之外，用户还可以使用组合键 Ctrl + “ + ” 或 Ctrl + “ − ”，或者 Ctrl + 鼠标中键滚轮来随意调节显示比例。也可以拖动时间线显示比例顶部的小滑块来调整比例，如图 3-23 所示。

图 3-22　时间线显示比例

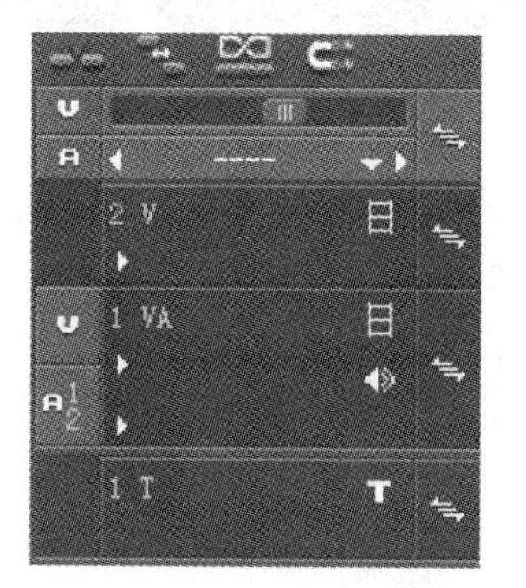

图 3-23　时间线显示比例按钮

EDIUS 拥有 4 种类型的轨道，主要功能如表 3-2 所示。

表 3-2 EDIUS 4 种类型时间线编辑轨道表

序 数	轨道名称	主要功能
1	V 视频轨道	可以放置视频素材或字幕素材
2	VA 视频、音频轨道	可以放置视频音频素材或字幕素材
3	T 字幕轨道	可以放置字幕素材或视频素材，该轨道上的素材可以使用一类叫做字幕混合的特殊效果
4	A 音频轨道	可以放置音频素材

在时间线轨道上，还有很多其他功能，如表 3-3 所示。

表 3-3 EDIUS 时间线编辑轨道表

序 数	轨道名称	主要功能
1	轨道锁定	锁定后，该轨道上的素材无法编辑，鼠标指针旁会有一个小锁标记
2	视频通道	打开后，新添加素材时，统一将视频放置在该轨道上
3	视频静音	打开后，该轨道上的视频不可见
4	音频静音	打开后，该轨道上的音频静音
5	波形显示	打开后，显示该轨道上的音频波形

【案例 1】如何查找声相控制线

细心的读者可能发现，如图 3-24 所示轨道名称前边还有个小三角图标，以 VA 轨道为例。

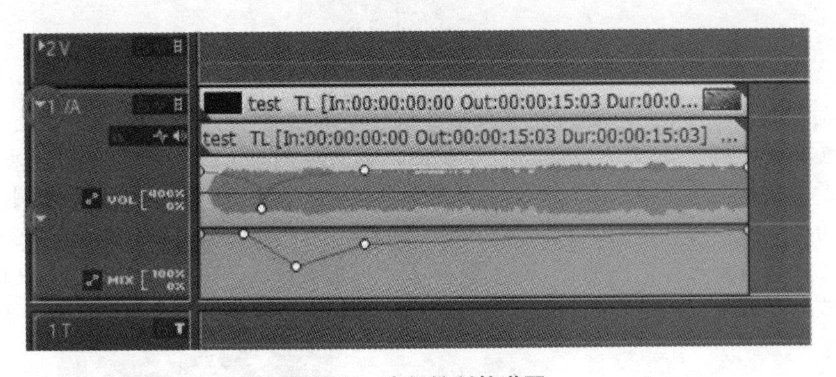

图 3-24 声相控制轨道图

单击第一个小三角展开轨道，对于带有音频的素材，EDIUS 会自动为其创建波形缓存，如图 3-25 所示。

单击如图 3-26 所示的蓝色（软件中显示颜色）矩形图标，即可激活 VOL 音量控制和 PAN 声相控制（切换），其中橙色（软件中显示颜色）线是音量控制线，中央的蓝色线是声相控制线。展开第二个小三角，对于视频素材来说，拥有一个显示为灰色的 MIX 区域，即轨道混合区。激活小矩形图标后，这里的蓝色线表示视频的透明度。

图 3-25　波形生成图

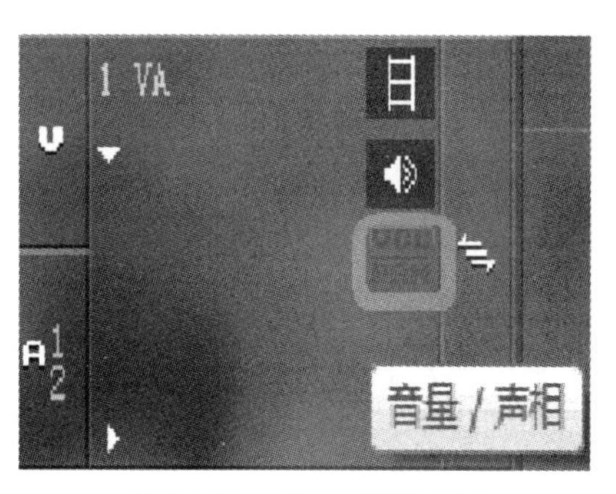

图 3-26　蓝色矩形图标

这样就完成了任务，找到声相控制线了。

【案例 2】如何查找特效面板

在时间线工具栏上找到面板工具，点击图标旁的小三角可以打开下拉菜单栏列表，如图 3-27 所示。单击 EDIUS 所有工具图标旁边的小三角，打开其相关的下拉菜单列表。

EDIUS 中有 3 种不同的面板：特效面板、信息面板和标记面板。用鼠标选择需要打开的面板，如图 3-28 所示；或者使用组合键 Ctrl + H，统一打开和关闭。

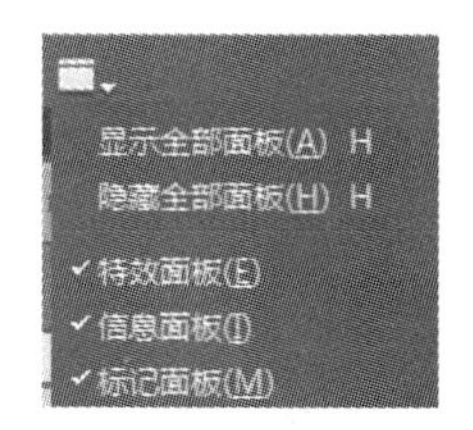

图 3-27　下拉菜单栏列表

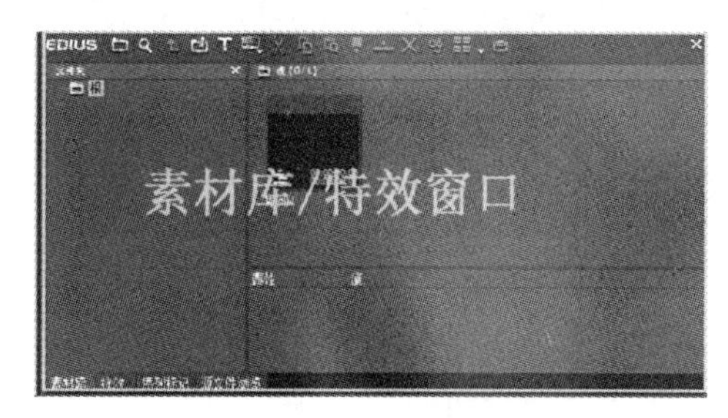

图 3-28　EDIUS 的特效面板

（1）特效面板：如图 3-29 所示，EDIUS 的特效库，包含了所有的视频、音频滤镜和转场。有文件夹视图和树型结构视图两种表示方式。

（2）信息面板：如图 3-30 所示，显示当前选定素材的信息，例如，文件名、入点和出点时间码等，还可以显示应用到素材上的滤镜和转场。通过双击滤镜的名称，可以打开滤镜的参数来设置面板。

图 3-29　EDIUS 的特效库

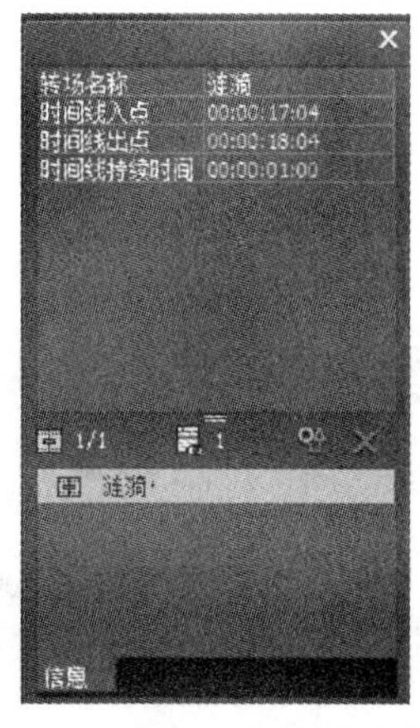

图 3-30　当前选定素材的信息

(3) 标记面板：显示用户在时间线上创建的标记信息。在 EDIUS 中，标记除了可以在时间线上做记号以外，还可以作为 DVD 影片的章节点。可以使用快捷键 V，创建或删除标记点。

【案例 3】如何打开素材库

素材库窗口，可以通过时间线工具栏的素材库工具快捷图标打开或关闭，或者使用快捷键 B 打开或关闭，如图 3-31 所示。

素材库是管理素材的面板，在这里载入视频、音频、字幕、序列等所有编辑需要的素材，并创建不同的文件夹对其分别管理。

【案例 4】如何自定义界面

单击菜单栏上的视图，在【视图】菜单中（如图 3-32 所示）可以找到单窗口模式和双窗口模式。

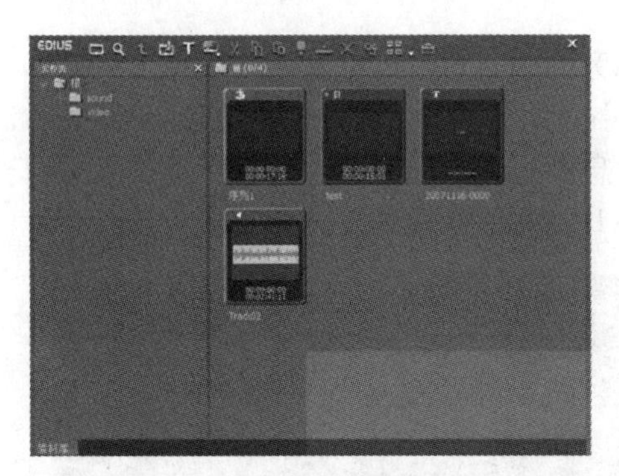

图 3-31　素材库窗口

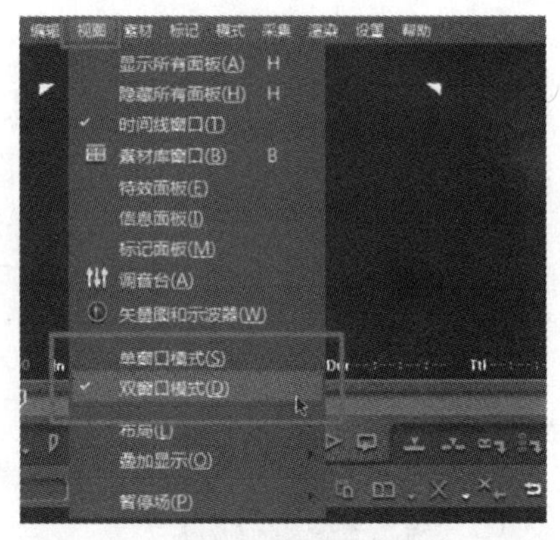

图 3-32　单窗口模式和双窗口模式

在默认状态下，EDIUS 是双窗口模式，即同时显示播放窗口和录制窗口。这两个预览窗口加上时间线，基本就会占据整个屏幕的空间，比较适合一些具有双显示器的用户使用——可以将其他面板拖放到另一个显示器的显示区域中。

单窗口模式（如图 3-33 所示）是将两个预监窗口合并为一个，在窗口右上角会出现 PLR/REC 的切换按键（PLR 的播放窗口，REC 的录制窗口）。EDIUS 会根据用户在使用过程中的不同动作自动切换两个窗口，例如，双击一个素材就切换至播放窗口；播放时间线，则切换至录制窗口。

由于只显示一个窗口，节省下的空间就可以放置其他面板了。单窗口模式比较适合没有较大显示器或者使用笔记本电脑编辑的用户。

除此之外，还可以将几个面板组合到一起以节省屏幕空间。拖动任意一个面板至另一个面板底部黑色区域，光标会发生改变，此时松开鼠标，两个面板就组合在一起了（如图 3-34 所示）。

图 3-33　单窗口模式

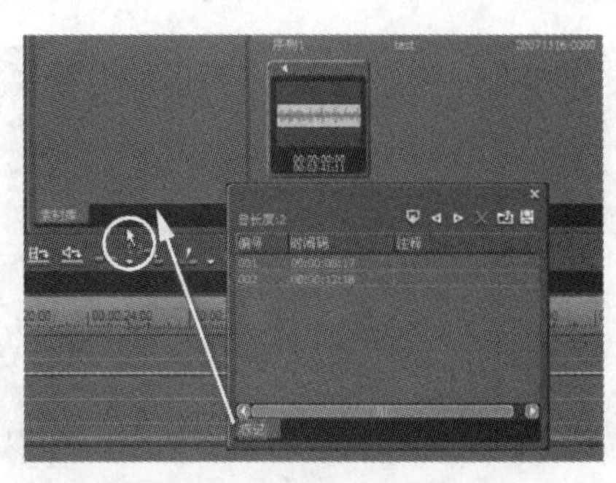

图 3-34　面板吸附组合

重复以上过程就可以将几个常用面板组合成一个，使用时可以单击它们相应的标签卡以进行切换，如图 3-35、图 3-36 所示。

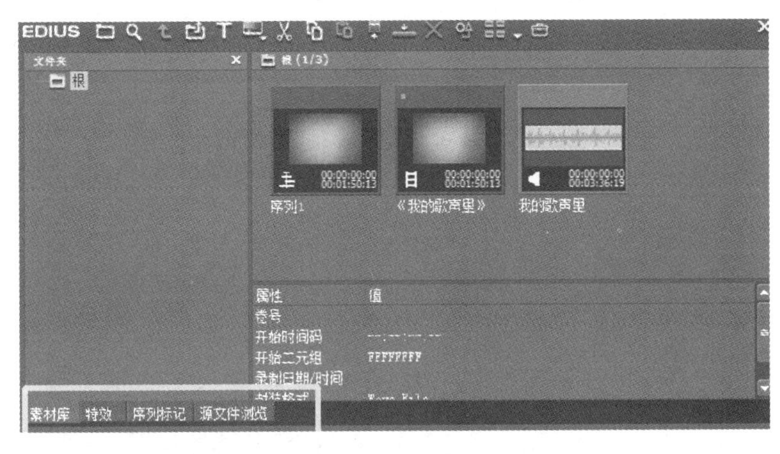

图 3-35　所选的音轨

图 3-36　合并音视频轨道

【温馨提示】当结束工作关闭 EDIUS 后，系统会自动将当前的用户设置，包括界面、快捷键、快捷方式、图标工具等存储为一个用户配置文件。再次打开软件时，立即可以在熟悉的界面下开始工作。

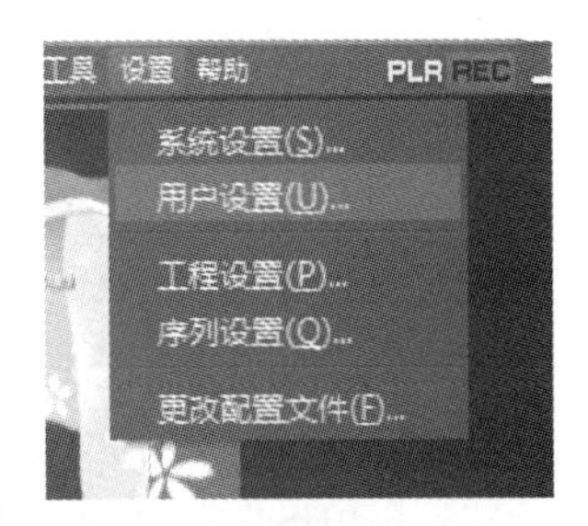

图 3-37　快捷键上的设置

如果希望设定快捷键，可以选择菜单栏中的【设置】菜单；选择用户设置来实现，如图 3-37 所示。

在弹出的界面中选择“用户界面”中的“键盘快捷键”，并单击“指定”按钮，如图 3-38 所示。

在“用户设置”界面还可以改变 EDIUS 界面的颜色。单击用户界面选择“窗口颜色”，如图 3-39 所示。

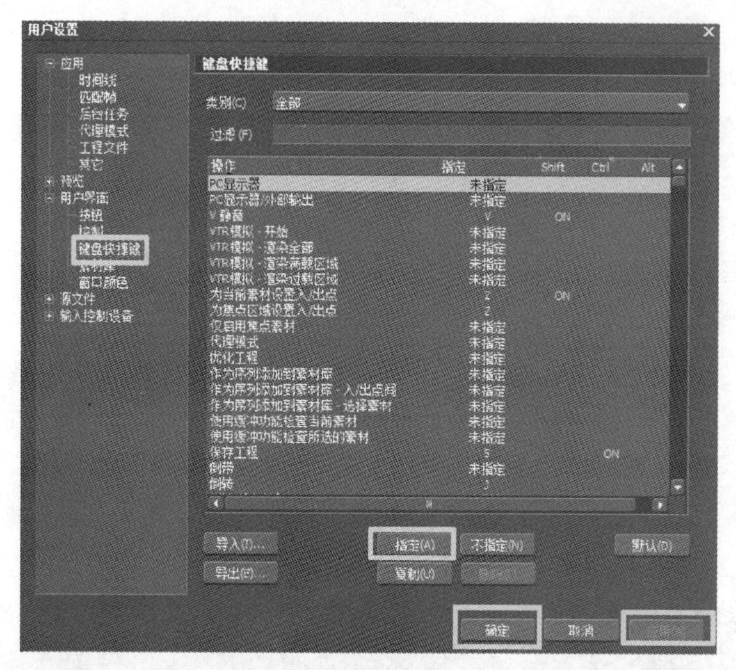

图 3-38 键盘快捷方式

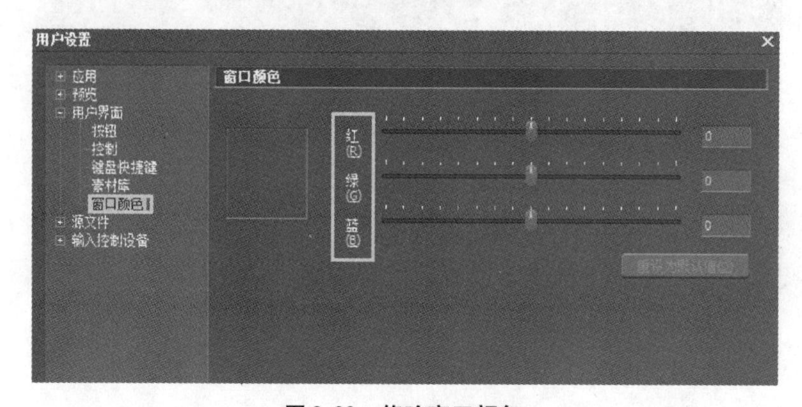

图 3-39 修改窗口颜色

将 RGB 的色彩控制条都调节为 -32，单击“确定”按钮，EDIUS 将变为一种深黑色的界面。

本节知识总结

理论要点

1. EDIUS 的基本功能特点。
2. EDIUS 的基本操作界面。

技术把握

1. 熟悉软件的基本功能。
2. 熟悉软件的基本操作。

操作要点

熟练掌握软件中各个窗口的功能。

注意事项

能够学会正确地使用一些基本操作，如查找声相控制线、特效面板，打开素材库，自定义界面等。

3.2　EDIUS 的使用技巧

3.2.1　素材采集

如果需要编辑的视频还在摄像机存储卡里，首先要将摄像机里的内容输入到电脑硬盘上。当然，一般的摄像机视频无法简单地通过拷贝、复制就变成在计算机上可编辑的文件。而是需要通过一个特殊的过程将其再编码成一个可识别的视频文件，这个过程就称之为采集。当然，新一代的硬盘、光盘、数据闪存卡式摄像机除外。当前，EDIUS 已经支持直接读取摄像机视频文件，而不必进行此类采集，视频编辑卡如图 3-40 所示。

MIDI 及其 HD 扩展组件提供了丰富的视频输入、输出接口，如图 3-41 所示。

图 3-40　视频编辑卡

图 3-41　HD 扩展组件

【案例 5】安装驱动程序与采集卡

正确安装编辑卡硬件和驱动程序后，即可在设备管理器的“声音、视频和游戏控制器”中找到 HX-E2 组件，这说明硬件已经正确安装完成，如图 3-42 所示。

从摄像机直接采集 1080i 分辨率的高清素材进行制作。可以使用 IEEE 1394 连接线（FireWire 火线）将两个设备连接起来或在更高级的 EDIUS 中使用 HD SDI 作为高清输入源，如图 3-43 所示。

新建一个 EDIUS 工程，在工程设置面板中出现 NX 卡的硬件工程，NHX-E2 SD/HD 标清/高清工程。可以在右侧的列表中选择 1440 × 1080 50i 的工程，如图 3-44 所示。进入 EDIUS 界面后，单击菜单栏中的“采集”，选择 Generic HDV-input 选项，如图 3-45 所示。

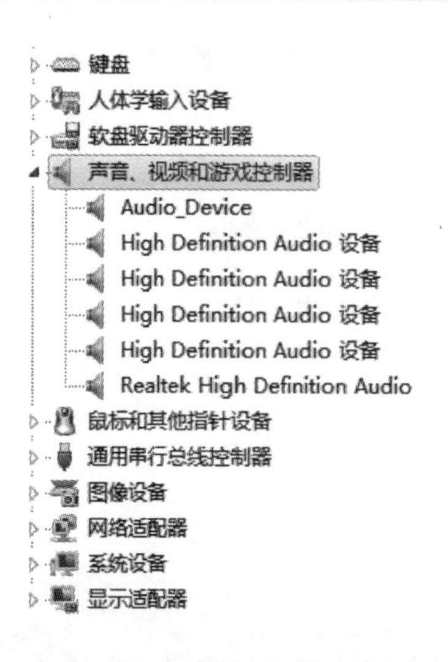

图 3-42　安装程序驱动示意图

图 3-43　IEEE 1394 连接线

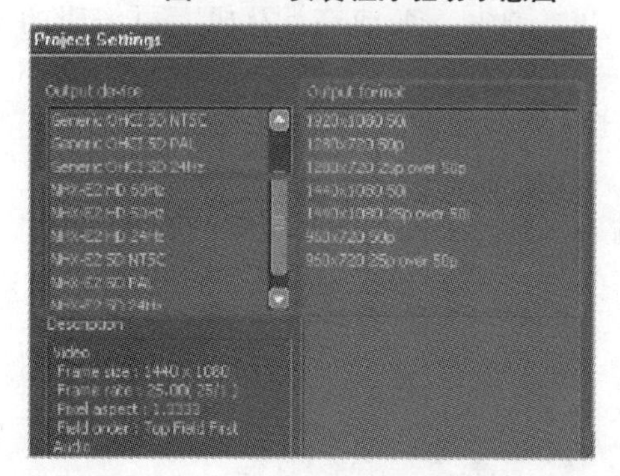

图 3-44　采集过程

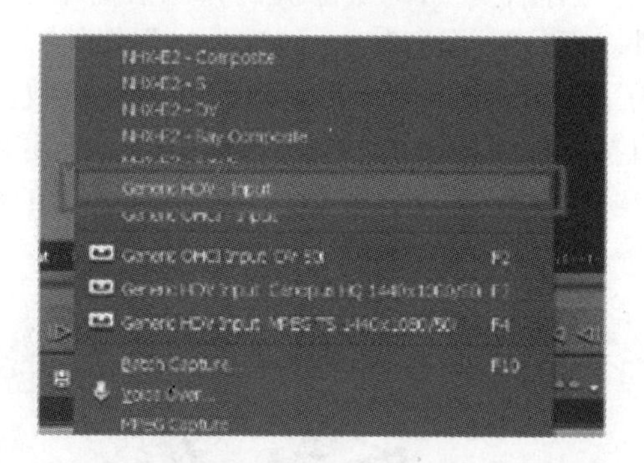

图 3-45　EDIUS 菜单栏

在弹出的对话框中选择 Canopus HQ 1440x1080/50i，EDIUS 就会以 Canopus HQ 来编码采集文件，Canopus HQ 编码的效率、质量和使用上的实时性都非常出色，如图 3-46 所示。

按“确定”按钮退出对话框，播放窗口现在应该能够看到 HDV 摄像机里的内容了，说明此时摄像机已经和 EDIUS 正确连接，采集工作一切准备就绪。

单击播放窗口右下角的采集按钮，或者使用快捷键 F9 即可开始采集。如图 3-47、图 3-48 所示。

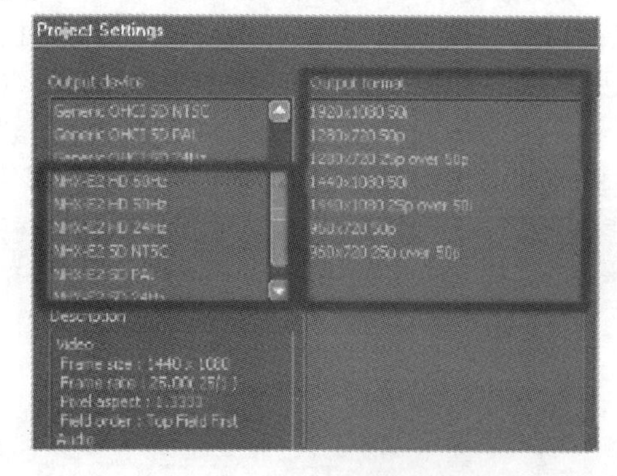

图 3-46　所要采集的素材

图 3-47　采集按钮

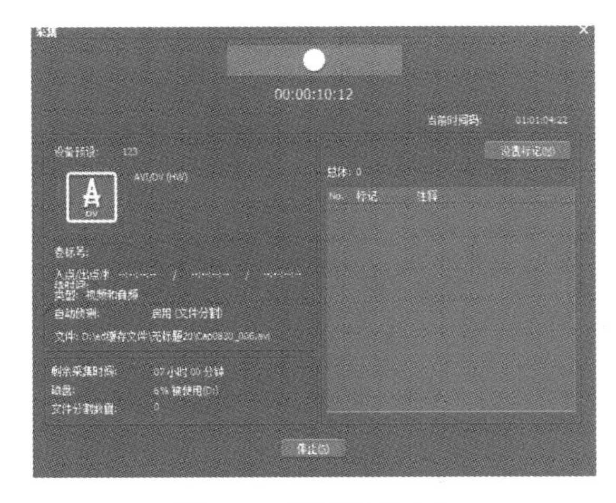

图 3-48　采集过程及内容

3.2.2　剪辑技巧

【案例 6】粗剪视频

绝大多数情况下，如图 3-49 所示，采集视频文件时一般都留有余量——只需要截取出其中的某一部分放到时间线上即可。

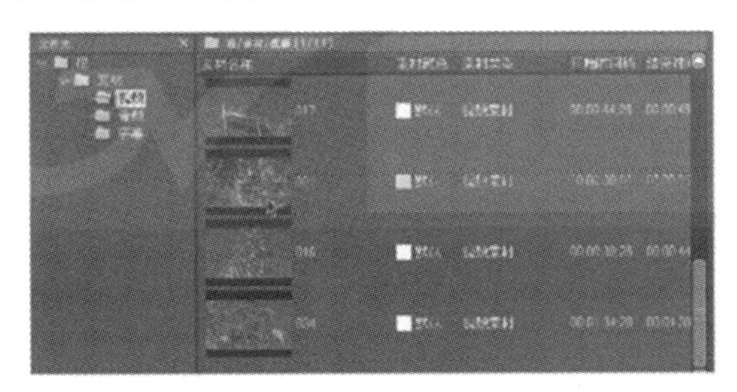

图 3-49　选定素材

挑选一个视频素材练习剪辑技巧并作为第一个镜头，双击素材文件导入素材。此时，EDIUS 会自动将其载入播放窗口，如图 3-50 所示。

图 3-50　播放窗口中的素材

如图 3-51 所示，“播放”窗口下的工具栏提供了一些常用的控制工具，包括滑动播放指针、单击播放、步进、快进等按钮来浏览整个视频。

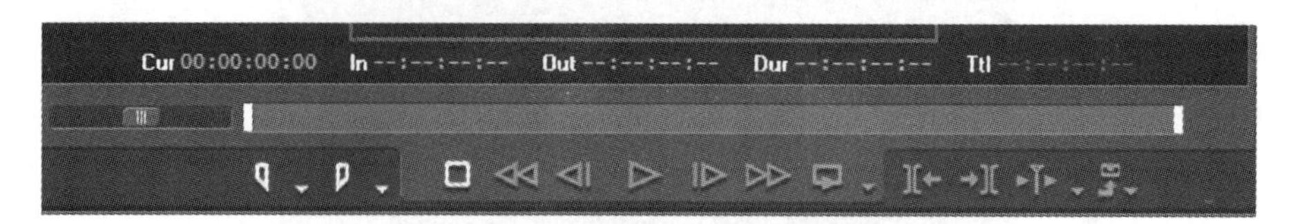

图 3-51 “播放”窗口的常用图标

挑选一个视频开始的时间点，创建一个入点：单击设置入点按键，或者使用快捷键 I，如图 3-52 所示。

图 3-52 “播放”窗口中的入点图标

挑选这段视频合适的结束时间点，创建一个出点：单击设置出点按键，或者使用快捷键 O，如图 3-53 所示。

图 3-53 “播放”窗口中的出点图标

时间线上将出现亮灰色和深灰色两种区域：亮灰色表示素材被选中的部分，深灰色则表示未选中的部分。此时，若将鼠标靠近两种区域交界处的话，鼠标光标旁边会出现入点（IN）或出点（OUT）标记。拖动交界处的竖线也可以调节入点和出点。

当然，用户根本无需担心不精确的选择和取舍会否影响日后的编辑工作——因为在任何时候都可以继续修正素材的长度和入点、出点位置，这就是数字化非线性编辑的优势如图 3-54 所示。

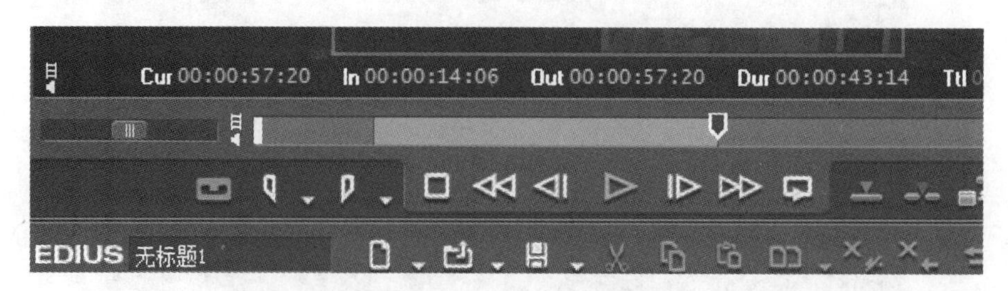

图 3-54 被选中的素材时间段

选择一条合适的轨道，本案例中是 1VA 轨，并开启了 VA 轨的音频静音。因为会另外加上准备好的音乐，所以并不需要其本身的声音。

注意，当前选中轨道的轨道面板呈现出亮灰色，如图 3-55 所示。

使用视频预览窗口下方的覆盖、插入工具按钮，如图 3-56 所示，将素材加入到时间线上。

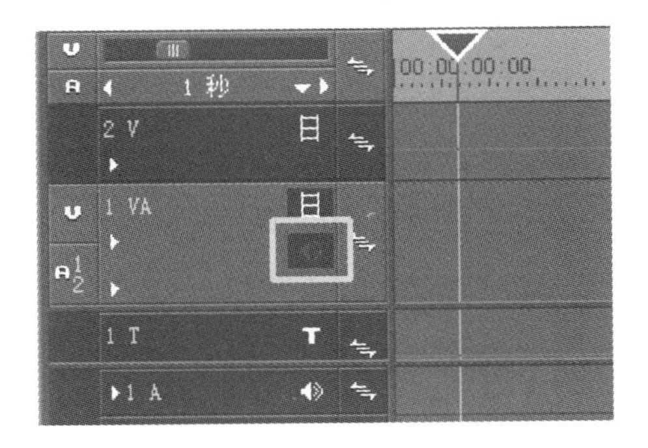

图 3-55　被选中的音频、视频轨道

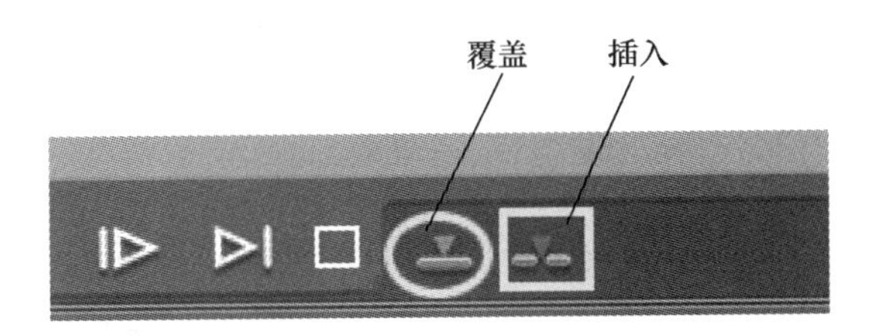

图 3-56　覆盖、插入工具按钮

或者采用更简单的方法，即将素材直接由播放窗口拖曳至时间线上，如图 3-57 所示。

正如上文所述，加到时间线上的素材最终会出现在视频短片中。使用空格键或回车键播放时间线，就可以在录制窗口看到它了。

在时间线上可以重新调整素材的长度。将鼠标靠近素材的边缘单击，会激活 EDIUS 的素材剪辑点（黄绿色长方形）。使用不同的剪辑点配合相应的鼠标操作，能够使用五六种不同的素材剪辑方式。

在本案例中，使用最简单的剪辑方式，按住剪辑点左右拖动鼠标，即可以重新调节素材的入点和出点。

【注意事项】由于靠近素材边缘点击就会激活剪辑点，因此进行一些选择素材、移动素材的操作应该尽量避开素材边缘，如图 3-58 所示。

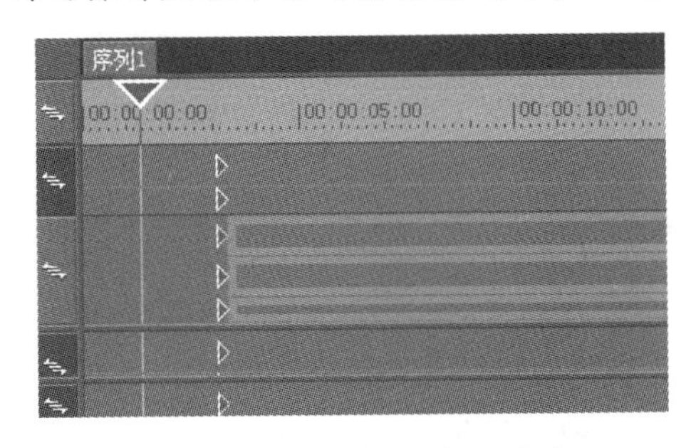

图 3-57　时间线上的操作方法

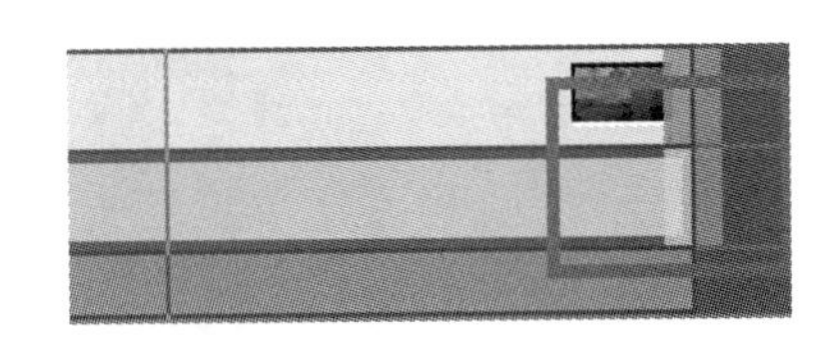

图 3-58　靠近剪辑点时注意避开边缘

继续添加第二个镜头，除了先将素材双击载入播放窗口粗剪——添加到时间线之外，当然还可以直接将原素材从素材库放置到时间线上。继续挑选第二个视频素材，将选中素材库的文件，将其作为第二个镜头，如图 3-59 所示。

使用素材库工具栏上的“添加到时间线”工具，或者组合键 Shift + Enter，或者直接用鼠标将其拖曳到时间线上，如图 3-60 所示。

无论用何种方法，往时间线上添加素材时唯一需要注意的是：EDIUS 此时处于覆盖模式还是插入模式？

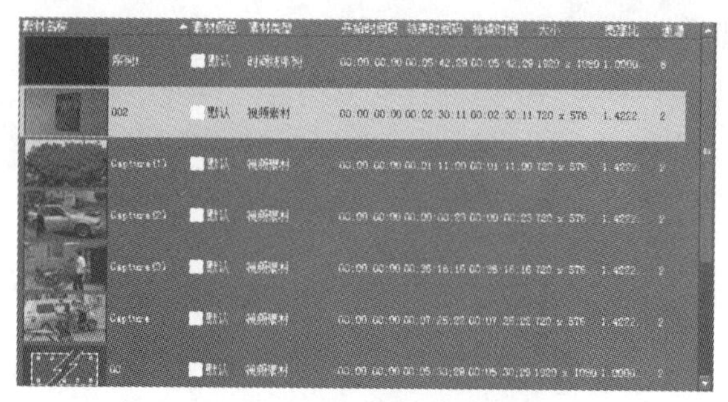

图 3-59 选中第二段素材

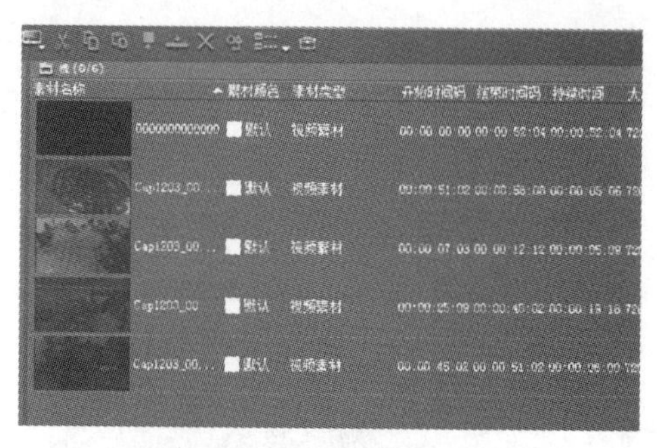

图 3-60 所要选择的素材

在时间线工具栏上可以找到覆盖/插入模式的按钮，单击即可切换它们的状态。从直观上看，在蓝色箭头是插入模式，红色箭头是覆盖模式，如图 3-61 所示。

在插入模式下，如果需要文件插入的位置原先已有素材，则在插入位置将原素材“切断”，并将余下部分向后“挪”，如图 3-62 所示。

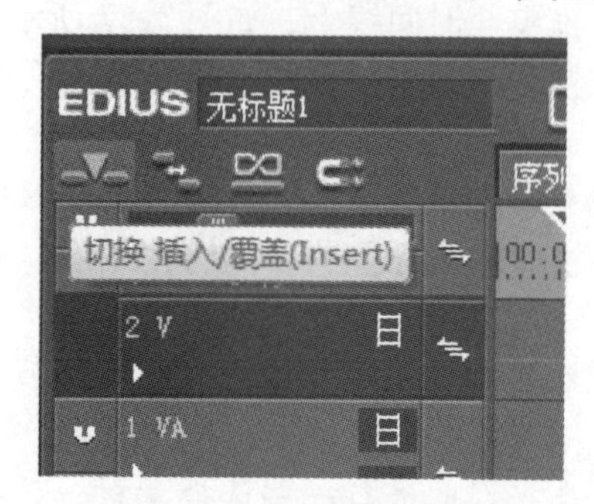

图 3-61 插入/覆盖模式

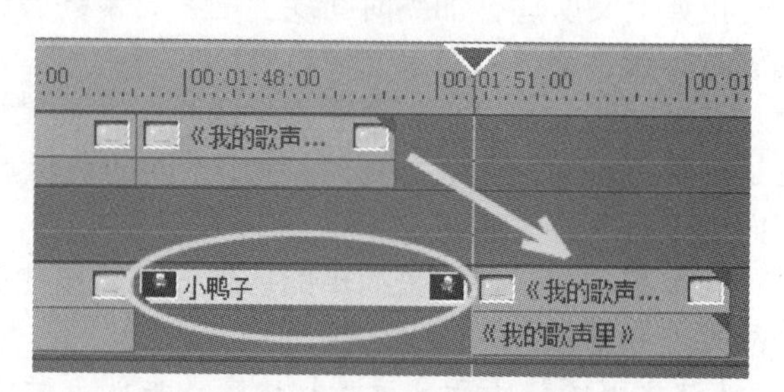

图 3-62 插入的素材前后对比

而在覆盖模式下，如果需要文件插入的位置原先已有素材，同样在插入位置将原素材“切断”，不过新增素材内容将覆盖掉原素材内容，如图 3-63 所示。

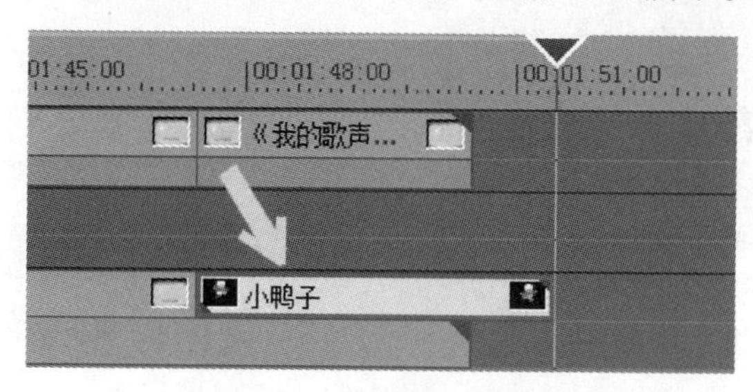

图 3-63 新旧素材的更换

【注意事项】初学者在添加素材时应特别注意插入/覆盖模式的按钮处于何种状态。

图 3-64 添加切点

插放时间线可发现，由于这只是一个定机位外景，5 秒多的持续时间已经显得太长了，应该去除部分素材。先将素材在某处“切”开，再删除多余部分。首先将时间线指针移动到素材需要“切”开的位置，使用时间线工具栏的“添加切点-选定轨道”按钮，或者使用快捷键 C，如图 3-64 所示。

这样，当前轨道上的素材就被一分为二了。选择不需要的部分，按 Delete 键删除即可。这并不是真的从硬盘上物理删除了这部分素材，仍然可以通过上文中调节剪辑点的方法将其还原，如图 3-65 所示。

图 3-65　被切开的素材

另一种简便的方法是：单击素材所在的轨道，将时间线指针移到要裁剪的位置，然后使用下列快捷键：

- 裁剪掉素材的入点到指针位置之间的部分，即去除指针以前的部分：N；
- 裁剪掉素材的出点到指针位置之间的部分，即去除指针以前的部分：M，如图 3-66 所示。

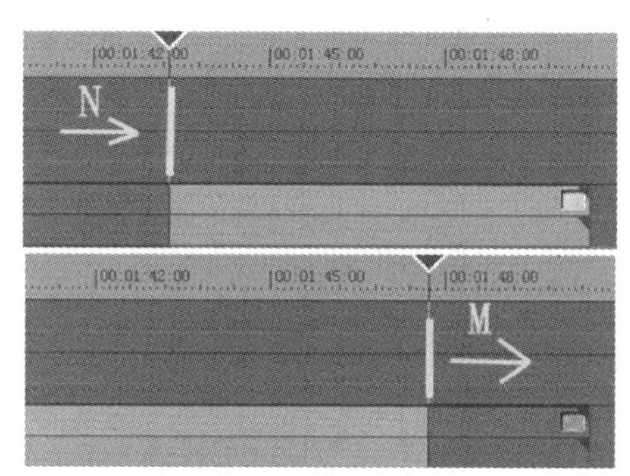

图 3-66　去掉素材前后部分的演示

【注意事项】 若将包含视频、音频的素材放置到 V 轨或 T 轨上，则其音频信息将被忽略；若放置到 A 轨上，则其视频信息将被忽略。

经过一系列的操作，时间线上已经导入了一些素材，大家会发现：在 EDIUS 中，对素材的操作，包括删除、移动等动作会影响整个轨道上的其他素材，文件前后移动会相互影响，这被形象地称作——波纹模式。

使用时间线工具栏的波纹模式工具或者使用快捷键 R 即可打开或关闭波纹模式，如图 3-67 所示。

图 3-67　波纹模式切换的说明

【注意事项】 波纹模式默认为开启。

当开启波纹模式后，进行拖动素材的边缘、删除素材等操作时，其后同一轨道上的素材都会随着当前素材的操作一起移动，从而保持彼此间的相对位置，如图 3-68 所示。

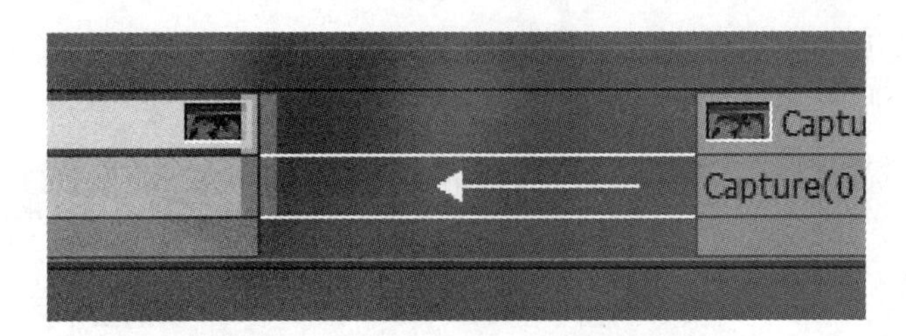

图 3-68　波纹模式下的素材拖动演示

这种特性在某些情况下会令编辑工作显得较为方便，用户可以根据具体的需要决定是否使用波纹模式。不过波纹模式只会影响当前同一轨道上的素材，如果希望所有轨道上的文件都受影响而保持相对位置的一致的话，可以再打开 EDIUS 的同步模式。

音频编辑与视频编辑操作类似。

使用时间线工具栏的素材库工具，或者使用快捷键 B，打开素材库窗口。像之前添加视频文件那样，双击素材库的空白处。在弹出的对话框中选择需要导入的音频文件。

EDIUS 支持 WAV、MP3、AIFF 甚至多声道 AC3 格式的音频文件，推荐使用 WAV 文件作为标准的后期编辑使用文件（WAV 文件是音频的原始文件，具有无压缩、无损失的优点，但也存在着所占空间较大的缺点）。

使用组合键 SHIFT + Enter，或者直接用鼠标将其拖曳至时间线的 1A 轨道上，如图 3-69 所示。

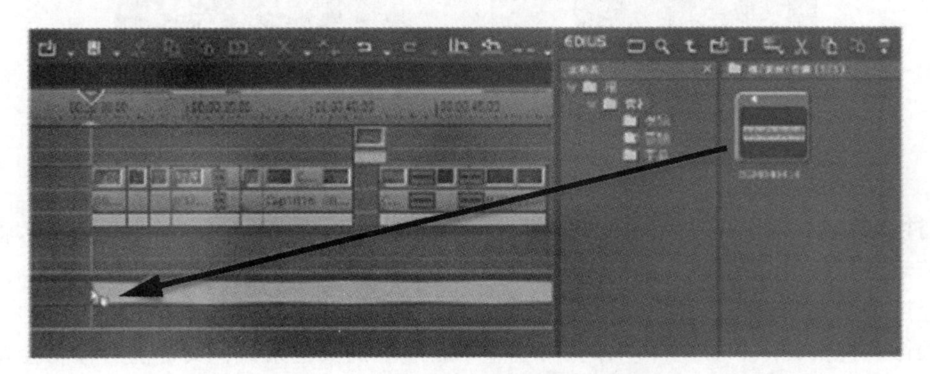

图 3-69　将素材放入时间线的示意图

确保 1A 轨道上的波形显示开关处于打开状态（靠右侧的波形图标按钮），单击 1A 字样左侧的小三角图标，展开轨道，等待片刻（EDIUS 在创建音频波形缓存），就可以看到音频的波形（如图 3-70 所示）。

能够看到音频的波形图形对于希望将视频剪辑点和音频节奏匹配的制作人员来说，是非常方便的。

现在看上去音频的长度太长了，在 EDIUS 中音频的剪切操作与视频素材是一致的，将时间线指针移动到短片的结尾处，选中音频文件，使用快捷键 M，可以快捷地去除时间线指针以后的部分，如图 3-71 所示。

使用空格键或 Enter 键播放短片，在预览窗口也可以通过音量表来检查声音的大小。制作的时候最好能保证音量显示的电位计大多数时间保持在绿色状态（峰值时的黄色显示可以接受）。

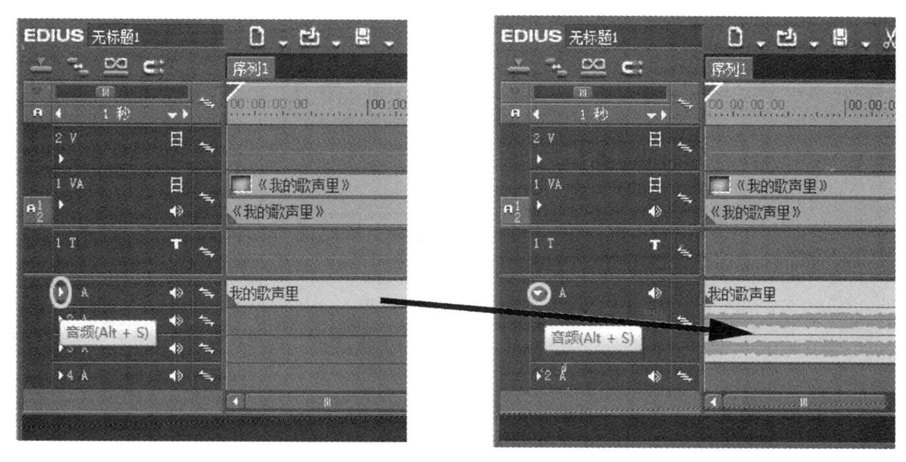

图 3-70　打开声音波形图的方法

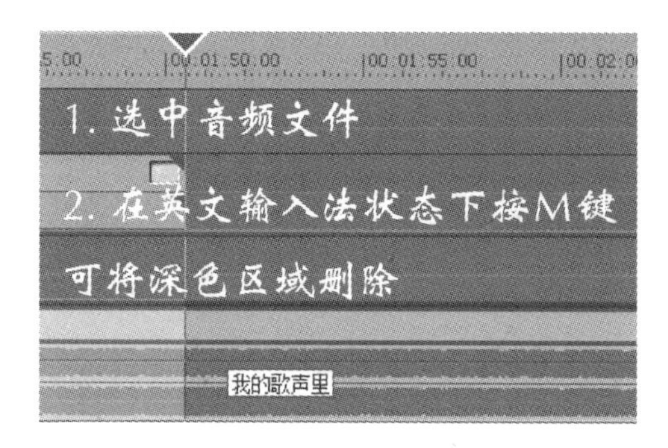

图 3-71　去除多余部分素材的方法示意

单击 1A 轨道面板上的矩形小图标，激活 VOL 控制，素材音频上出现的橙色线就是音量线，如图 3-72 所示。

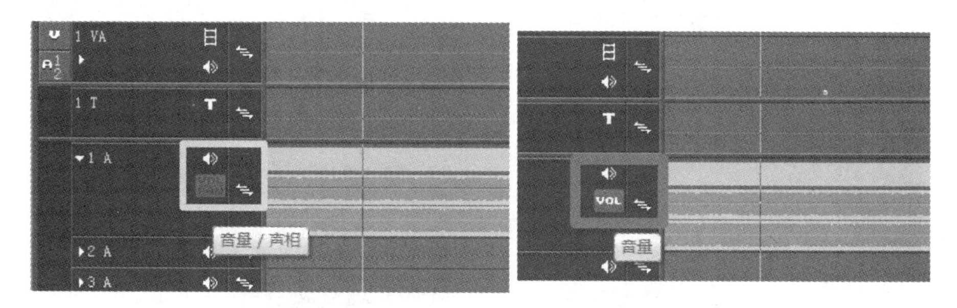

图 3-72　激活 1A 轨道 VOL 控制

将鼠标移动到音量线附近右击，选择“移动所有”，如图 3-73 所示。

可通过滚动鼠标的中键滚轮来控制数值降低整个音频素材的音量，如图 3-74 所示。

或者直接在音量控制线上操作，按住 Alt 键的同时用鼠标上下拖曳音量线，注意底部状态栏左侧出现的信息，将音量调节到一个合适的大小，如图 3-75 所示。

最后，创建音量的淡入淡出。使用 Ctrl + 鼠标滚轮将时间线的显示比例调节到合适数值。鼠标靠近需要创建音频调节点的位置，注意光标旁出现一个加号标志，单击即可添加一个音频调节点，如图 3-76 所示。

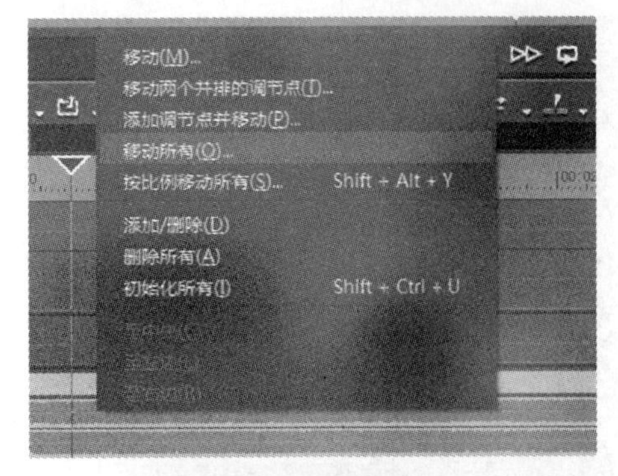

图 3-73 操作示意

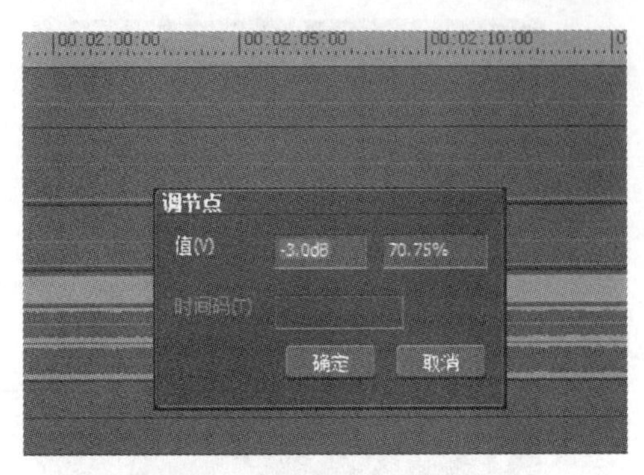

图 3-74 控制声音数值的方法

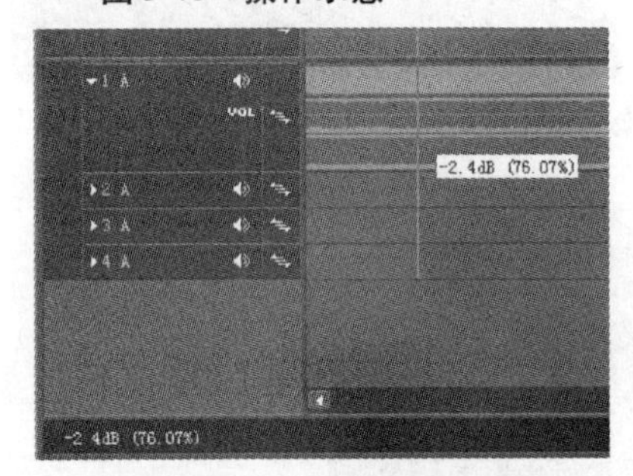

图 3-75 控制音量的方法

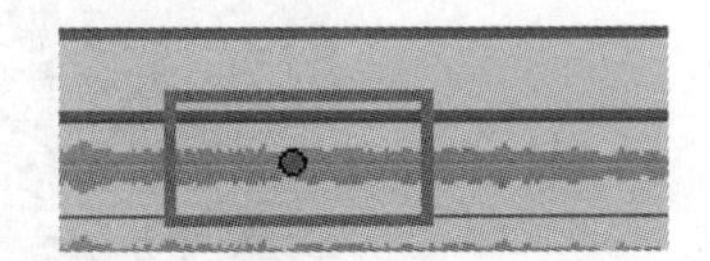

图 3-76 鼠标操控音量的方法

将第一个音频调节点移动到最下方，即完全静音，这样就得到一个音量渐起的效果，如图 3-77 所示。

用同样的方法，在短片的结尾处，创建一个音量渐弱的效果，如图 3-78 所示。

图 3-77 音量渐起操作示意

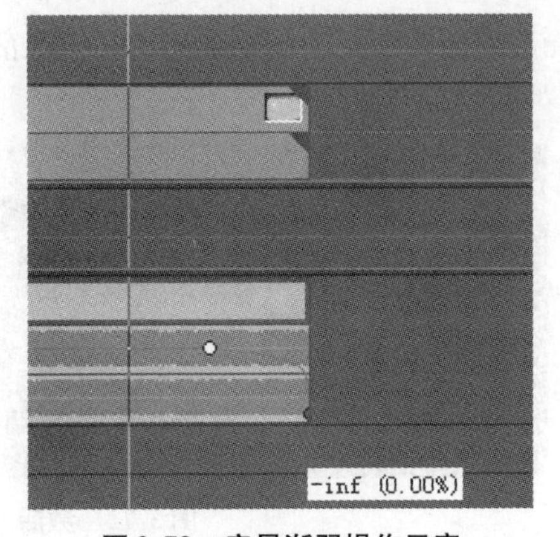

图 3-78 音量渐弱操作示意

3.2.3 转场使用

如图 3-79 所示，在特效面板的转场目录下，罗列了丰富的 2D、3D 类转场特效。

使用方法是选择列表中需要的转场特效，直接拖曳到时间线上素材要放置的位置上即可。

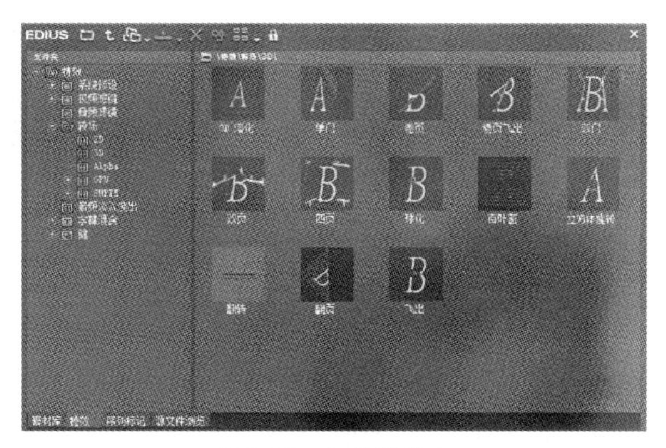

图 3-79　特效素材库

【案例 7】转场训练

使用快速添加默认转场功能，即选择需要添加转场的素材，并将时间线指针移动到需要加转场的位置，单击时间线工具栏的添加转场工具，或者使用组合键 Ctrl + P，如图 3-80 所示。

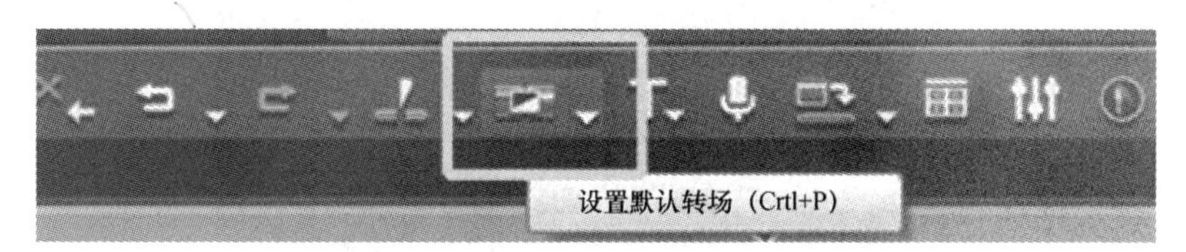

图 3-80　转场特效

默认添加的转场是常用的叠化效果，也就是转场列表中图表上标注 D 字样的转场。右击某个转场，选择菜单中的"设置为默认特效"来将其更改为默认的转场，如图 3-81 所示。

如图 3-82 所示，添加转场的位置出现了两个灰色的矩形，表示此处的视频和音频部分都添加了转场效果。用鼠标拖曳矩形的边界以调整转场的时间。

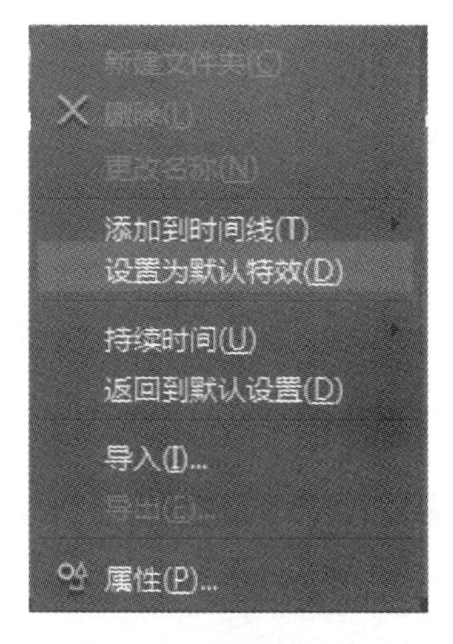

图 3-81　修改默认转场

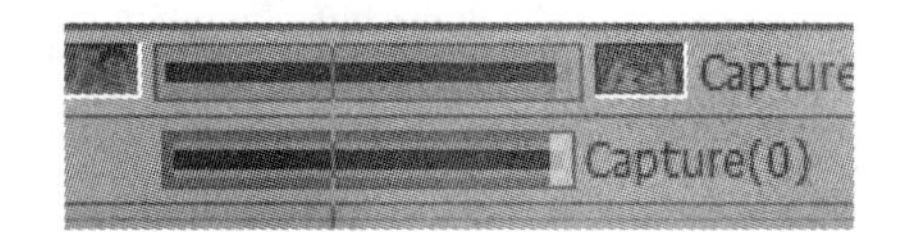

图 3-82　调整转场时间

根据自己的喜好在视频的其他地方添加合适的效果，反复练习滤镜及转场的使用。

最终结果如图 3-83 所示，完成了采集、剪辑、音频调整、特效和转场等操作。

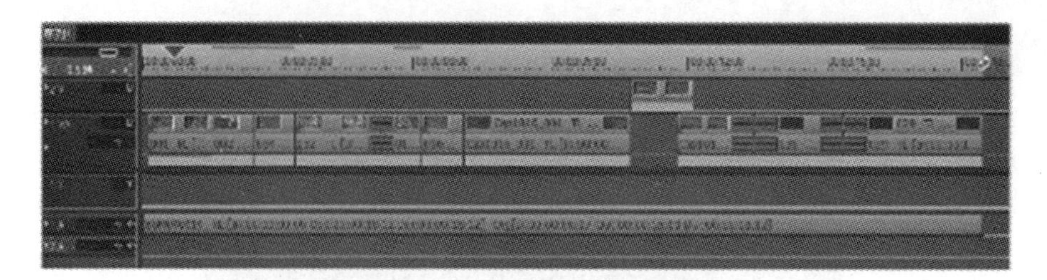

图 3-83 整体多处添加特效

3.2.4 滤镜使用

除了基本的剪辑功能，在 EDIUS 中还能为视频作品添加丰富的滤镜。

在时间线工具栏或使用快捷键 H 开启特效面板，如图 3-84 所示。

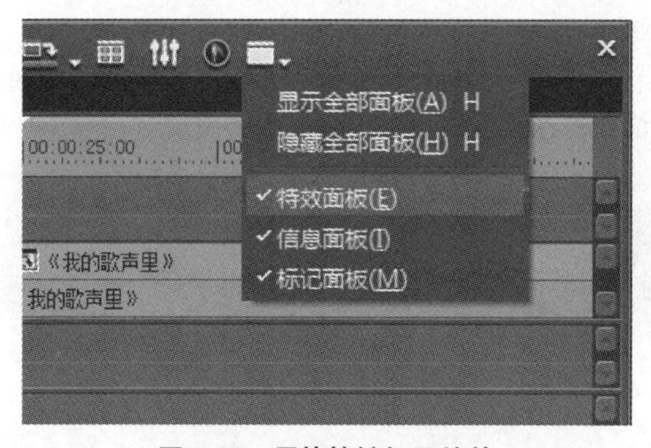

图 3-84 用快捷键打开特效

特效面板列出了包括色彩校正、音频滤镜、转场、字幕混合、键特效等数百种滤镜和转场特效，如图 3-85 所示。

接下来看看在 EDIUS 中是如何添加并设置滤镜参数的。

如图 3-86 所示，在示例工程中有一个摩天轮的素材。

如图 3-87 所示，在特效面板中选择“特效”|“视频滤镜”|“动态模糊”。

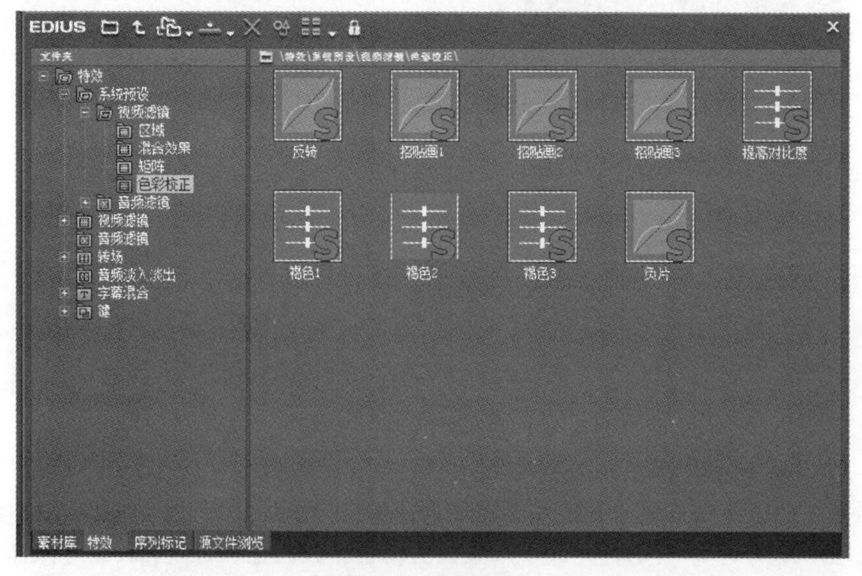

图 3-85 特效库

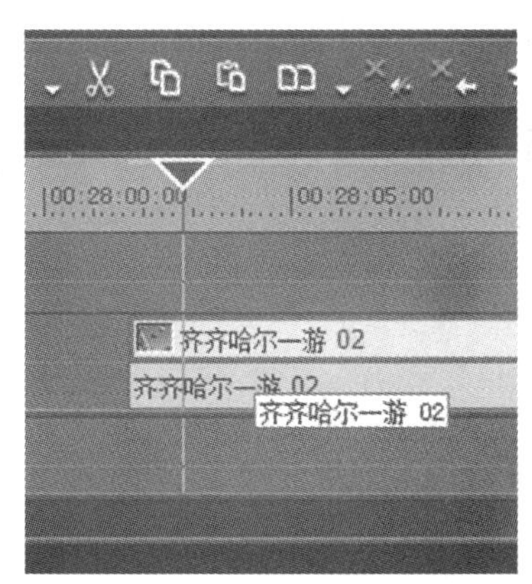

图 3-86　**选择要编辑的素材**

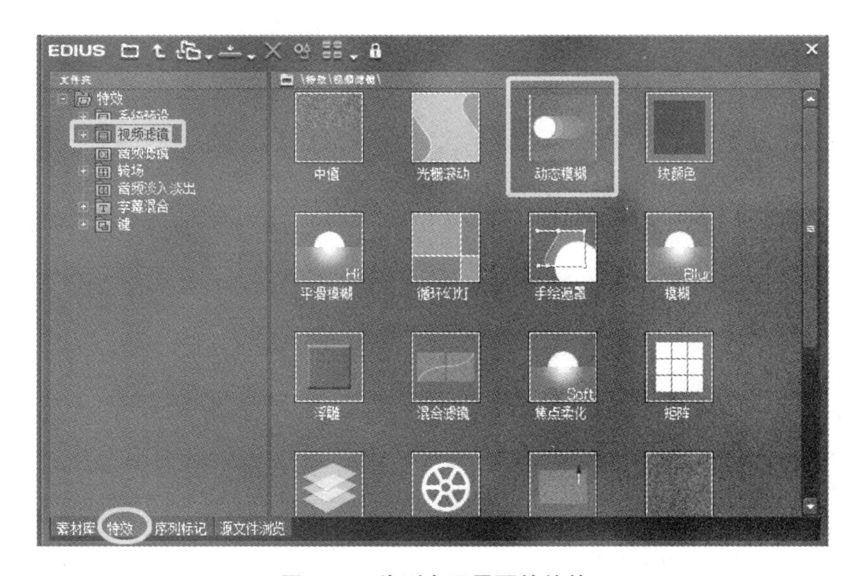

图 3-87　**找到自己需要的特效**

如图 3-88 所示，用鼠标直接把滤镜拖曳到素材上。

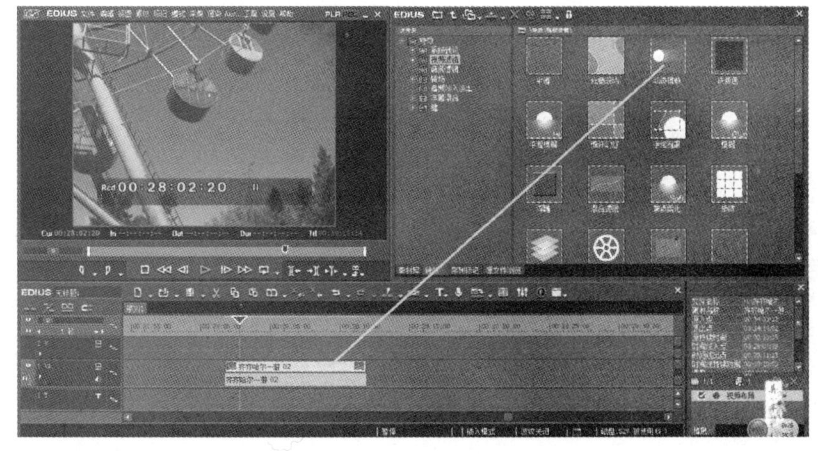

图 3-88　**添加特效**

在信息面板中可以查看到素材相关的信息，包括刚刚使用的动态模糊滤镜。双击滤镜名称，或者右侧的属性图标，打开滤镜的设置面板，如图 3-89 所示。

每个滤镜都有自己独特的设置参数。可以一边播放一边调整数值，选择一个合适的参数大小，如图 3-90、图 3-91 所示。

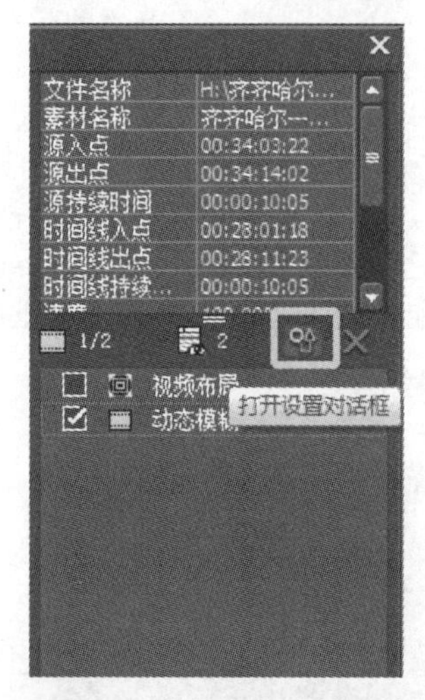

图 3-89 查找编辑过的特效

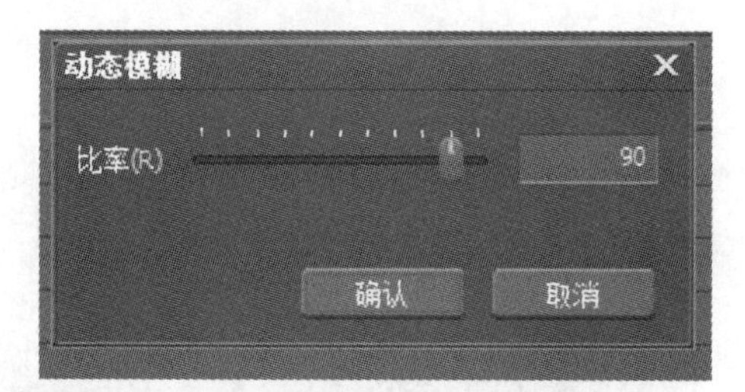

图 3-90 设定数值

图 3-91 添加前后的对比

3.2.5 字幕的制作

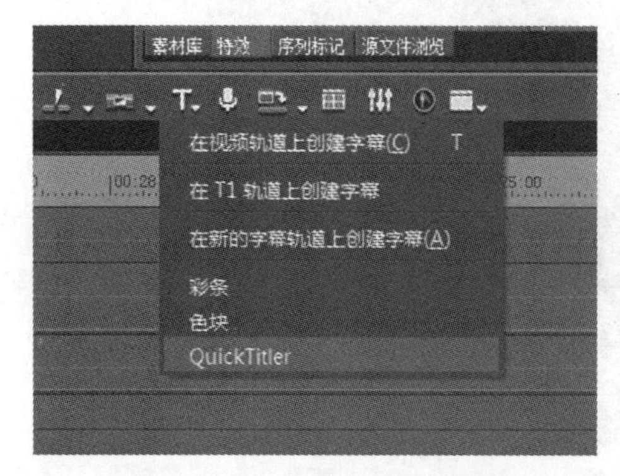

图 3-92 创建 QuickTitler 字幕

EDIUS 提供了多种字幕工具可供使用，先简单地创建一个 QuickTitler 字幕，选中 T 轨道，单击时间线工具栏 T 工具的下拉列表，选择 QuickTitler，如图 3-92 所示。

如图 3-93 所示，在 QuickTitler 的界面中输入需要的文字，比如 pretty girl，并在下方选择一个满意的样式预设，然后双击应用到字幕上。

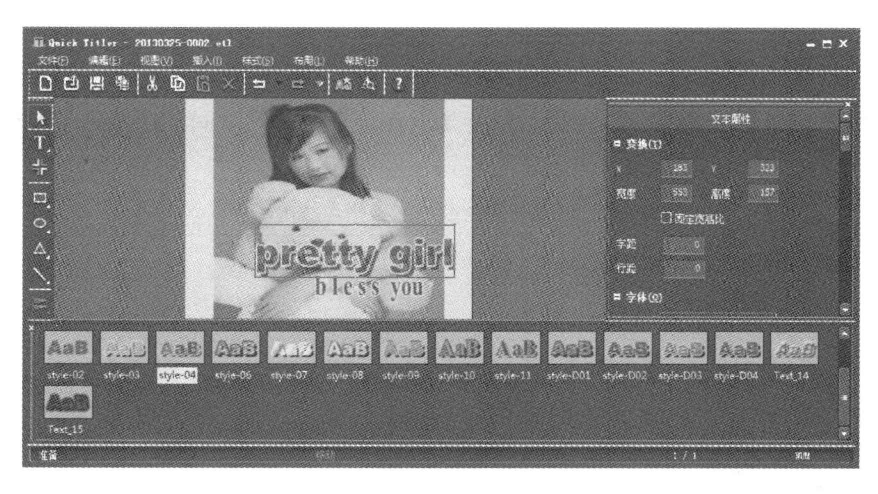

图 3-93　画面上添加字幕

保存后退出 QuickTitler 界面，返回 EDIUS。拖曳字幕文件的两端可以调整其长度，如图 3-94 所示。

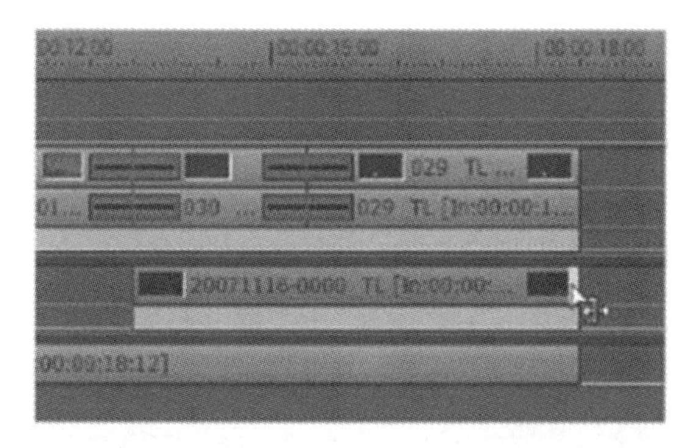

图 3-94　字幕出现的时间长短

打开特效面板，在“特效”|“字幕混合”的列表中，选择喜欢的字幕特效并拖曳到字幕文件的混合区域上（灰色区域）。

【注意事项】 字幕混合是一种只能运用在 T 轨上的特效，如图 3-95 所示。

在字幕文件的两端都加上字幕混合特效，其实就是字幕的入屏、出屏方式，EDIUS 短片至此全部完成。

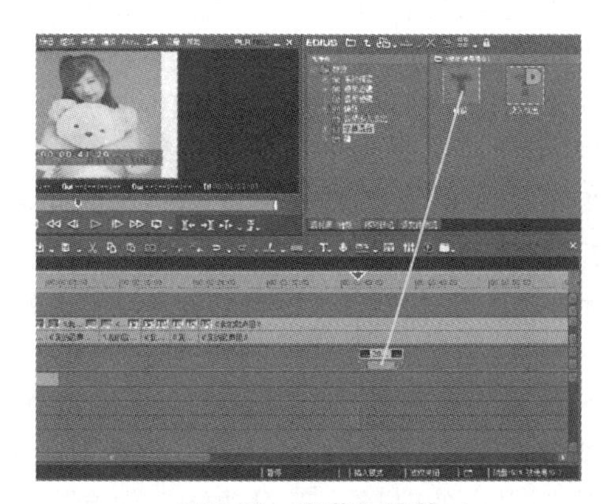

图 3-95　字幕加特效

3.2.6 其他技巧

时间线上的色彩编辑时，彩色指示线会显示在放置素材的时间线区域内。EDIUS 判断回放是否需要渲染并会改变相应指示线的颜色，如表 3-2 所示。

表 3-2 EDIUS 判断回放渲染指示线的颜色

颜色	效果
没有线条	没有放置素材
蓝色	放置的素材与工程设置一致，实时回放
浅蓝	实时回放（回放缓存不足时可能需要渲染）
橙色	满载区域，配合回放缓存可以勉强维持实时回放
红色	过载区域，需要渲染
绿色	已经渲染

如果时间线上的黄色和红色区域过多，系统将无法进行实时回放，这会严重影响编辑工作的流畅性，此时就只能进行渲染了。

打开时间线工具栏上渲染工具的下拉列表，EDIUS 提供了渲染全部时间线（渲染全部），渲染入点、出点间内容（渲染入点/出点）等相关渲染选项，可根据需要选择合适命令使用，如图 3-96 所示。

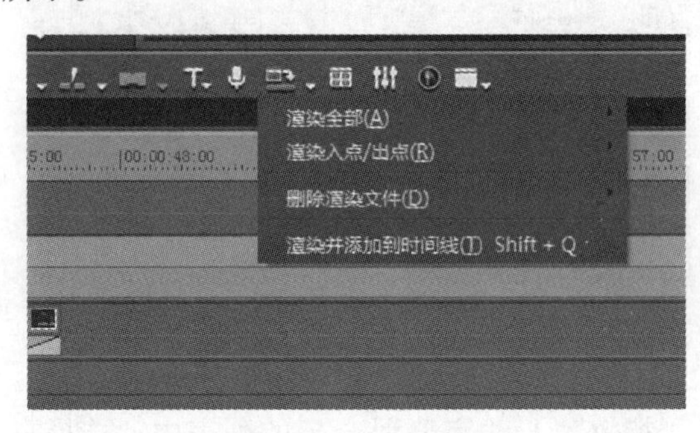

图 3-96 渲染选项

【案例 8】内存渲染方法

如果只是少量的内容需要渲染的话，可以使用组合键 Ctrl + Enter，让 EDIUS 预先将内容读入缓存再开始回放。按下组合键后，EDIUS 最左下端的数字不断增大，表示此时正在将视频充进缓存，充满后即可实时播放。但是缓存中的内容是无法保存下来的，当下次播放时仍然需要预读，而不像经过传统渲染那样可直接实时播放。缓存的大小和快慢与计算机配置及 EDIUS 程序设置有关。

在同步模式开启的情况下，同时按下 Alt + Shift 键开始拖曳素材，所有轨道上其后的全部素材都会受影响而前后移动。

【注意事项】若某素材的入点在选择拖动的素材出点之前，则该素材将不受影响。

【案例 9】吸附功能的使用

在默认设置下，EDIUS 的吸附选项处于打开状态，无论是移动素材还是时间线指针，操作时都能够自动吸附到特定的对象。如素材的边界，编辑时非常方便。但是在某些情况下，尤其是时间线的显示比例很小的时候，吸附功能反而会影响一些细微的操作。选择

“设置” | “用户设置” 应用来调整吸附功能的开启和关闭，如图 3-97 所示。

选择时间线，并在右侧对话框中找到事件吸附功能的相关设置，如图 3-98 所示。

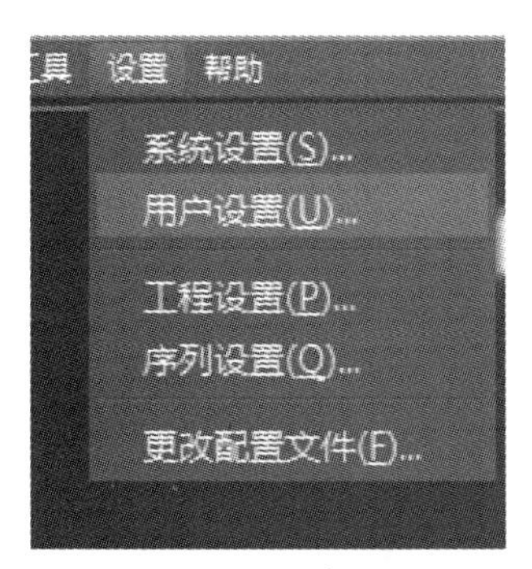

图 3-97　用户设置

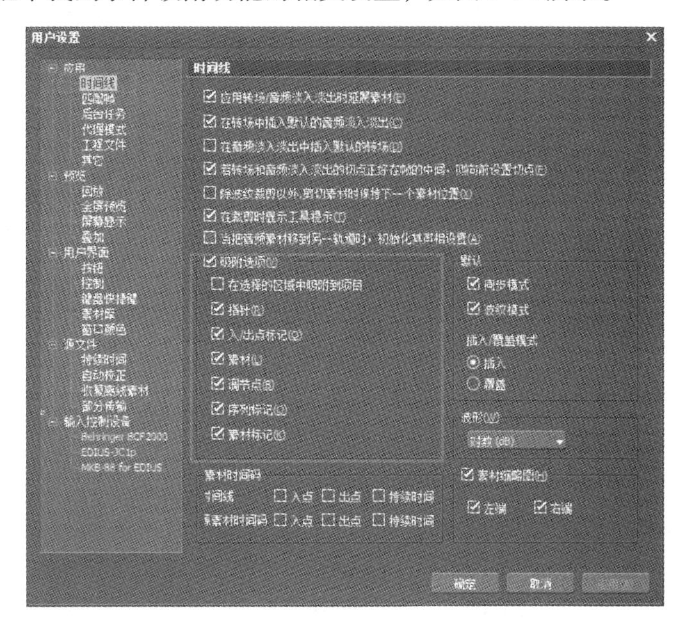

图 3-98　“吸附功能” 的设置

虽然 EDIUS 的吸附功能相当丰富，但是编辑时如果需要不时地打开这个对话框来开启或关闭吸附，那会很麻烦。在时间线上编辑时，按住 Shift 键即可暂时切换吸附功能的开启/关闭状态。用鼠标进行传统的回放方法是使用录制窗口的播放键，或者空格键，或者 Enter 键来进行。

具体操作是将鼠标光标放在预览窗口中（播放或录制两个都支持），按住右键，像划圈一样移动鼠标。顺时针划圈时，正向回放；当逆时针划圈时，反向回放。回放速度和鼠标操作速度成正比，如图 3-99 所示。

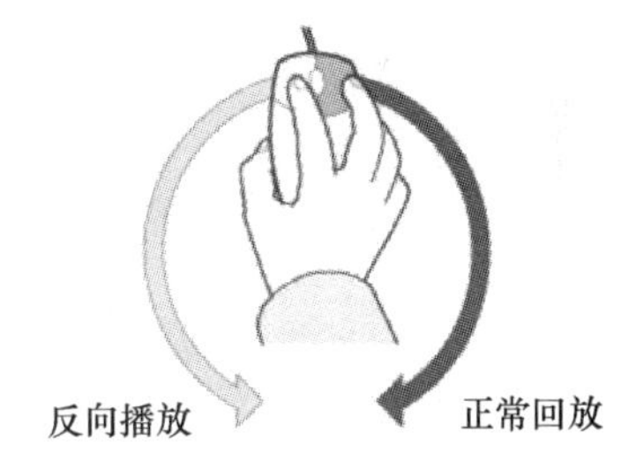

图 3-99　鼠标操作

此外，拨动鼠标滚轮可以一帧一帧地查看素材。

【案例 10】设置安全框

专业的电视后期制作人员都知道，在电脑屏幕上看到的画面其实和电视机中看到的画面不一样。电视机中的画面往往会小上一圈，所以就有了安全框的概念。选择 “视图” | “叠加显示” | “安全区域”，或者按组合键 Ctrl + H，即可开启/关闭 EDIUS 中画面安全框的显示，如图 3-100 所示。

一般的安全框应该包含 3 个区域，如字幕安全区、活动安全区和安全区以外的部分。默认情况下，EDIUS 没有打开活动安全区，下面就来开启它。

选择 “设置” | “应用设置”，在随后出现的对话框左侧中单击 “自定义” | “叠加显示”。

激活 “活动安全区域”，默认是 100%，即全部是安全区域。可以设置为 90% 左右，单击 “确定” 按钮后，预览窗口就出现了 3 个区域，如图 3-101 所示。

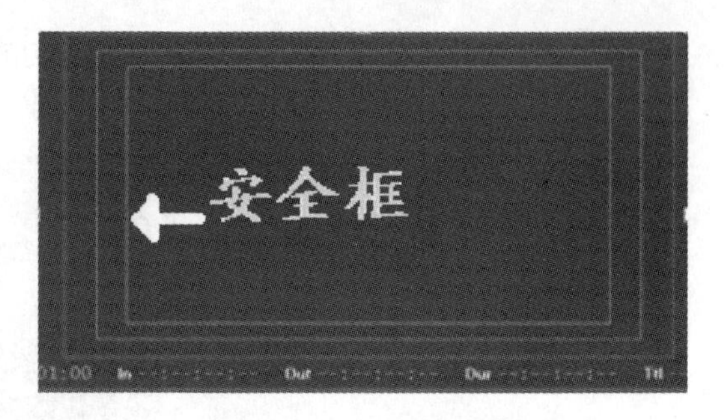

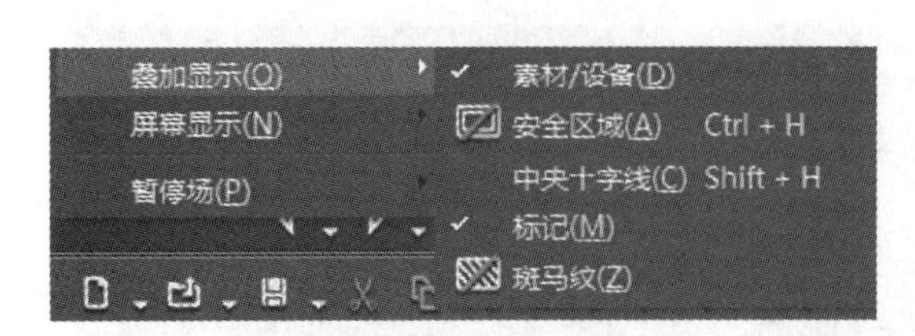

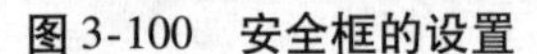

图 3-100 安全框的设置

图 3-101 安全框的设置

最里面的框是字幕安全区，表示字幕最好放置在这个区域内，一般字幕安全区为原始画面的 80% 左右。外一层是活动安全区，表示需要将画面的主要部分放置在这个区域，这个区域以外的内容，某些电视观众可能会看不到（不会显示出来）。一般活动安全区为原始画面的 90% 左右。

【注意事项】 活动安全区的数值并不是绝对的，制作者应该通过标准的外部监视器来确定具体数值，而且，随着新一代高清电视的推出，安全区的大小也和传统电视机不同：观众能看到更多画面区域，这点应该引起所有专业后期人员的重视。

取色器的使用 在使用 EDIUS 过程中经常会需要设置颜色，如图 3-102 所示。

对于色彩设定面板，大家一定非常熟悉。在左半侧区域中，可以选择不同的颜色，同时也可以通过右侧的色彩预设，或者 Y/Cr/Cb 及 R/G/B 的设置挑选不同的颜色。值得注意的是：如果选择“IRE 警告”，左半区的取色器就会自动滤去一部分“视频不安全色”。仅需要选择可视部分，即可保证色彩亮度不超标，如图 3-103 所示。

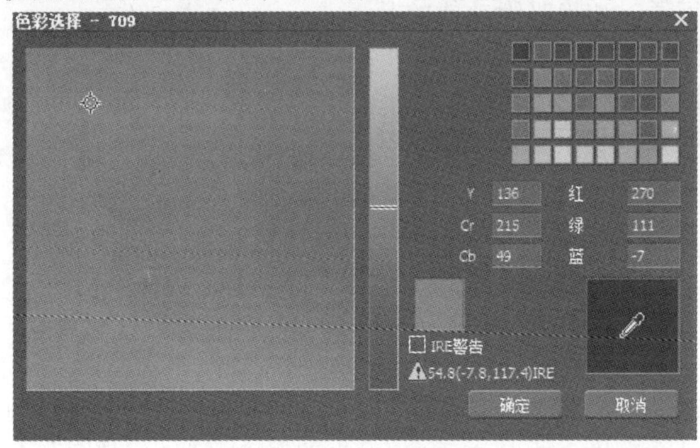

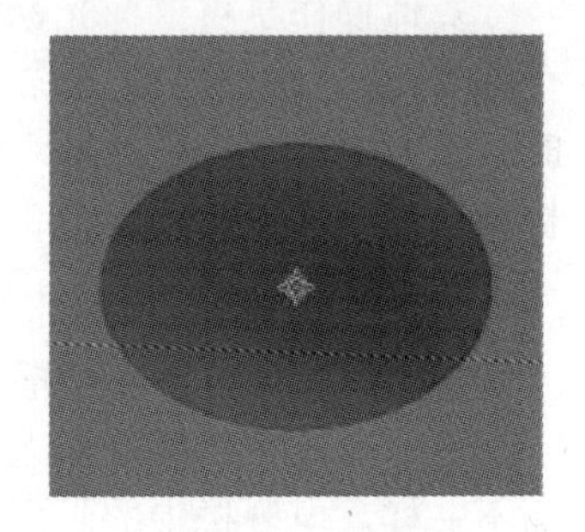

图 3-102 颜色的调节

图 3-103 选择颜色

除此之外，还可以使用右下角的吸管工具来直接选取某一像素的色彩。单击吸管工具，将鼠标移动至播放窗口内，此时随着鼠标移动，即可“吸取”画面像素的色彩。

3.2.7 节目的输出

EDIUS 可以支持导入多种文件格式来编辑，同样也拥有丰富的输出格式供用户选择，包括 AVI、MOV、MPEG、VCD、DVD 等各种常见的视频文件。

首先介绍 EDIUS 输出的范围。

（1）将时间线指针移动到短片的最开始处，单击录制窗口下的“设置入点”按钮，或者使用快捷键 I，设置一个入点，如图 3-104 所示。

（2）将时间线指针移动到短片的结尾处，单击录制窗口下的“设置出点”按钮，或者使用快捷键 O，设置一个出点，如图 3-105 所示。

图 3-104　设置入点

图 3-105　设置出点

（3）时间线上亮灰色区域表示出入点间包含的内容，深灰色表示没有选择的内容，如图 3-106 所示。

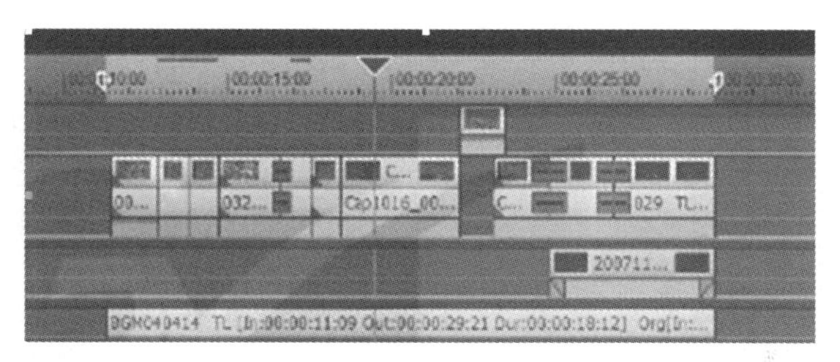

图 3-106　已经选定的时间段

（4）单击“录制”窗口右下角的“输出”按钮，在弹出的菜单中选择“输出到文件”，或者使用快捷键 F11，打开 EDIUS 的输出列表，如图 3-107 所示。

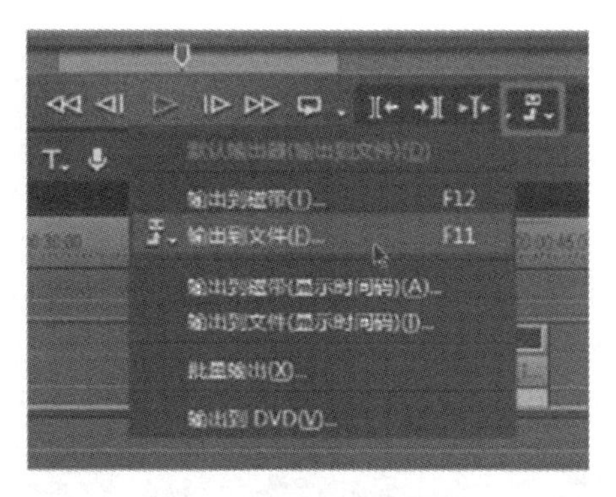

图 3-107　选择输出文件

（5）此处，输出一个 WMV 文件。选择对话框底部的“在入出点之间输出”，并在格式列表中选择 Windows Media Video，单击“确定”按钮，如图 3-108所示。

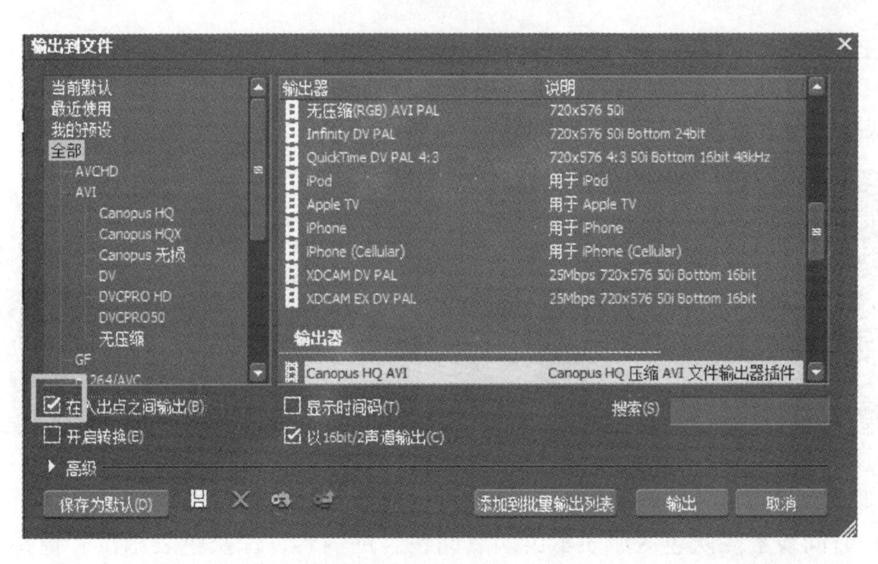

图 3-108　确认输出

(6) 在随后出现的对话框中可以对输出的视频和音频参数进行调整，如图 3-109 所示。

图 3-109　设置输出视频

(7) 如图 3-110 所示，设置完文件名和保存路径后，单击“保存”按钮确定。

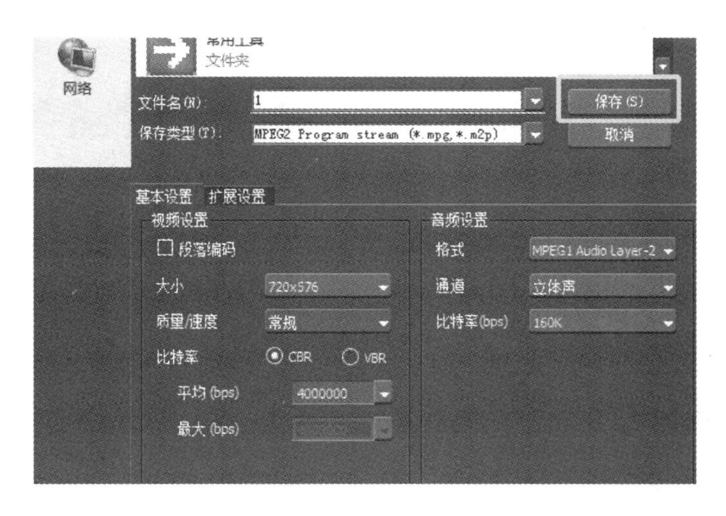

图 3-110　设置后的输出文件

3.3　案例制作

EDIUS 软件的很多快捷键和功能，与其他大多数视频编辑软件的快捷键和功能相类似。前面介绍了软件的特点功能、操作界面、菜单使用及技巧运用等知识，本节将以案例制作的形式，完善和加强软件使用的综合运用程度，让学生通过案例的模拟训练，快速并熟练地掌握 EDIUS 视频软件的使用技巧。

3.3.1　转场效果案例制作

学会使用 EDIUS 编辑软件的各类转场效果。掌握运用转场的规律和技巧，能够恰当地运用软件的转场来丰富节目的内容，提升影片的制作质量。

【案例 11】设置默认图形转场

【具体操作】

（1）将两个需要编辑的素材拖入时间线内，如图 3-111 所示。

图 3-111　被选中的素材

（2）如图 3-112 所示，打开特效面板选择转场特效。

（3）将选好的“圆形”特效设置为默认转场特效，如图 3-113 所示。

（4）如图 3-114 所示，将设置好的默认特效拖到需要加载的时间线上。

图 3-112 设置入点

图 3-113 设置为默认转场特效

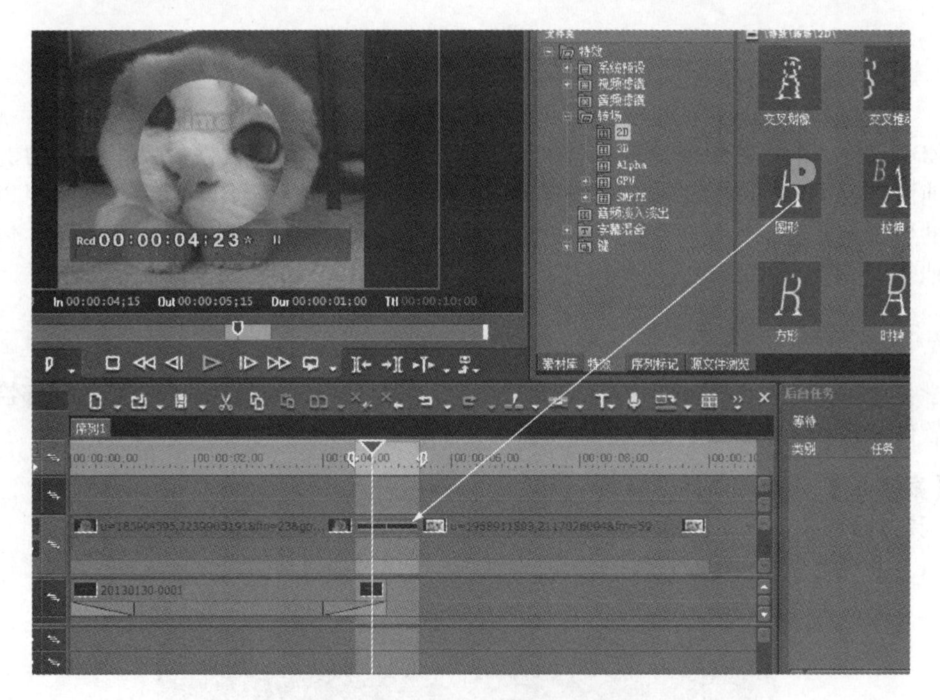

图 3-114 默认转场特效的加载

【注意事项】从 A 转到 B 需要 A 素材的末尾和 B 的开端不能是素材的结束。如果要添加转场，则需要把 A 的结尾或者 B 的开端剪掉一两秒再添加；或者把 B 素材放在视频 2 轨，把 B 素材向前拖动一点。即 B 的开端和 A 的结尾重合。把转场添加到 B 素材的混合轨道，也可以实现转场，如图 3-115 所示。总体来说，EDIUS 的转场都需要占用素材时间。

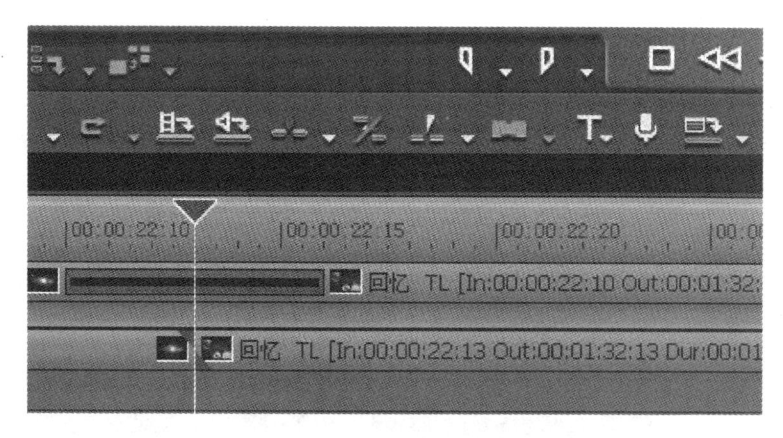

图 3-115　两段视频之间转场

【案例 12】2D 转场设置

【具体操作】

（1）将两个需要编辑的素材拖入时间线内，如图 3-116 所示。

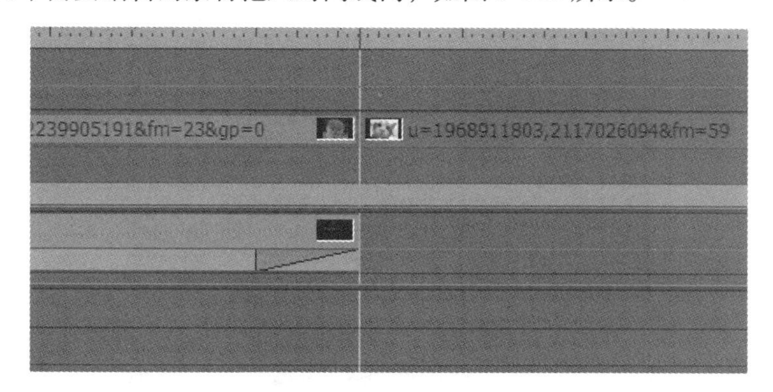

图 3-116　被选中的素材

（2）打开特效面板，选择 2D 转场，效果栏上就会出现效果预览，如图 3-117 所示。

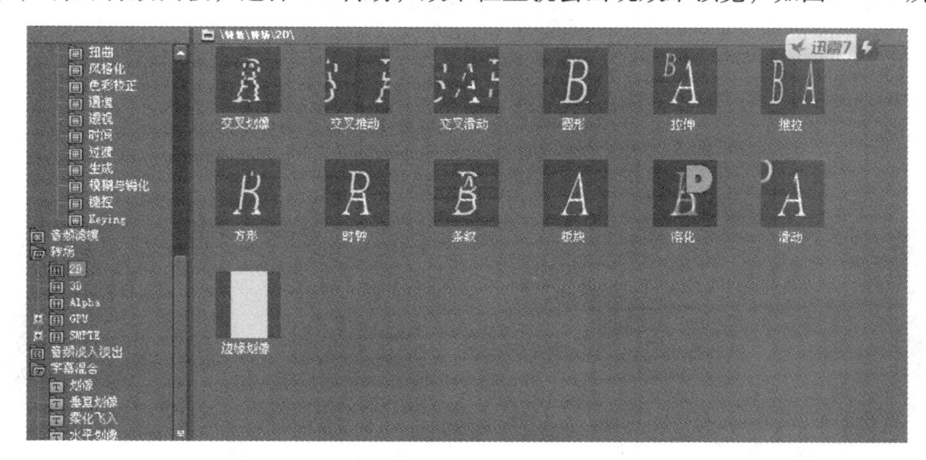

图 3-117　2D 效果转场库

（3）将选好的 2D 转场特效拖入时间线内，如图 3-118 所示，转场添加完成。

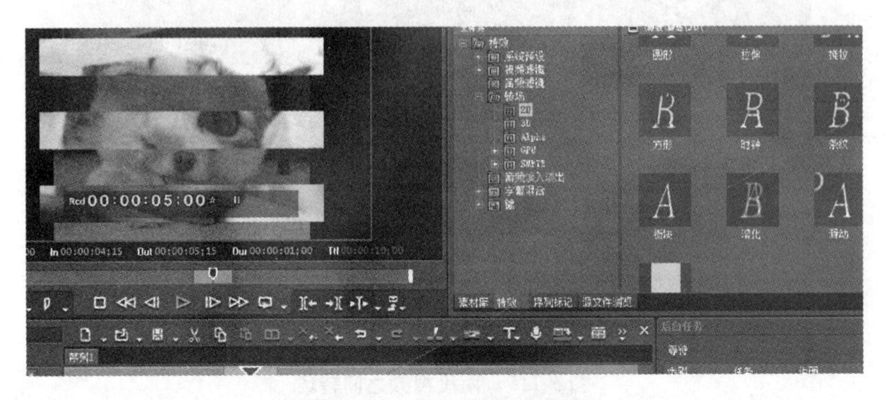

图 3-118 2D 特效转场成功

【温馨提示】 *在 EDIUS 中转场可分为同轨道转场和不同轨道间转场。*

（4）将 33～40 秒左右的几段素材通过转场组接在一起，如图 3-119 所示。

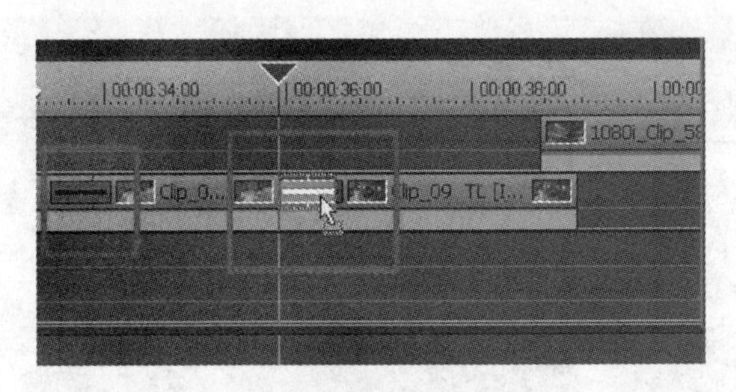

图 3-119 特效转场

① 同轨道间的转场方法

打开特效面板，在转场（Transitions）目录下选择 2D、3D 转场，用鼠标选择右侧面板中的小图标预览动画，如图 3-120 所示。同轨道间的转场方法，只需要将转场直接拖曳至素材的相接处即可，如图 3-121 所示。

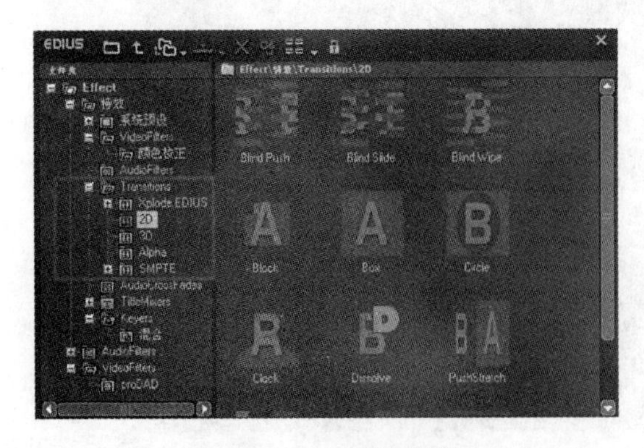

图 3-120 转场效果预览

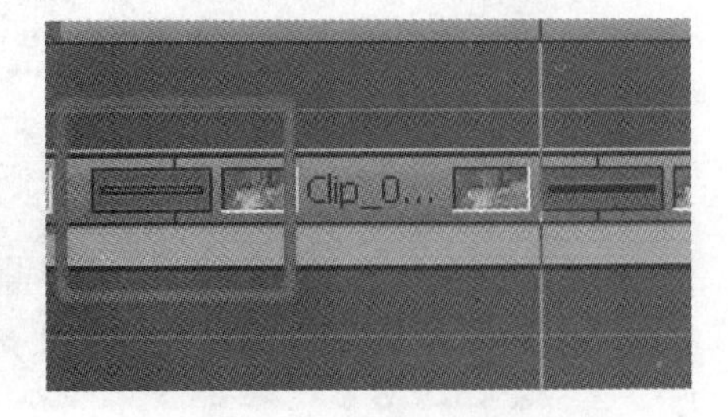

图 3-121 素材连接处

将鼠标光标靠近转场的边缘，光标的形状会发生变化，此时可以通过拖曳转场的边缘来改变其长度，如图 3-122 所示。

同轨道间转场显示为素材上的一个灰色矩形，中间有一条黑线，表示该转场没有经过预渲染，实时性能可能会较差，选择这个矩形，右击选择“渲染”，或者通过组合键 Shift + G 进行预渲染。渲染完成后，灰色矩形中间的黑线将会变成绿色，该转场即可实时播放。

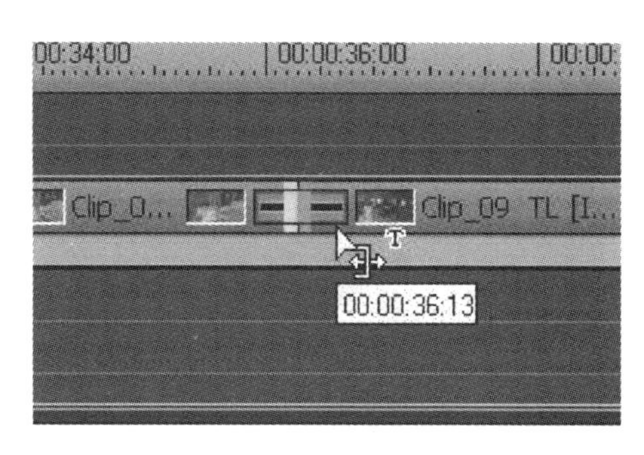

图 3-122　拖曳转场

【注意事项】使用同轨道间转场需要注意的是，素材左右两端是否还有“余量”，以及时间线中的选项“应用转场/淡入淡出时伸展影片”是否被选中，如图 3-123 所示。

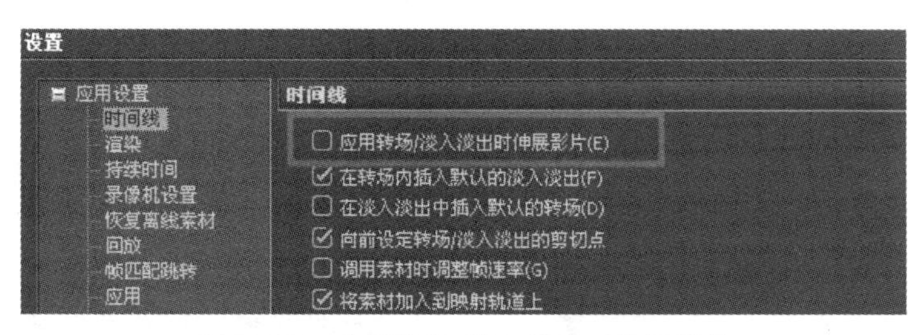

图 3-123　应用转场/淡入淡出时伸展影片

当素材左右两端已没有“余量”、素材两个末端标有黑色三角标记，且没选择“应用转场/淡入淡出时伸展影片”时，添加同轨道间转场，两个素材总长度将会缩短，缩短量即是转场长度，两段素材各有一部分通过转场形式“交融”在一起，如图 3-124 所示。

而选择了“应用转场/淡入淡出时伸展影片”，这种情况下将无法添加转场，因为素材已经不可能延长了。而当素材左右两端还有“余量”，即素材两个末端没有黑色三角标记，不选择“应用转场/淡入淡出时伸展影片”情况下，添加同轨道间转场，两个素材总长度会缩短，缩短量即是转场长度。

选择了“应用转场/淡入淡出时伸展影片”选项，EDIUS 会自动延展出素材两端的“余量”，来保持两段素材的总长度，如图 3-125 所示。

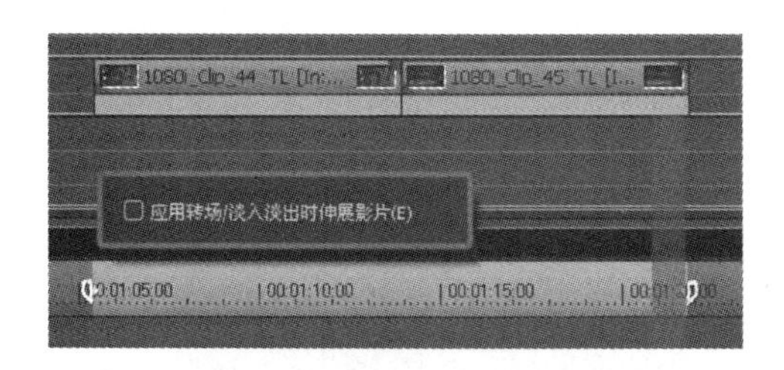

图 3-124　没有选择“应用转场/淡入淡出时伸展影片”效果

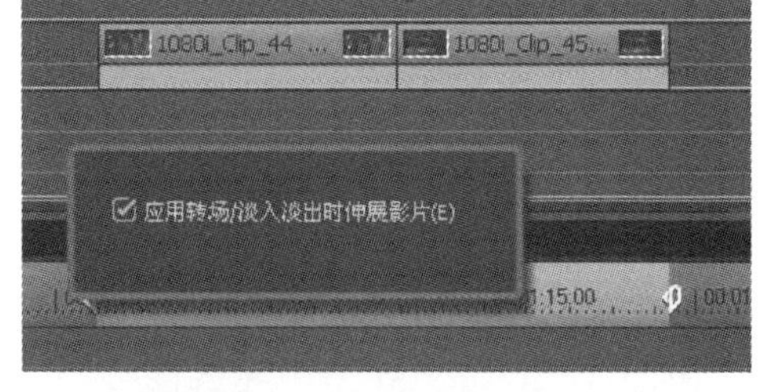

图 3-125　选择“应用转场/淡入淡出时伸展影片”效果

② 不同轨道间的转场方法

不同轨道间转场的使用比较简单，直接将转场拖曳至素材的 MIX 灰色区域即可。不同轨道间转场表示为一个黄灰各半的矩形，如图 3-126 所示。

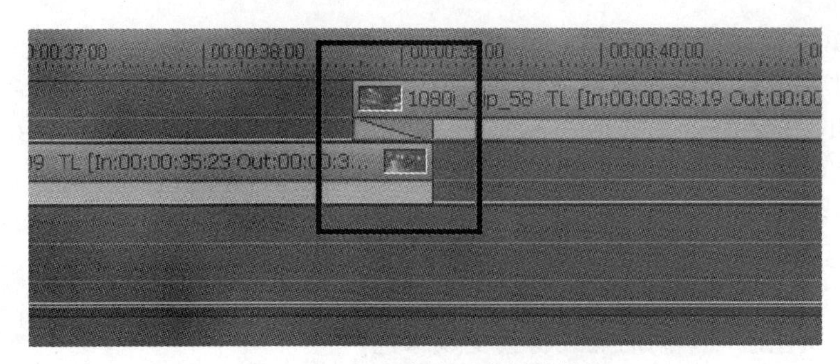

图 3-126　不同轨道间素材的转场

将鼠标光标靠近转场的边缘，光标的形状会发生变化，此时可以通过拖曳转场的边缘来改变其长度，如图 3-127 所示。

【注意事项】不同轨道间转场将占用素材的 MIX 区域。在目前版本中，不能同时使用不同轨道间转场、键特效、层混合方式以及 3D 画中画滤镜中的任意两个，但是普通画中画仍可使用，如图 3-128 所示。

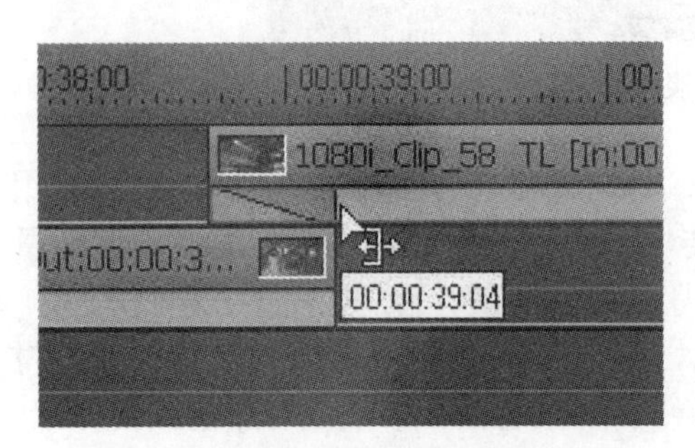

图 3-127　拖曳转场的边缘改变长度

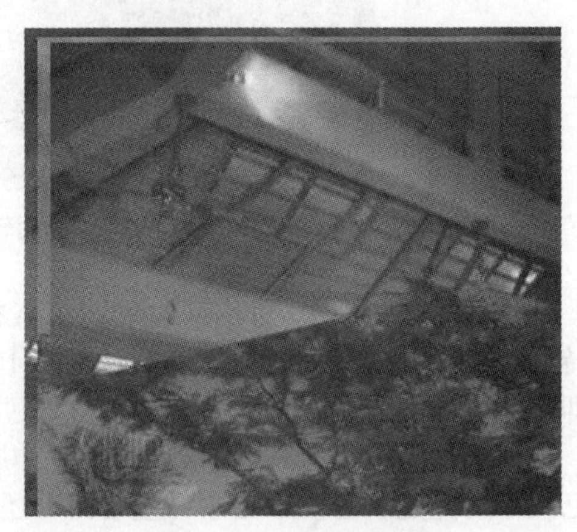

图 3-128　画中画效果

双击信息面板中的转场名称打开设置面板。虽然形式各异，但是转场的设置项目都大同小异，包括一些 Presets（预设），Keyframes（关键帧）——控制两段素材间的过渡时间，Info（信息页）等，如图 3-129 所示。某些转场默认状态下有一个可见的“外框”，在电视可见安全区之外，只要在其 General 属性页下取消选择“Enable overscan handling”即可消除，如图3-130所示。

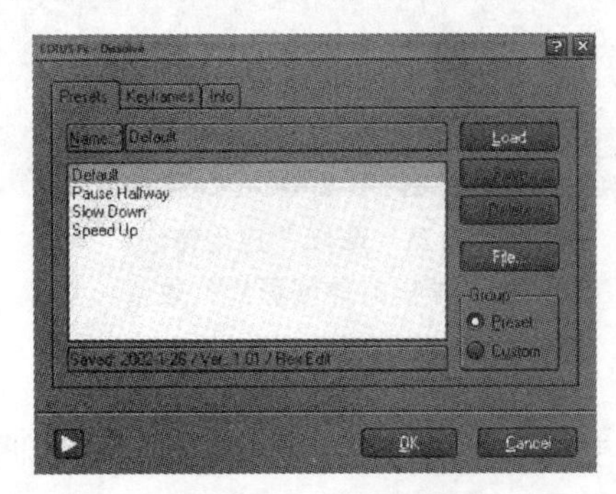

图 3-129　Presets 预设

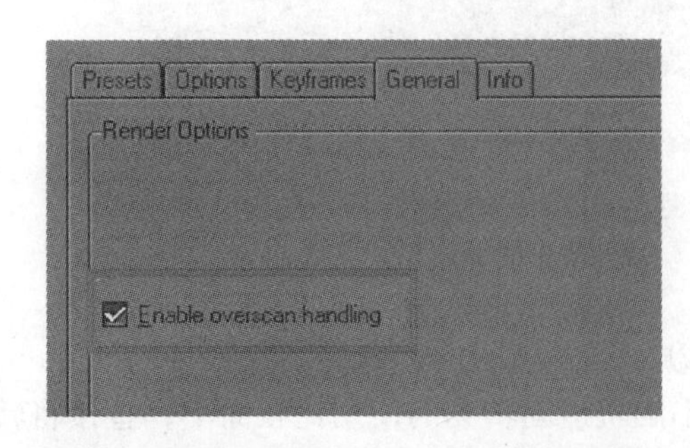

图 3-130　取消选择“Enable overscan handling”

【案例 13】3D 转场特效库的使用

【具体操作】

（1）将两个需要编辑的素材拖入时间线内，如图 3-131 所示。

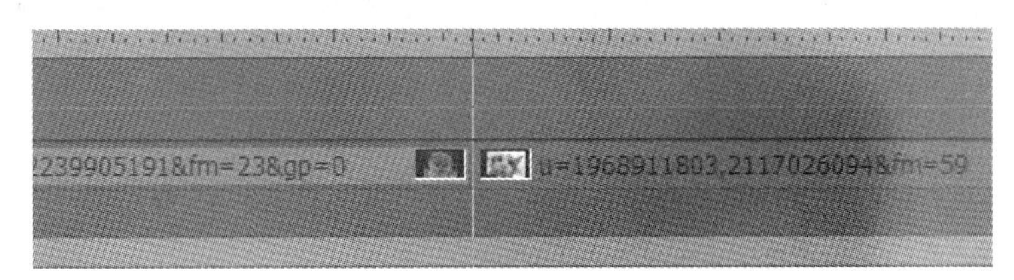

图 3-131　被选中的素材

（2）打开特效面板，选择转场菜单下的 3D 转场效果，拽到素材下面的效果栏上预览效果，如图 3-132 所示。

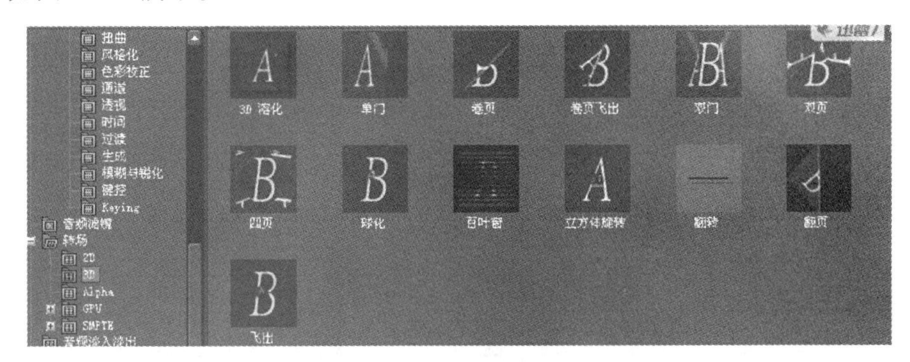

图 3-132　3D 的转场特效库

将选好的 3D 转场特效拖入到时间线内，即完成 3D 转场的应用，如图 3-133 所示。

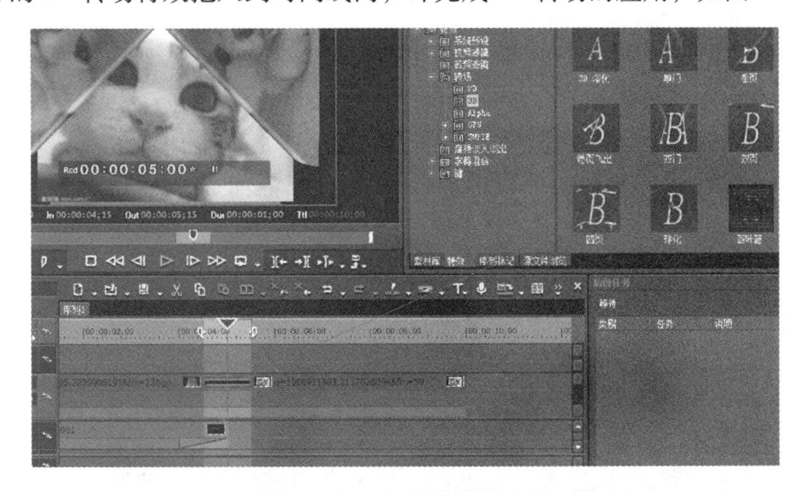

图 3-133　3D 特效转场成功

【案例 14】制作 3D 画中画效果

【具体操作】

（1）为了让画面更丰富多彩，在影片 35 秒左右的镜头中添加一个 3D 画中画特效，如图 3-134 所示。将用作 3D 画中画的素材剪切至适当长度，并放到时间线轨道上，如图 3-135 所示。

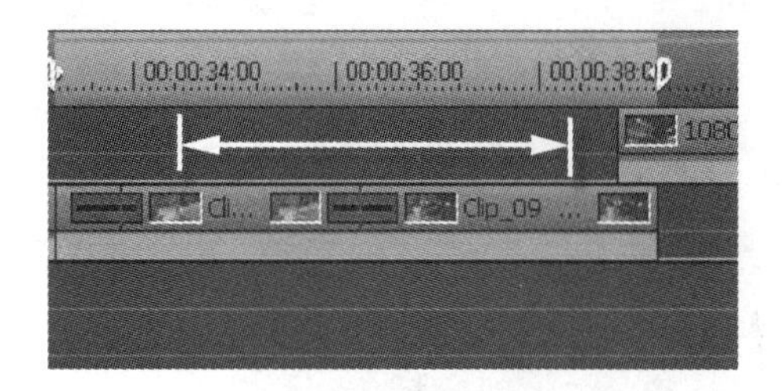

图 3-134 选取影片 35 秒左右的镜头

图 3-135 将素材放到时间线轨道上

（2）打开特效面板，选择“特效” | Keyers 下的 3D Picture In Picture（3D 画中画）滤镜，并拖曳到该素材的 MIX 区域，如图 3-136 所示。

（3）打开信息面板，双击滤镜的名称，打开 3D Picture In Picture 的参数设置面板，如图 3-137 所示。

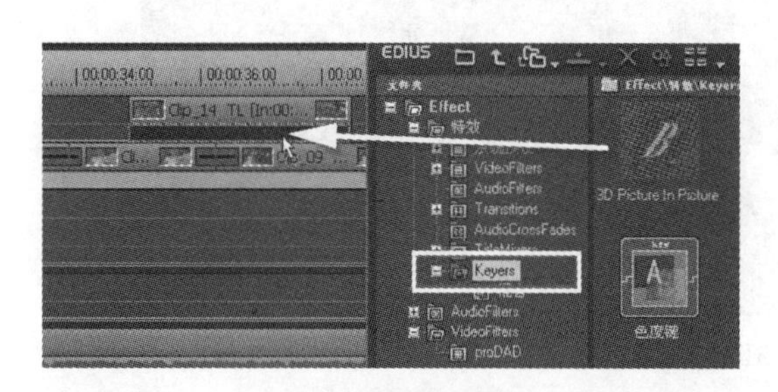

图 3-136 将特效拖曳到该素材的 MIX 区域

图 3-137 打开信息面板

（4）打开 3D Picture In Picture 的参数设置面板，如图 3-138 所示。

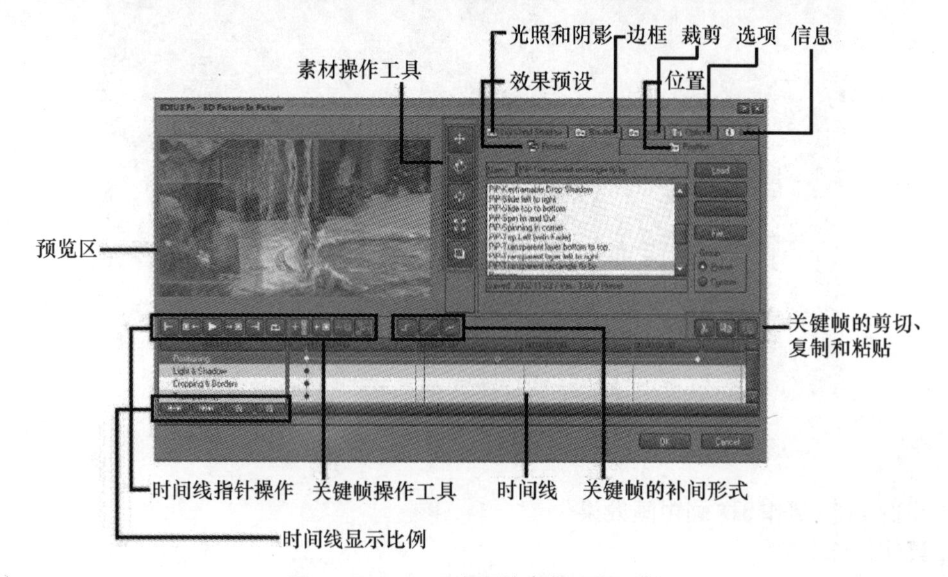

图 3-138 3D 画中画的参数设置面板

（5）单击 Presets 效果预设标签页，找到 PiP-Transparent rectangle fly by 预设，双击应用并单击 OK 按钮确定。一个划过背景的 3D 画中画效果就完成了，如图 3-139 所示。

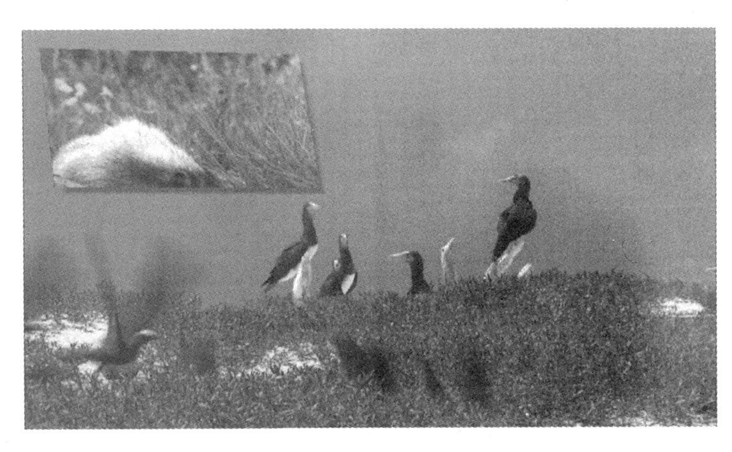

图 3-139 3D 画中画效果

综合运用已经学习过的工具继续完成短片，并在影片最后添加上 Saipan 的结尾字幕。其中的“S”部分添加了其他软件制作的粒子特效，如图 3-140 所示。字幕文件是带 Alpha 通道的 Canopus HQ avi 文件，非常适合直接用于时间线上进行合成。

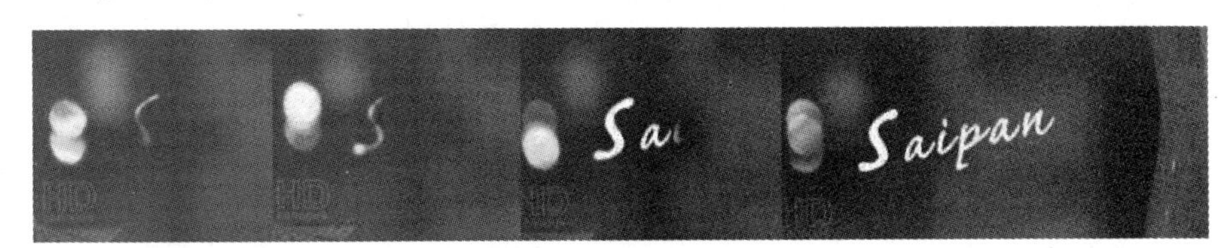

图 3-140 粒子特效

【训练任务】

在视频影片中，制作各类 2D、3D 转场效果。

【训练要求】

每名学生至少选择一个任务，要求学生能够认真完成任务，有所创新。

【验收方法】

教师可适当进行操作示范，学生根据操作步骤进行操作，并把制作好的作品发给老师。课堂上，教师组织学生分析作品质量情况，存在优缺点。教师点评、分析出现的问题并总结。课后，学生将作品分析材料交给教师。

3.3.2 滤镜使用案例制作

学习使用 EDIUS 软件的滤镜，能够为影片增色不少，是制作影片必不可少的特技元素。掌握了滤镜技巧运用，能够提升影片的制作质量和美感。

本节案例要求学生能够掌握 EDIUS 软件的各种滤镜运用技巧，熟练且恰当地运用到影片中。丰富节目内容，提升影片的制作质量。

【案例 15】制作“老电影”效果

【具体操作】

打开特效栏后，选择老电影滤镜并拖曳到目标素材上面，单击老电影滤镜，操作界面右侧的效果栏将出现预览效果，如图 3-141 所示。

图 3-141　选择老电影滤镜

【案例 16】制作铅笔画效果

【具体操作】

打开特效栏，选择视频滤镜中的铅笔画滤镜，如图 3-142 所示并把这个滤镜拖曳到目标素材上，单击铅笔画滤镜，软件界面的右侧将会出现加滤镜后的预览效果如图 3-143 所示。

图 3-142　选择的铅笔画滤镜界面

图 3-143　加滤镜后的效果

【案例 17】制作光栅滚动效果

【具体操作】

打开特效栏，选择视频滤镜中的光栅滚动滤镜，并把这个滤镜拖曳到目标素材上，单击光栅滚动滤镜，软件界面的右侧将会出现加滤镜后的效果如图 3-144 所示。

图 3-144　加滤镜后的效果

【案例 18】制作动态模糊效果

【具体操作】

选择“特效”｜“视频滤镜”｜“动态模糊”添加一个“动态模糊”滤镜，直接拖曳到素材上，滤镜的设置保持默认即可，如图 3-145 所示。动态模糊滤镜对动势强烈的素材特别有效，可以为其添加类似“运动残影”的效果。如镜头“拉”的效果，如图 3-146 所示。

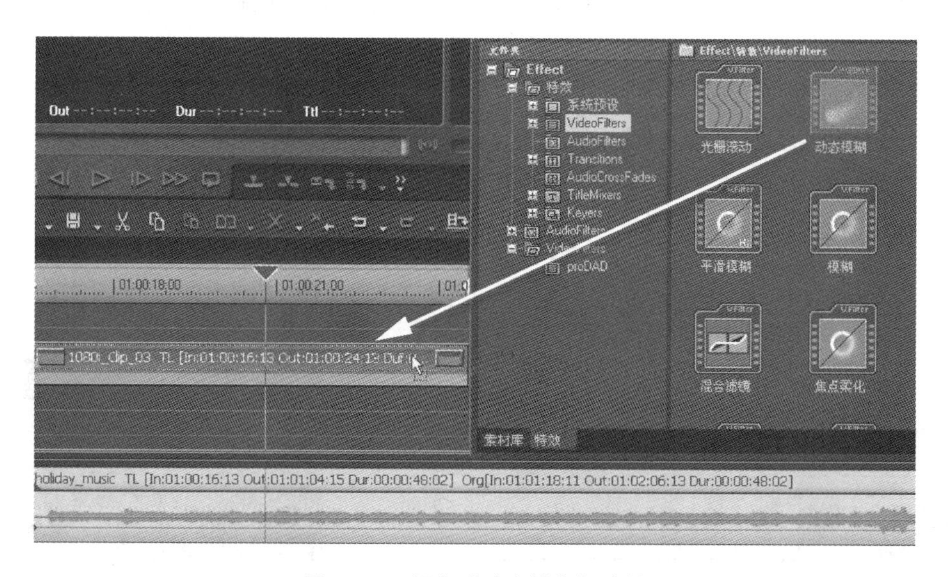

图 3-145　添加“动态模糊”滤镜

图 3-146 加滤镜后的效果

【温馨提示】一个普通镜头一般会维持 4～5 秒左右，时间太长会感觉节奏拖沓，时间太短则看不清内容，如图 3-147 所示。

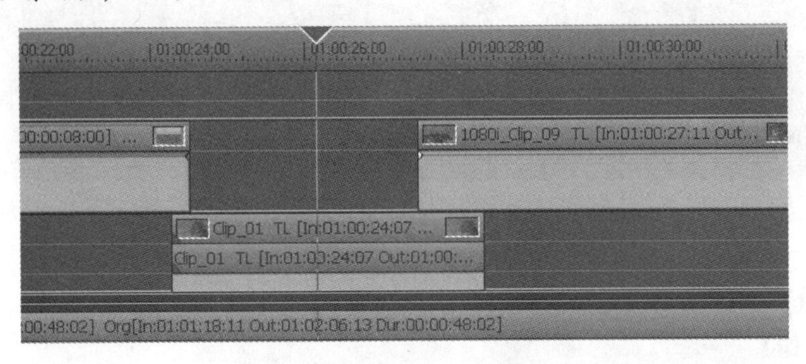

图 3-147 普通镜头时间设置

镜头之间用叠化来过渡，除了使用专门的转场外，还有一个简便方法，即在 EDIUS 中通过调节轨道混合区的视频透明线来创建一个镜头的叠化效果。单击轨道面板轨道名左侧的小三角图标展开视频轨道，单击 MIX 边的矩形小图标激活视频透明线控制，如图 3-148 所示，素材下方出现的浅蓝色直线即是视频透明线。默认状态下它处于轨道混合区（灰色部分）的顶端，表示 100% 可见；当它处于底端时，表示 0% 可见，即全透明。

用鼠标单击透明线能创建一个调节点，可以通过拖曳这个调节点来控制视频的透明度，如图 3-149 所示。在第一个镜头的落幅处创建一个透明度控制线的“坡度”，播放时间线，已经做了一个“叠”的效果了。使用这个方法可以很方便地制作出“淡入”和“淡出”效果。

图 3-148 视频透明线

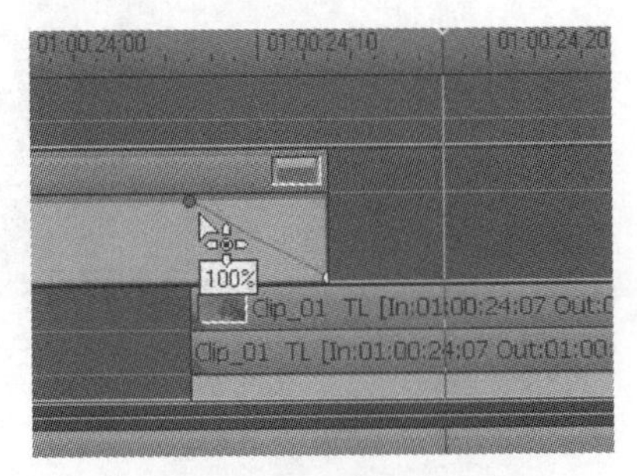

图 3-149 通过拖曳调节点控制视频透明度

选择“菜单栏”|“设置”|“应用设置”|“自定义”，打开按钮选项卡。在下拉列表中选择“时间线”，在左侧的待选按钮中找到“淡入”和“淡出”选项，使用两个列表中间的箭头按键可将它们添加到右侧列表中，如图 3-150 所示。

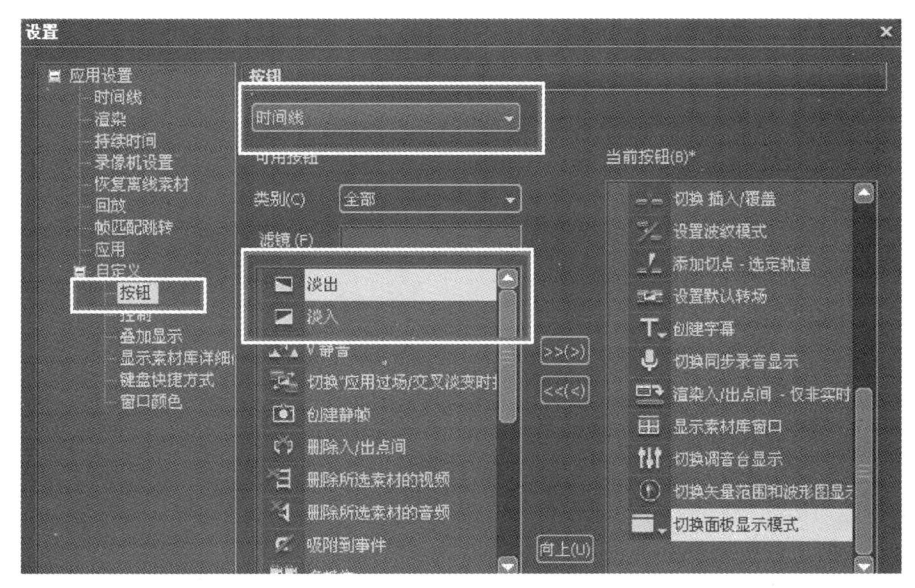

图 3-150　“淡入”和“淡出”选项

这样就能在时间线工具栏上找到“淡入”、“淡出”按钮，如图 3-151 所示。

图 3-151　“淡入”、“淡出”按钮

选择需要创建的素材，将时间线指针移动到“淡入”效果需要结束的位置，单击“淡入”按钮，这样就创建好镜头的叠化效果了，如图 3-152 所示。

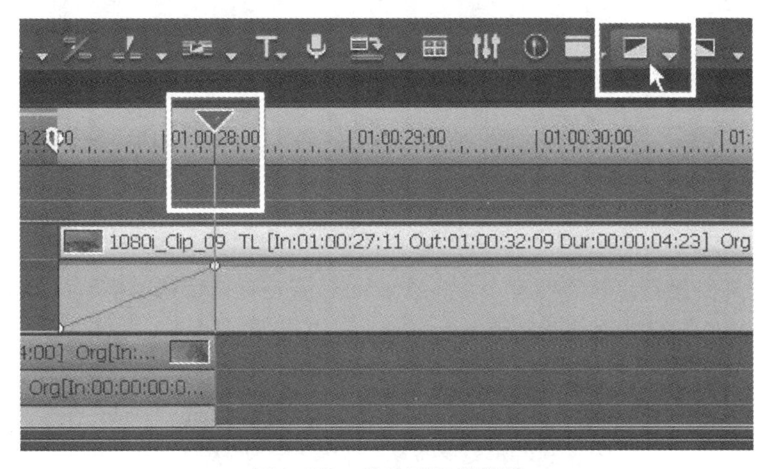

图 3-152　移动时间线指针

由于 EDIUS 的用户偏好设置会自动记录下界面布局元素，当再打开 EDIUS 时，这两个工具就会一直出现在时间线工具栏上。“淡出”和“淡入”按钮不但可以创建视频的叠化，还可以创建音频的叠化。

【温馨提示】 EDIUS 4.5 版本以后才有“淡入”和“淡出”按钮功能。

【训练任务】

在视频影片中，制作各类滤镜效果。

【训练要求】

每名学生至少选择一个任务，要求学生能够认真完成任务，有所创新。

【验收方法】

教师可适当进行操作示范，学生根据操作步骤进行操作，并把制作好的作品发给老师。课堂上，教师组织学生分析作品质量情况，存在优缺点。教师点评、分析出现的问题并总结。课后，学生将作品分析材料交给教师。

3.3.3 音乐合集案例制作

学习使用 EDIUS 软件如何在音频轨道添加音乐，是制作影片必不可少的基本元素。掌握音频轨道添加背景音乐的方法，就能够提升影片整体效果、质量和美感。

掌握 EDIUS 软件音频轨道添加与制作素材的方法，能够熟练且恰当地运用到影片中。丰富节目内容，提升影片的制作质量。

【案例 19】影视同期声与背景音乐的制作

【具体操作】

（1）在图 3-153 中，将其中第二段素材（指针处）放置在 VA 轨上，因为需要它的同期声。这是一段风吹树叶的声音，适当地添加此类同期声能给观众带来强烈的临场感。

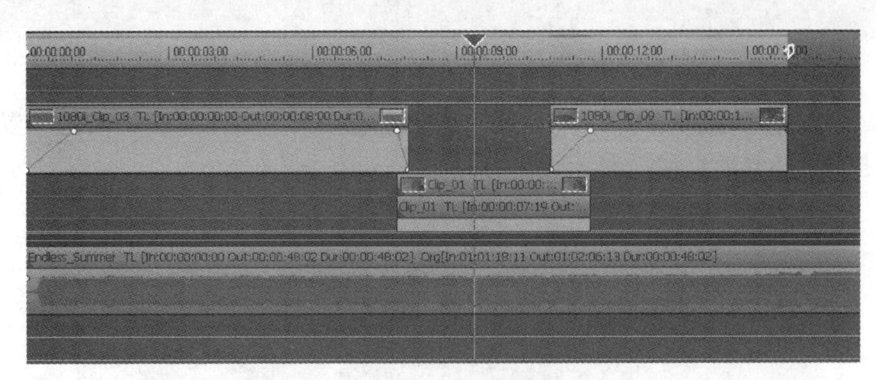

图 3-153 素材的放置

（2）同期声和背景音乐需要有一个主次，此时需要背景音乐略微轻一点，让位于同期声。单击轨道名左侧的小三角图标展开音频轨道，如图 3-154 所示。

图 3-154 展开音频轨道

（3）单击 VOL/PAN 边的矩形图标，单击一次激活 VOL 音量控制，即橙色线，再单击一次激活 PAN 声相控制，即蓝色线，如图 3-155 所示。

（4）所谓声相，对于双声道的立体声来说就是指左右声道。激活 VOL 音量控制，调节橙色的音量线。方法与调节视频透明线一致，用鼠标单击即可创建一个调节点，直接拖曳就可以调节音量。按住 Ctrl 键的同时拖曳调节点可以更精确地调节；按住 Shift 键的同时拖曳可以平移调节点，如图 3-156 所示。

（5）还可以用数值来调节音量调节点，右击选中调节点，选择“移动”，调节设置面板中的相关选项，如图 3-157 所示。

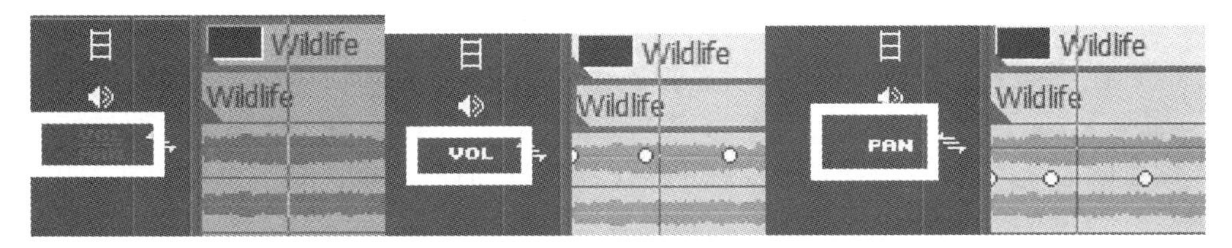

图 3-155　激活 VOL 音量控制及 PAN 声相控制

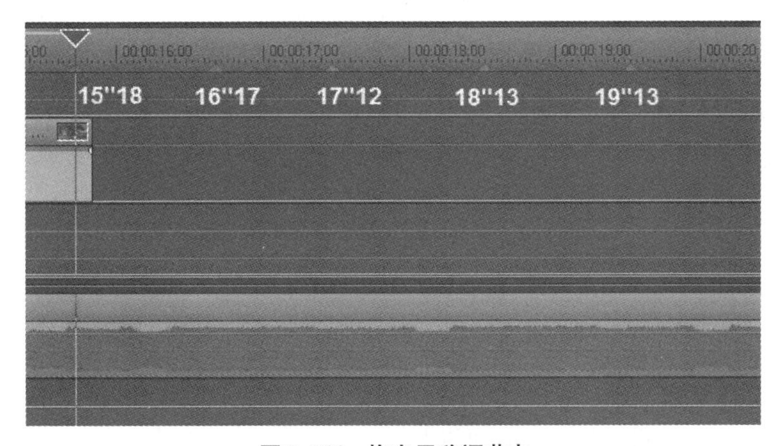

图 3-156　拖曳平移调节点

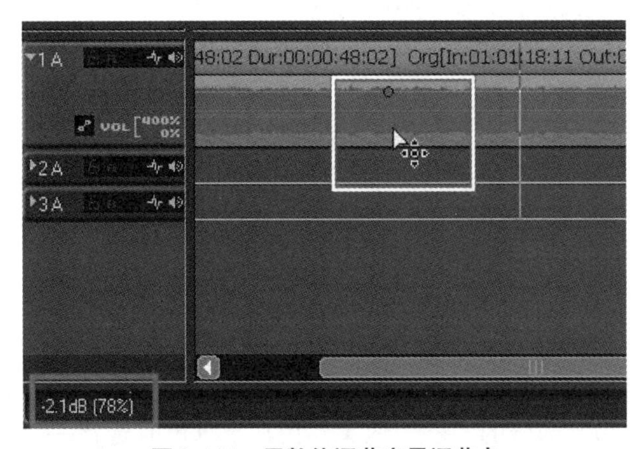

图 3-157　用数值调节音量调节点

（6）通过创建 4 个调节点，并且在出现同期声的位置降低背景音乐的强度，如图 3-158所示。

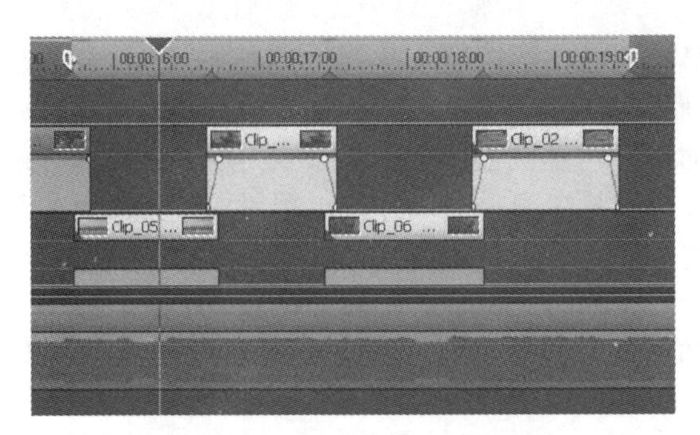

图 3-158 降低背景音乐的强度

（7）音乐接下来的部分有几处明显的节奏点，跟着节奏较快速地创建一组镜头“快切”。快切镜头一般会让观众感觉节目内容比较丰富。先把节奏点找出来，通过快捷键 V 来创建标记点，这样就能很容易地在时间线上找到需要的镜头切换点了，如图 3-159 所示。

【温馨提示】示例中整个短片开始的时间码是 00：00：00：00。

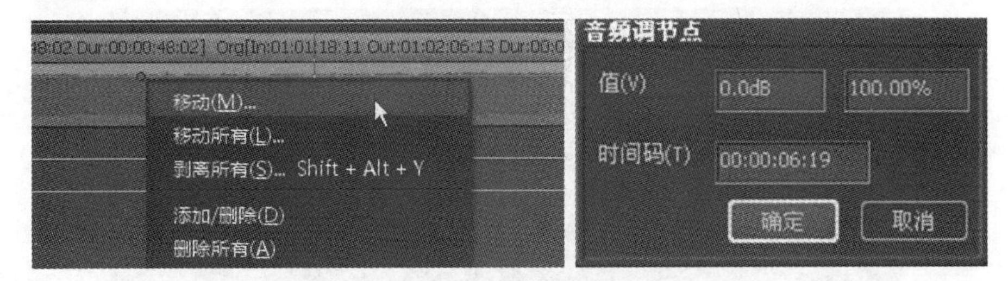

图 3-159 镜头切换点

（8）依次挑选 4 段视频素材，留给每个镜头的时间较短（几乎 1 秒 1 个），挑选观众一眼就能看明白的素材。需要在 15 秒 18 帧和 16 秒 17 帧之间添加第一个短镜头，这种情况比较合适使用三点编辑。先定下时间线上的“两点”，分别是在 15 秒 18 帧处设置入点和在 16 秒 17 帧处设置出点，如图 3-160 所示。

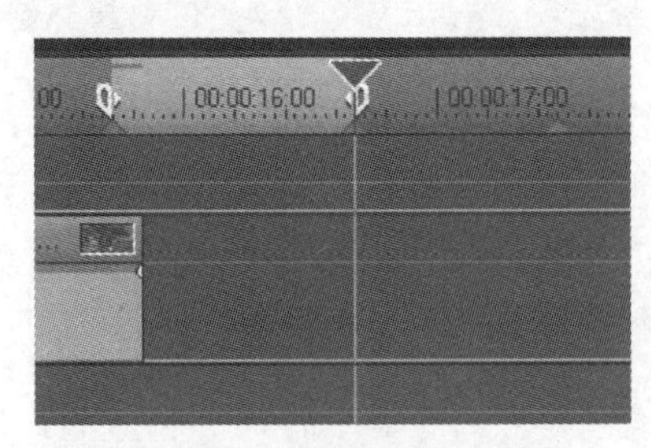

图 3-160 设置出点、入点

（9）再定下源素材的入点，双击第 1 段素材，将其载入到播放窗口中。可以是一个大海的视频，不需要它后半部分的“摇”镜头，在其定机位时选择一个开始点，单击 I 键，如图 3-161 所示。

（10）选择一个轨道，单击“插入到时间线”按钮，或使用快捷键“[”，素材便会添加到时间线的指定区域中了，如图 3-162 所示。

图 3-161　**播放窗口**

图 3-162　**“插入到时间线”按钮**

（11）此时 EDIUS 会自动删除时间线上的入点和出点，等待用户的下一次指定。

【温馨提示】 使用三点编辑不会改变素材的播放速度——若时间线上指定的入点、出点间区域小于源素材长度，则自动截去多余部分，如图 3-163 所示。

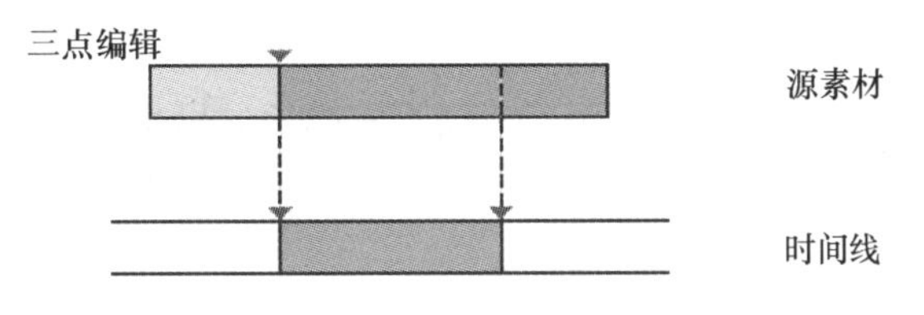

图 3-163　**三点编辑**

四点编辑和三点编辑非常类似，唯一使用上的区别是除了指定时间线上的入点和出点、原窗口中素材的入点以外，还需要指定原窗口中素材的出点。这样就得到“四点”了，如图 3-164 所示。

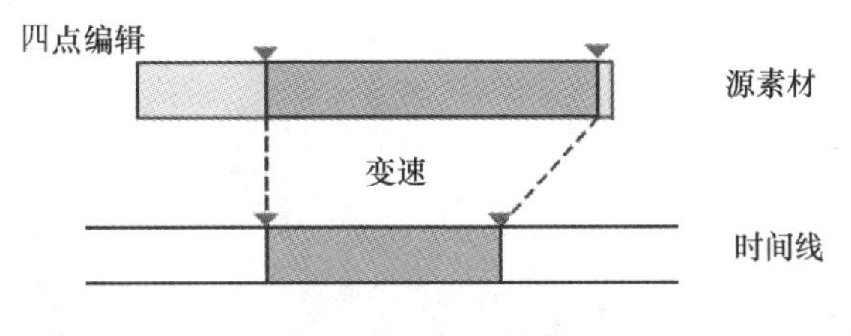

图 3-164　**四点编辑**

【注意事项】 四点编辑将会改变素材的播放速度——无论如何，素材都将通过变速以“挤进”时间线上指定的入点、出点间区域，如图 3-165 所示。

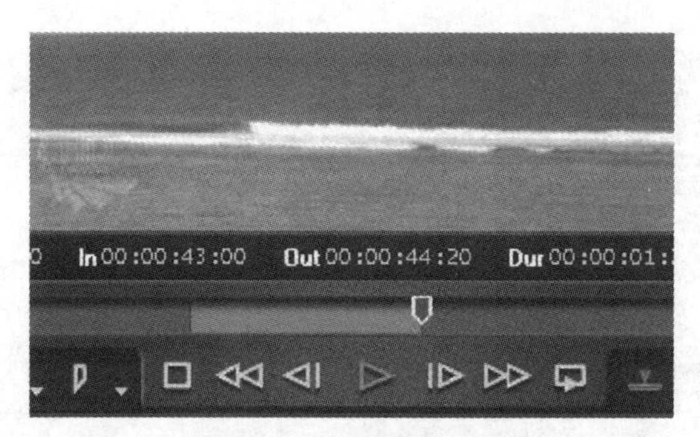

图 3-165　四点编辑的播放

在本示例中，使用三点编辑的手法，完成这几个快切镜头素材的放置。镜头的组接方法就是简单的“硬切”。

【训练任务】

在娱乐类、游记类、生活类视频影片中，尝试制作影视同期声与背景音乐的训练。

【训练要求】

每名学生至少选择一个任务，要求学生能够认真完成任务，有所创新。

【验收方法】

教师可适当进行操作示范，学生根据操作步骤进行操作，并把制作好的作品发给老师。课堂上，教师组织学生分析作品质量情况，存在优缺点。教师点评、分析出现的问题并总结。课后，学生将作品分析材料交给教师。

3.3.4　动画效果制作案例

熟练掌握软件的转场和滤镜的使用，根据不同影片的风格、特点，选择不同的转场和滤镜，为影片恰到好处地添加特技。掌握视频布局中基础动画的使用。

【案例 20】转场与视频滤镜的综合使用

【具体操作】

（1）先将选定好的素材拖入时间线，如图 3-166 所示。

（2）打开特效面板，如图 3-167 所示，选择转场特效“溶化”。

图 3-166　时间线上的等待编辑的素材

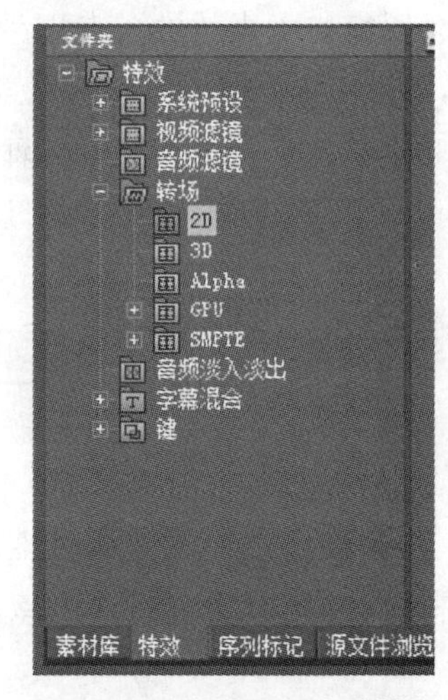

图 3-167　特效面板中的转场

（3）如图 3-168 所示打开特效面板中的滤镜选项。

（4）如图 3-169 所示，选择自己喜欢的滤镜特效，此处选择“光栅滚动”。

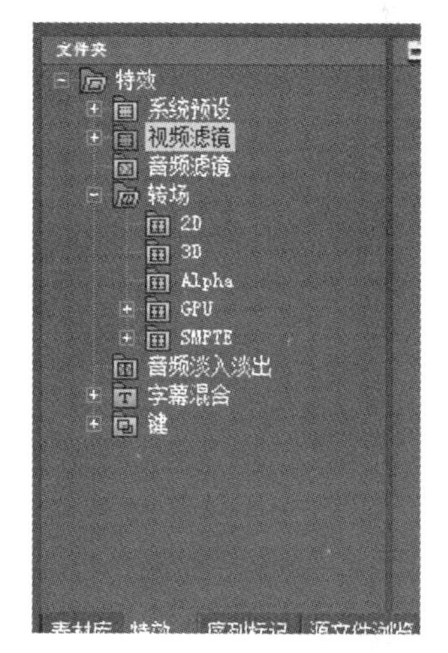

图 3-168　特效面板中的滤镜

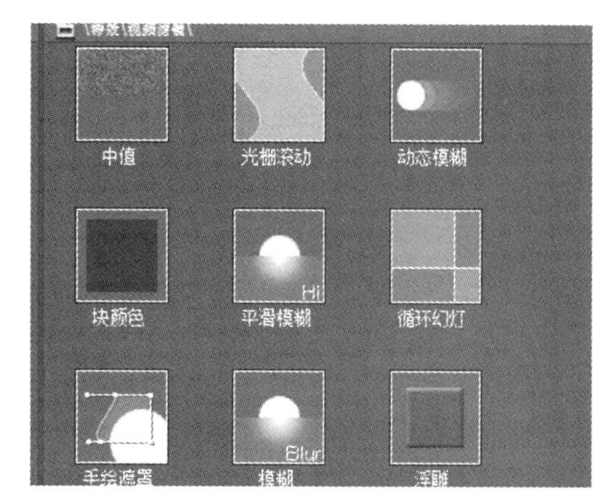

图 3-169　滤镜特效

（5）如图 3-170 所示，将滤镜拖到时间线上的素材中。

图 3-170　将滤镜添加在素材上

（6）开始针对多个素材进行编辑制作。以此类推地设置恰当的转场和滤镜，直到节目完成。

【案例 21】视频布局的使用

【具体操作】

（1）打开图中的视频布局会出现位移、旋转、缩放等选项，如图 3-171 所示。

（2）拖拉视频边框中的任意一个节点，就可以改变视频的大小。如果取消选择“保持帧宽高比”，就可以单独拉动视频的高度和宽度。

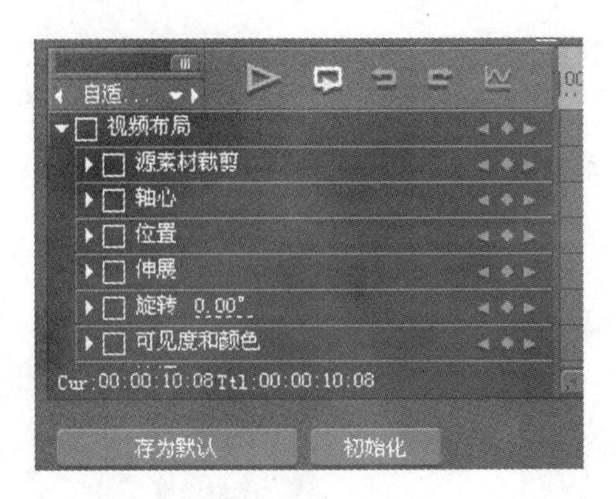

图 3-171　视频布局选项

【训练任务】

在娱乐类、游记类、生活类视频影片中，尝试利用基础动画、转场和滤镜制作影视节目。

【训练要求】

每名学生至少选择一个任务，要求学生能够认真完成任务，有所创新。

【验收方法】

教师可适当进行操作示范，学生根据操作步骤进行操作，并把制作好的作品发给老师。课堂上，教师组织学生分析作品质量情况，存在优缺点。教师点评、分析出现的问题并总结。课后，学生将作品分析材料交给教师。

3.3.5　综合功能使用经典案例

综合运用软件的转场、滤镜、视频布局、文字与音乐编辑等技巧。增强软件的使用熟练程度。

【案例 22】软件功能综合运用

【具体操作】

（1）把视频素材和音乐导入到素材库中。首先把视频素材拖曳到视频轨道上；其次，把音频素材拖曳到音频轨上；最后，把视频和音频对齐，把另一段视频添加到第一段视频后面，如图 3-172 所示。

图 3-172　导入素材

（2）打开特效面板，如图 3-173 所示，选择一个转场特效，把这个特效加入到两段视频之间。

图 3-173　选择转场特效

（3）画面中已出现之前加入的效果，是一个波浪转场，如图 3-174 所示。

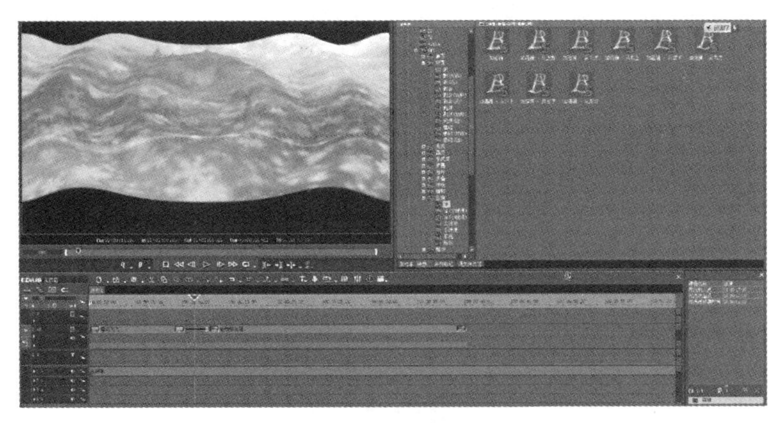

图 3-174　波浪转场效果

（4）单击菜单栏下的 T 按钮打开字幕软件，输入所需要的文字；选择样式，里面有设置好的样式模板可供选择，如图 3-175 所示。

（5）字幕会自动出现在字幕轨道上，浮于视频上方，如图 3-176 所示。

图 3-175　输入文字预览

图 3-176　输入文字效果

（6）打开特效面板，找到视频滤镜，选择一个滤镜添加到视频上面，然后对滤镜进行各种参数的设置，直到调到自己想要的效果。

【训练任务】

在娱乐、游记、生活等视频影片中，尝试给影片添加各种文字和解说。

【训练要求】

每名学生至少选择一个任务，要求学生能够认真完成任务，有所创新。

【验收方法】

教师可适当进行操作示范，学生根据操作步骤进行操作，并把制作好的作品发给老师。课堂上，教师组织学生分析作品质量情况，存在优缺点。教师点评、分析出现的问题并总结。课后，学生将作品分析材料交给教师。

3.4 模拟训练

本节的实战技巧训练，教师可以带领学生一起操作，也可以作为教师实训项目任务让学生独立完成，教师在实训过程中，全程监控，随时给予学生帮助和指导。本节列举了一些影视作品中常见的案例和制作准备，通过这些实战训练，使学生能够清晰地了解影视特效制作需要拥有的知识内容和技术技巧。同时，在训练制作的过程中，锻炼学生们的协作精神及创新能力，懂得分享成果和分担责任，了解除了工作之外还有很多伙伴和其他值得珍惜的东西。

3.4.1 音乐 MTV

（一）实训目的

熟悉软件的操作界面，掌握软件的音乐制作和 MTV 结合的方法，增强创新节目制作能力。强化软件学习的牢固性，提高音乐制作技术。深入掌握软件的使用，理解音乐 MTV 在影视节目中的作用。

（二）实训内容

录制 3 分钟自己的歌曲和视频，利用软件制作出来，配以转场、抠像等技巧。首先把素材和歌曲导入到素材栏中，如图 3-177 所示，选择淡入淡出转场效果。

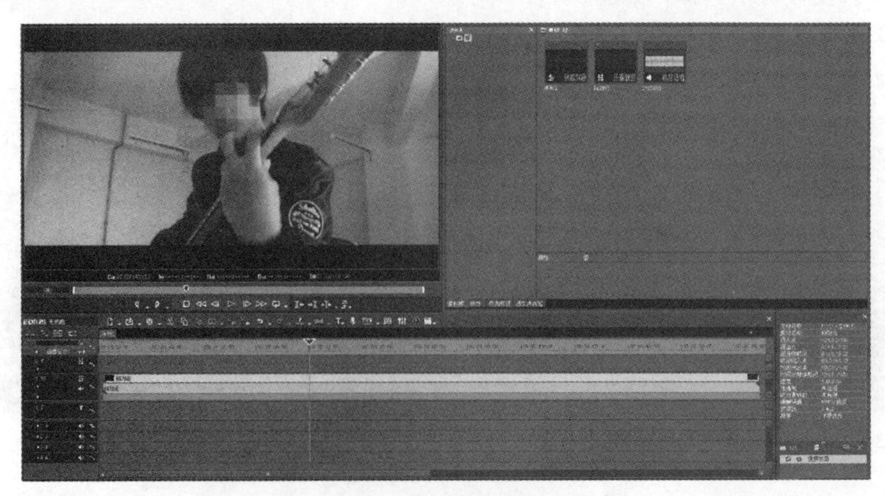

图 3-177 添加素材和歌曲

【具体操作】

（1）如图 3-178 所示，把时间线拉到两段视频之间以调节转场的时间长短。

（2）配上快放、3D 画中画和动态模糊等视频滤镜达到想要得到的效果，如图 3-179 所示再配上歌曲，简单的 MTV 就做好了。

图 3-178　转场效果

图 3-179　视频滤镜效果展示

【训练任务】

制作下列相关内容的节目，题目自拟，制作方法不限。

（1）家庭节日聚会音乐 MTV；

（2）旅游节目音乐 MTV；

（3）儿童音乐 MTV；

（4）生活音乐 MTV；

（5）聚会音乐 MTV；

（6）MTV 自拍创作。

【选材要求】

利用本教材中讲授的视频编辑软件和后期制作软件完成以上任务，可独立完成，也可与同学合作完成。选择其中一个项目任务在规定时间内完成。时长不限、题目自拟，最好配有字幕、音乐、时间、说明等必要内容。图片和视频选择，以主题鲜明、内容健康、画质清晰、逻辑性强、风格鲜明、视角新颖、构思巧妙等素材为主。

脚本先行，制作前需要先设计文字策划方案及分镜头脚本，标明制作主题、风格、作品名称、时长及内容的故事简介等信息。根据个人习惯，为了更好地拍摄制作，适当增加其他说明性内容。

（三）实训要求

每一部作品要求故事的完整性，有开始、发展、高潮和结局。内在逻辑性强，无明显错误。节目画面要整洁、镜头过渡自然、转场运用恰当、解说和背景音乐音量适中、无字幕错别字、字体大小合适、无色彩偏差、后期效果好、剪辑符合生活规律等。同时，充分考虑人物神态、注重人物内心描写和动作刻画等。

（四）实训方法

教师可适当进行操作示范，学生根据操作步骤进行操作，把制作好的作品发给老师。课堂上，教师组织学生分析作品质量情况，存在优缺点。教师点评、分析出现的问题并总结。课后，学生将作品分析材料交给教师。

3.4.2 新闻短片制作

（一）实训目的

通过新闻短片的制作流程和制作方法的演示和模仿，掌握新闻制作的方法和注意事项。能够独立采写新闻、编辑制作新闻节目。

（二）实战内容

录制一个会议或活动，把它剪辑、配音、制作成汇报片。录好视频后把配音和视频组接好，也可以为会议镜头添加转场效果。

【具体操作】

（1）开场加叠化特效，使两组画面在同一屏幕显示，达到唯美的效果，如图3-180所示。

图3-180 叠化特效

（2）把两段视频放在上下两个轨道上，让两幅画面在同一屏幕上显示，让观众得到更多的的信息，使画面更加丰富，如图3-181、3-182所示。

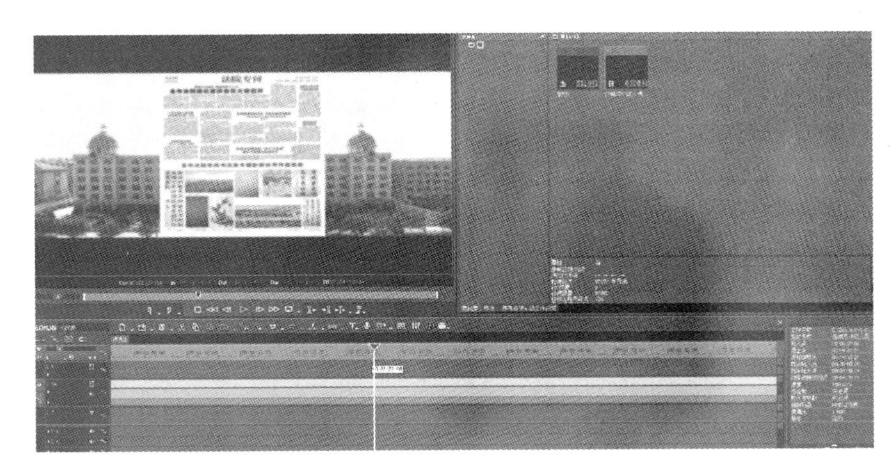

图 3-181　两幅画面在同一屏幕上显示

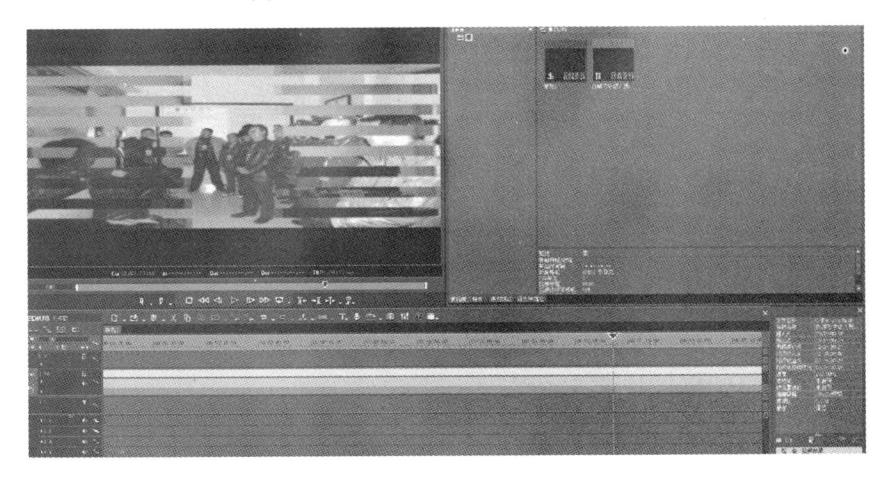

图 3-182　特效转场

（3）在特效面板里找到转场特效，放置于两段视频之间，如图 3-183 所示。

图 3-183　选择特效

（4）几个需要添加特效的地方都添加上自己所需要的特效，使整部片子的风格达到自己满意的效果，如图 3-184 所示。

图 3-184 特效效果

基本剪辑完成之后，在需要添加转场的位置放置合适的转场效果，因为是新闻短片，所以不需要额外设置更多的特技，只是把实际发生的事情报道出来而已。

【训练任务】

制作下列相关内容的节目，题目自拟，方法不限。

（1）制作学生会议短片；

（2）制作学生活动短片；

（3）制作部门工作新闻短片；

（4）制作学院新闻短片；

（5）制作公司新闻短片。

【选材要求】

利用本教材中讲授的视频编辑软件和后期制作软件完成以上任务，可独立完成，也可与同学合作完成。选择其中一个项目任务在规定时间内完成。时长不限、题目自拟，最好配有字幕、音乐、时间、说明等必要内容。图片和视频选择，以主题鲜明、内容健康、画质清晰、逻辑性强、风格鲜明、视角新颖、构思巧妙等素材为主。

脚本先行，制作前需要先设计文字策划方案及分镜头脚本，标明制作主题、风格、作品名称、时长及内容的故事简介等信息。根据个人习惯，为了更好地拍摄制作，适当增加其他说明性内容。

（三）实训要求

每一部作品要求故事的完整性，有开始、发展、高潮和结局。内在逻辑性强，无明显错误。节目画面要整洁、镜头过渡自然、转场运用恰当、解说和背景音乐音量适中、无字幕错别字，字体大小合适、无色彩偏差、后期效果好、剪辑符合生活规律等。同时，充分考虑人物神态、注重人物内心描写和动作刻画等。

（四）实训方法

教师可适当进行操作示范，学生根据操作步骤进行操作，把制作好的作品发给老师。课堂上，教师组织学生分析作品质量情况，存在优缺点。教师点评、分析出现的问题并总结。课后，学生将作品分析材料交给教师。

3.4.3　家庭纪实片制作

（一）实训目的

仿照家庭聚会、活动、游玩等节目制作，从中学习影片的剪辑、特技的添加、字幕的制作和音乐的配置等技能，熟练软件的掌握程度。

（二）实训内容

【具体操作】

制作一个活动影片的节目片头，并为影片添加字幕、音乐、实况内容和片尾项目，如图 3-185 所示。

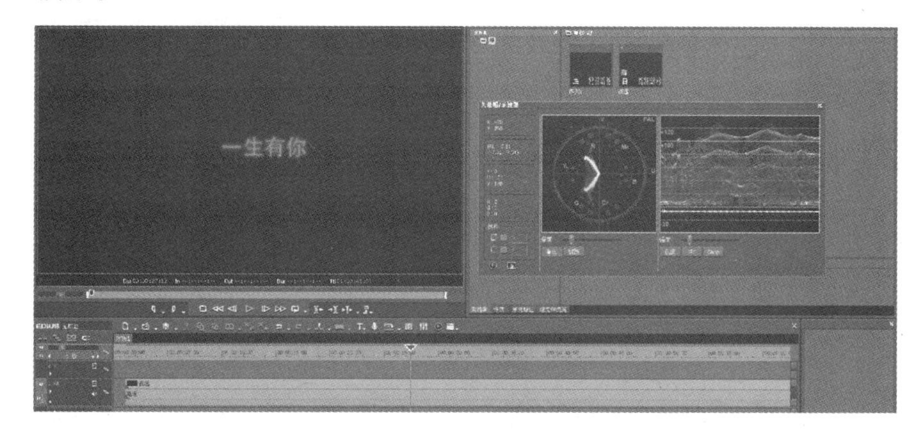

图 3-185　导入素材

（1）导入一段素材，字幕在做不规则的运动，如图 3-186 所示。

图 3-186　字幕做不规则运动

（2）字幕效果是随着视频的变化慢慢地消失的，如图 3-187 所示，即做缩放和透明度动画。

（3）画面中逐渐出现人物，如图 3-188 所示。

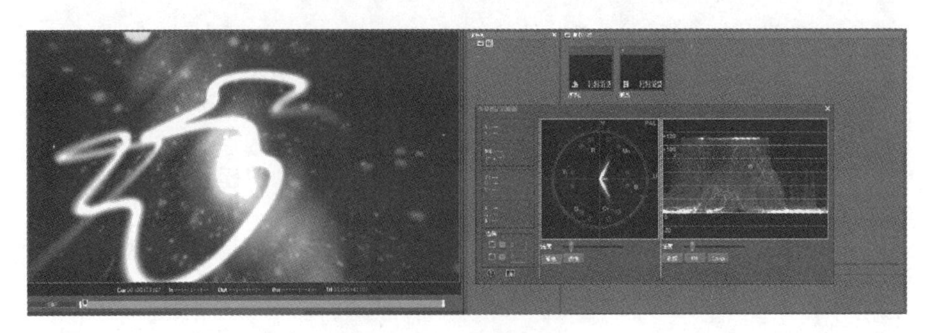

图 3-187 字幕慢慢消失

图 3-188 人物逐渐出现

（4）在视频的另一组画面上添加视频滤镜，加入自己所需要的效果，调整色彩光线等，如图 3-189 所示。

图 3-189 添加视频滤镜

（5）在视频的人物画面上添加视频滤镜，使整部片子自然有美感，并且更具色彩，风格更加鲜明，如图 3-190 所示。

图3-190　在视频的人物画面上添加视频滤镜

【训练任务】

制作下列相关内容的节目，题目自拟，方法不限。

（1）家庭节日聚会；

（2）旅游节目；

（3）儿童影片；

（4）生活片；

（5）自拍片；

（6）MTV创作片。

【选材要求】

利用本教材中讲授的视频编辑软件和后期制作软件完成以上任务，可独立完成，也可与同学合作完成。选择其中一个项目任务在规定时间内完成。时长不限、题目自拟，最好配有字幕、音乐、时间、说明等必要内容。图片和视频选择，以主题鲜明、内容健康、画质清晰、逻辑性强、风格鲜明、视角新颖、构思巧妙等素材为主。

脚本先行，制作前需要先设计文字策划方案及分镜头脚本，标明制作主题、风格、作品名称、时长及内容的故事简介等信息。根据个人习惯，为了更好地拍摄制作，适当增加其他说明性内容。

（三）实训要求

每一部作品要求故事的完整性，有开始、发展、高潮和结局。内在逻辑性强，无明显错误。节目画面要整洁、镜头过渡自然、转场运用恰当、解说和背景音乐音量适中、无字幕错别字、字体大小合适、无色彩偏差、后期效果好、剪辑符合生活规律等。同时，充分考虑人物神态、注重人物内心描写和动作刻画等。

（四）实训方法

教师可适当进行操作示范，学生根据操作步骤进行操作，把制作好的作品发给老师。课堂上，教师组织学生分析作品质量情况，存在优缺点。教师点评、分析出现的问题并总结。课后，学生将作品分析材料交给教师。

第 4 章　简单视频编辑软件

本章主要介绍几款视频节目制作中常用的简单软件，如视频剪辑的会声会影软件、为节目添加文字的 TitleDeko 软件、制作简单个性片头的 COOL 3D 软件等。通过对这些软件的功能、操作使用等相关知识和技能的案例讲解，读者可以很快掌握它们的使用方法和各项操作技能，从而解决工作、生活中遇到的视频制作问题。

4.1　会 声 会 影

会声会影（Corel Video Studio Pro Multilingual）是美国友立公司出品的功能相对强大的视频编辑软件，具有图像抓取和编辑功能，抓取并转换 MV、DV、V8、TV 和实时记录，抓取画面文件并提供 100 多种编制功能与效果。会声会影可以导出多种常见的视频格式，直接制作成 DVD、VCD。同时，它可以支持各类编码，包括音频和视频编码。

4.1.1　软件的使用

下面介绍会声会影软件的视频剪辑、滤镜的添加、转场制作、音乐和解说的添加、遮罩及影片的输出等知识。

打开会声会影的界面，有三个向导，分别是影片编辑、制作 DVD、输出节目。

- 影片编辑——针对节目的片段剪切、复制、粘贴、位置排序、内容删除等的编辑操作，操作对象是软件的主要学习内容。在这个部分可以实现影片的剪辑、镜头间的转场、遮罩的添加、字幕的制作选择和解说词与背景音乐的添加等内容。
- 制作 DVD——对于已经编辑制作完成的节目，可以进行压缩 DVD 数据文件并刻录成盘。
- 输出节目——对于已经制作好的节目，可以进行输出成各种需要的文件格式。

下面以案例的形式介绍软件的使用方法。

1. 家庭 DVD 影片快速制作

记录孩子的生日派对、朋友的婚礼、户外运动或旅游等纪实节目的最佳方式就是制作家庭影片。大量拍摄的视频录像，编辑和整理工作可能是个冗长乏味的过程，利用会声会影软件的影片向导功能，可以节省大部分的视频编辑工作，例如插入文字、背景音乐、添加个性遮罩和标题等，只需利用几个简单的步骤，就可制作出令人惊喜赞叹的家庭影片。

【案例 1】从硬盘式摄像机导入视频

【具体操作】

（1）利用 USB 传输线将摄像机与计算机连接。打开摄像机电源，调至播放模式。开启会声会影软件。在启动界面主选菜单中，根据拍摄图像比例，选择左下角的 16∶9 项目，并选择“影片向导”，如图 4-1 所示。

（2）选择“从移动设备导入”项目，如图 4-2 所示。

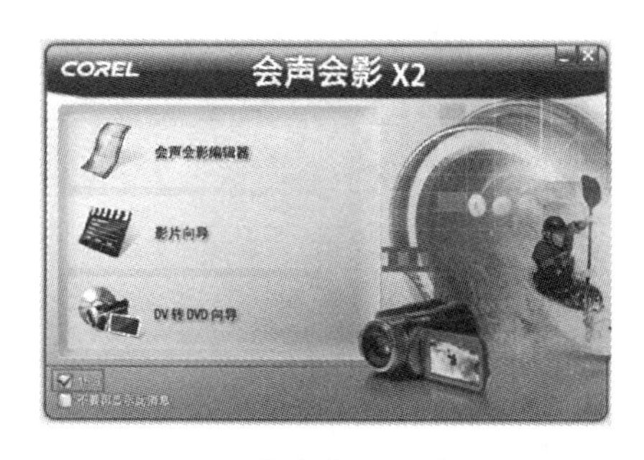

图 4-1　会声会影启动界面

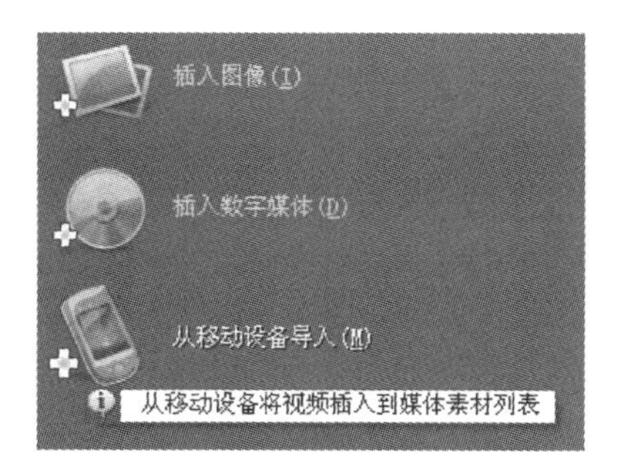

图 4-2　选择界面截图

(3) 随后弹出“硬盘/外部设备导入媒体”窗口，窗口左侧设备字段显示的 HDD 表示的是会声会影的工作文件夹；Memory Card 为硬盘摄像机。单击 Memory Card 后，右侧窗口则会显示摄像机中所存放的照片与影片的缩略图。

选择窗口上方的【视频】选项，如图 4-3 所示，将只会出现硬盘摄像机中的影片缩略图。选择欲导入的影片后，单击“确定”按钮，即可将影片导入影片向导中。

【案例 2】影片的编辑

【具体操作】

(1) 移动设备导入的影片直接以缩略图形式加入到媒体素材窗中，如图 4-4 所示。

图 4-3　导入摄像机中文件截图

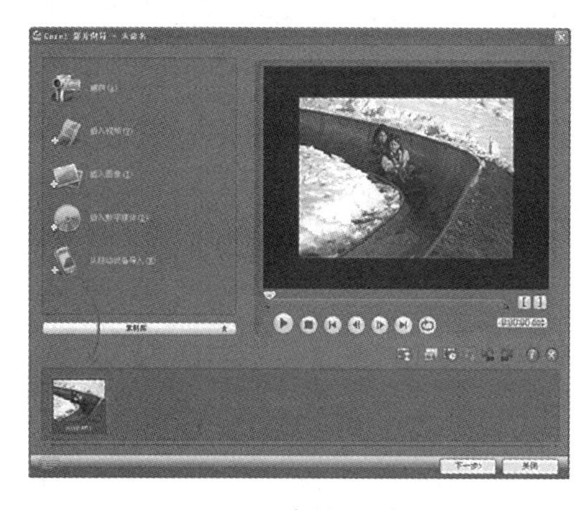

图 4-4　素材显示框

(2) 利用鼠标拖曳播放滑块，分别拖曳至想要的节目开头和结尾处，如图 4-5 所示，保留需要的影片片段。或者以标记时间入点按钮 [或时间出点按钮] 来设定影片的开头及结尾。单击“下一步”按钮继续编辑。

(3) 从主题模板栏中选取一个想要的主题模板来搭配节目，如图 4-6 所示。HD 影片主题中的模板还可以搭配更高画质的影片。

(4) 在影片主题模板选择界面的右下方，按按钮来打开一个可以设定影片总长度的对话框，如图 4-7 所示。

图 4-5　素材剪辑框

图 4-6　主题模板选择截图

- 调整到视频区间大小——维持目前的影片时间长度；
- 适合背景音乐——将影片时间长度调整为背景音乐的长度；
- 指定区间——个性设定整个影片的时间长度。

（5）一个主题模板中有两个动画标题，分别位于家庭影片的开头及结尾。要修改这些标题文字的内容，连按两下预览窗口中的预设文字，当出现闪烁的光标时，输入想要的文字即可。

【温馨提示】 模板中的文字内容是可以更改的。在影片主题模板选择界面的右下方，按一下“添加文字”按钮 ，即可变更文字的格式和内容，如图 4-8 所示。

（6）按背景音乐按钮 ，可开启音频选项对话框来设置背景音乐。添加想要的音乐文件及设置背景音乐的音量大小，如图 4-9 所示。

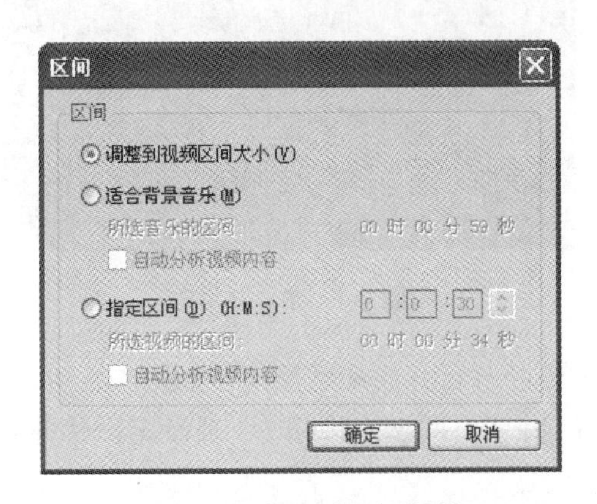

图 4-7　影片时间设定对话框

图 4-8　更改文字内容面板

至此，对于影片或视频节目的粗略剪辑就完成了。有些影片的片段需要逐一地进行删减和编辑，只需不断重复第 2 步骤即可。若影片很长，需要添加多个文字，则按照段落和需要选择相对应的主题模板即可。会声会影软件允许不断地添加文字和背景音乐，直到影片节目结束。此外，会声会影软件还可以添加滤镜、覆叠及转场等效果，操作步骤与添加主题文字和背景音乐基本类似，此处不再赘述。

【案例 3】创建光盘及菜单

【具体操作】

（1）选择“创建光盘”打开创建光盘向导。在“输出光盘格式”中选择“DVD”，然后单击“下一步”按钮。家庭影片会自动插入媒体素材项目中并成为一个视频素材。

【温馨提示】 注意选择画面的拍摄比例，确定显示宽高比设定为“16∶9”，否则画面容易变形。

（2）“新增/编辑章节”项目功能可以设置双层菜单，如图 4-10 所示。即除了主菜单外，可再经由主菜单连接至子菜单，在子菜单上单击任一章节来播放影片。每个章节仿佛是视频素材的书签一样，当按下章节时，就会从选择的章节开始播放视频。

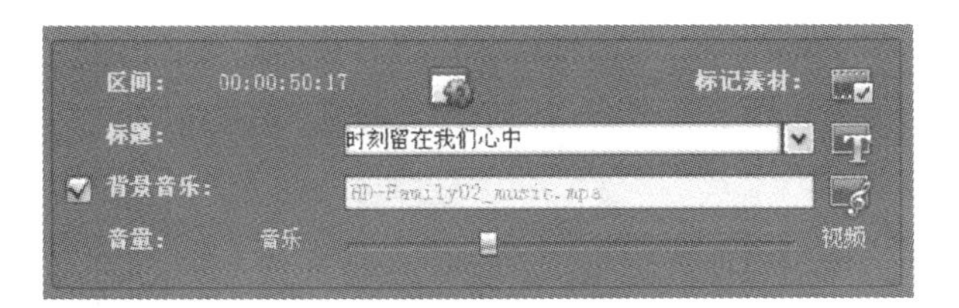

图 4-9　设置背景音乐与音量调节对话框

图 4-10　菜单设置界面

按“新增/编辑章节”按钮，进入“新增/编辑章节”窗口，将“实时预览”拖曳至新增章节的起点，按“新增章节”按钮，新增的章节即会添加至媒体素材列表中。完成所有的新增章节后再单击“下一步”按钮。

（3）从菜单模板列表中选取一个菜单模板，如图 4-11 所示。

（4）在预览窗口下方，可以从“目前显示的菜单”中选择要编辑的主菜单或子菜单。单击“未命名标题”按钮，可以看到前一步骤所新增的章节。再将标题改为旅游景点、游玩名称或时间等内容，即可轻松播放想看的画面，如图 4-12 所示。

图 4-11　“菜单模板”界面

图 4-12　菜单命名对话框

图4-13 预览项目界面

【温馨提示】按下“编辑”页面中的按钮来设定音乐，单击“为此菜单选择音乐”按钮，在弹出的对话框中打开想要的音乐文件，即可取代菜单模板现有的音乐。按“编辑”页面中的按钮来设定菜单背景，然后单击“替此菜单选取背景图像”按钮，在弹出的对话框中选择想要的背景图像文件，即可取代菜单模板现有的背景。

（5）可以利用遥控器来预览项目，然后按“下一步”按钮，如图4-13所示。

（6）将光盘插入到刻录机中，然后按“刻录”按钮来启动刻录程序，直接将影片刻录到光盘。

刻录完成后，便可将光盘插入到DVD播放机中，观赏喜爱的影片。如果要给影片新增滤镜、覆叠及转场效果等，只需在会声会影编辑器中编辑即可。

2. 个性动画制作

利用会声会影X2简单易学的功能，可以打造一部完美且独特的影片。

【案例4】制作动态开场白

【具体操作】

（1）在会声会影软件菜单“标题”下，选择图库中现有的动画标题“To my love”，如图4-14所示，将它拖曳至标题轨道上。

（2）从“色彩”图库中选择一个色块，将它拖曳至视频轨道上，作为背景颜色。选择“色彩选取器”变更颜色，如图4-15所示。

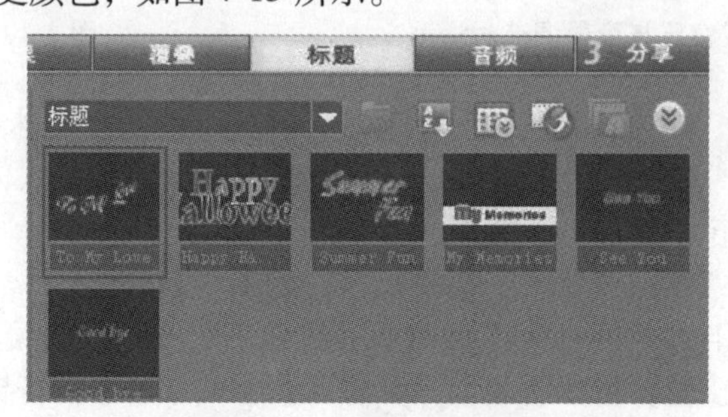

图4-14 标题选择界面

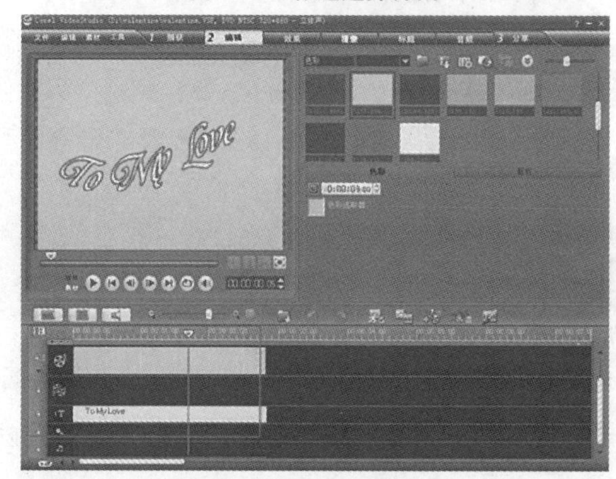

图4-15 背景颜色的选择

（3）加入静态手写素描动画制作，选择按钮 开启“绘图创建器”。单击按钮 并选择“静态模式”。

（4）在工具栏中选择想套用的“笔刷”。再拖曳“笔刷高度”和“笔刷宽度”滑竿，以调整笔刷的大小和形状，如图 4-16 所示。

图 4-16　选择笔刷大小界面

（5）选择“色彩选取器”来选择笔刷颜色。

（6）开始动手画图，画出想表达的内容。

（7）画完后，按下“添加图像”按钮。刚才所绘制的图画缩略图会出现在右边的图库面板中。单击“确定”按钮完成。

（8）从“图像”图库选取绘制好的图画，将其拖曳至视频轨。

（9）在“效果”菜单栏下，添加喜欢的转场特效，将其拖曳到视频轨道上两个素材的中间位置，如图 4-17 所示。

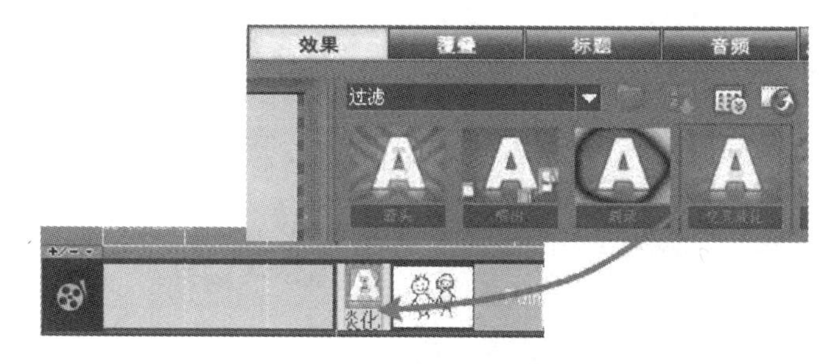

图 4-17　添加转场截图

（10）此外，还可以自行设定调整转场特效的区间，来获得想要达到的效果。

（11）为影片涂鸦制作动画，在时间轴上插入图像之后，选择按钮 以开启“绘图创建器”。

（12）参考步骤 4 和 5。按 开始录制 按钮，在工作区上进行涂鸦，如图 4-18 所示。

（13）完成涂鸦后，按 停止录制 按钮。刚才所绘制的动画缩略图将出现在右边的图库面板中。

（14）按播放按钮 后，可以预览涂鸦动画。选择 按钮可以设定动画的时间长度。完成后按“确定”按钮 。

图 4-18 涂鸦界面

（15）从“视频”图库选择所绘制的涂鸦动画，将其拖曳至覆叠轨。

（16）用动态对象装饰图像和视频，在时间轴上插入图像之后，选择图库中的“装饰/Flash 动画”。

（17）可以在里面找到很多可爱的装饰对象。选择喜爱的目标，将其拖曳至覆叠轨，如图 4-19 所示。

（18）添加配乐或旁白，在音乐轨上插入背景音乐。可以使用自动音乐、手动添加背景音乐，还可以录制属于自己的旁白或解说。

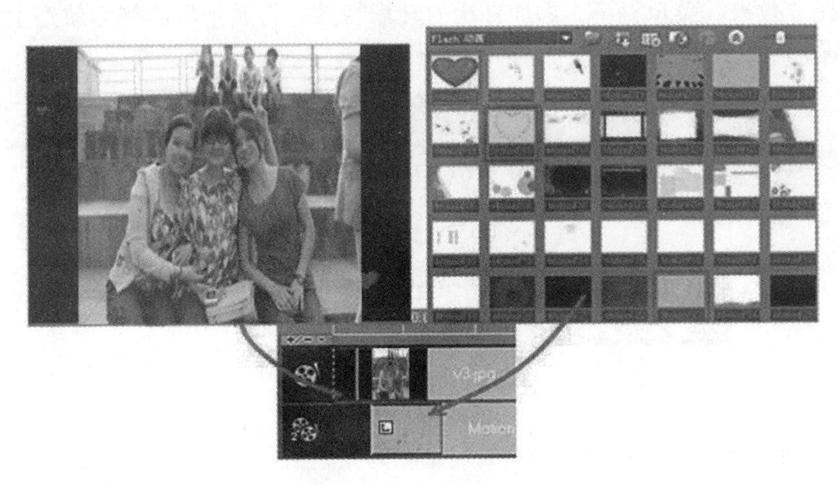

图 4-19 添加装饰截图

3. 字幕技巧学习

利用会声会影软件字幕功能来制作电子贺卡、添加各种文字标题，不但简单且操控性强，生成的 exe 可执行文件在任意一台电脑中均可打开。但要给视频影片添加实时对白的字幕，就不那么容易了。

【案例 5】设置字幕

【具体操作】

（1）把需要添加对白字幕的视频素材拖到视频轨。

（2）打开“多重修整视频”窗口，新建一个TXT文档，在多重修整视频窗口中，单击“播放\暂停”按钮，把需要添加对白字幕的开始时间和结束时间记录下来，并把对白内容记录到新建的TXT文档中。视频素材中每讲一句记一句，直至影片完成，关闭“多重修整视频”窗口。

（3）回到视频轨，找到需要添加对白字幕的开始时间。或打开工具栏，在工具栏菜单中打开“故事章节标记”功能，单击“添加”按钮，输入需要添加对白字幕的时间，形成章节标记。单击“添加”下面的第五个按钮“去到”，就可以找到具体的时间位置。

【温馨提示】“故事章节标记”实际是一个场景标记，也是时间标记。在会声会影中的视频轨的左边有个小三角符，用鼠标单击一下即可。

（4）单击窗口顶端的“标题”栏，在找出的时间位置开始处，添加对白字幕。

第一句对白输入完成后，设置对白文字的字体、字号、颜色，并拖放到需要摆放的画面位置上。

【注意事项】设置完成后把对白内容拖曳到标题素材库中备份一份，留待第二句对白时使用。

在时间轴上，字幕的长度要拉得比实际结束的时间要长一些。然后拉动时间条，关注视图框上的时间显示，找到字幕结束的时间后停止时间条，并单击标题轨上的字幕，把结尾处缩到时间条所在位置。这样，字幕就准确地显示在对白的时间位置上了。

在添加第二句对白时，把刚才拖到标题素材库中的第一句对白字幕拖下来，放在第二句对白字幕的开始时间位置，在视图框上修改文字，把第二句的文字内容替换上，参照第一句对白的制作方法，设置好字幕时间的长短。以后对白内容的制作以此类推，直至添加完所有的字幕。

这种方法虽然比较繁琐，但制作思路与其他专业字幕工具相同，只是多了记录时间和对白，及需要调整字幕的长度而已。

4. 特效曝光

【案例6】蓝幕特效

【具体操作】

蓝幕或是绿幕特效，是利用计算机“去色嵌入”、“抠像”或“色键”功能，来置换演员身后的背景。无论是“超人”、“蜘蛛侠”还是“孙悟空”，都是以蓝幕或绿幕特效将人物置入各种场景中，而非真实现场取景。借以将主题素材上特定的颜色去掉变成透明，覆叠到另一个视频或影像中，主题可以出现在任何背景中。若要做蓝幕拍摄，则要将拍摄的主题安排在光滑平坦、明亮的背景前，例如一片白墙。

【温馨提示】一般在电影中，背景通常都是采用蓝幕或是绿幕。

【注意事项】主要拍摄对象的衣着颜色要与背景不同，没有相同或相近的颜色。否则，在抠像和去背景时，被摄对象会被透底或穿帮。

（1）把要当做背景使用的视频放入到视频轨上。

（2）把作为主题的视频放入到覆叠轨上，如图4-20所示。

（3）在属性面板上按下“遮罩和色度键”，如图4-21所示。

（4）选择“应用覆叠选项”，在类型中选择“色度键”。此时，在预览窗口中可以立刻看到覆叠画面中的大块绿色背景部分已被侦测出来，并且自动去背景，如图4-22所示。

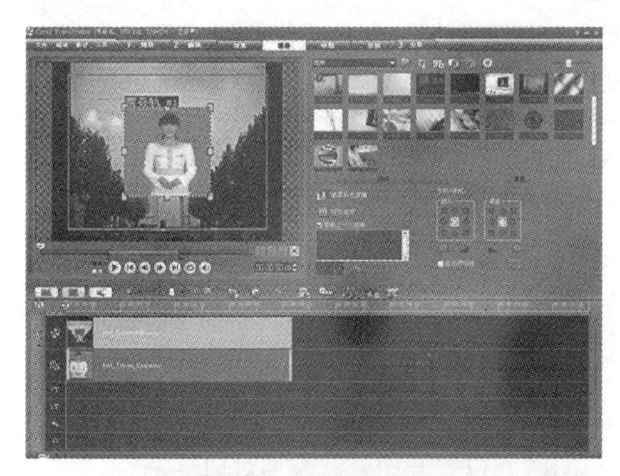

图 4-20　放入素材界面

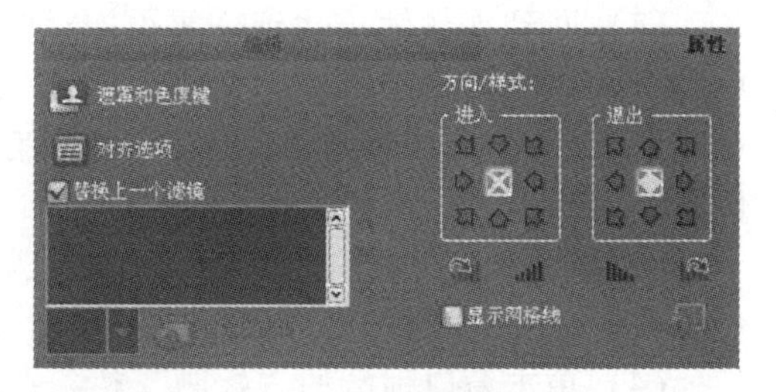

图 4-21　属性面板

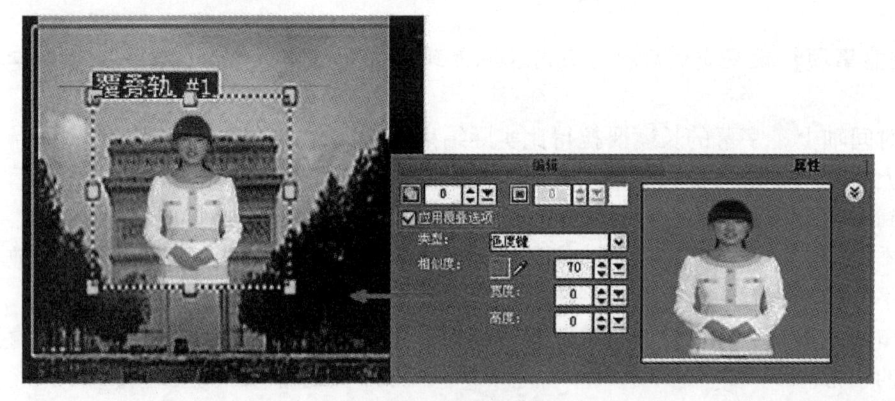

图 4-22　去背景效果

（5）若是觉得去背景结果不理想，可以使用滴选工具 进行重新选色。滴选工具画面上色彩亮度较高的地方，重新套选去背景颜色。完成后按下按钮 ，如图 4-23 所示。

（6）最后，在预览窗口中，将主题素材拖曳到想要放置的位置。通过拖曳素材上的黄色控点来调整素材大小，如图 4-24 所示。

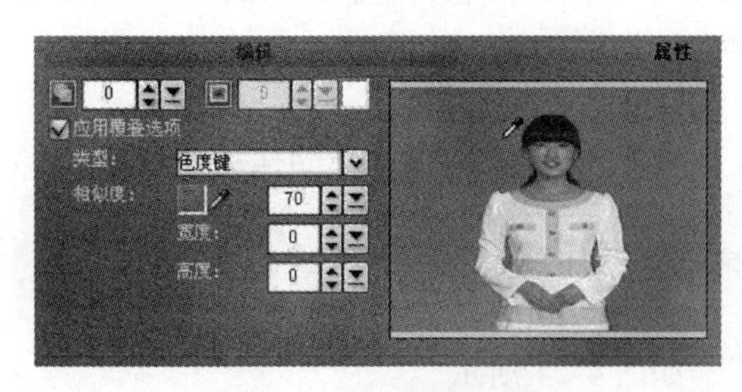

图 4-23　滴选工具的使用

图 4-24　主题素材位置放置

这样就完成了影像的抠像特效了，在图 4-25 中，根据主题素材可以随时更换不同的背景，使得影片充满魔力。

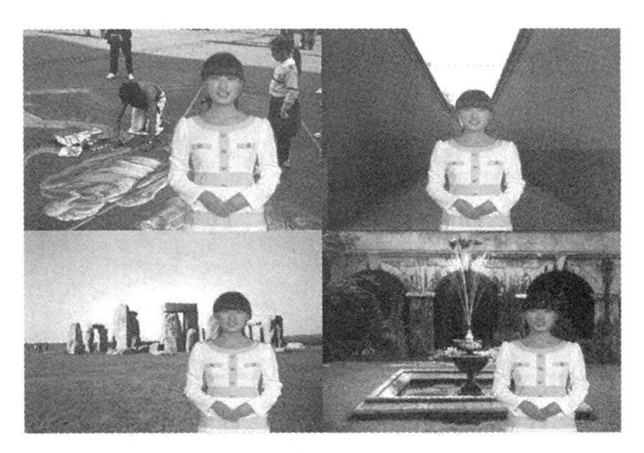

图 4-25　更换不同背景的画面

5. 滤镜的使用

【案例 7】老电影特效制作

【具体操作】

（1）在时间轴中将影片插入视频轨。

（2）在图库下拉式菜单里，选择“视频滤镜”，在清单中选择“NewBlue 视频滤镜”。

（3）可在素材库中看到 5 种滤镜，如表 4-1 所示，效果如图 4-26 所示。

表 4-1　滤镜效果详表

滤镜名称	效果描述
摄影机	模拟手振或以破旧投影机播放的影片抖动、闪烁感
胶片损坏	模拟影片的破旧感
情烧模板	结合了数种最常用的“影片滤镜”效果
胶片外观	改变视频色调，修改影像的特征，营造特殊气氛或情境
综合变化	在快速、方便编辑的菜单中，结合所有的“NewBlue 影片滤镜”

图 4-26　滤镜效果

（4）选择想要的滤镜，将它拖曳到影片上。

（5）在属性页面中想要套用的滤镜效果前，单击图标，即可显示套用该滤镜后的影片效果。也可利用它的功能随意套用或停用任何滤镜效果，如图 4-27 所示。

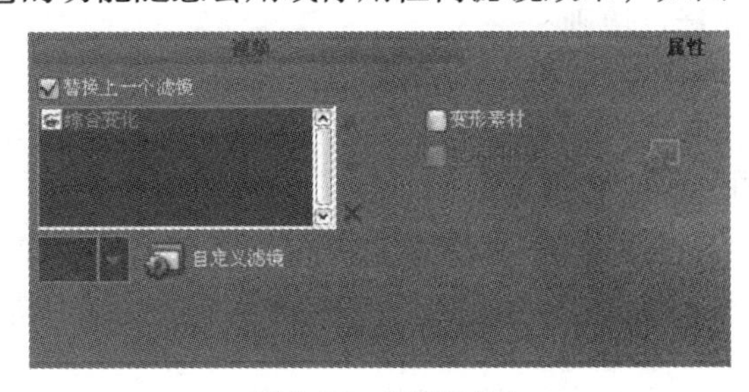

图 4-27　属性页面

(6) 在属性页面中，单击自定义滤镜按钮 ，设定滤镜的各项属性。

(7) 进入“NewBlue 综合变化”设定对话框，选择想要表现的效果。选择“老电影”体验怀旧默片年代，如图 4-28 所示。

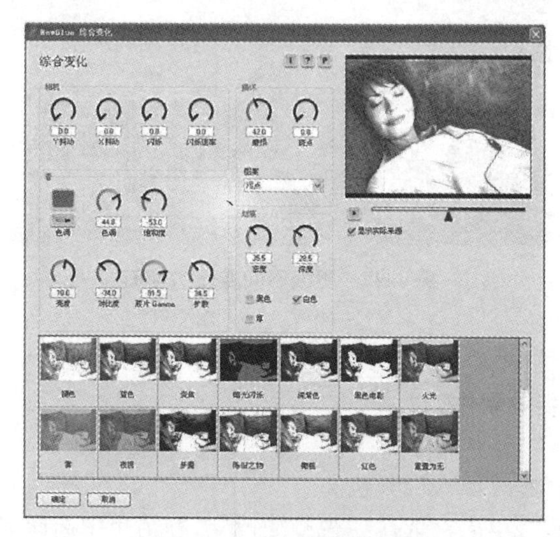

图 4-28 老电影滤镜设置

(8) 确定已选择“显示套用效果”，快速预览使用后的效果。并可在此调整所有属性设定以达到想要的影片效果。

(9) 在图 4-29 中，如果觉得影片看起来太暗，只要将“亮度”控件往右拖曳，即可调高亮度。也可以利用“色差校正”设定来重建影片的色彩范围，调整影片整体的亮度。

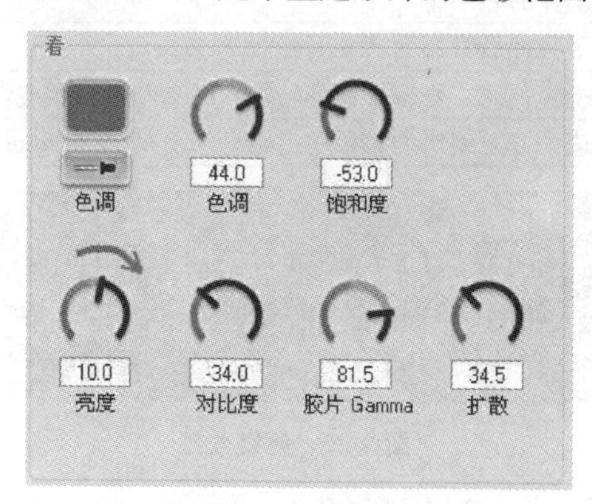

图 4-29 参数调整

(10) 将影片调整至最佳状态后，按下“确定”按钮即大功告成!

【知识补充一】剪辑影片原则

(1) 防止混乱

镜头衔接准确无误，不脱节、不重叠，人物动作的方向、空间关系一致。

(2) 镜头转换协调

剪辑往往以动作形态、节奏为剪辑点，即“动接动”、“静接静”原则。

“动接动”是指在镜头或人物的运动中切换镜头，例如，一个摇摄镜头接另一个摇摄镜头，或一个人奔逃的镜头接一群人追逐的镜头等。

“静接静”是指从一个动作结束后（或静止场面）接下一个动作开始（或静止场面）。

（3）省略实际过程

省略实际过程是指省略不必要的、观众不看自明的过程，而仍能保持动作或情节的连贯。如一个飞机起飞镜头接一个飞机降落镜头可以省略旅行过程；一个桃花盛开的镜头接一个满地落叶的镜头可以省略时间的变化过程等。传统剪辑，基本上是按照正常的生活逻辑进行，但又不是自然主义地记录生活中的全部过程。

【知识补充二】创造性剪辑

习惯上称能提高影片艺术效果的剪辑方法为创造性剪辑，主要有以下几种。

（1）戏剧性效果剪辑

运用调整重点、关键性镜头出现的时机和顺序；选择最佳剪辑点，使每一个镜头都在剧情展开的最恰当时间出现。

（2）表现性效果剪辑

在保证叙事连贯流畅的同时，大胆简化或跳跃，有选择地集中类比镜头，突出某种情绪或意念。将一些对比和类似的镜头并列，取得揭示内在含义、渲染气氛的效果。

（3）节奏性效果剪辑

一般说来，镜头短、画面转换快，能引起急迫、紧张感；镜头长、画面转换慢，可导致迟缓或压抑感。因此长短镜头交替，画面转换快慢结合可造成观众心理情绪的起伏。利用这一点，在剪辑上控制画面的时间，掌握转换节奏，就可控制观众的情绪，达到预期的艺术效果。这种剪辑节奏也称剪辑调子。然而镜头的长短、转换快慢不能超越观众对内容含义理解的限度，否则就会造成混乱。剪辑调子常常也表示出影片情节或情绪的段落，使影片起伏张弛有致。影片中一个段落的剪辑调子是由镜头的数目来计算的，称剪接率。镜头数目多，剪接率高或快调剪辑；镜头数目少，剪接率低或慢调剪辑。

4.1.2　节目的输出

视频节目制作好了，需要创建一个 VCD；或者将它做成网络格式，把它放在网上，供大家欣赏。下面介绍用会声会影输出影片的方法。

【案例 8】VCD 格式影片制作

【具体操作】

（1）在标题菜单栏中选择“分享”标题，进入“分享”界面。

（2）单击“创建视频文件”按钮，在弹出的菜单中选择“PAL VCD”。

（3）在对话框中输入要制作影片的文件名称和保存路径，然后选择“创建后播放”和“智能渲染”两个选项。选择“智能渲染”可以在保存项目时，执行智能渲染功能。启用此选项，可以使渲染（仅渲染编辑过的部分）时间大大缩短。最后单击“保存”按钮。

（4）这时会声会影开始渲染整个项目中的所有素材。计算机渲染的速度取决于项目的复杂程序，不同的项目可能会有很大的差异，在渲染过程中要耐心地等待计算机完成渲染过程。

【温馨提示】通常在将 DV 摄像机采集的素材输出为 VCD 时，需要原始素材 4 倍以上的时间。创建完影片之后，影片文件在所选目录的同时，将被放入视频素材库中。单击“素材库”中的该文件缩略图，影片将显示在预览窗口中，单击“播放”按钮可以观看该影片。

（5）刻录简介，详细方法和内容见本章案例 3“创建光盘及菜单”。根据刻录方法的操作步骤创建一个符合标准的 MPEG-1 文件，将该文件用可以写入 CD 的 CD-ROM 驱动器刻录或写入到 CD-ROM 光盘上。

【案例9】RM 影片制作（视频网页制作）

【具体操作】

（1）准备好需要的视频影片，进入制作 RM 格式影片。单击“分享”标题菜单进入“分享”操作步骤，单击“创建视频文件”按钮，在弹出的菜单中选择“流媒体 Real Vidio 文件”，并在弹出的对话框中输入合适的文件名，同时在保存文件夹后开始渲染。

（2）等待渲染完成，即影片制作成功，回到保存的路径即可以找到制作好的 RM 格式影片。

【温馨提示】 RM 格式是 Internet 上跨平台的客户/服务器结构多媒体应用标准，可以在网上实时收看这种视频文件，可以用 RealPlayer 不必下载就能实现网络在线播放，使用会声会影软件能够自动创建网页。目前，网络上更多的视频格式是 MPEG-4 文件格式。

（3）选取刚才制作的 RM 视频文件，单击“导出”下拉列表，并选取“网页”选项，在弹出的“浏览”对话框中输入网页的文件名，然后单击“确定”按钮，单击“扫描”按钮可以查看该文件夹的所有网页文件。

（4）这时打开一个“网页”对话框，在打开的对话框中单击“是”按钮，可以将视频素材插入网页中，并包含播放素材的控件，只需将该网页放到网上就可以看了。如果要在网页中加入一个连接到视频文件的超级链接，请单击“否”按钮，这样单击该链接时，既可以在线查看，也可以用“保存”选项将该影片保存到自己的硬盘上。

【注意事项】 对于数码视频来说，一个较小的素材也可能超过 10 MB，这将会占用接收者大量的下载空间和接收时间。在将项目导出到 Internet 上时，请注意考虑下载时间。另外，必须使用支持播放视频素材的浏览器。

【案例10】将视频“录进”到 DV 带

【具体操作】

（1）将 IEEE 1394 的一端插入 IEEE 1394 卡的一个接口，然后把 IEEE 1394 线的另一端与摄像机的 DV 接口连接。打开摄像机并将它设成播放模式。

【温馨提示】 大多数的摄像机通常均标为 VTR 或 VCR 模式。

（2）利用会声会影软件对视频素材进行编辑，单击视频轨左侧的“插入媒体文件”按钮，在弹出的菜单中选择“添加视频”选项，在弹出的对话框中，找到 AVI 视频文件所在的目录，选择想要添加到项目中的文件。

（3）添加好视频后，单击“完成”标题菜单进入“完成”操作步骤。在选项面板内单击“导出”右侧的箭头，选择“DV 录制”选项，在打开的对话框中，直接将视频数据发送并录制到摄像机或其他 DV 录制设备。

（4）在“DV 录制—预览”对话框中预览创建的影片文件。当回放或逐帧移动视频素材时，在“预览窗口”将显示预览图像，而通过“预览窗口”下方的“修整栏”，可以用它来设置要录制到摄像机上的视频素材的部分。对于预览内容，可以通过下面提供的回放、逐帧移动、暂停、快进和快退，以及直接跳到素材的起始帧或终止帧的常用控件来控制。单击“下一步”按钮继续。

（5）使用预览下方的播放控制按钮选择录制位置，在录像带中往前或往后移动，选择开始位置。

【温馨提示】 小心不要覆盖录像带的内容。在真正开始录制之前，可以先单击“传送到设备进行预览”按钮，在液晶监视器或监视窗上预览影片文件。

（6）准备好后，单击“录制”按钮，开始将制作的影片回录到录像带上，若希望录制停在当前播放的影片文件位置，则单击“停止”按钮即可。

【注意事项】这里要注意两个按钮，“传送”按钮允许在 DV 摄像机屏幕上而不是在计算机上预览 DV AVI 文件；而“录制”按钮允许将视频文件传送回 DV 录制设备，并录制到 DV 录像带上。

4.2　字幕软件 TitleDeko

TitleDeko 是品尼高公司广播级的字幕软件，它可作为 Premiere 的插件程序，可以快捷方便地创建专业质量的字幕标题，而且可以从其他程序中导入照片和图像。

用户可定义 TitleDeko 字体的纹理、边线、阴影及下划线。字幕特技库包括旋转、扭曲、加光晕、浮雕效果、贴图、霓虹灯效果、金属效果及加厚等。用 TitleDeko 可轻松地加入静止、上滚和左飞及其他运动字幕。最易用、最好用，而且功能强大，是业余做 VCD 首选字幕软件。

4.2.1　软件的使用

从软件的安装、标题字幕的制作和滚动字幕制作为例介绍软件的使用方法。

【案例 11】安装软件

【具体操作】

（1）在资源管理器中，找到软件文件夹。进入 TitleDeko1.60 目录，双击 Setup.exe 文件，进入安装界面。

（2）在出现的“欢迎安装”画面中，单击 Next 按钮。

（3）在出现的“软件许可协议”画面，单击 Yes 按钮继续安装。

（4）选择所要安装的目录，单击 Next 按钮。

（5）把程序图标添加到程序文件夹中，选择所要添加的程序文件夹，单击 Next 按钮开始安装。

（6）安装完成后，单击 Finish 按钮完成安装。

【案例 12】TitleDeko 软件的屏幕组件认识

【具体操作】

进入 TitleDeko 后，屏幕显示将如图 4-30 所示，各区域功能标示出来。

通过软件的屏幕显示部件，熟悉软件的操作界面。

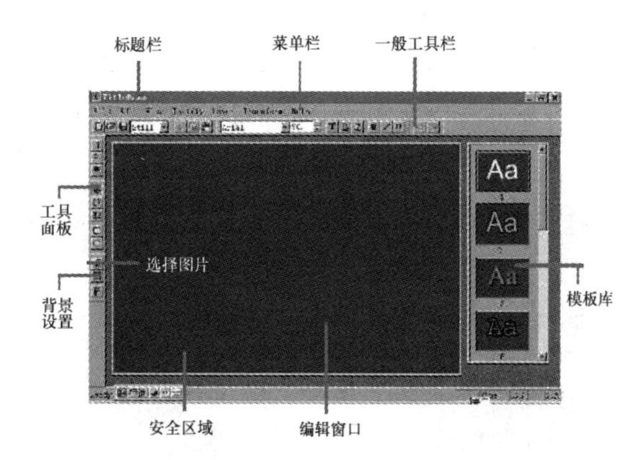

图 4-30　TitleDeko 软件的操作界面

【案例 13】 文字标题制作

【具体操作】

(1) 将输入法切换为中文状态，点击 TitleDeko 编辑区域，输入“中央电视台”，如图 4-31 所示。

(2) 在“中”字左上角按住鼠标左键不放，拉向“台”字的右下角，将字幕选中，如图 4-32 所示。

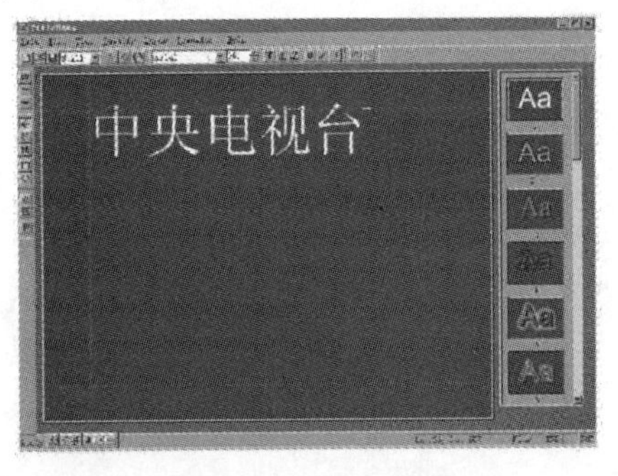

图 4-31 输入文字

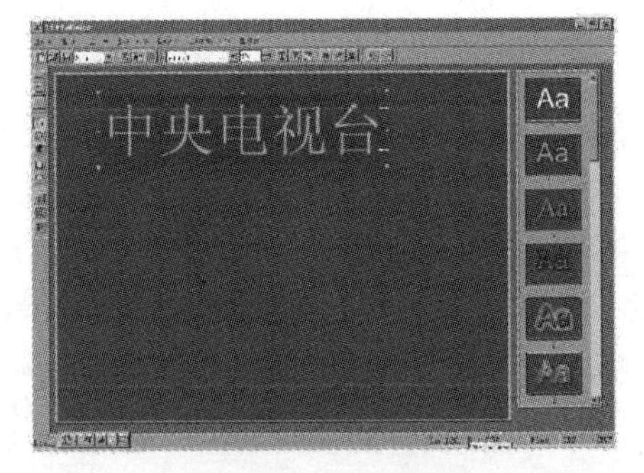

图 4-32 选中文字

(3) 将鼠标移动至选中字幕上，出现十字选中图标，按住鼠标左键不放拖动字幕到屏幕中央，如图 4-33 所示。

(4) 单击软件右侧的模板库，选中所需模板字幕，制作的字幕显示如图 4-34 所示。

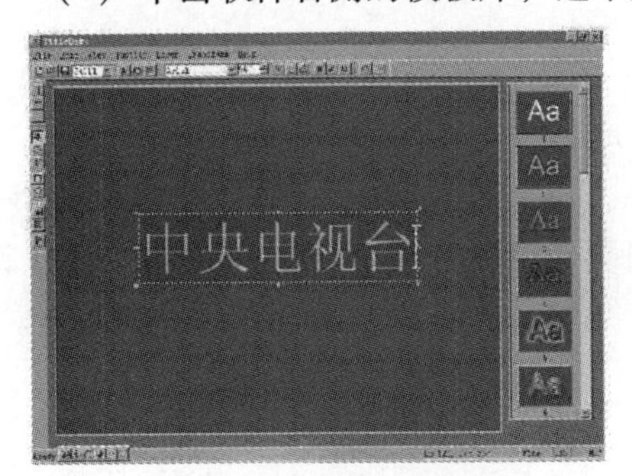

图 4-33 拖动字幕截图

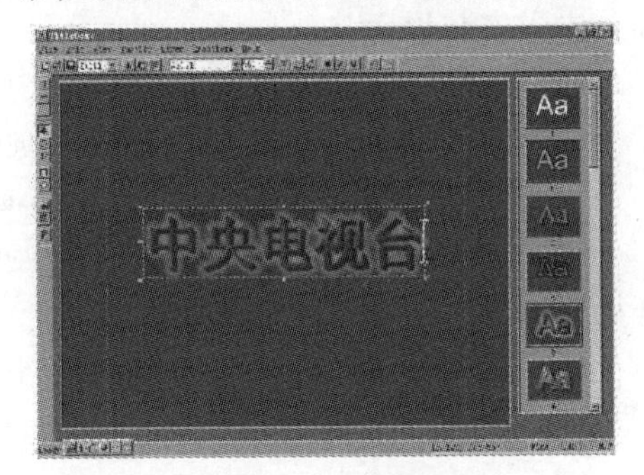

图 4-34 添加效果

(5) 在工具栏中选择“方正综艺简”字体，选中字幕显示如图 4-35 所示效果。

(6) 将字幕存盘，输入到 Premiere 中。选择菜单栏中 File 菜单下的 Save 命令。将字幕取名为“中央电视台”，单击“保存”按钮将字幕渲染存盘。

(7) 按 F12 快捷键，直接将字幕输出到 Premiere“项目”中进行编辑，如图 4-36 所示。

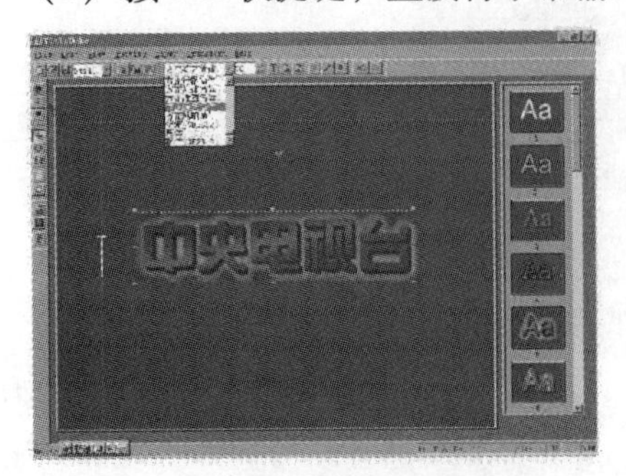

图 4-35 变换字体

图 4-36 输出到 Premiere“项目”中

【案例 14】滚动字幕的制作

【具体操作】

（1）启动 TitleDeko 软件，如图 4-37 所示，在编辑区中输入“新闻联播”文字。

（2）在工具栏中选择“方正大黑简体”字体，字幕显示如图 4-38 所示效果。

图 4-37　输入文字

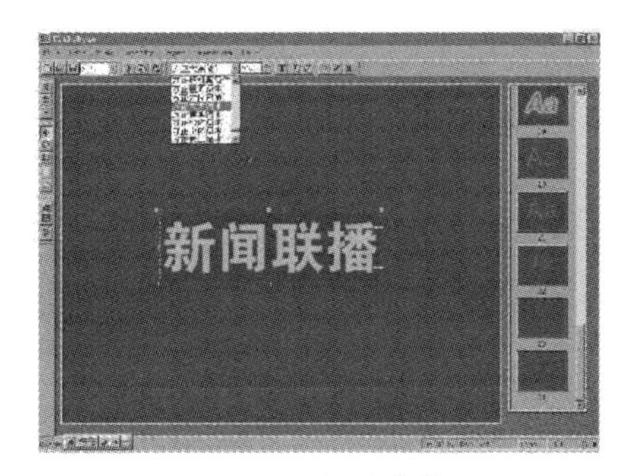

图 4-38　更改字体

（3）现在看起来字幕还不是那样美观，TitleDeko 提供了 100 多种字形模板，单击工具栏上的图标，出现如图 4-39 所示的字形模板库。选中 06-3 字形模板，单击 OK 按钮，显示效果如图 4-40 所示。

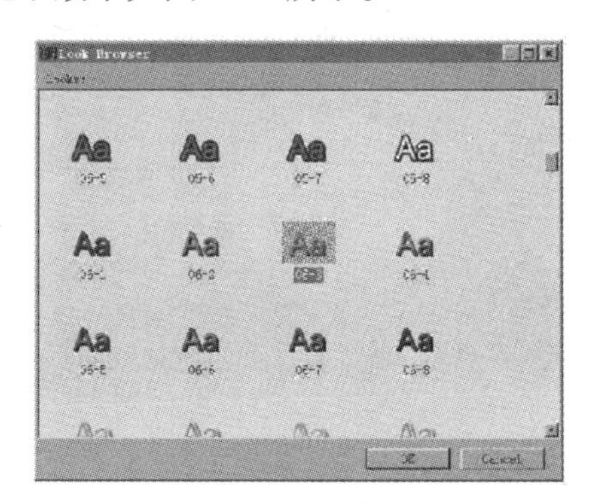

图 4-39　字形模板库

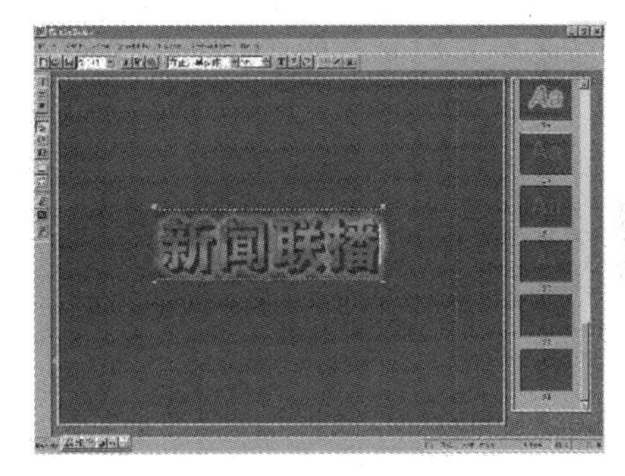

图 4-40　添加模板的字幕

（4）将鼠标移动到字幕右下角，按下左键点住虚框右下角的虚四方块并向右下角方向拖动，可放大字幕。

【温馨提示】文字在字幕布中不要超出安全区域，否则字幕显示不全。

（5）单击工具栏中 Still ▼ 右边的小三角符号，出现如图 4-41 所示的画面，Roll 为滚动形式，Crawl 可以实现左飞，Still 为静止形式。

Still
Roll
Crawl

图 4-41　运动形式选择

（6）选择菜单栏中的 File 菜单中的 Save 命令保存项目，给字幕取名“新闻联播”，并单击“保存”按钮将字幕存盘。

（7）也可以按 F12 快捷键，将字幕直接输出到 Premiere 的项目夹中继续编辑使用，如图 4-42 所示。

（8）将项目中的字幕素材拖至视频 2 轨道上并生成，一个上滚的字幕就做成了，如图 4-43 所示。

图 4-42　导入到 Premiere 中

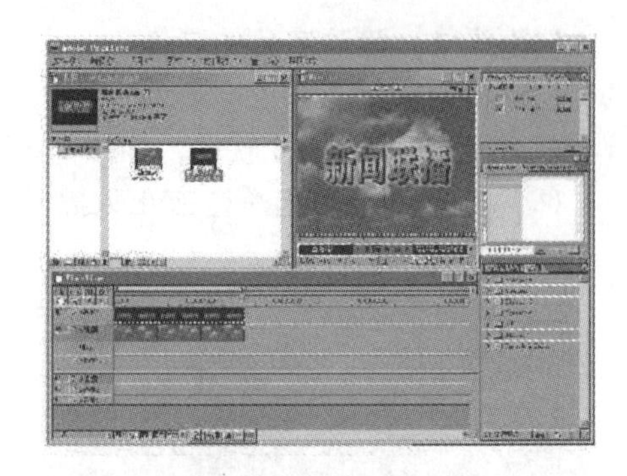

图 4-43　生成字幕

【案例 15】制作元宵节灯笼

【具体操作】

(1) 启动 TitleDeko 软件，单击软件左侧工具面板中的椭圆工具，在编辑窗口中出现如图 4-44 所示的图形。

(2) 将鼠标移到圆形右下角的虚四方块上，按住鼠标不放向右下方拖动，使圆形放大并调成椭圆形，如图 4-45 所示。

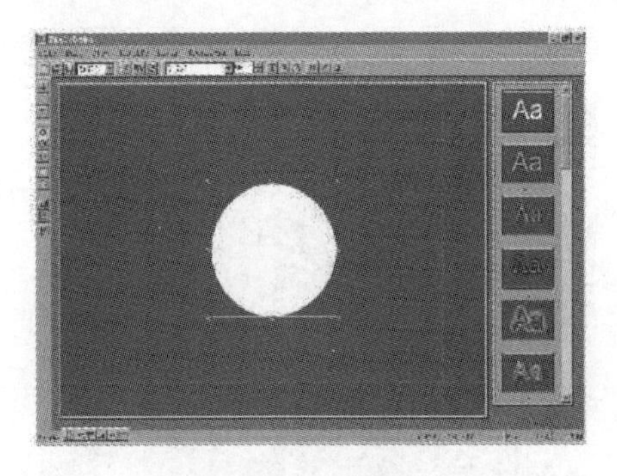

图 4-44　创建图形

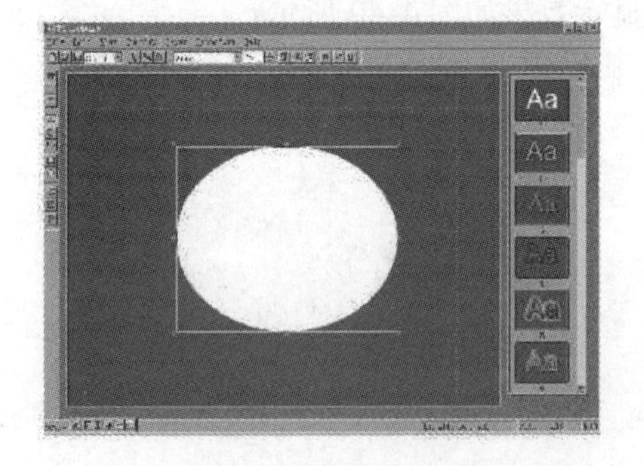

图 4-45　放大图形

(3) 单击编辑区上方工具栏中的字形模板浏览图标选择模板中的 01-1 后按 OK 按钮退出，椭圆显示如图 4-46 所示。

(4) 单击软件左侧工具面板中的矩形工具，在编辑窗口中出现如图 4-47 所示的图形。

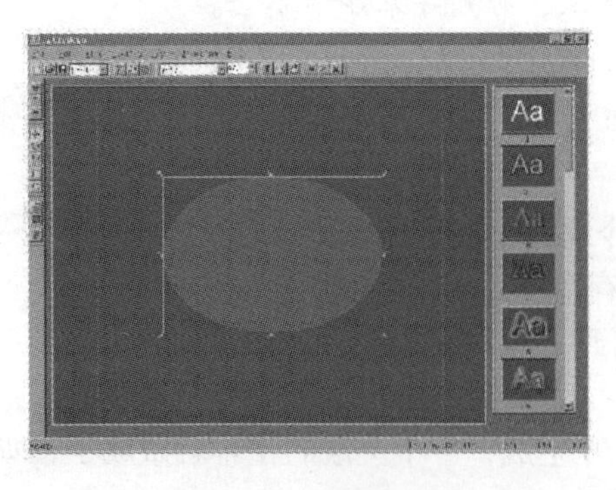

图 4-46　添加模板

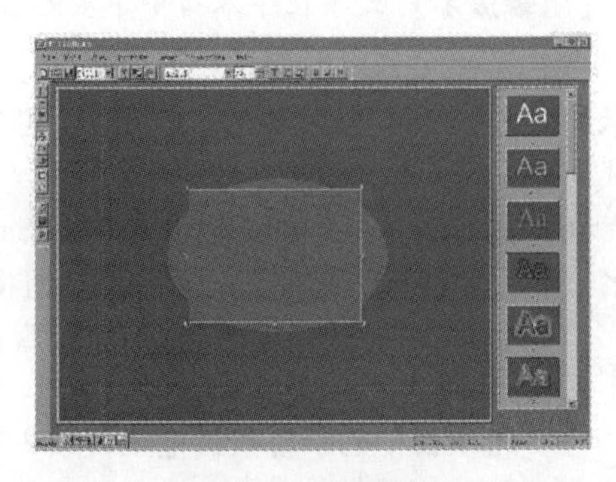

图 4-47　添加矩形

（5）将矩形缩小压扁并移动到椭圆上方，如图 4-48 所示。

（6）复制矩形。选中矩形，复制出一个相同的矩形，并将其移动到椭圆的下方，这样灯笼的主体就做好了，如图 4-49 所示。

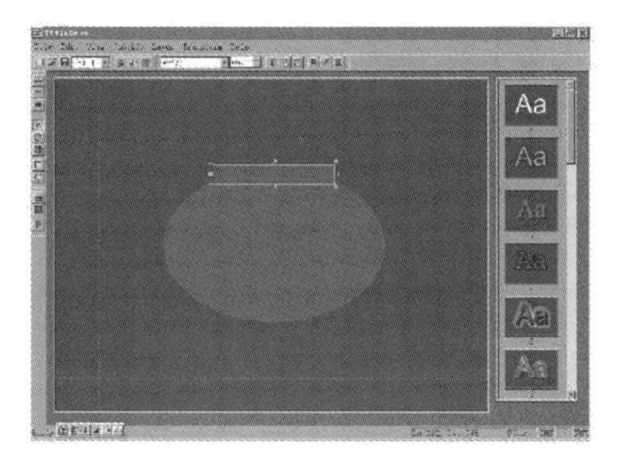

图 4-48　调整矩形位置

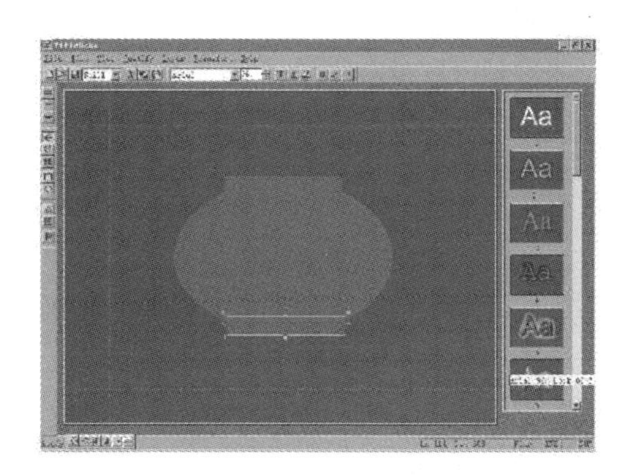

图 4-49　复制矩形

（7）再次单击左侧工具面板中的矩形工具，将产生的矩形缩小压扁到如图 4-50 所示的程度，并将其移动到下方矩形的底部，作为穗。

（8）复制出几个相同的矩形，旋转 90 度并将其移动到椭圆的上方和下方如图 4-51 所示的位置上，上方的矩形比下方的几个稍粗一些。也可跟根据个人喜好制作不同图形的灯笼。

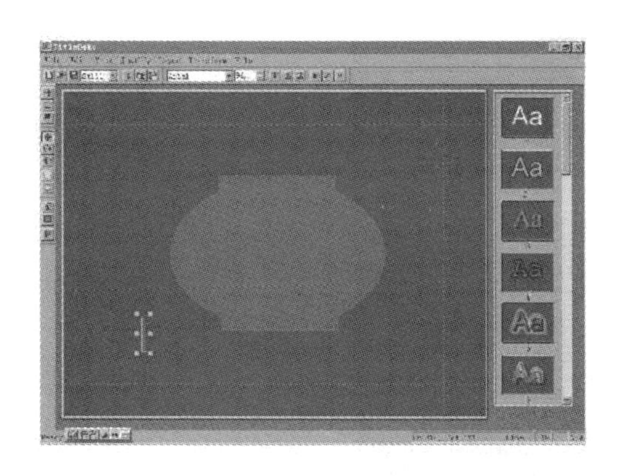

图 4-50　调整矩形

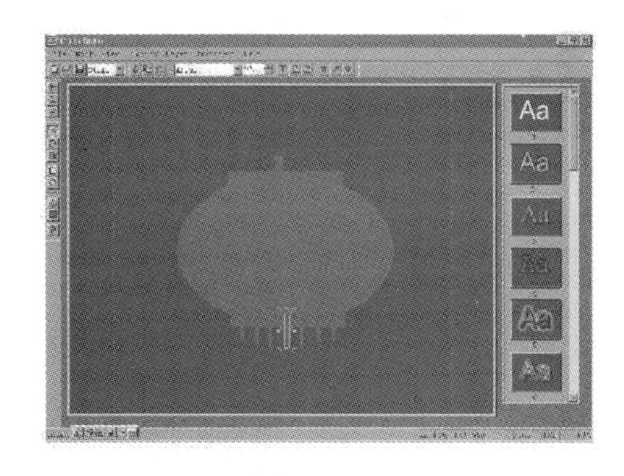

图 4-51　复制、旋转布局矩形

（9）制作“世纪元宵节”字幕，选择右侧模板中的模板 1，字体选择“方正彩云简体”，字的颜色选择黄色并将其移动到如图 4-52 所示的位置上。

（10）字幕压在灯笼下面，选择菜单栏中 Layer（层）下的 Bring Forward One Layer 前移一层命令，将字幕层提到灯笼层上面。将字幕移动、缩放到合适大小和位置并制作“2013”字幕，如图 4-53 所示。

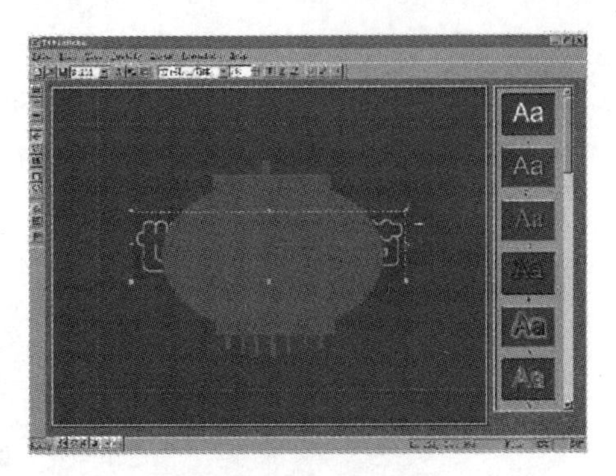

图 4-52　添加字幕

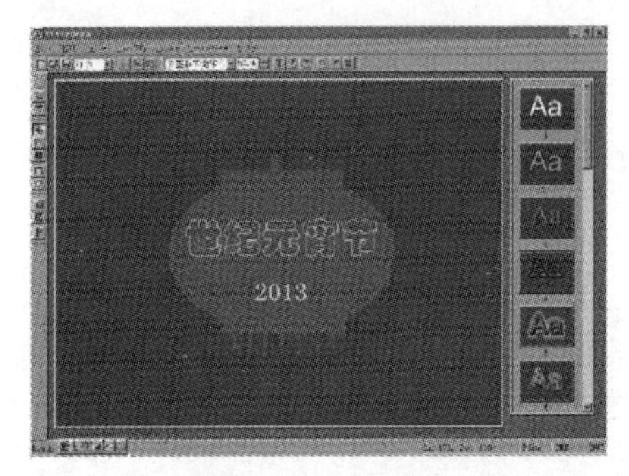

图 4-53　最终效果

4.2.2　节目的输出

选择文件菜单下的“另存为”命令，保存文件。如 Titledeko Pro2.0 可以保存格式为 TDK 和 TGA 的文件，这两种格式用 Premiere Pro1.5 都能直接打开并调用，还可以安装到 Premiere Pro1.5 软件中。很多使用者习惯把文件生成带有通道图层的 TGA，以便使用。

4.3　COOL 3D

Ulead 公司出品的 COOL 3D 是一个专门制作三维文字动画效果的软件，具有简单易学、操作简单、效果精彩的特点。它不但提供了强大的制作 3D 文字动画功能，而且没有传统 3D 程序逻辑的复杂性，可以用它方便地生成具有各种特殊效果的 3D 文字动画。COOL 3D 软件界面如图 4-54 所示，可以生成 GIF 和 AVI 等格式的动画文件。

图 4-54　COOL 3D 软件启动界面

4.3.1　软件的使用

【案例 16】认识 COOL 3D 软件

【准备知识】

(1) 软件的启动

从 Windows 的“开始”菜单中打开 Ulead COOL 3D 3.5，首先弹出一个小窗口，如图 4-55 所示。这个窗口显示，单击工具栏上的“插入文字”按钮，可以插入新的文字对象；单击“插入图形”按钮，可插入图形对象；而单击“插入几何物体”按钮，可插入一个新的三维图形对象。单击“确定”按钮继续启动 COOL 3D 软件。

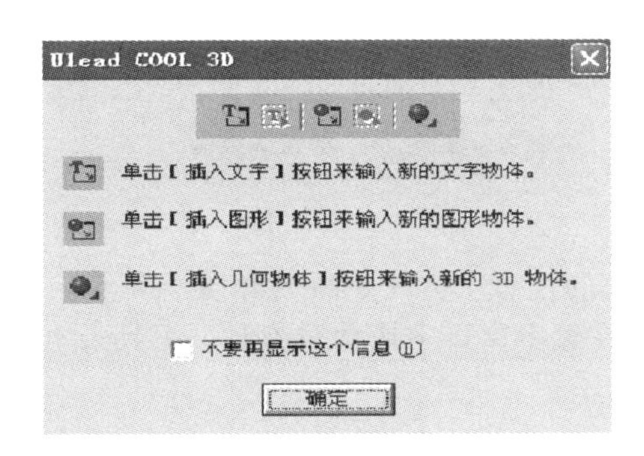

图 4-55　提示窗口

(2) 软件的界面

启动后出现 COOL 3D 的工作界面，如图 4-56 所示。该界面的上方为 COOL 3D 的菜单和工具栏，中间有一个黑色背景的窗口，它是 COOL 3D 的主要工作区，所有 3D 文字动画都在这个窗口中进行创作、修改和显示。在工作区的下面是 COOL 3D 的效果库，存放了所有预设的动画效果和表面材质，COOL 3D 提供了大量的效果库，编辑时可以直接把这些效果运用到作品中。这是 COOL 3D 的最大特点之一，它使整个工作由繁变简，即使不懂得专业技能，只要把 COOL 3D 提供的各种效果组合、修改和调整，也可以制作出漂亮的动画来。

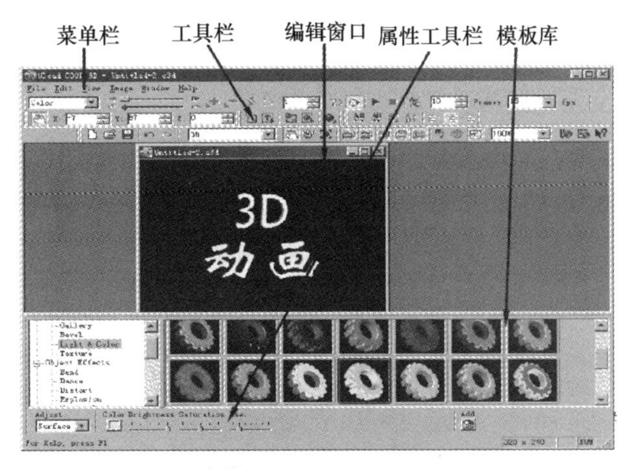

图 4-56　COOL 3D 窗口

(3) COOL 3D 的工具条

① 标准工具条

标准工具条包含所有常用的功能与命令。包含了对象和斜角的表面选取按钮，以及三个基本的动作控制，旋转、移动和缩放，如图 4-57 所示。

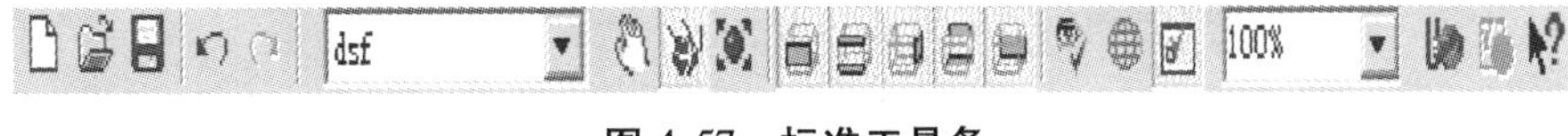

图 4-57　标准工具条

② 动画工具条

显示处理动画方案所需要的所有控制选项，包括增强的主画面和时间轴控制选项、动画回放模式、帧的编号、帧速率以及播放控制等，如图 4-58 所示。

图 4-58 动画工具条

③ 位置工具条

显示所选定的3D对象的位置、大小、旋转角度、X 轴、Y 轴及 Z 轴的数据，可供创作者自行输入数值，而在编辑窗口中拖动对象时，工具条上的数值也会跟着变动，如图 4-59 所示。

图 4-59 位置工具条

④ 几何工具条

该工具条在没有插入三维对象时，是没有任何显示的，只有当插入基本的 3D 几何造型时才会出现，它用于调整几何对象的尺寸，并选取欲编辑的平面，如图 4-60 所示。

图 4-60 几何工具条

⑤ 对象工具条

图 4-61 所示为对象工具条，该工具条主要用于编辑窗口中的文字、图形和基本的 3D 几何对象，任何 3D 文字动画都必须从该工具条开始。

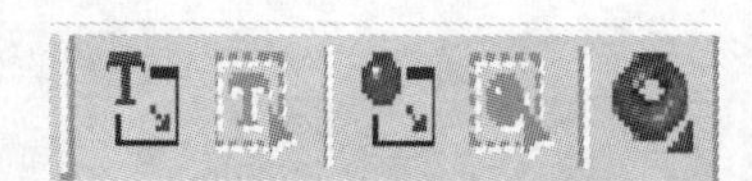

图 4-61 对象工具条

⑥ 文字工具条

图 4-62 所示为文字工具条，用于调整文字对象内的文字对齐方式，以及行距与字距。

图 4-62 文字工具条

⑦ 属性工具条

属性工具条能定义动画方案的各种特性，它出现的形式是根据不同的动画方案所要调节的参数不同而给出不同的调整工具项。如图 4-63 所示的就是某种属性调整工具条。

图 4-63 属性工具条

【案例 17】三维字体构建

【具体操作】

（1）单击对象工具栏中的插入文字按钮 ，弹出“Ulead COOL 3D 文字”对话框，输入文字“3D文字动画”，选择字体和字号，输入完后单击“确定”按钮，如图4-64所示。

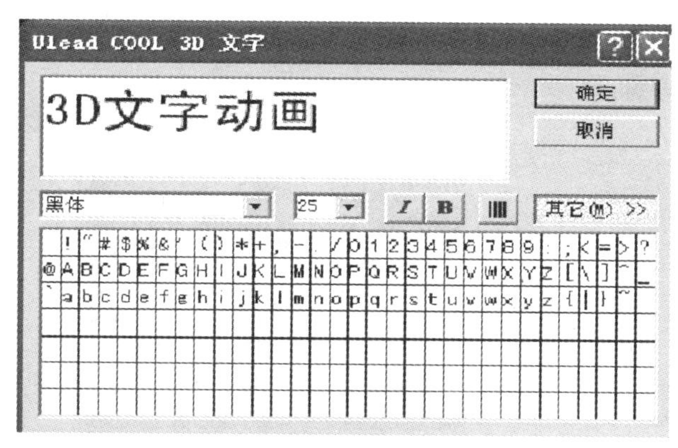

图4-64　输入文字界面

这时所输入的文字就会出现在编辑窗口。如图4-65所示。可单击标准工具条中的“编辑文字”按钮修改文字，这个按钮用于对已输入的文字进行再次编辑。

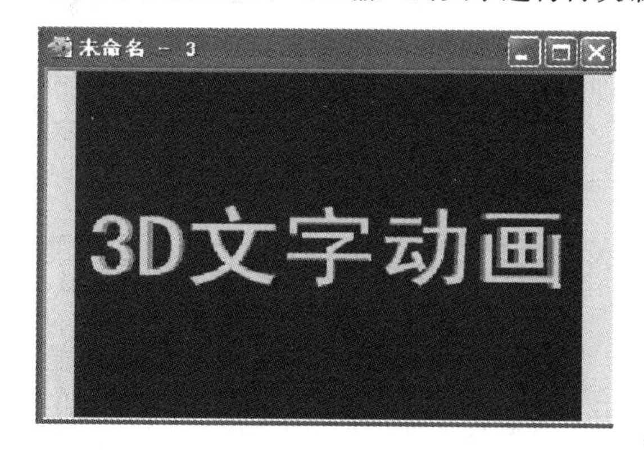

图4-65　编辑窗口

（2）在COOL 3D 3.5中文版中，除了可以在工作区添加文字，还可以导入WMF格式或EMF格式的图形文件。

【温馨提示】 WMF是图形文件格式，它的输出特性不依赖于具体的输出设备，同时WMF格式文件所占的磁盘空间非常小。

EMF也是图形文件格式，这种格式可以同时保存矢量和像素信息，所占磁盘空间也比较小。

（3）创建简单几何对象，COOL 3D中文版能够创建多种三维几何形状的对象，并将他们应用到动画项目中。如果需要创建不同的形状的立体几何对象，则可以按照以下步骤操作。

① 单击对象工具栏按钮右下角的小三角形，弹出菜单中显示的几类形状供用户选择，如图4-66所示。

② 根据需要在弹出菜单中选择一类几何形状，工作区中将显示插入效果，并在几何工具栏上显示当前几何对象可调节的参数。

在几何工具栏中调整插入的几何对象的半径、宽度以及高度等参数，就得到所需要的效果。

（4）在工作区中分别添加球体和圆柱体对象，所添加的对象就会在对象管理器中显示出来，如图 4-67 所示。

图 4-66　形状选择

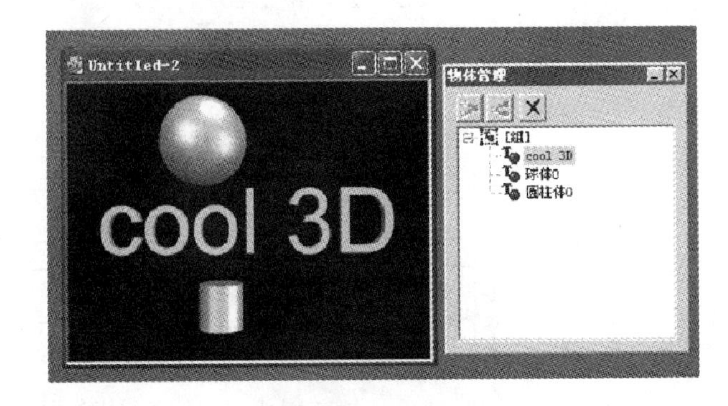

图 4-67　显示对象

（5）文字输入完成后，在编辑窗口中将以默认的位置出现，而且显示的是文字的正面，可以改变它的位置。在标准工具条上有三个改变对象位置的按钮。

其中，单击移动按钮后，可将鼠标移到编辑中的文字或对象上按住左键拖动，可使对象上下左右移动，即沿 X 轴或 Y 轴方向移动。按住鼠标右键拖动对象，可使对象前后移动，即沿 Z 轴移动。这时在位置工具条的左端显示出移动按钮图形，同时显示出文字位置的 X 轴、Y 轴和 Z 轴的数值，如图 4-68 所示。

图 4-68　文字位置调整

标准工具条上的按钮是旋转按钮，单击该按钮后，按住鼠标左键拖动编辑窗口中的文字，可以使文字绕 X 轴或 Y 轴旋转；按住鼠标右键拖动文字，可以使文字绕 Z 轴旋转。这时在位置工具条的左端显示的是旋转按钮的图形，同时显示出文字的 X 轴、Y 轴和 Z 轴的数值，如图 4-69 所示。

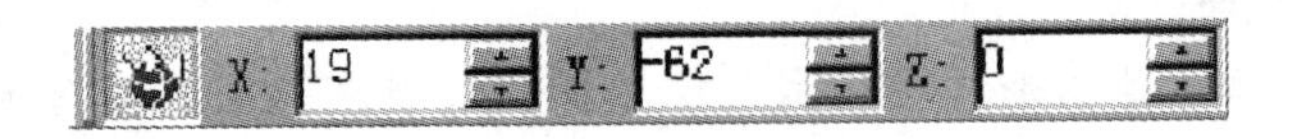

图 4-69　旋转按钮

缩放按钮是调整编辑窗口中文字的大小和形状，在编辑窗口中按住鼠标左键上下拖动文字，可以使文字沿 X 轴方向缩放、左右拖动可使文字沿 Y 轴方向缩放。按住鼠标右键拖动文字，可以使文字沿 Z 轴的方向缩放，也就是改变文字的厚度。同样这时位置工具条的左端显示的是缩放按钮的图形，并显示文字缩放的 X 轴、Y 轴、Z 轴的数值，如图 4-70 所示。

图 4-70　缩放按钮

这 3 个按钮，可以通过键盘上的 A、S、D 3 个键来快速切换。

（6）利用文本工具条改变文本的间距与对齐方式，如图 4-71 所示。

图 4-71　间距和对齐方式工具栏

（7）将色彩套用到文字对象上，编辑文字的光线和色彩，选用相应的色彩套用到文字对象上即可。例如，在效果库的文件目录中选取“对象样式”｜“光线与色彩”项，根据需要选取色彩，将鼠标移到所选的色彩框中，按住鼠标左键拖向编辑窗口的对象中，这时所编辑的文字对象的色彩和光线会根据所选取的光线色彩类型变化。

（8）将材质套用在 3D 文字对象上，可以产生以特定材料制作的外表，如木材、金属及图案等。贴图材质能够环绕文字对象的 3D 表面，其方法与步骤 7 相似，效果如图 4-72 所示。

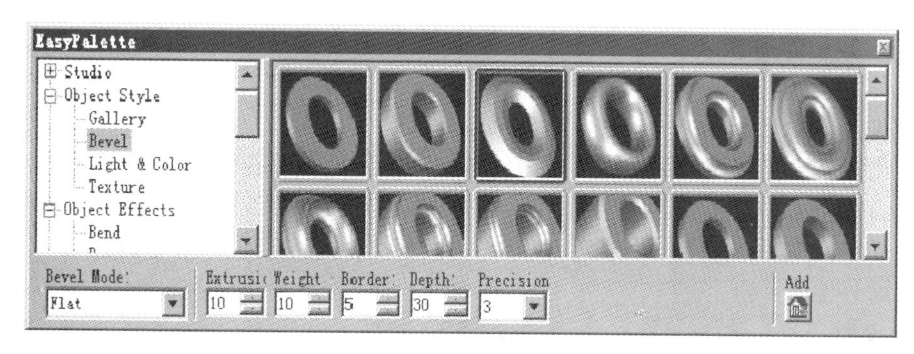

图 4-72　斜角样式

属性栏中有 6 项参数可供调节，Bevel Mode（斜角模式），Extrusion（突出模式）、Border（框线模式）、Depth（深度模式）和 Precision（精确度模式）等，其作用如图 4-73 所示。

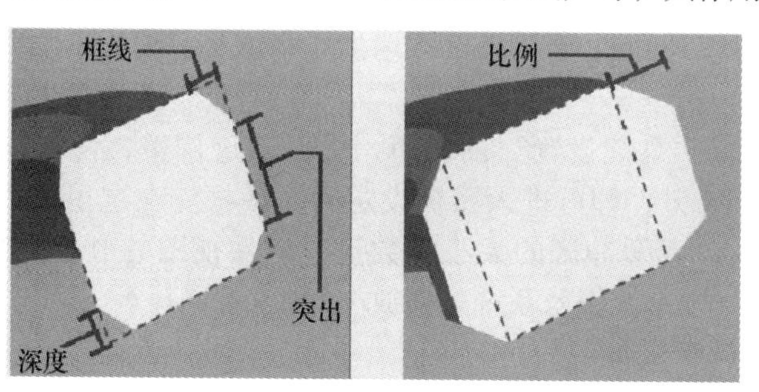

图 4-73　各种参数示意图

（9）COOL 3D 除了制作三维文字动画外还可插入背景图案，既可以使用效果库中的预设图案，也可以调用外部图像。在属性工具条的文件目录中选择“工作室”｜“背景”，这时弹出效果库中预设的背景图形，双击欲选图案方框即可将图形插入到编辑窗口中。

4.3.2　节目的输出

COOL 3D 为使用者提供了最简单的三维文字动画的制作方法。只要完成了前面的 3D 文字编辑后，在效果库中找一个适合的动画范例，并将其拖到所编辑的文字或其他对象上就可完成。

（1）在编辑3D文字的基础上，在效果库的文件目录中选择“工作室”|“动画”选项。

（2）这时，效果库中显示出多个运动的范例，可以选取一个，然后双击被选中的动画范例所在的方框。

（3）单击标准工具条上的播放按钮▶，观看动画的效果，随时可更换不同效果，直至满意为止。

（4）输出为GIF文件，选择“文件”菜单|“创建动画文件”|“GIF动画文件”，将弹出“存为GIF动画文件”对话框，输入文件名，按保存按钮即可生成一个动画文件，可以在ACDSee看图程序中观看其效果。

4.4 Cool Edit专业音乐制作软件

Cool Edit是多轨音频编辑软件，职业的声音工程师。它可以记录自己的任何音乐或声音，可以编辑、混合、equalize、烧录几种声音或音乐。

4.4.1 软件的使用

1. 鼠标的操作

在多轨模式下，使用鼠标左键可以方便地选取波形范围。在波形上单击选中一段完整的波形，而单击后并沿水平方向拖曳，则可以选中任意长度的波形段，而鼠标右键的作用是移动波形块。在某波形上按下右键，就可以方便地上下左右移动该段波形块了，甚至可以将其移到其他的音轨上。

2. 录音时候的音量

在Cool Edit Pro里录好一段音频，可以很直观地看见它的波形显示。如果输入音量太小，则波形会窄，接近直线。对于人声、吉他等动态范围较大的声音，如果输入太小，则噪声占整体音量的比重将会更大，而且在后期制作中，能够做的调节范围也很小。

因此，在录音的时候，一定要注意保持一定量的输入音量。要在不纵向放大的情况下，能看出波形的起伏、凹凸。否则，要么增加录音电平，要么增加弹琴或唱歌的音量。

3. 系统的优化

任何音频软件都有“系统设置”的调节，可以通过调整，使得软件的运行更适应电脑。在任意模式下按F4键，即可进入系统设定的对话框。在这里可以调节临时文件的存放位置和大小，播放/录音缓冲区的大小和数量，软件视图的颜色方案，采样质量级别，默认的录音、混音的样本率，以及系统的播放/录音设备选择等。

下面介绍Cool Edit的功能。

（1）实时的非线性编辑。

（2）为每一轨提供了实时效果。

（3）实时均衡处理器。

（4）多轨调音台。

（5）多轨模式下对midi文件的支持。

（6）可以实现数字式CD抓轨，同时提供批处理式的音乐格式转换或者压缩。这个功能很强大，也非常方便。

（7）对Loop的支持。

（8）抽取并编辑视频文件中的音频。

（9）操作界面更加灵活化。

（10）新增加了几个效果器。

（11）相位分析器。在 ysis 菜单下选择 Show Phase ysis，即可打开相位分析器。可以对立体声音频文件的相位进行细致的分析。

（12）支持更多轨数。从 1.2 版的最多 64 轨翻了一倍，现在可以支持最多 128 轨了。

（13）更多的包络编辑功能。在 1.2 版的音量包络和声相包络的基础上，2.0 版新增加了以下 3 种包络编辑功能。

① Wet/Dry Envelopes：对某一轨道上加载的效果器量（干/湿）进行调节。

② FX Parameter Envelopes：对某一轨道上加载的动态效果（如 Dynamic EQ，Dynamic Delay）的量进行调节。

③ Tempo Envelopes：对 midi 轨的速度进行调节。

（14）用鼠标拖曳波形的长短。

（15）内置的节拍器。

（16）支持更多的音频文件格式。常用的包括 wav、mp3、mpro、raw、cel、cda、voc、vox、wma、asf、pcm、raw 等。

（17）支持 US-428 硬件控制器。

录音是所有后期制作加工的基础，如果这个环节出问题，则无法靠后期加工来补救，所以，如果是原始的录音有较大问题，就需要重新录制。

【案例 18】录制原声

【具体操作】

（1）打开软件进入多音轨界面，右击音轨 1 空白处，插入要录制歌曲的 mp3 或 wma 伴奏文件，如图 4-74 所示。

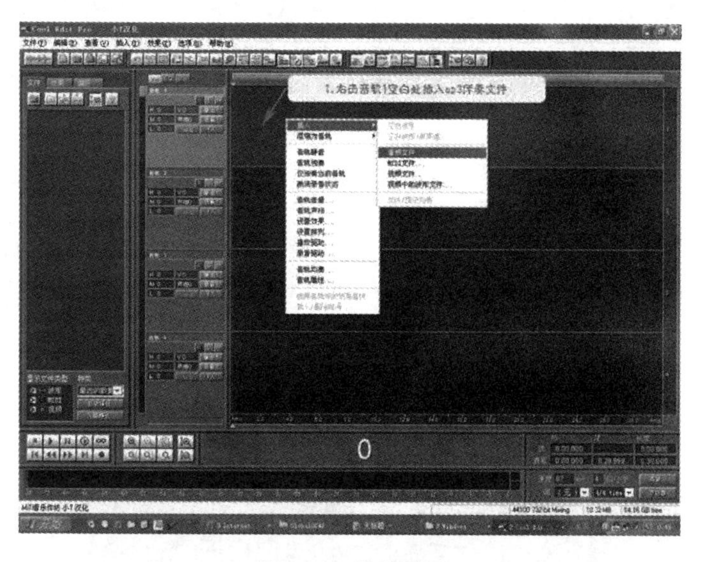

图 4-74　软件界面

（2）选择将人声录在音轨 2，按下 R 按钮，如图 4-75 所示。

（3）如图 4-76 所示，按下左下方的红色录音键，跟随伴奏音乐开始演唱和录制。

（4）录音完毕后，可单击左下方的播音键进行试听，看有无严重的出错，是否要重新录制，如图 4-77 所示。

图 4-75　操作截图

图 4-76　录制声音截图

图 4-77　查看声音截图

（5）双击音轨 2 进入波形编辑界面，如图 4-78 所示，将录制的原始文件保存为 mp3. pro 格式，存为 wav 格式、wma/mp3 也是可以的，并且可以节省大量空间。

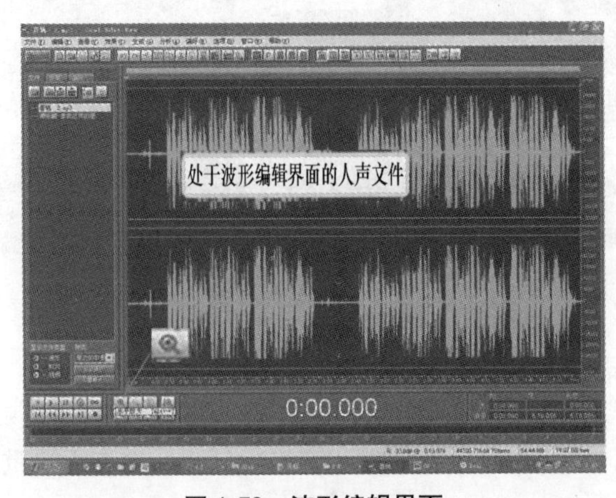

图 4-78　波形编辑界面

至此，就完成了原生的录制工作。

【注意事项】录制时要关闭音箱，通过耳机来听伴奏，跟着伴奏进行演唱和录音。录制前，一定要调节好总音量的及麦克音量。麦克的音量最好不要超过总音量的大小，略小一些比较好。如果麦克音量过大，会导致录出的波形成了方波，这种波形声音是失真的、无用的，无论水平多么高超，也不可能处理出令人满意的结果。另外，如果麦克总是录入从耳机中传出的伴奏音乐的声音，则建议使用普通的大话筒，只要加一个大转小的接头即可直接在电脑上使用，录出的效果要干净很多。

降噪有利于进一步美化声音，做不好就会导致声音失真，彻底破坏原声。

【案例 19】降噪处理

【具体操作】

（1）单击左下方的波形水平放大按钮放大波形，以找出一段适合用来作噪声采样波形，如图 4-79 所示。

【温馨提示】图 4-79 中的带 + 号的两个分别为水平放大和垂直放大。

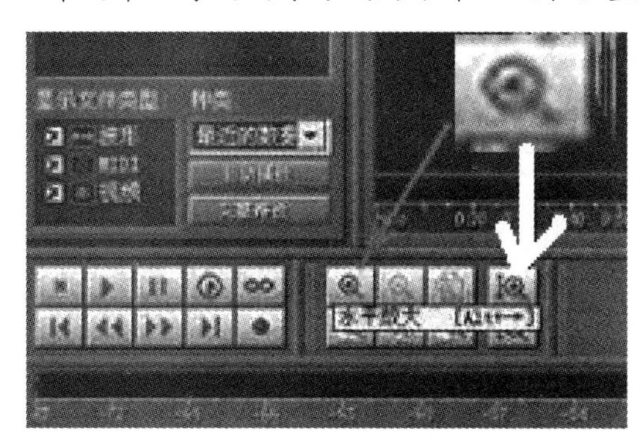

图 4-79　放大波形

（2）单击拖动，直至高亮区完全覆盖所选的那一段波形，如图 4-80 所示。

（3）右击高亮区选择“复制为新的”，将此段波形抽离出来，如图 4-81 所示。

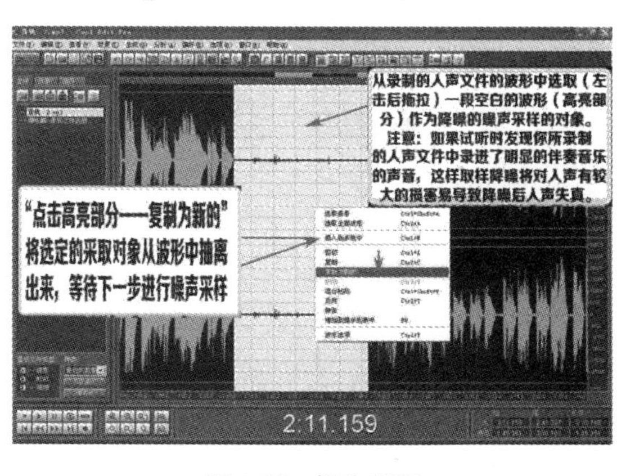

图 4-80　操作界面

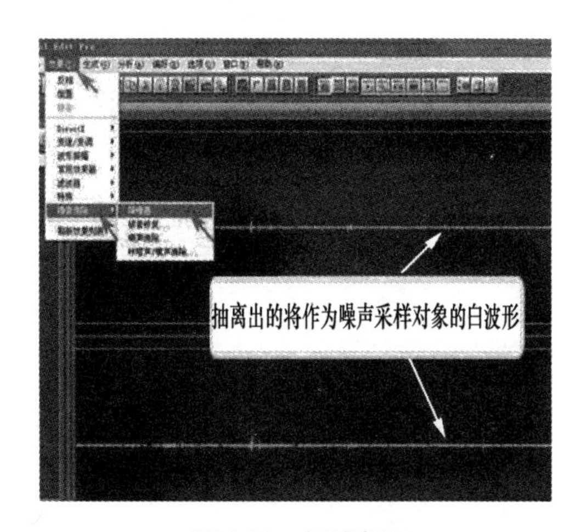

图 4-81　复制选区

（4）打开“效果”｜“噪声消除”｜“降噪器”准备进行噪声采样。

（5）进行噪声采样，降噪器中的参数按照默认数值即可，随便改动，有可能会导致降噪后的人声产生较大失真，如图4-82所示。

（6）如图4-83所示，保存采样结果。

（7）关闭降噪器及这段波形。

（8）回到处于波形编辑界面的人声文件，打开降噪器，加载之前保存的噪声采样进行降噪处理，在单击“确定”按钮，降噪前，可先单击“预览”按钮试听一下降噪后的效果。如果失真太大，说明降噪采样不合适，需重新采样或调整参数，如图4-84所示。

【温馨提示】 无论何种方式的降噪都会对原声有一定的损害。

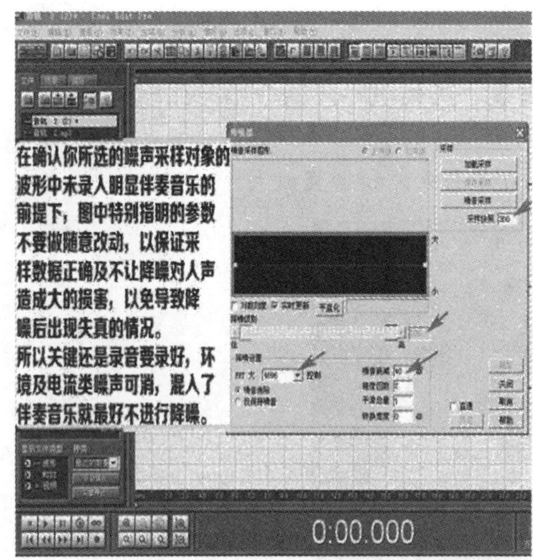

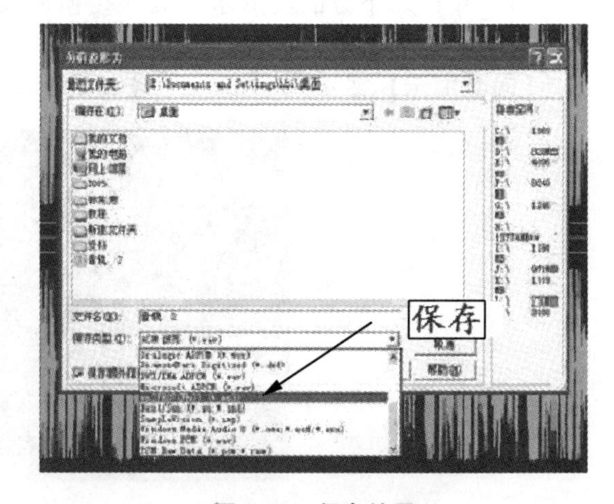

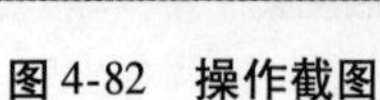

图4-82 操作截图　　图4-83 保存结果

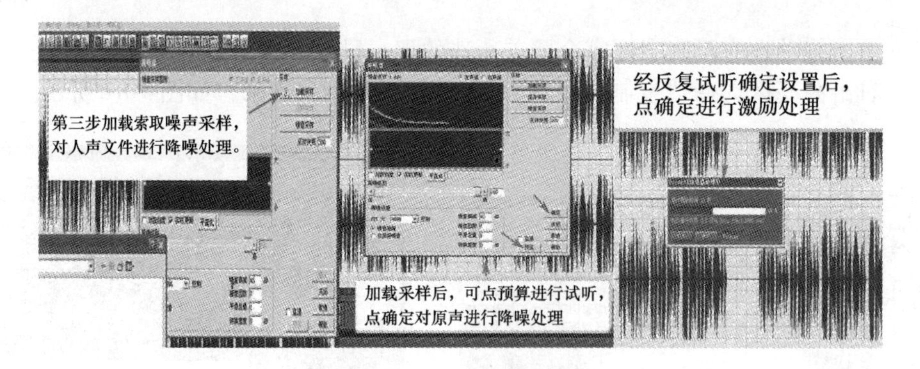

图4-84 采样降噪处理

【案例20】高音激励处理

【具体操作】

（1）单击“效果” | “DirectX” | “BBE Sonic Maximizer”打开BBE高音激励器，如图4-85所示。

（2）加载预置下拉菜单中的各种效果后，单击激励器右下方的“预览”进行反复试听，直至调至满意的效果后，单击“确定”按钮对原声进行高音激励，如图4-86所示。

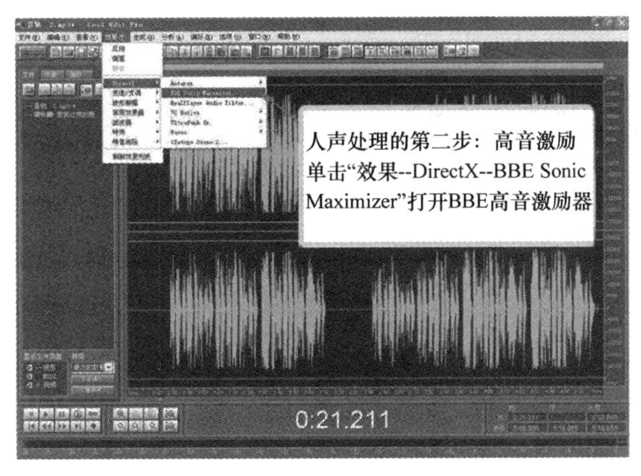

图 4-85　打开界面

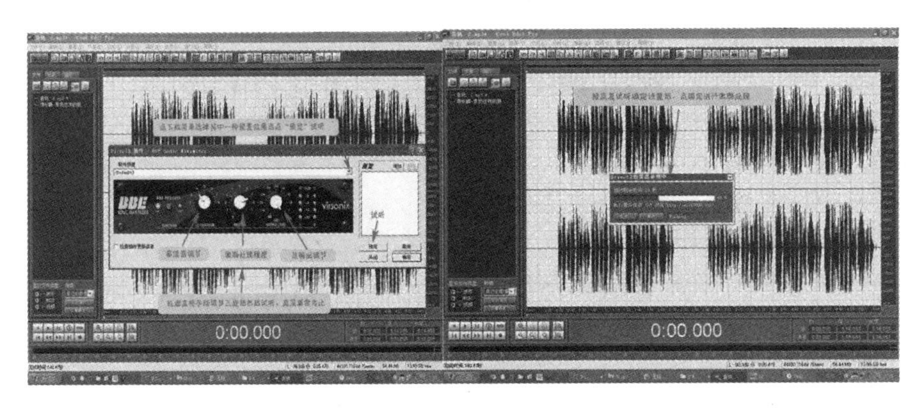

图 4-86　调整界面

【温馨提示】此过程的目的是为了调节所录人声的高音和低音部分，使声音显得更加清晰明亮或是厚重。激励的作用是产生谐波，对声音进行修饰和美化，产生悦耳的听觉效果，它可以增强声音的频率动态，提高清晰度、亮度、音量、温暖感和厚重感，使声音更有张力。

【知识补充】

1. Cool Edit Pro 的快捷键

建立一个新（New）的声音文件 Ctrl + N

打开（Open）一个已经存在的声音文件 Ctrl + O

关闭（closedoWn）当前的文件 Ctrl + W

保存（Save）当前文件 Ctrl + S

退出（Quit）CoolEdit2000 Ctrl + Q

2. 编辑波形

选择全部声音 Ctrl + A

使两个声道能被同时（Both）选取 Ctrl + B

只选择左（Left）声道 Ctrl + L

只选择右（Right）声道 Ctrl + R

将选择范围的左界限向左调整←

将选择范围的左界限向右调整→
将选择范围的右界限向左调整 Shift + ←
将选择范围的左界限向右调整 Shift + →
选择当前显示范围内的所有波形 Ctrl + Shift + A
取消选择并且把光标移到当前显示范围最前面 Esc
选择范围左界限向右一个节拍 Shift + [
选择范围右界限向右一个节拍 Shift +]
撤销操作 Ctrl + Z
重复最近的命令 F2
重复最近的命令（没有对话框） F3
把所选波形拷贝（Copy） 到剪贴板 Ctrl + C
把所选波形剪切到剪贴板 Ctrl + X
将剪贴板内容粘贴到当前文件 Ctrl + V
根据剪贴板内容建立一个新（New） 文件 Ctrl + Shift + N
将剪贴板内容与所选区域混合 Ctrl + Shift + V
嵌入当前选集或波形到多声道（Multitrack） 环境 Ctrl + M
删除选定的声波 DEL
将选择区域以外的部分修剪掉（Trim） Ctrl + T
转换当前文件的类型 F11
在 Cool Edit 的 5 个内部剪贴板中切换 Ctrl + 1，Ctrl + 2，…，Ctrl + 5
切换到 Windows 系统剪贴板
剪切所选波形到当前内部剪贴板 Shift + DEL

3. 播放和录制

播放/停止 空格
录制/暂停 Ctrl + 空格
从光标所在处开始播放 Shift + 空格
从头开始播放 Ctrl + Shift + 空格
标准播放（Play Normal） Alt + P
停止（Stop）（当播放时跟【空格】功能相同） Alt + S

4. 视图和缩放

将视图移到最前面（不影响光标位置） Home
将视图移到最后面（不影响光标位置） End
缩放到所选波形的左侧 Ctrl + End
缩放到所选波形的右侧 Ctrl + Home
垂直放大显示 Ctrl + ↑
垂直缩小显示 Ctrl + ↓
水平放大显示 Ctrl + →
水平缩小显示 Ctrl + ←
将视图向前移动一屏（不影响光标位置） PageDown
将视图向后移动一屏（不影响光标位置） PageUp
打开帮助窗口 F1
打开全局设置窗口 F4

将当前光标位置或选区范围在提示栏做上记号 F8
打开波形列表窗口 F9
临控 VU 标准 F10
打开信息（Info）窗口 Ctrl + I
打开频率分析窗口 Alt + Z
跳到下一个波形窗口（当打开多个文件时）Ctrl + Tab
跳到前一个波形窗口（当打开多个文件时）Ctrl + Shift + Tab

4.4.2　节目的输出

把制作好的音频节目，通过“文件”下拉菜单中的“保存”项目，保存各种文件格式的音频文件。各类音频文件的作用和功能，详细见本教材第一章第二节音频文件类型介绍。

4.5　模拟训练

（一）实训目的

通过各个案例的制作，使学生熟练掌握会声会影视频编辑软件的使用方法；掌握 TitleDeko 字幕软件的使用技巧；学习 COOL 3D 制作三维字幕技术、熟练运用 Cool Edit 音频处理专业软件制作音效的方法和技巧。在制作过程中，启发思考，讲究设计，培养学生的创新思维。

（二）实训内容

【训练任务】

制作下列相关内容的节目，题目自拟，方法不限。

（1）利用会声会影软件，剪辑制作家庭生活视频一部。
（2）利用会声会影软件，编辑制作工作会议视频一部。
（3）利用会声会影软件，编辑制作活动视频一部。
（4）利用 TitleDeko 字幕软件，制作家庭生活视频 LOGO 一个，个性图标或文字 2～4 个。
（5）利用 TitleDeko 字幕软件，制作工作会议标志一个，个性文字说明或人物名签 2～4 个。
（6）利用 TitleDeko 字幕软件，制作活动视频角标一个，文字或导视遮罩 2～4 个。
（7）利用 COOL 3D 软件，制作家庭生活视频三维字幕、模型或片头一个。
（8）利用 COOL 3D 软件，制作工作会议视频三维字幕、模型或片头一个。
（9）利用 COOL 3D 软件，制作活动视频三维字幕、模型或片头一个。
（10）利用 Cool Edit 音频处理软件，制作家庭生活视频用音乐两至三首。
（11）利用 Cool Edit 音频处理软件，处理制作工作会议视频解说或同期声。
（12）利用 Cool Edit 音频处理软件，编辑制作活动视频背景音乐和歌曲两至三首。

（三）实训要求

视频作品要求：主题鲜明，内容健康，情感积极。影片画质清晰、画面整洁，剪辑合理。镜头过渡自然，最好使用自拍视频。若使用网络资源下载视频，要保证画面质量清晰，画面流畅。实训中，要求每一名同学都需要认真记录笔记，按步骤操作，边操作边思考，发挥个性，有所创新。

（四）实训方法

教师可适当进行操作示范，学生根据操作步骤进行操作，把制作好的作品发给老师。课堂上，教师组织学生分析作品质量情况，存在优缺点。教师点评、分析出现的问题并总结。课后，学生将作品分析材料交给教师。

第二部分

后 期 制 作

第 5 章　After Effects CS4 软件

5.1　软 件 概 述

After Effects 是 Adobe 公司推出的一款图形视频处理软件，适用于从事设计和视频特技的机构，包括电视台、动画制作公司、个人后期制作工作室以及多媒体工作室。

After Effects 4.0 针对不同需求的人士，提供 Standard、Production Bundle 两种版本。Standard 版本提供所有主要的合成控制，2D 动画及专业动画制作上的特效程序，较适合从事影视动画制作的相关人士；Production Bundle 版本更加入了多种混色去背景能力，提供了高级的运动控制、变形特效、粒子特效，是专业的影视后期处理工具。

5.1.1　功能特点

After Effects 的功能十分强大，最主要的功能有以下几个。

（1）图形视频处理。After Effects 软件可以帮助您高效且精确地创建无数种引人注目的动态图形和震撼人心的视觉效果。利用与其他 Adobe 软件无与伦比的紧密集成和高度灵活的 2D 和 3D 合成，以及数百种预设的效果和动画，为电影、视频、DVD 和 Macromedia Flash 作品增添令人耳目一新的效果。

（2）强大的路径功能。就像在纸上画草图一样，使用 Motion Sketch 工具可以轻松绘制动画路径，或者加入动画模糊。

（3）强大的特技控制。After Effects 使用多达 85 种的软插件修饰增强图像效果和动画控制。

（4）高质量的视频。After Effects 支持从 4 ×4 到 30 000 ×30 000 像素分辨率，包括高清晰度电视（HDTV）。

（5）多层剪辑。无限层电影和静态画术，使 After Effects 可以实现电影和静态画面无缝的合成。

（6）高效的关键帧编辑。在 After Effects 中，关键帧支持具有所有层属性的动画，After Effects 可以自动处理关键帧之间的变化。

（7）无与伦比的准确性：After Effects 可以精确到一个像素点的千分之六，可以准确定位动画。

图 5-1　After Effects CS4 水滴特效

（8）高效的渲染效果：After Effects 可以执行一个合成在不同尺寸大小上的多种渲染，或者执行一组任何数量的不同合成的渲染。如图 5-1 所示为水滴粒子的效果。

5.1.2　软件安装

1. 配置要求

在软件安装前需要了解以下软件安装与运行的配置要求。

（1）CPU：1.5 GHz 或更快的处理器。

（2）内存：2 GB 内存。

（3）硬盘：1.3 GB 可用硬盘空间用于基本安装；可选内容另外需要 2 GB 空间；安装过程中需要额外的可用空间（无法安装在基于闪存的设备上）。

（4）操作系统：Windows XP、Windows Vista、Windows 7、Windows 8，支持 32 位和 64 位系统。

（5）其他：1280×900 屏幕，OpenGL 2.0 兼容图形卡；DVD-ROM 驱动器；使用 Quick Time 功能的还需要安装 Quick Time 软件。

2. 软件下载与安装

首先进入 After Effects CS4 官网下载软件。

下载后是两个文件，分别是 ADBEAFETCS4_ LS7.7z 与 ADBEAFETCS4_ LS7.exe，如图 5-2 所示。

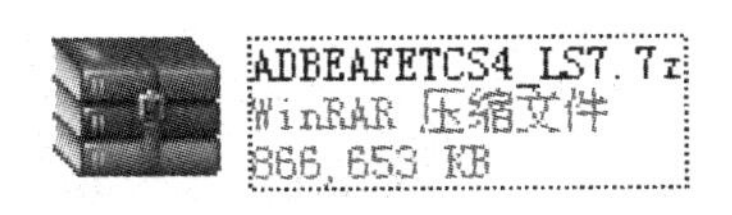

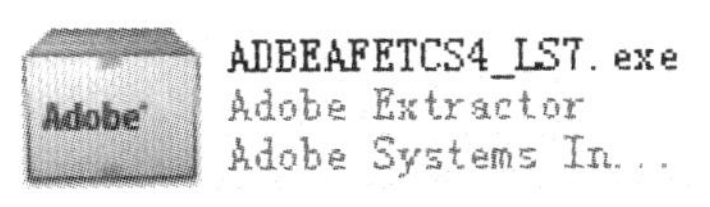

图 5-2 After Effects CS4 安装文件

双击 ADBEAFETCS4_ LS7.exe，解压完成后会自动进入安装界面，输入序列号，单击“下一步”按钮。

随后进入许可协议界面，单击“接受”按钮，之后进入“安装—选项”界面，这里的安装语言按默认选择“英文”，安装路径选择自己想要安装的盘符，安装的组件根据自己的需要来选择，单击“安装”按钮。

然后进入安装进度界面，安装进度快慢与电脑的性能有关。

5.1.3 操作界面

首先介绍一下 After Effects CS4 的工作区。

After Effects CS4 把编辑功能都整合到了一个专门的窗口中，而且还可以自己进行定制，这样就可以根据自己的操作习惯对图标进行排列，既方便了自己，又能充分利用显示有限的空间。浮动面板给出了很多信息并可以快速查看视频节目的任一部分。在认识各个窗口之前，首先需要根据自己的需要认识和设置工作区，以便适合自己的编辑风格。

下面介绍一下界面中各个窗口的功能，如图 5-3 所示。

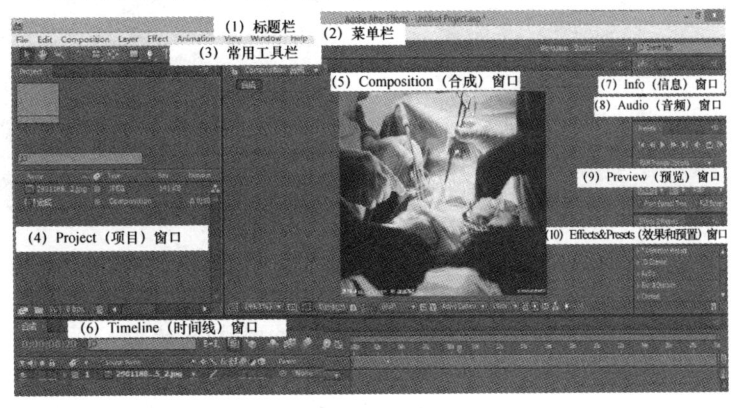

图 5-3 界面

（1）标题栏：主要显示 After Effects 中正在制作的项目名称，如图 5-4 所示。

Adobe After Effects - Untitled Project.aep *

图 5-4 标题栏

（2）菜单栏：After Effects 所有菜单都在这里显示，菜单共分为 9 个大项，是按照功能和使用的目的来划分的，如图 5-5 所示。

File Edit Composition Layer Effect Animation View Window Help

图 5-5 菜单栏

（3）常用工具栏：执行各种功能的工具集合，按照功能的不同划分为 4 个区域，用于常规操作、三维应用操作等。通过窗口右边的 Workspace（工作区）选项可以选择不同的工作区模式，针对不同的工作需要，合理分配窗口位置，从而提高工作效率，如图 5-6 所示。

图 5-6 常用工具栏

（4）Project（项目）窗口：主要功能是用来管理素材，可以按照习惯对素材进行排列，以方便查找调用，如图 5-7 所示。

在 Project 窗口顶部有一个预览区域窗口，用来显示当前选中素材的内容，窗口右边显示素材的相关信息，如名称、尺寸和时间等，如图 5-8 所示。

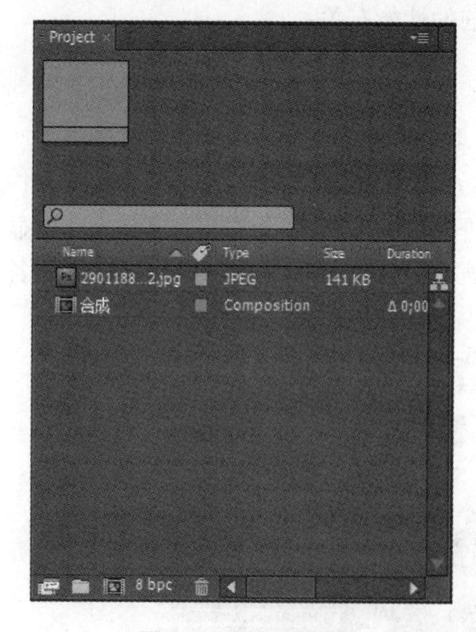

图 5-7 Project 窗口

图 5-8 Project 窗口中的预览区域窗口

导入素材有多种方法，可以选择菜单 File | Import | File 命令，或双击 Project 窗口的空白区域，也可以直接从资源管理器中将素材拖到 Project 窗口中。

【注意事项】 在 Project 窗口中导入的素材并不代表素材文件已经被复制到该项目中，

素材文件还在原来的位置，如果在编辑后再删除或重命名原始素材，则会导致文件的链接丢失。

（5）Composition（合成）窗口：Composition 窗口是最为重要的一个窗口，是主要的工作区域。该窗口不仅可以预览素材，而且在编辑素材的过程中也是不可缺少的。Tools 工具中的功能主要在这里使用，此外，还可以建立快照以方便对比观察影片，如图 5-9 所示。

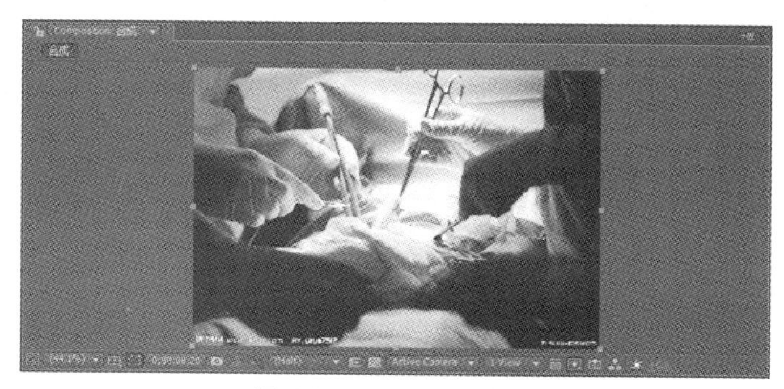

图 5-9　Composition 窗口

（6）Timeline（时间线）窗口：主要用来管理层的顺序、设置关键帧等。大部分关键帧特效都在这个窗口完成。在这个窗口中素材的时间长短、在影片中的位置等都在这个窗口中显示，特效的应用效果也会在这个窗口中进行控制，如图 5-10 所示。

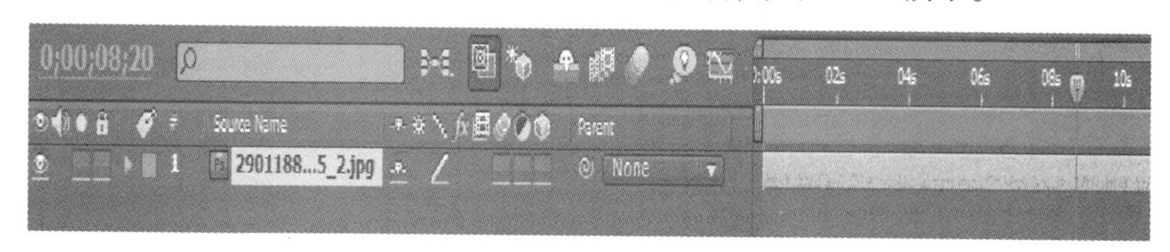

图 5-10　Timeline 窗口

【注意事项】 每个 Timeline 窗口都对应一个 Composition 窗口，在实际应用的过程中会把每个 Composition 素材的 Timeline 窗口都打开，以方便观察。Timeline 窗口的按键较多，在操作时要小心，熟练地掌握各种快捷键是非常有必要的。

（7）Info（信息）窗口：提供了素材、过渡和所选区域的有关信息，或者正在执行的操作的信息，如图 5-11 所示。

（8）Audio（音频）窗口：主要是为了编辑合成层中的音频素材，如图 5-12 所示。

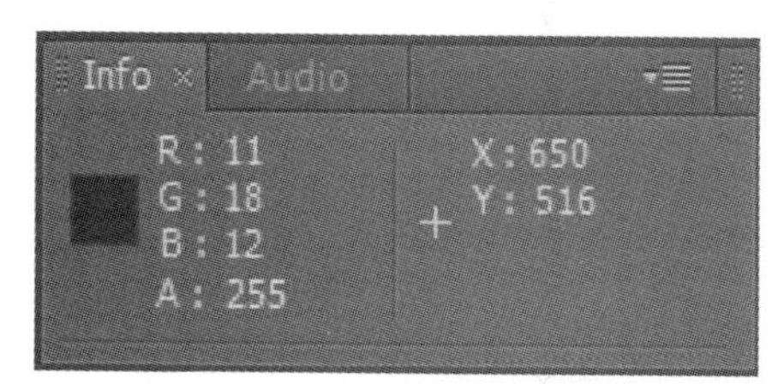

图 5-11　Info 窗口

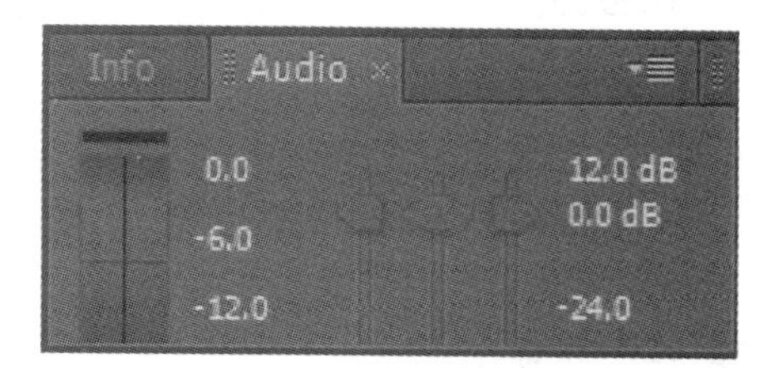

图 5-12　Audio 窗口

（9）Preview（预览）窗口：可以播放整个项目，也可以选择具体的帧来播放，如图 5-13 所示。

（10）Effects & Presets（效果和预置）窗口：包含各种音频和视频的效果，还有内置的各种预置，把这些效果拖动到合成项目的素材中就可以应用各种效果，如图 5-14 所示。

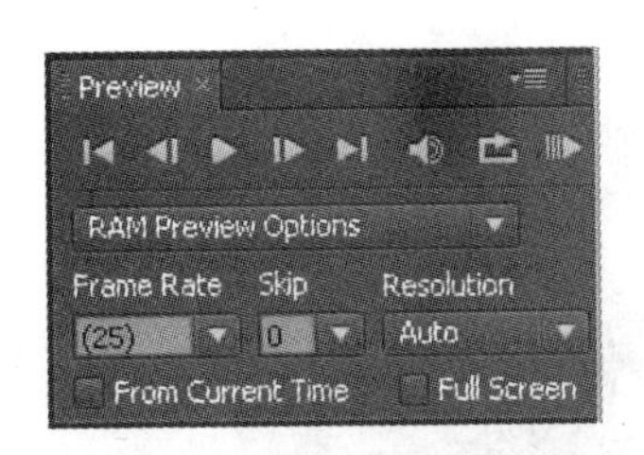

图 5-13　Preview 窗口

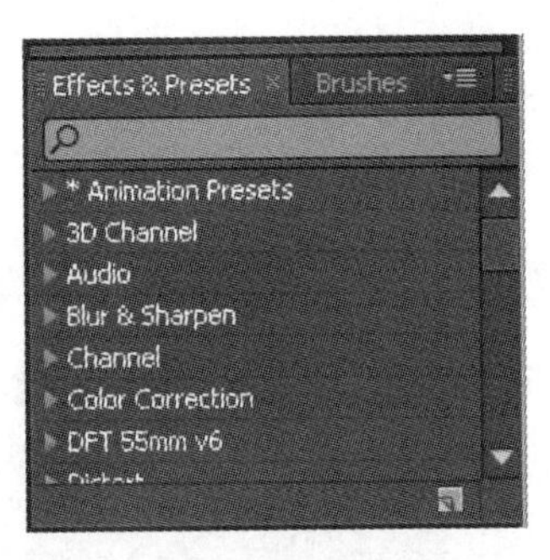

图 5-14　Effects & Presets 窗口

此外，还可以根据工作的需要布局工作区域，在工作区右上角单击 Work Space 下拉菜单，如图 5-15 所示。在这个菜单中列出了 9 种工作区的布局类型，比如 Animation（动画布局）、Effects（应用特技）布局、Text（编辑文字）布局、Paint（绘图）布局等，使用最下面 3 个命令可以重置、保存和设置自定义工作区域的布局类型。

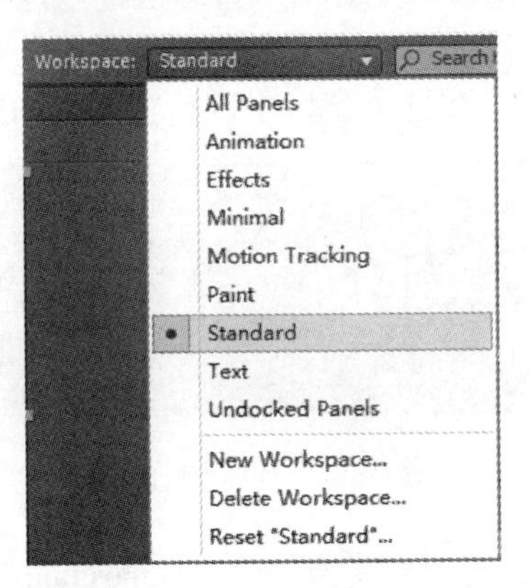

图 5-15　工作区域布局选择框

本节知识总结

理论要点

1. 了解软件的主要特点。
2. 掌握软件的下载和安装方法。
3. 了解操作界面中的主要窗口信息。

技术把握

1. 熟悉菜单栏、工具栏以及各个窗口的主要信息。
2. 熟悉软件的应用特点和应用范围。

操作要点

1. 能够应用网络查找素材、下载软件。
2. 掌握软件安装技巧。
3. 了解该软件与主要图像、音视频软件之间的相互联系。

注意事项

安装软件时，注意电脑配置对软件的承受度。切记小牛拉大车，即电脑配置偏低，安装大量程序，进行复杂视频编辑操作。容易造成死机、丢失素材等情况，机器运行慢，影响编辑效率和效果。After Effects 对电脑内存消耗较大，建议使用双核以上处理器，64 位操作系统，内存 4 GB 以上。

5.2　软件的使用

本节从基础动画制作、工具使用、滤镜介绍、表达式的使用、插件的运用、三维空间的创建 6 个方面对软件的使用进行介绍，基本涵盖了 After Effects 的基本使用方法和技巧。

5.2.1　基础动画制作

After Effects 主要是以关键帧的形式来进行动画制作的，下面先制作一个简单的动画，进而了解一下 After Effects 的动画制作流程。

（1）新建合成层

新建合成有 3 种方法，一是在 Project 窗口中单击 Create a New Composition 按钮；二是选择 Composition/New Composition 菜单命令；三是在窗口中右击，然后在弹出的菜单中选择 New Composition 命令。

新建合成层时，系统会弹出 Composition Settings 对话框，如图 5-16 所示，下面介绍对话框中各项参数设置。

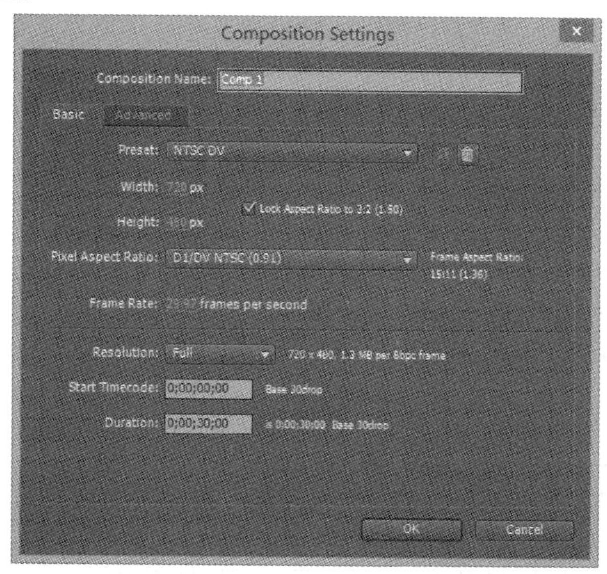

图 5-16　Composition Settings 对话框

● Composition Name（合成层名称）：用来设置或修改合成层的名称，尽管可以直接使用默认的名称，但是要尽可能重新设定合适的名称，以便于在生成很多的 Composition 时容易区分而不至于混淆。

● Preset（格式设置）：单击 Preset 会出现常用格式的下拉菜单，包括常用制式等，如图 5-17 所示。

本例设置如图 5-18 所示，单击 OK 按钮确定。

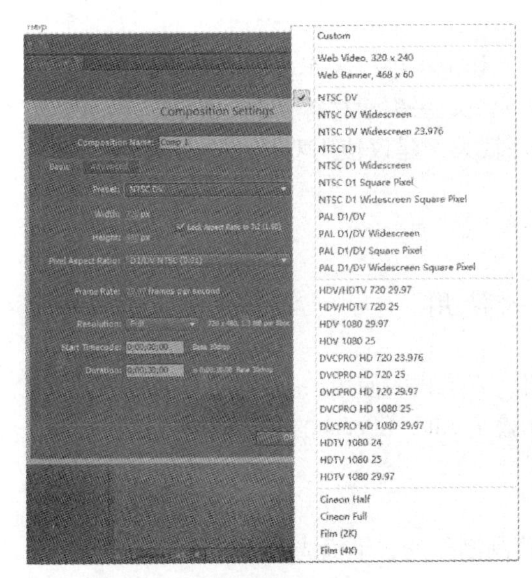

图 5-17 格式设置选项

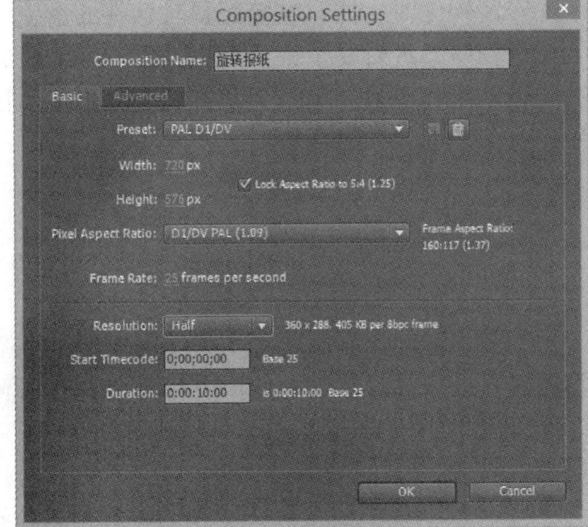

图 5-18 合成层设置对话框

如果是在我国国内播放的影视作品，则一定要选用 PAL 制式。

影片是由连续的图片组成的，每一幅图片就是一帧。PAL 制式是每秒 25 帧图像，NTSC 制式是每秒 29.97 帧图像。PAL 制式因帧速率等格式自身的差异而不能与 NTSC 信号规格相互转换。

● Width/Height（长度和宽度）：是指以像素为单位来设定上下左右的大小。

● Pixel Aspect Ratio（像素的纵横比）：数字影像一般用 Square Pixels，这是因为在电脑中像素呈四角形形状。如果所导入素材的纵横比例和在合成层当中选择的纵横比例不同，就会出现画面无法填充满监视器屏幕或者超出监视器屏幕的问题。

● Frame Rate（帧速率）：它决定每秒钟播放的画面帧数。

● Resolution（设定分辨率）：它控制 Composition 窗口中显示画面的精细程度。有 Full（最高分辨率）、Half（1/2）、Third（1/3）、Quarter（1/4）和 Custom（自定义）5 个选项。画面质量越低，预算速度越高；画面质量越高，细节越清晰。

● Start Timecode（时间码起点）：一般是固定的，Timeline 几乎都是从 0 秒 00 帧开始的。

● Duration：设置合成层的时间长度。

（2）导入素材

新建合成层后，Project 窗口中便会出现“旋转报纸”合成层。下面将本例所需的素材导入。导入素材文件的方法有四种：一是按快捷键 Ctrl + I；二是在 Project 窗口区域内，双击鼠标；三是在菜单中选择 File | Import | File 菜单命令；四是在 Project 窗口中右击，在弹出的菜单中选择 Import | File 命令。

当导入的素材为动画序列图片时，注意导入对话框下方的 Sequence 复选框，如果选择，则导入连续的图片序列；若只想导入单张图片，则取消选择。

若导入的素材中有含有图层信息的 PSD 文件，则导入后会弹出如图 5-19 所示的对话框。

在 Import Kind 选项中，如果选择 Footage，则会保留 PSD 文件的图层信息；如果选择 Composition，则将 PSD 文件以分层的方式导入，即原 PSD 文件中有多少层，就分多少层导入。导入后的所有图层都包括在一个跟 PSD 文件相同文件名的文件夹中。同时系统会自动创建一个同名的合成层，双击这个合成层图标，在“时间线”窗口中可以看到 PSD 文件里所有层在 After Effects 中同样以图层的方式排列显示，并且可以单独对每个层进行动画操作。

本例导入素材为 JPG 及 AVI 视频，以 Footage 形式导入即可。完成后 Project 窗口如图 5-20 所示。

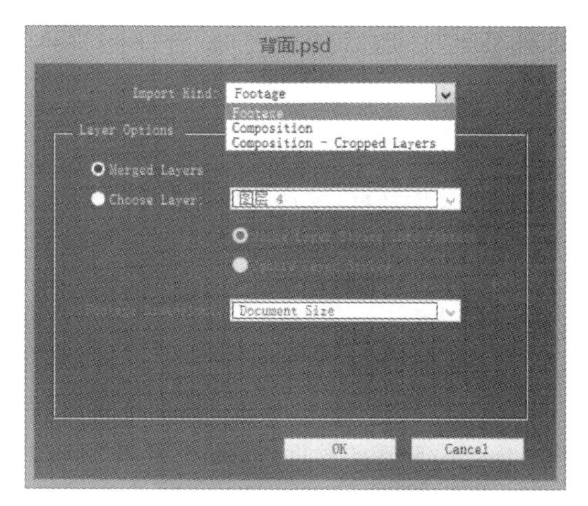

图 5-19　图层导入选项框

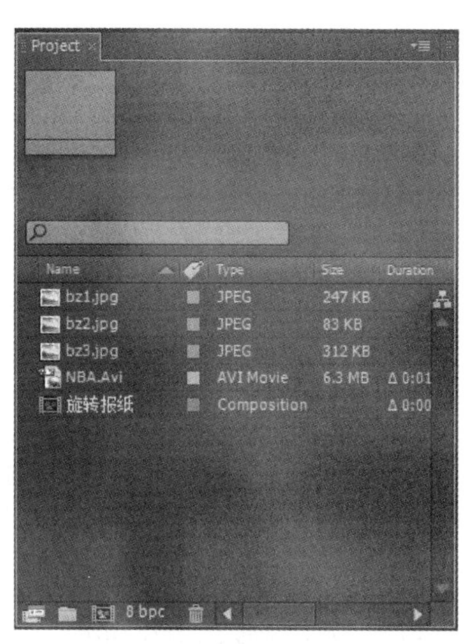

图 5-20　Project 窗口中素材列表

(3) 图层处理

首先，素材文件需转变为图层文件，在 Project 窗口中用鼠标把素材拖动到 Composition 图标上。Composition 窗口中便会出现素材预览，如图 5-21 所示，同时在 Timeline 窗口中会出现图层信息，如图 5-22。

图 5-21　Composition 窗口

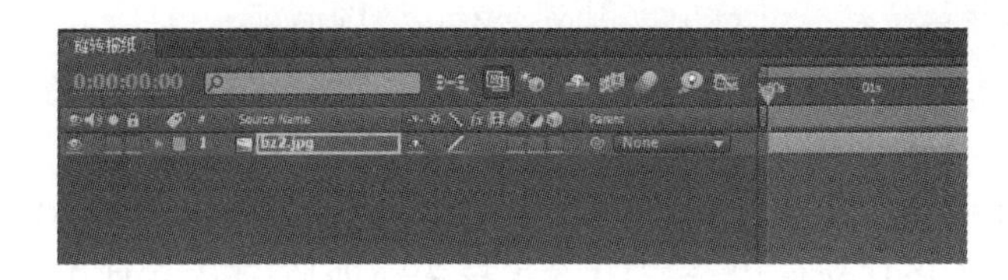

图 5-22 Timeline 窗口

单击图层左侧的展开按钮，可以对图层各种属性进行设置。单击后出现 Transform（变换）属性选项，再次单击 Transform 左侧的展开按钮出现变换选项下拉栏，包括：Anchor Point（轴心点）、Position（位置）、Scale（比例）、Rotation（旋转）、Opacity（透明度）五项属性。

① Anchor Point：After Effects 中以轴心点为基准进行相关属性的设置。缺省状态下 Anchor Point 在对象的中心，随着轴心点的位置不同，对象的运动状态也会发生变化。当轴心点在物体中心时，物体旋转时沿着轴心自转；当轴心点在物体上时，物体旋转时沿着轴心点公转。

Anchor Point 的坐标相对于层窗口，而不是相对于合成图像窗口。

② Position：After Effects 中可以通过数字和手动方式对层的位置设置。

以数字方式改变，即选择要改变位置的层，在目标时间位置上按 P 键，展开其 Position 属性；在带下划线的参数栏上单击，或按住左键左右拖拉更改数据，也可以通过右击选择 Edit Value 来修改。

还可以通过移动路径上的关键帧来改变层的位置，即选择要修改的对象，显示其运动路径；在合成图像中选中要修改的关键帧，使用选择工具拖动目标位置即可。

③ Scale：以 Anchor Point 为基准，为对象进行缩放，改变其比例尺寸。

可以通过输入数值或拖动对象边框上的句柄对其设置，方法与前面类似。当以数字方式改变尺寸时，若输入负值的话，则能翻转图层。以句柄方式修改的话，确保合成图像窗口菜单中的 View Options 的 Layer Handles 命令处于选定状态。

④ Rotation：After Effects 以对象 Anchor Point 为基准，进行旋转设置。可以进行任意角度的旋转。当超过 360 度时，系统以旋转一圈来标记已旋转的角度，如旋转 760 度为 2 圈 40 度，反向旋转表示负的角度。

同样，可以通过输入数值或手动进行旋转设置，即选择对象按 R 键打开其 Roation 属性，可以拖拉鼠标左键或修改 Edit Value 改变其参数达到最终效果。

手动旋转对象，即工具窗口中选择旋转工具，在对象上拖动句柄进行旋转。按住 Shift 拖动鼠标旋转时每次增加 45 度；按住键盘上的 + 或 - ，则向前或后旋转 1 度；按住 Shift 以及 + 或 - ，则向前或后旋转 10 度。

⑤ Opacity（透明度）：通过对透明度的设置，可以为对象设置透出下一个固态层图像的效果。当数值为 100% 时，图像完全不透明，遮住其下面的图像；当数值为 0% 时，对象完全透明，完全显示其下面的图像。由于对象的不透明度是给予时间的，所以只能在时间线窗口中进行设置。

改变对象的透明度是通过改变数值来实现的，按住 T 打开其属性，拖动鼠标或者右击调出 Edit Value 对话框进行设置。

本例导入素材 bz1、bz2、bz3 三张图片，通过修改 Position（位置）和 Scale（比例）值，使其形成如图 5-23 所示状态。

图 5-23　合成窗口

（4）设置关键帧动画

建立关键帧是制作动画的最重要的环节，需要说明的是，时间线上相邻的两个关键帧在参数上要有所不同，才可以出现动画行为。

建立关键帧方法：首先，将时间指示器移动到关键帧所在时间点上；其次，单击在图层各属性项目前的关键帧记录器按钮；最后，改变 Edit Value 值即可。下一关键帧建立时，只需将时间指示器移动到下一个时间点直接改变 Edit Value 值，便会自动生成关键帧。

本例 bz1 和 bz2 图层在第 0 秒的旋转圈数都是 0，透明度是 10%；第 2 秒的旋转圈数分别是 2 和-2，透明度都是 100%，设置如图 5-24、图 5-25 所示。

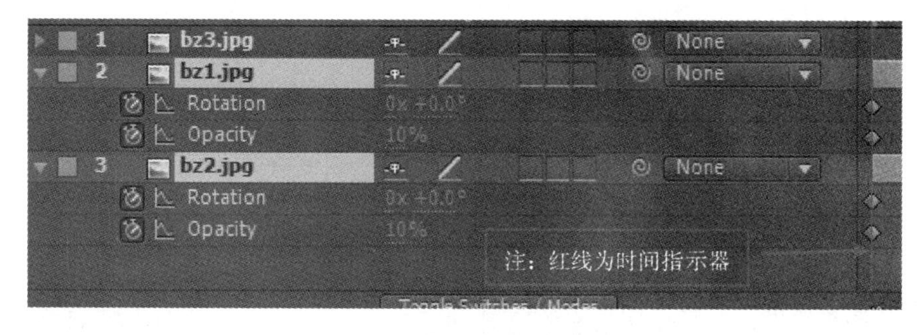

图 5-24　第 0 秒关键帧参数

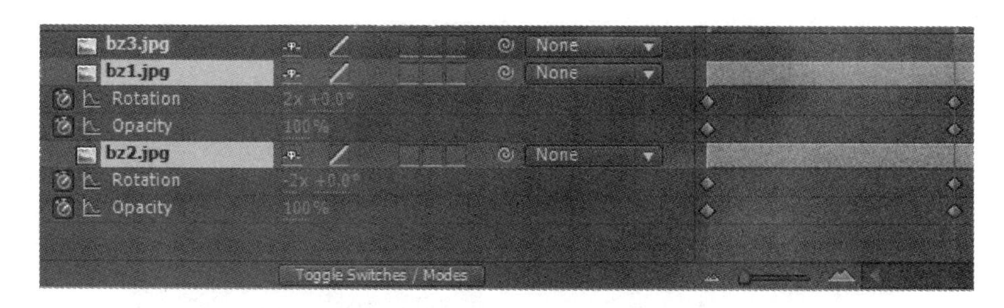

图 5-25　第 2 秒关键帧参数

将 bz3 图层的进入设置在 2 秒后，单击时间线窗口左下角的按钮打开入点、出点编辑栏，在 Iin 一栏输入 2 秒即可，结果如图 5-26 所示。

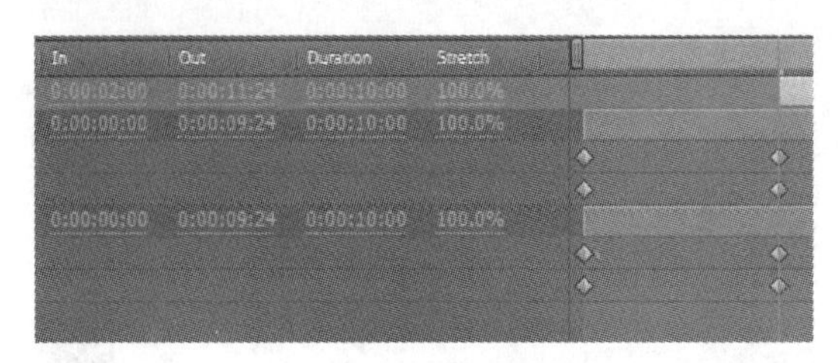

图 5-26　图层入点设置

设置 bz3 的 Position（位置）和 Scale（比例）的关键帧如表 5-1 所示。

表 5-1　各时间点关键帧参数

时间点	2 秒	4 秒	6 秒	8 秒
Position 值	（364，302）	（655，365）	（169，416）	（413，592）
有无关键帧	有	有	有	有
Scale 值	53%			84%
有无关键帧	有	无	无	有

最后把素材 NBA-Avi 拖到 Composition 窗口中，调整大小使其覆盖 bz3 中的矩形图片。调整图层入点为 2 秒，之后在图层右侧的 Parent（父子关系）选项中选择 bz3，如图 5-27 所示，即可完成视频与 bz3 图层的同步变化。

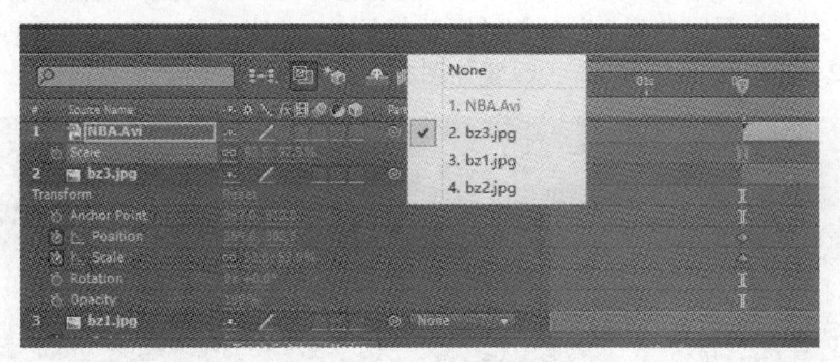

图 5-27　父子关系选项

为追求真实效果，在每个图层右侧打开动态模糊开关，再打开动态模糊总开关，如图 5-28 所示，可为报纸运动添加动态模糊效果。

图 5-28　动态模糊设置

通过单击键盘上的空格键可在 Composition 窗口中进行预览。

（5）视频输出

选中合成项目，在菜单栏中选择 Composition/Make Movie 选择视频存储路径，然后打开渲染窗口，如图 5-29 所示。

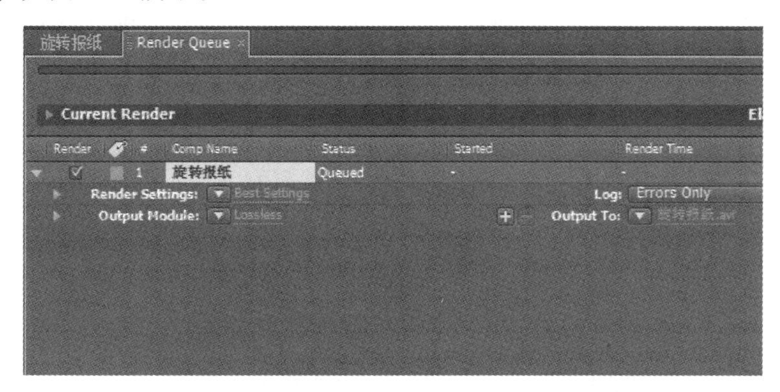

图 5-29　渲染窗口

渲染窗口中有三项设置，分别是 Render Settings（渲染设置）、Out Module（输出模式）、Output To（输出路径）。

单击 Best Settings 打开 Render Settings 对话框，可以对视频输出的图层质量、分辨率、混合模式、模糊效果、从哪一帧开始渲染等进行输出设置。

单击 Lossless 按钮，打开 Out Module Settings 对话框，在这个对话框中可以对视频的输出格式及相应的编码方式、视频大小、比例以及音频等进行输出设置。

单击"旋转报纸"按钮，可以重新选择视频输出路径。

以上渲染参数设置完毕后，单击渲染窗口右侧的 Render 按钮，即可以进行视频渲染输出，时间的长短与电脑配置有关。

5.2.2　工具的使用

1. 工具栏简介

工具栏中的工具承担了特效制作的大部分工作，可以按照工具的功能以及用途可将其分为三组。

（1）基本工具组

基本工具组包括选择工具、平移抓手工具、放大镜工具、旋转工具、轨道摄像机工具、锚点工具。其中，选择工具可以对合成场景中的素材进行选择和移动；平移抓手工具可以对合成场景进行平移；放大镜工具可以放大视图；旋转工具可以对素材进行旋转；轨道摄像机工具在使用前必须在合成场景中创建摄像机才可使用，它可以对场景中的摄像机进行推、拉等操作；锚点工具可以改变图层的轴心点。

（2）形状工具组

形状工具组包括基本形状工具、钢笔工具、文字工具。其中，基本形状工具和钢笔工具都属于遮罩工具，而非基本形状工具中的图形都可以通过钢笔工具绘制；文字工具可以书写水平或竖直方向文字。

（3）绘图工具组

绘图工具组包括画笔工具、仿制图章、橡皮工具、图钉工具。以上工具均需在图层窗口中才可以进行使用。其中，画笔工具与 Paint（绘图窗口）结合，可以在所选图层上绘画；画笔工具与 Alt 键组合，可以对图层中的内容进行仿制；橡皮工具可以进行擦除工作；图钉工具可以进行物体的变形。

2. 工具的使用

下面主要讲授基本形状工具和文字工具的使用。两个工具在使用过程中会在图层窗口生成各自的新属性，要结合合成窗口对这两个工具进行使用。

制作一个文字特效，进行文字工具和基本形状工具的学习。

【案例 1】遮罩动画文字

【具体操作】

（1）新建一个 Composition 窗口，命名“文字特效”，设置如图 5-30 所示。

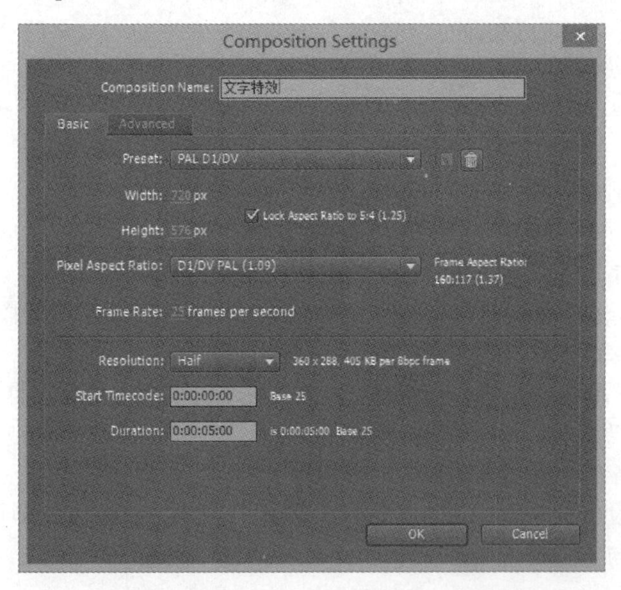

图 5-30 Composition Settings 对话框

（2）在图层窗口新建一个 Solid（固态）层，如图 5-31 所示。固态层就是一种单一颜色的层，颜色可调整，大致和 Photoshop 的图层是一个意思，在没有视频层和图片层的时候，所要做的特效都必须做到固态层上。在弹出的 Solid Settings 对话框中，修改名字和颜色选项，设置如图 5-32 所示。最后，单击 OK 按钮，完成固态层添加。

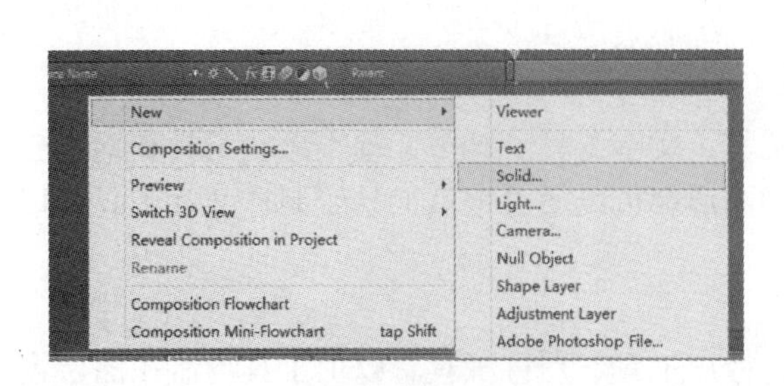

图 5-31 新建固态层

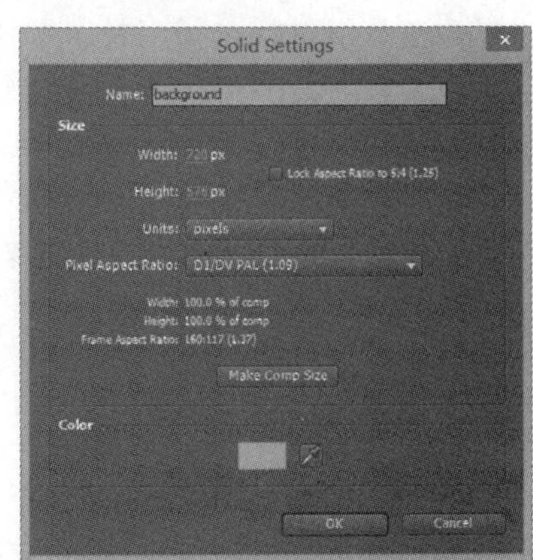

图 5-32 固态层设置对话框

（3）选择固态层“background”，单击基本图形工具，在合成场景中绘制一个矩形遮罩。通过移动工具进行调整，使遮罩位于画面中间位置，如图 5-33 所示。

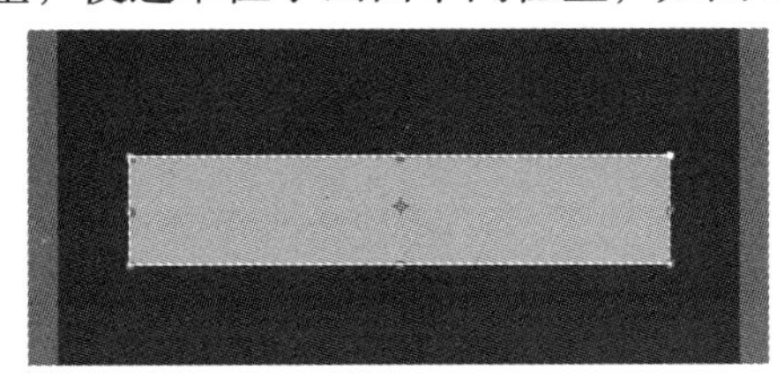

图 5-33　矩形遮罩绘制

（4）单击文字工具，在蓝色遮罩上输入文字 Adobe After Effects，结合选择工具与 Character 窗口，对文字位置、大小、字体、颜色等进行调整，如图 5-34 所示。

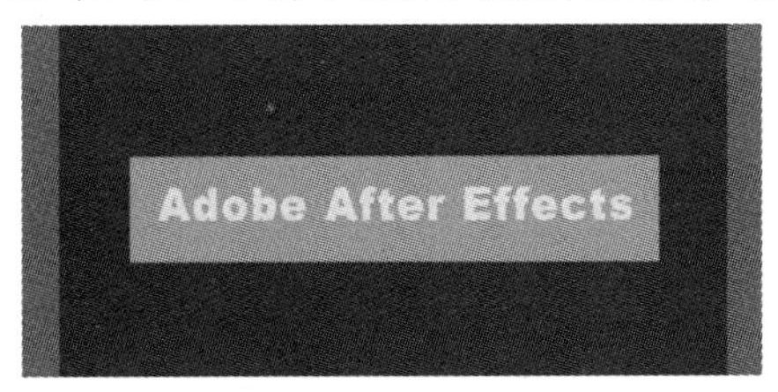

图 5-34　输入文字

（5）单击固态层“background”的左侧小三角，打开 Mask1（遮罩）属性，时间线移动到 1 秒，在 Mask path 中打开关键帧，再将时间线移动到 0 秒，用选择工具选中矩形工具右侧的直线，按住 Shift 键移动遮罩边框到文字左端与左边框重合，如图 5-35 所示。再单击 Mask Feather 后面的按钮进行 X、Y 方向的羽化解锁，然后将左侧的 X 值调为 100。

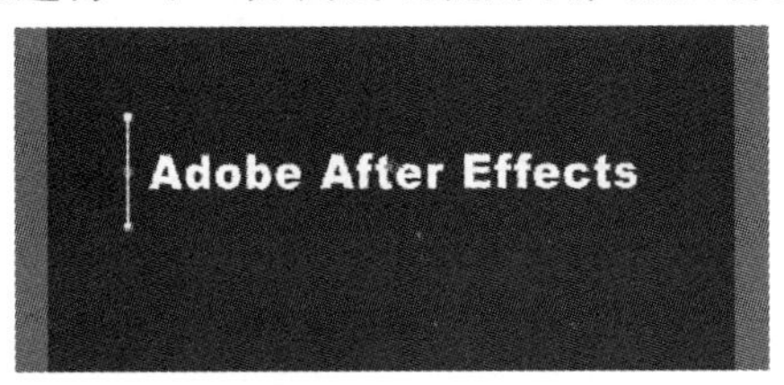

图 5-35　调整遮罩

（6）单击文字图层“Adobe After Effects”左侧的小三角，单击属性 Text 右侧的 Animator1 按钮，选择 Scale，随后在 Text 属性中会增加 Animator1 选项，如图 5-36 所示。单击 Add 按钮，选择 Property \ Opacity，将 Scale 修改为（200，200），Opacity 为 0。单击 Range Selector1，进行文字区域选项设置。将时间线移动到 1 秒时，在 Start 项打关键帧；时间线移动到 3 秒时，将 Start 改为 100，如图 5-37 所示。再将文字图层“Adobe After Effects”的入点改为 1 秒，这样就完成文字特效动画的基本设置。如果为增强文字效果，则可选中文字图层，选择菜单 Effect \ Perspective \ Drop Shadow 为文字添加阴影。

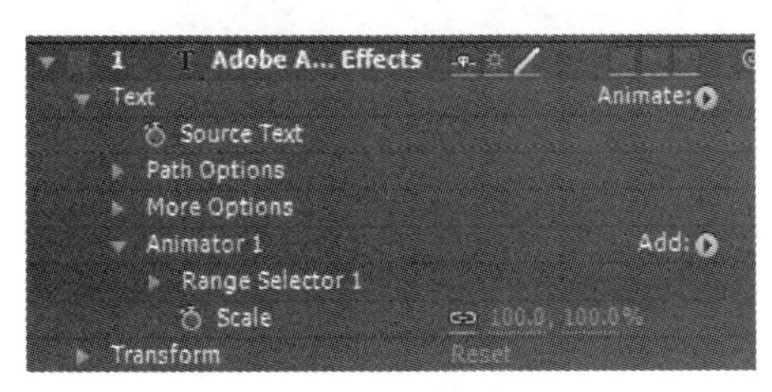

图 5-36　Scale 参数设置

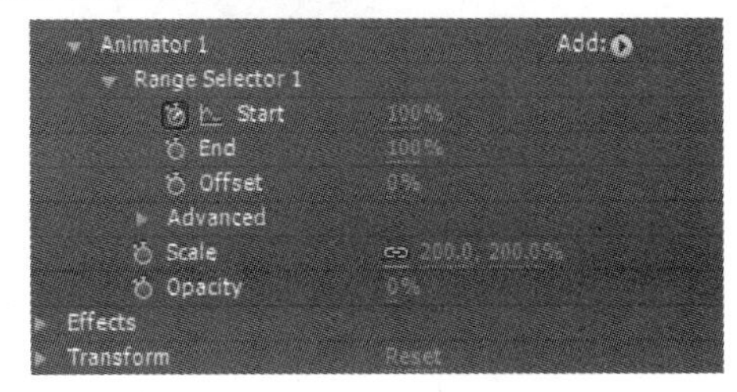

图 5-37　Start 参数设置

本实例主要讲授了文字工具和基本图形工具的使用，以后还会接触其他工具，将在实例中一一讲解。

5.2.3 滤镜介绍

下面主要介绍 After Effects 中各种滤镜控制窗口及其应用方式和参数设置。

1. 添加滤镜特效

给图层赋予滤镜的方法其实很简单，方式也有很多种，可以根据情况灵活应用。

（1）在 Timeline 窗口，选中某个图层，选择 Effect 命令中的各项滤镜命令即可。

（2）在 Timeline 窗口，在某个图层上右击，在弹出的菜单中选择 Effect 中的各项滤镜命令即可。

（3）选择 Window \ Effects&Presets（特效）命令，打开 Effects&Presets（特效控制）窗口，从分类中选中需要的特效滤镜，然后拖曳到 Timeline 窗口中的某层上即可。本教材的实例主要采用这种方式添加特效。

（4）在 Timeline 窗口中选择某层，然后选择 Window \ Effects & Presets 命令，打开特效预置窗口，双击分类中选择的特效滤镜即可。

2. 滤镜分类

After Effects CS4 内置的滤镜特效很多，这里将特效分为 7 组进行讲解，以方便记忆。

（1）模糊和锐化滤镜组

Gaussian Blur（高斯模糊）特效用于模糊和柔化图像，可以去除杂点。Gaussian Blur 能产生更细腻的模糊效果，尤其是单独使用的时候，如图 5-38 所示。

(a) 使用特效前

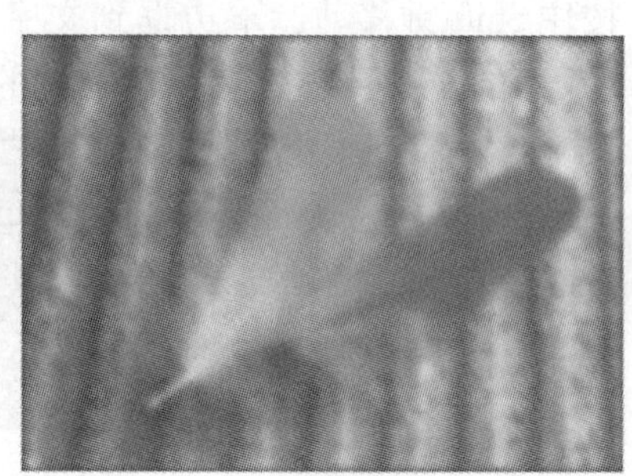

(b) 使用特效后

图 5-38 Gaussian Blur 特效

Directional Blur（方向模糊）特效也称之为 Motion Blur（运动模糊），这是一种十分具有动感的模糊效果，可以产生任何方向的运动视觉，如图 5-39 所示。当图层为草稿质量时，应用图像边缘的平均值；当图层为最高质量的时候，应用 Gaussian Blur，产生平滑、渐变的模糊效果。

(a) 使用效果前

(b) 使用效果后

图 5-39 Directional Blur 特效

Radial Blur（径向模糊）滤镜特效可以在层中围绕特定点为图像增加移动或旋转模糊的效果，如图 5-40 所示。

(a) 使用效果前

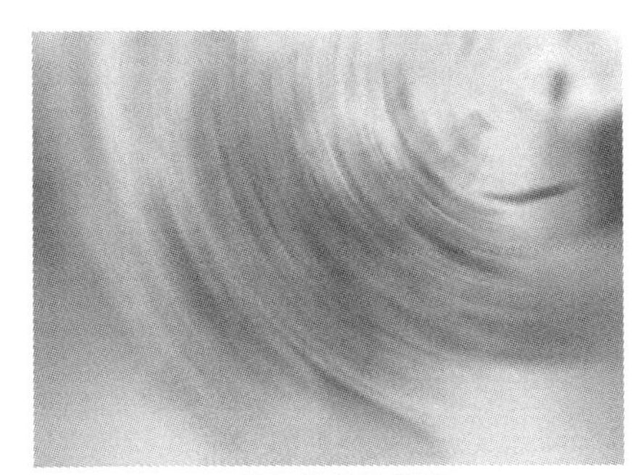

(b) 使用效果后

图 5-40　Radial Blur 特效

Fast Blur（快速模糊）特效用于设置图像的模糊程度，它和 Gaussian Blur 十分类似，而它在大面积应用的时候速度更快，效果更明显，如图 5-41 所示。

(a) 使用效果前

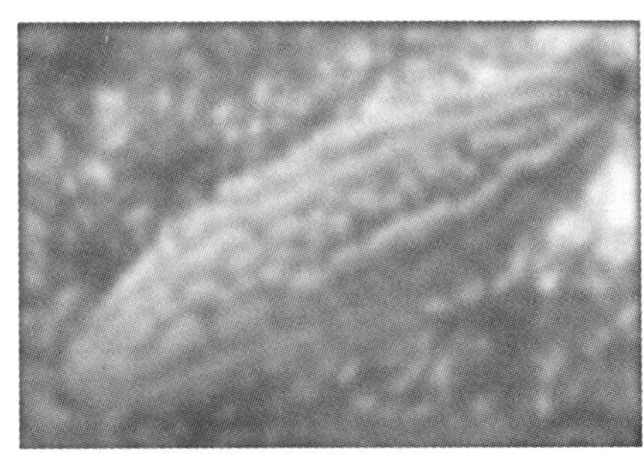

(b) 使用效果后

图 5-41　Fast Blur 特效

Sharpen（锐化）特效用于锐化图像，在图像颜色发生变化的地方提高图像的对比度，如图 5-42 所示。

(a) 使用效果前

(b) 使用效果后

图 5-42　Sharpen 特效

（2）颜色修正滤镜组

Brightness & Contrast（亮度和对比度）特效用于调整画面的亮度和对比度，可以同时调整所有像素的高亮、暗部和中间色，操作简单且有效，但不能对单一通道进行调节，如图 5-43 所示。

(a) 使用效果前

(b) 使用效果后

图 5-43 Brightness & Contrast 特效

Curves（曲线）特效用于调整图像的色调曲线。After Effects 里的 Curves 控制与 Photoshop 中的曲线控制功能类似，可对图像的各个通道进行控制，调节图像色调范围。可以用 0～255 的灰阶调节颜色。用 Level 也可以完成同样的工作，但是 Curves 控制能力更强。Curves 特效控制是 After Effects 里非常重要的一个调色工具。

Hue/Saturation（色调/饱和度）特效用于调整图像中单个颜色分量的 Hue（色相）、Saturation（饱和度）和 Lightness（亮度）。其应用的效果和 Color Balance 一样，但利用的颜色相应调整轮来进行控制，如图 5-44 所示。

Color Balance（色彩平衡）特效用于调整图像的色彩平衡。通过对图像的 R（红）、G（绿）、B（蓝）通道分别进行调节，可调节颜色在暗部、中间色调和高亮部分的强度。

(a) 使用效果前

(b) 使用效果后

图 5-44 Hue/Saturation 特效

Levels（色阶）特效是一个常用的调色特效工具，用于将输入的颜色范围重新映射到输出的颜色范围，还可以改变 Gamma 校正曲线。Levels（色阶）主要用于基本的影像质量调整。

（3）生成滤镜组

Lighting（闪电）特效可以用来模拟真实的闪电和放电效果，如图 5-45 所示。

Lens Flare（镜头光晕）特效可以模拟当镜头拍摄到发光的物体上时，由于经过多片镜头所产生的很多光环效果，这是后期制作中经常使用的提升画面效果的手法，如图 5-46 所示。

(a) 使用效果前

(b) 使用效果后

图 5-45　Lighting **特效**

(a) 使用效果前

(b) 使用效果后

图 5-46　Lens Flare **特效**

Cell Pattern（单元图案）特效可以在固态层中，如图 5-47（a）所示。创建多种类型的类似细胞图案的单元图案拼合效果，如图 5-47（b）所示。

(a) 使用效果前

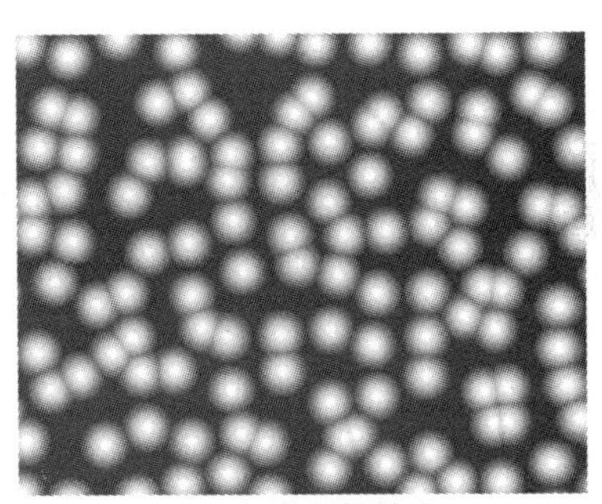
(b) 使用效果后

图 5-47　Cell Pattern **特效**

Checkerboard（棋盘格）特效能在固态层图 5-48（a）上创建棋盘格的图案效果，如图 5-48（b）所示。

(a) 使用效果前

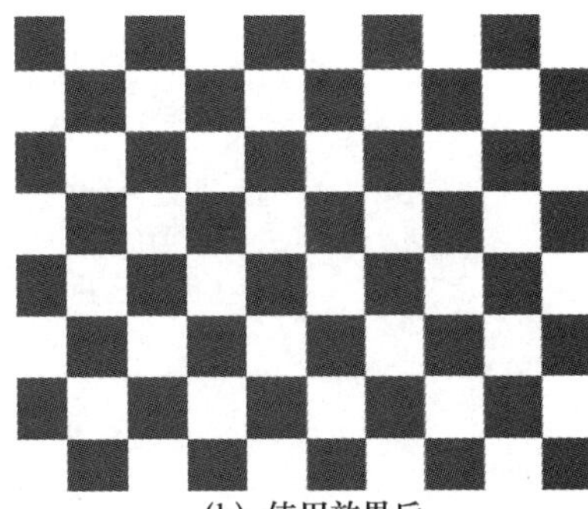
(b) 使用效果后

图 5-48　Checkerboard

（4）扭曲滤镜组

Bulge（凹凸镜）特效可以模拟图像透过气泡或放大镜时所产生的放大效果，如图5-49所示。

(a) 使用效果前

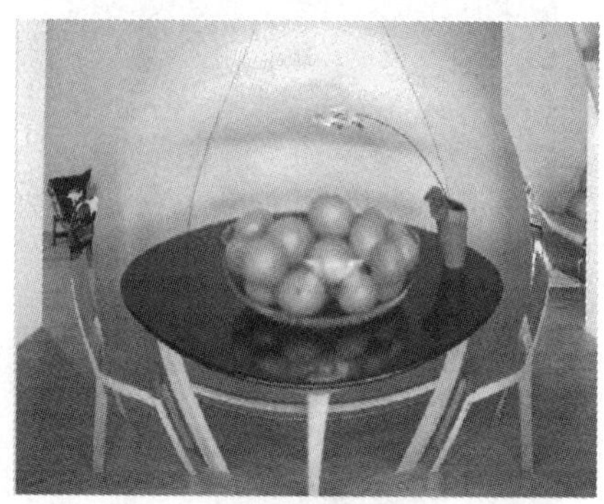
(b) 使用效果后

图5-49 Bulge 特效

Corner Pin（边角定位）：特效通过改变4个角的位置来使图像变形，可根据需要来定位。可以拉伸、收缩、倾斜和扭曲图形，也可以用来模拟透视效果，还可以和运动遮罩层相结合，形成画中画的效果。

Mesh Warp（网格变形）特效使用网格化的曲线切片控制图像的变形区域。对于网格变形的效果控制，确定好网格数量之后，更多的是在合成图像中通过光标拖曳网格的节点来完成，如图5-50所示前后制作效果。

(a) 使用效果前

(b) 使用效果后

图5-50 Mesh Warp 特效

Polar Coordinates（极坐标）特效用来将图像的直角坐标转化为极坐标，以产生扭曲的效果，如图5-51所示制作前后的对比效果。

(a) 使用效果前

(b) 使用效果后

图5-51 Polar Coordinates 特效

（5）噪波和颗粒滤镜组

在图 5-52（a）所示的固态层上制作 Fractal Noise（分形噪波）特效可以模拟烟、云、水流等纹理图案，如图 5-52（b）所示。

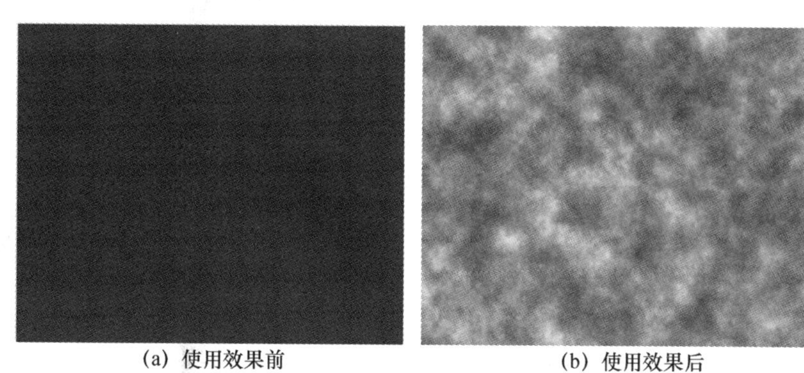

(a) 使用效果前 (b) 使用效果后

图 5-52 Fractal Noise 特效

Median（中间值）特效使用指定半径范围内像素的平均值来取代像素值。当指定较低数值的时候，该效果可以用来减少画面中的杂点；当指定高值的时候，会产生一种绘画效果。

Remove Grain（移除颗粒）特效的效果用来移除杂点或颗粒。

（6）仿真滤镜组

Foam（泡沫）特效的效果可以模仿自然界中的泡沫，如图 5-53 所示。

(a) 使用效果前 (b) 使用效果后

图 5-53 Foam 特效

Particle Playground（粒子）特效的效果可以制作烟花、雪花、文字等粒子效果，如图 5-54 所示。

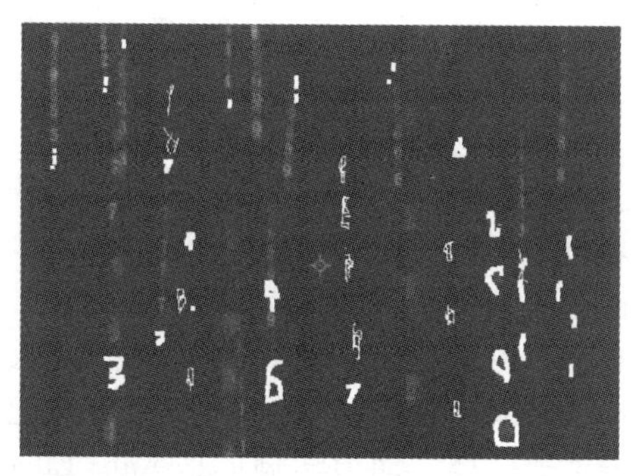

图 5-54 Particle Playground

（7）风格化滤镜组

Find Edges（查找边缘）特效通过强化过渡像素来产生彩色线条，如图 5-55 所示。

(a) 使用效果前

(b) 使用效果后

图 5-55 Find Edges 特效

Glow（辉光）特效经常用于图像中的文字和带有 Alpha 通道的图像，可产生发光或光晕的效果，如图 5-56 所示。

(a) 使用效果前

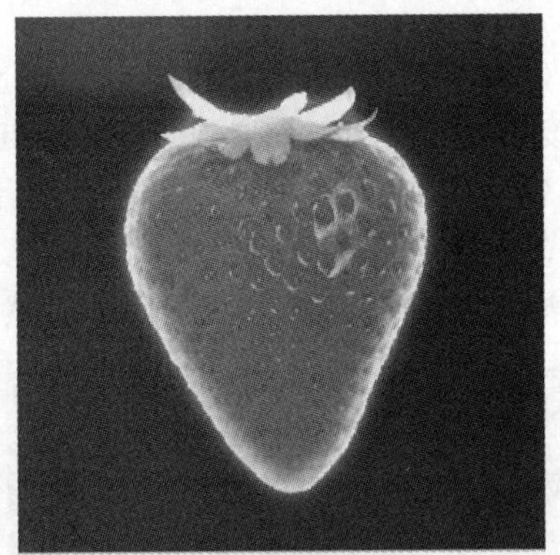

(b) 使用效果后

图 5-56 Glow 特效

在影视后期特效制作中，许多合成需要添加多种滤镜特效才可以实现理想的效果。而 After Effects 版本不断更新，滤镜种类也逐渐扩充，以此满足人们的不同需求。由于滤镜特效种类繁多，我们在 5.3 节中会进行相应讲解。

5.2.4 表达式的使用

1. 表达式简介

在详细讲解表达式之前，先总体了解一下 After Effects 中各元素之间的关系，在 After Effects 中主要有 5 种方法建立元素之间的关系：

（1）关键帧：即使元素间没有必然的连接关系，也可以通过设置关键帧来为它们建立联系。这是最普通的一种连接关系，这种方法也是最灵活的，但是很不利于修改和调试。

（2）合并嵌套：可以将几个图层一起放置于一个新合成中，这很像其他应用程序中的成组操作，一种将多层素材元素作为单独素材处理设置的方法。

（3）父子连接：不用嵌套为图层建立层级关系的方法，在父子连接关系中任何应用于父层级的变化都会立即影响子层级，而针对子层级的设置却不会影响到父层级。

（4）动力学脚本：像表达式一样，动力学脚本是 After Effects 中内置的简单功能，动力学脚本可以为当前图层创建基于另一个图层或属性的关键帧。例如，可以使用动力学脚本令一个图层模拟另一个图层的位置变化。美中不足的是，使用动力学脚本建立的元素间关系只是暂时的，仅当脚本执行时才会起作用，在后面的设计调整中，针对一个图层的改变不会反映在另一个图的连接层上，除非重新应用动力学脚本。

（5）表达式：表达式很类似于动力学脚本，不同的是表达式会始终保持动能，只要应用表达式之后，任何关键帧都会永久保持与之的连接关系。

在这几种连接关系中，表达式的功能最强大，但是学习起来有一定的难度。

2. 使用表达式的时机

使用表达式为图层建立动态连接是一种非常方便高效的方法。有些时候，只想从一个图层中复制一个参数，而不是一整套的父子连接图层关系。例如，两个图层建立了父子连接，利用父子连接建立的图层关系中子层级会继承父层级的位置与旋转属性。而应用表达式建立的图层关系，子图层只会继承父层级的一个属性，而其旋转属性由于未被连接到旋转属性，所以该参数不会改变。

通过使用表达式不用设置任何关键帧，就可以为参数设置动画。

可以使用表达式为存在的关键帧增加随机性，这种方法非常巧妙，它保留了原始的关键帧设置。使用表达式建立的随机性效果可以轻松地切换表达式的使能状态，而不会影响原始关键帧。

通常情况下使用其他方法可以实现的效果就不要使用表达式，After Effects 具有强大的工具和功能来实现各种各样的效果。例如，使用父子连接可以实现的效果就不需要再使用表达式。表达式功能的确很强大，但是它不是万能的，而且精心书写表达式后还要维护表达式。

After Effects 中的表达式以 JavaScript 语言为基础，JavaScript 包括一套丰富的语言工具来创建更复杂的表达式，当然包括最基本的数学运算。例如，opacity * 10，意思就是当前图层在当前时间的不透明度参数乘以 10，因为不透明度参数的值阈是 0～100，所以该表达式的值就是 0～1000，该值将赋予表达式连接的任何参数。

3. 为参数加入表达式

有两种方法可以为选择的参数加入表达式，一种方法是在 Timeline 选择参数后，从动画菜单中选择增加表达式；另一种方法是：按住 Alt 键的同时左击参数左边的码表，快速为参数加入表达式。

使用拾取线可以方便地建立参数间的连接表达式。例如，如图 5-57 所示为图层的不透明度添加表达式，然后拖动拾取线到图层旋转参数上就会为不透明度与旋转参数建立动态连接，现在旋转参数设置关键帧，会同步影响到不透明度的属性。

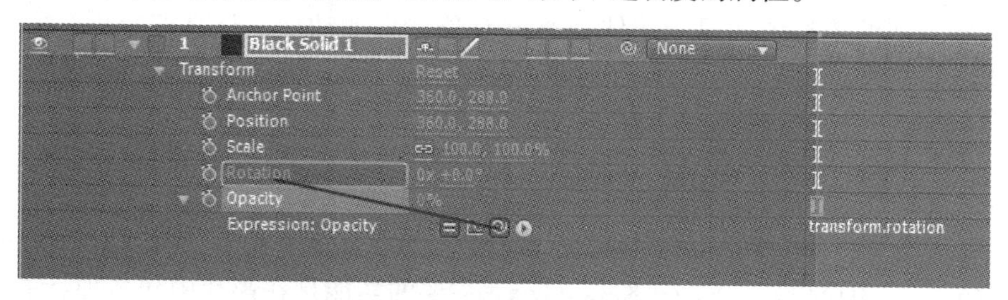

图 5-57　表达式拾取线

【案例 2】登录等待界面

【具体操作】

（1）新建一个 10 秒合成层，然后新建一个背景为红色的固态层，调整大小使其在画面中间为红色窄条。用锚点工具将中心点移到最左面。

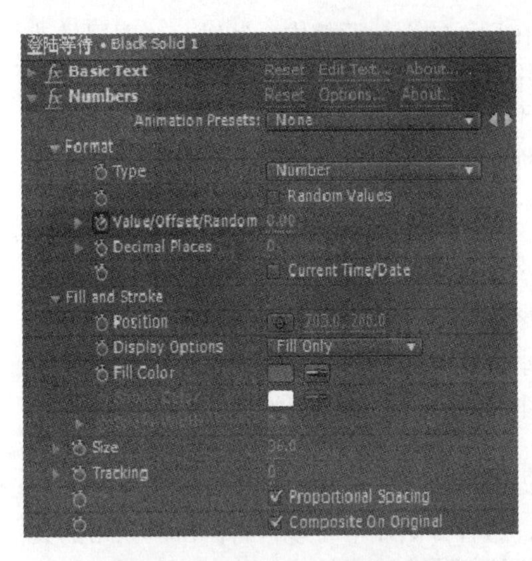

图 5-58 特效 Numbers 参数设置

（2）新建一个背景为黑色的固态层，并为固态层添加 Basic Text（基本文字）特效。输入“loading……”，调整好合适的文字大小和位置。再加上 Numbers 特效，参数如图 5-58 所示，Value 在第一帧时设置为 0，最后一帧设置为 100。通过 Position、Size 参数调整好位置和大小。再新建一文字图层，输入%，并移动到数字后面。

（3）在红色固态层的 Scale（旋转）属性码表上按 Alt 键，为该属性加表达式，然后，按住 Expression Pick Whip（拾取线）按钮把它拖到 Numbers 的 Value 值上。预览发现，XY 方向同时发生变化，这不是我们需要的。我们只要让它随着 Numbers 的 Value 值的增长，X 轴发生变化即可。因此，打开表达式编辑框，把表达式

temp = thisComp. layer（“Black Solid 1”）. effect（“Numbers”）（“Value/Offset/Random Max”）;

［temp，temp］

中的［temp，temp］改为［temp，7］表示 Scale 中的 Y 值为定值 7，如图 5-59 所示，则只有 X 轴随着 Value 值的增长而变化。

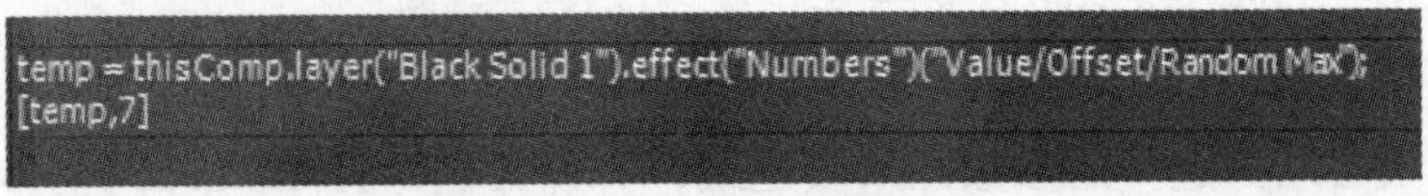

```
temp = thisComp.layer("Black Solid 1").effect("Numbers")("Value/Offset/Random Max");
[temp,7]
```

图 5-59 表达式编辑框

5.2.5 插件的运用

在 After Effects 中，所谓的插件与内部的滤镜特效没有本质区别，仅仅是插件需要安装成为软件内部滤镜特效而已。插件本身没有独立特效功能，只有安装后，借助 After Effects 软件才可以应用。

1. 插件简介

After Effects 的插件种类繁多，而在软件的升级过程中也逐渐将外部插件收购变为内置特效。下面主要介绍 Trapcode 系列插件。

Trapcode 全套包含 7 种 After Effects 滤镜特效的软体版本，包含 Echospace、Particular、Shine、Starglow、3D Stroke、Sound Keys、Lux，主要的功能是在影片中建造独特的粒子效果与光影变化，当然也包括了声音的编辑与摄影机的控制等功能。

（1）Particular：Particular 是一个 3D 粒子系统，它可以产生各种各样的自然效果，像烟、火、闪光等。也可以产生有机的和高科技风格的图形效果，它对于运动的图形设计非常有用。

（2）Starglow：Starglow 是一个能在 After Effects 中快速制作星光闪耀效果的滤镜，它能在影像中高亮度的部分加上星型的闪耀效果。而且可以个别指定 8 个闪耀方向的颜色和长度，每个方向都能被单独地赋予颜色贴图和调整强度。这样的效果看起来类似 Diffusion

滤镜，它可以为动画增加真实性，或是制作出全新的梦幻效果，甚至可以模拟镜头效果（Lens Artifacts）。用在文字上也能做出很不错的效果。

（3） Shine：Shine 是一个能在 After Effects 中快速制作各种炫光效果的滤镜，这样的炫光效果可以在许多电影片头看到，有点像 3D 软件里的质量光（Volumetric Light），但实际上它是一种 2D 效果。Shine 提供了许多特别的参数，以及多种颜色调整模式。在 Shine 推出之前，这样的效果必须真的在 3D 软件里制作，或是用其他速度不快的 2D 合成软件制作，耗费不少时间。

（4） 3D Stroke ：3D Stroke 可以借由多个 mask 的 path 计算出质体的笔画线条，并且可以自由地在 3D 的空间中旋转或移动，内建一组 camera，并相容于 After Effects 第五版的 camera。Path 可以以 3D 的方式呈现，并且很容易制作动画。自从 After Effects 允许直接贴上（past） Adobe Illustrator 的 path 作为 mask 后（当然，先决条件是您的电脑必须同时执行这两套程序），便可以自由地发挥艺术力和想象力，并且线条不会因为角度的原因而消失。Repeater 工具可以将所画的路径做 3D 空间的复制，并且能设定旋转、位移以及缩放的程度。3D Stroke 还包含了动态模糊（Motion Blur）的功能，因此当线条快速移动的时候，动画看起来仍然非常的流畅。内建的 transfer mode 功能可以轻易地在一个图层中推叠出许多效果，还有 Bend 和 Taper 功能可以将笔画弯曲变形。

（5） SoundKeys：SoundKeys 是 After Effects 的一个关键帧发生器插件。它允许在音频频谱上直观地选择一个范围，并能将已选定频率的音频转换成一个关键帧串，它可以非常方便地制作出音频驱动的动画。Sound Keys 与来自于 After Effects 的关键帧发生器有着根本的不同，它们（如 Wiggler，Motion Sketch 等）有着自己的调色板，而 Sound Keys 被应用于制作一个有规律的效果，并且用它自己的输出参数生成关键帧，然后用一个表达式连接，这种方式的优点是插件所有的设置可以与工程文件一同被保存下来。在 Sound Keys 发布以前，After Effects 6.0 发行并包括了方便的新的关键帧发生器 Convert Audio to Key-frames。它们主要的区别在于两者所处的位置，Sound Keys 能从频率范围中抽取关键帧而不仅仅是全部的音频振幅，这使得它可能从最合适的击鼓声或是最合适的语音中提取动作。其他的不同就是 Sound Keys 提供了不同的 Falloff 模式。

（6） Echospace：Echospace 是 Trapcode 公司开发的 3D 运动模式插件，应用于 After Effects 视频编辑软件中，它可以为各种类型的图层（比如视频层、文字层、图像层）创建三维运动效果。Echospace 插件通过其内置 Repeat（重发）功能，对原始图层进行复制，创建出若干个新的图层。这些新图层和普通的 After Effects 图层一样，也可以产生阴影和交叉效果。所有复制层都会自动产生运动表达式，这些运动表达式的参数设置与 Echos-pace 特效参数设置相关联，不同的参数设置表现出不同的运动模式与效果。值得注意的是，所有复制层都会有的运动表达式是自动产生的，完全不需要手工输入表达式。

（7） Lux：Lux 利用 After Effects 内置灯光来创建点光源的可见光效果，Lux 可以读取 After Effects 灯光中的所有参数。

2. 插件的安装

各种插件均可以登录官方网站进行插件的下载。After Effects 中的滤镜特效保存在 Support Files \ Plug-ins 文件夹里，特效文件的扩展名是 aex。目前主要有两种安装方式，如果下载的插件文件扩展名是 aex，则直接将该文件粘贴到 Plug-ins 文件夹里即可；而如果是安装文件，则安装过程中将安装路径选择为 Support Files \ Plug-ins。图 5-60 和图 5-61 所示为插件 Trapcode Echospace 的安装过程。

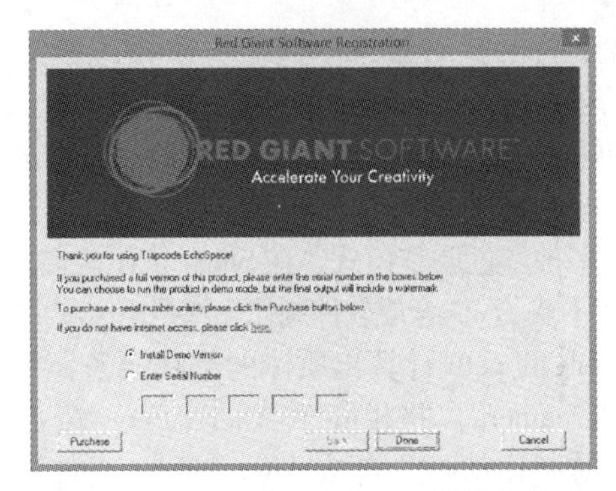

图 5-60 Trapcode Echospace **插件安装** 1

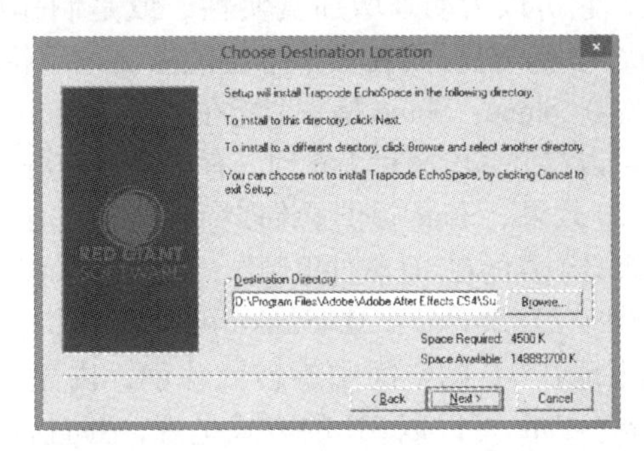

图 5-61 Trapcode Echospace **插件安装** 2

5.2.6 三维空间的创建

1. 三维空间的概念

三维即前后、上下、左右空间，三维空间的长、宽、高三条轴，反映三维空间中的物体相对于原点的距离关系“维”，在此表示方向。众所周知：一维空间呈直线性，只被一个方向确立；二维空间呈平面性，由长、宽两个方向确立；三维空间呈立体性，由长、宽、高三个方向确立；三维动画是三维物体在时间方向上的运动状况。四维空间呈时空流动性，由长、宽、高和时间四个方向确立。

定义成三维空间之后，横向移动被定义成为 X 轴方向上的运动，纵向移动被定义成为 Y 轴向上的运动，另外还新增一个表示深度的轴向——Z 轴向。三维空间中的对象会与所处空间和其他三维对象相互发生影响，比如阴影、遮挡等。而且由于观察视角的不同，还会产生各种透视等特殊的效果。

2. After Effects 中的三维层

After Effects 具备了三维层的功能，但是并不意味它能进行三维建模之类的高级功能，After Effects 三维属于片面三维，也就是说在 After Effects 软件里面所有的三维都是像纸一样薄的图层，我们只是让图层在空间中旋转而已，这就区别于其他建模三维软件。虽然 After Effects 软件不具备建模的功能，但是它可以读取由三维建模软件绘制的带有深度空间信息的图片（当然不是用 JPEG 格式输出），并且进行相应的操作。例如，导入一个由 3D MAX 创建的房间图片，在 After Effects 软件中可以将人或物体等对象，安插在三维房间中的任何位置，而不只是将对象放在最前面。也就是说，After Effects 软件添加了层在纵深轴 Z 轴上的运动的可能，并且提供了摄像机和灯光等的三维辅助工具。

3. 转换为三维层

除了声音层，所有素材层都能可以实现三维层功能，即只需在图层属性开关窗口打开 3D 图层开关即可，如图 5-62 所示。确保时间线窗口左下角的 Expand or Collapse the Layer Switches Pane 按钮处于按下状态，单击 3D Layer 下面的矩形框，出现标识，即可将图层转换为三维层，转换后图层多一个 Material Options（材质）属性。

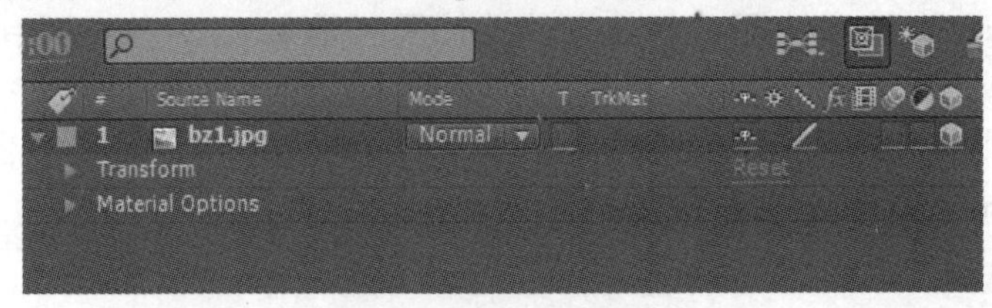

图 5-62 3D **图层开关**

4. 三维视图

在合成预览窗口中，可以通过下拉式菜单，在各个视图模式中进行切换，具体可分为正交视图、摄像机视图和自定义视图，如图 5-63 所示。

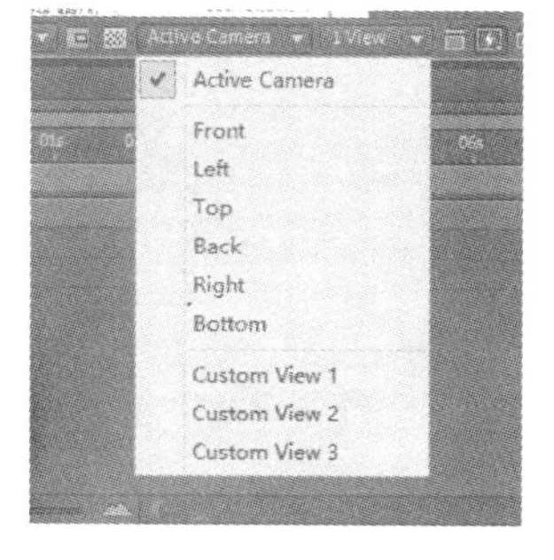

图 5-63　视图模式

（1）正交视图包括前视图、左视图、背视图、右视图、顶视图、底视图。

（2）摄像机视图是从摄像机的角度，通过镜头去观看空间，与正交视图不同的是，这里描绘的空间和物体是带有透视变化的视觉空间，非常真实地再现近大远小、近长远短的透视关系。

（3）自定义视图是从默认的角度观看当前空间，可以通过工具窗口中的摄像机视图工具调整其角度。直接选中某层，上下拖动到合适的位置。

【案例 3】阴影效果制作

【具体操作】

本例主要包括三维空间搭建和添加灯光两个过程。

（1）新建一合成层，时间为 10 秒。然后新建一固态层，命名为地面，颜色为灰色。打开三维层开关，在该图层的 Transform 属性中的 X Rotation 选项旋转度数改为 90。合成窗口中选中素材的 Z 轴向下移动，形成图 5-64 所示效果。

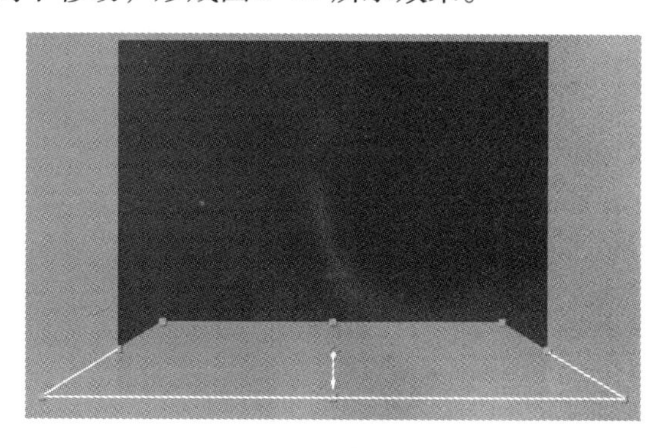

图 5-64　地面设置

（2）同样方式建立一个名字为“墙面”大小与地面图层相同的固态层。打开 Left（左）视图，在合成窗口中调整 Y 轴和 Z 轴，效果如图 5-65 所示。

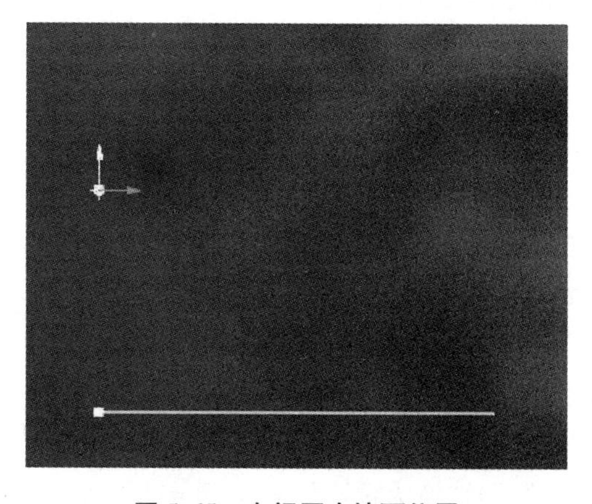

图 5-65　左视图中墙面位置

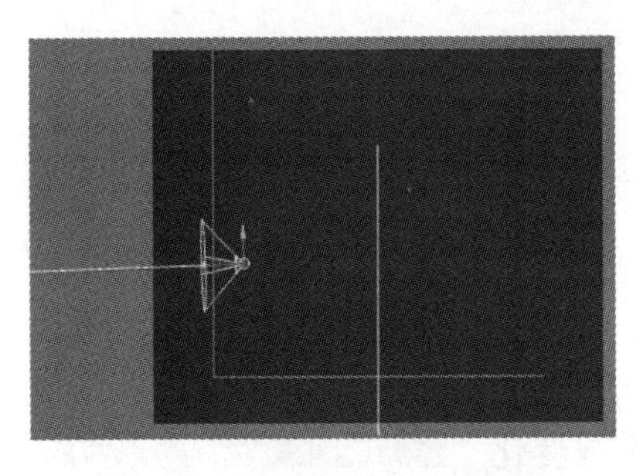

图 5-66 左视图中摄像机位置

(3) 回到 Active Camera (摄像机) 视图，插入摩托车素材，打开三维开关，通过调整使其在地面上。这里的摩托车图片需要含有透明度信息的素材。

(4) 以上步骤为三维空间搭建过程，为了增强三维空间的效果，可以在合成层中引入灯光和摄像机，本例引入灯光。在图层窗口中右击，选择 New/Light 命令添加灯光，弹出灯光属性对话框。其中，将 Casts Shadows (投射阴影) 选中，表示物体受此灯光照射后可出现阴影。在合成窗口中可见灯光图层是三维图层，切换到左视图调整位置以及灯光的照射目标点如图 5-66 所示。从第 0 秒到第 5 秒做图层属性 Position 的关键帧，使 Light 图层在 Z 轴方向移动。第 5 秒到第 8 秒做图层属性 Y Rotation 的关键帧，使摄像机沿 Y 轴旋转 45 度。

(5) 打开摩托车图层的 Material Options 属性，将 Casts Shadows 选项改为 On，表示该图层会接收灯光并投射阴影。至此，便完成了灯照摩托车的制作。

本节知识总结

理论要点

1. 掌握动画制作的基本流程，关键帧概念。
2. 了解主要滤镜组特效产生效果。
4. 熟悉表达式的含义和应用时机。
5. 了解一些常用插件。
6. 了解图层在三维空间中的作用。

技术把握

1. 熟悉菜单栏、工具栏以及各个窗口的相互配合使用。
2. 熟练表达式的添加方法，了解一些常用表达式。
3. 掌握插件的安装方法。
4. 熟练掌握三维空间的搭建方法。

操作要点

首先，能够查找素材资料，并顺利导入到软件中。

其次，掌握关键帧动画制作步骤，即先选时间点，再打关键帧，然后改变时间点、参数值。并可制作关键帧动画。

最后，了解不同滤镜特效的类型和作用。

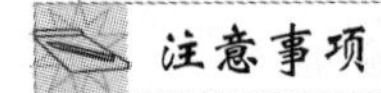

注意事项

在制作特效动画过程中，一定要注意导入素材的格式和路径问题，如果无法导入 After Effects 中，可以通过格式转换器转换为标准格式进而导入。最好将导入的素材与项目文件放在同一个文件夹内，防止作业上交过程中素材丢失，影响制作效果。

5.3　案 例 制 作

5.3.1　水墨山水案例

水墨画是中国特有的一种画技，简称国画。讲究一种意境“无中到有”有一种晕染的感觉。所以在制作中要把握好水墨特效的自然流畅，虚实变化。

【案例 4】水墨画效果制作

掌握该类案例的制作流程，熟练应用多种特效滤镜，并能够制作与本例类似的特效效果。

操作流程如下。

（1）分析制作最终效果需要的主要特效种类，提前下载需要的插件，也可在需要时进行插件安装。

（2）分析案例制作主要步骤，按照先主后次的顺序进行。

（3）整理好制作需要的素材，都保存在统一文件夹中，以备今后学习交流时使用。

（4）输出为标准视频格式，上交并存档。

【案例 5】多种滤镜综合使用技巧

本案例中所需要的滤镜有：Curves、Hue/Saturation、Median、Displacement map、Fast Blur、Linear Color Key、Find Edges、Fractal Noise。

【具体操作】

（1）新建一个合成 Comp1，尺寸为 720 × 576，时间为 10 秒，在合成 Comp1 里将图片素材“书法”导入到时间线上，为该图层添加 Linear Color key 特效，用吸管工具单击素材的背景色，将底色去除，设置如图 5-67 所示，调整素材的大小和位置。

然后再新建一个 Comp2，尺寸为 720 × 576，时间为 10 秒，在 Cmop2 中添加 Fractal Noise 特效，为 Fractal Noise 滤镜中的 Evolution 制作关键帧动画。在 0 秒处 Evolution 设置为 0，到 10 秒处设置为 2，如图 5-68 所示。

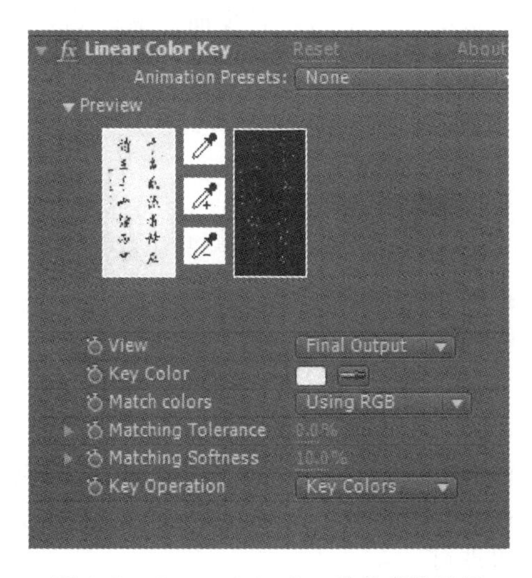

图 5-67　Linear Color key 特效参数设置

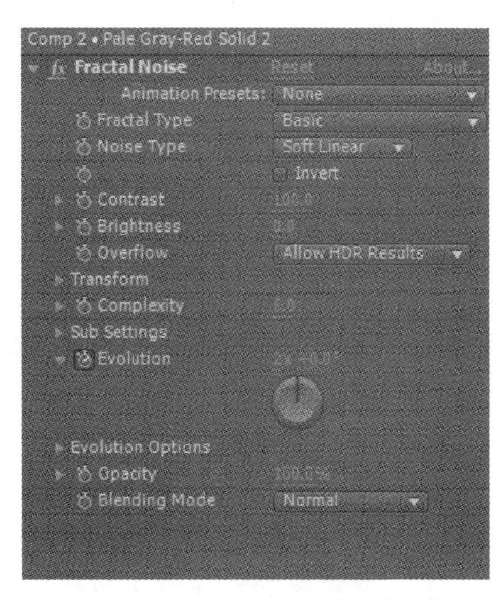

图 5-68　Fractal Noise 特效参数设置

然后给 Fractal Noise 加一个矩形遮罩，面积比 Fractal Noise 要大一些。然后给遮罩做一个动画，使 Fractal Noise 在 0 帧处完全显示，在 10 秒处完全消失。将 Mask 1 中的 Mask Feather 中的 X 轴的数值设置为 120，为遮罩的左右两侧加羽化，如图 5-69 所示。

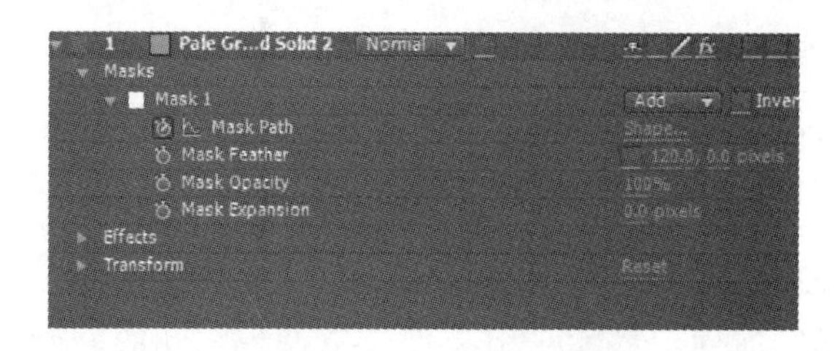

图 5-69 Mask 1 的参数设置

再新建一个 Comp3，尺寸为 720×576，时间为 10 秒，制作流程与 Comp2 一样，在 Comp3 中的固态层中加入 Curves 特效，设置如图 5-70 所示。

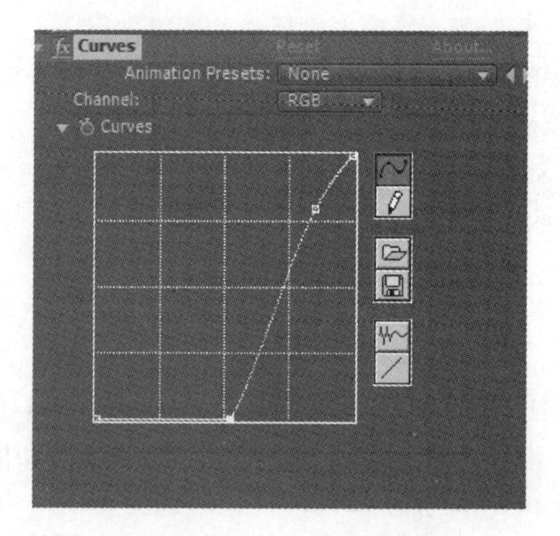

图 5-70 Curves 特效参数设置

（2）将新建合成命名为“书法”，尺寸为 720×576，时间为 10 秒，将背景变为透明，把前面的 Comp1、Comp2、Comp3 拖入到最后的合成窗口中，排列好后叠加；隐藏 Comp2 和 Comp3，如图 5-71 所示。

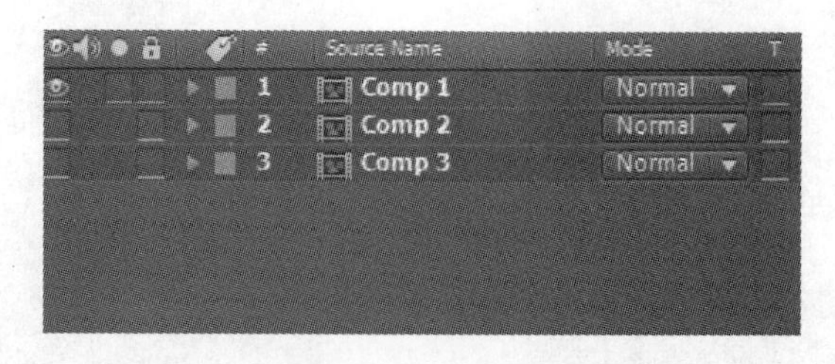

图 5-71 隐藏 Comp2、Comp3 合成

再给 Comp1 合成添加 Compound Blur 特效，将 Compound Blur 里的 Blur Layer 设为 Comp3，并调整其模糊值。为 Comp1 添加 Displacement map 效果，将 Displacement Layer 设为 Comp2，调整其下两个参数，直到调整到满意效果即可。

（3）新建合成命名为“总合成”，尺寸为 720 × 576，时间为 15 秒，导入一个山水视频素材、一段视频素材和一张书法作品图片。将山水素材拖到时间线中，为图层加入 Levels（色阶）特效，调整 Input White 值为 180，将其亮部提亮。再为图层添加 Median（中间值）噪波特效，使画面出现绘画效果，注意 Median 值不要太大，2～4 就可以。水墨画只有黑白灰的，所以加入 Hue/Saturation（色相饱和度）特效，将 Master Saturation 参数调为 -95 降低饱和度。再调高 Levels（色阶）特效中的 Input Black 值，将暗部变暗。然后加入 Fast Blur（快速模糊）特效，Blurriness 调为 3，使画面模糊。全部滤镜特效设置如图 5-72所示。

再将山水视频素材拖到时间线，放到图层最上面，加入 Hue/Saturation 特效，把颜色调到只剩黑、白、灰为止，再添加 Find Edges 效果，来查找它的边缘，并给它添加一个 Linear Color key 特效，用吸管工具选择素材中的白色，将画面中最亮的部分去除。这时的线条有些生硬，可以加 Fast Blur（快速模糊）特效，具体设置如图 5-73 所示。

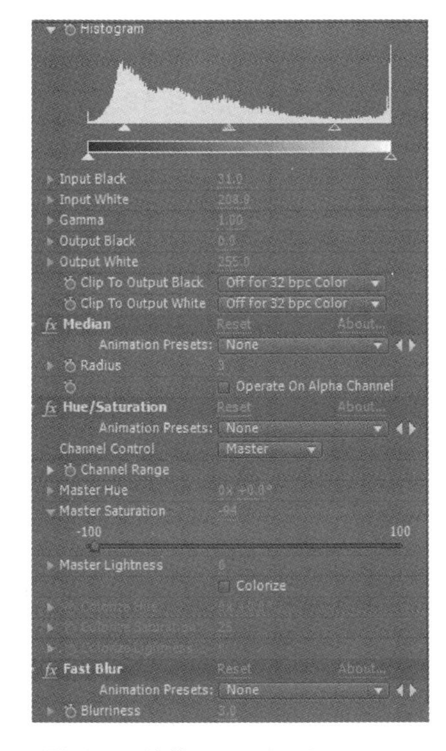

图 5-72　特效 Levels、Median、Hue/Saturation、Fast blur **参数设置**

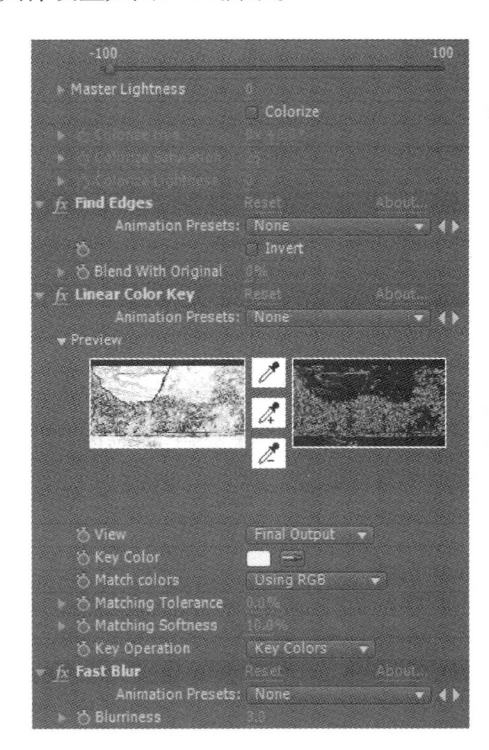

图 5-73　特效 Find Edges、Linear Color key **参数设置**

选择两个图层，单击 Layer/Pre-composition 命令为两个图层打包。视频素材拖到时间线上，放在 Pre-comp 1 图层下面，将时间线中素材的 Mode（叠加方式）变为 Linear Burn，这时就会出现一种复古的水墨感觉了。需要说明的是，视频素材的颜色，决定最后画面的颜色，这是由于叠加方式的原因，如果感觉颜色不适合可以使用 Hue/Saturation 来调整。再选中 Pre-comp 1 和视频素材两个图层，单击 Layer/Pre-composition 命令为两个图层打包，形成 Pre-comp 2 新合成。

将素材窗口中的“书法”合成层拖到总合成层的时间线窗口，放在 Pre-comp 2 上面，即可完成实例的制作。

【**温馨提示**】在完成以上操作后，可以按照本人的喜好对各项参数进行设置，以便深入理解。

【**训练任务**】

搜集视频素材并将其做成水墨画效果。

【**训练要求**】

每名学生至少选择一个任务，要求学生能够认真完成任务，有所创新。

【**验收方法**】

教师可适当进行操作示范，学生根据操作步骤进行操作，并把制作好的作品发给老师。课堂上，教师组织学生分析作品质量情况，存在优缺点。教师点评、分析出现的问题并总结。课后，学生将作品分析材料交给教师。

5.3.2 新闻片头案例

After Effects 在电视领域主要用来做新闻片头。当前的新闻类片头一般都将 3D 与 After Effects 结合，制作立体感强的片头，如 CCTV 的新闻联播片头的地球就是 3D 软件制作完成。本例不引入 3D 知识，只是讲授简单的新闻片头制作方法。使学生掌握新闻片头的制作流程，熟练应用多种特效滤镜，分析各种新闻片头的制作方法，并可模仿制作。

操作流程如下。

（1）制作最终效果需要的除了内部特效外还需要 Knoll Light Factory 和 Trapcode Particular 插件，了解插件特点，并下载安装。

（2）案例制作主要步骤为：开场部分、转场部分和字幕出现三个部分。

（3）整理好制作需要的素材，都保存在统一文件夹中，以备今后学习交流时使用。

（4）输出为标准视频格式，上交并存档。

【**案例 6**】**健康美食片头制作练习**

【**具体操作**】

（1）开场动画制作

① 新建一个合成大小为 720 × 576，时间 5 秒，名称为“前四秒”。再新建一个固态层，颜色 RGB 值为（1，30，5）的深绿色，命名为“底色”。在底色层上加 Light Factory LE 特效（插件），对 Brightness、Scale 和 Angle 参数做关键帧，数值如图 5-74 所示，层模式调整为 Overlay（蒙版）；再对 Light Source Location、Flare Type、Location Layer、Obscuration Layer、Obscuration Type、Source size 这 6 个参数进行设置，数值如图 5-75 所示。

图 5-74 Brightness、Scale、Angle 参数的关键帧设置

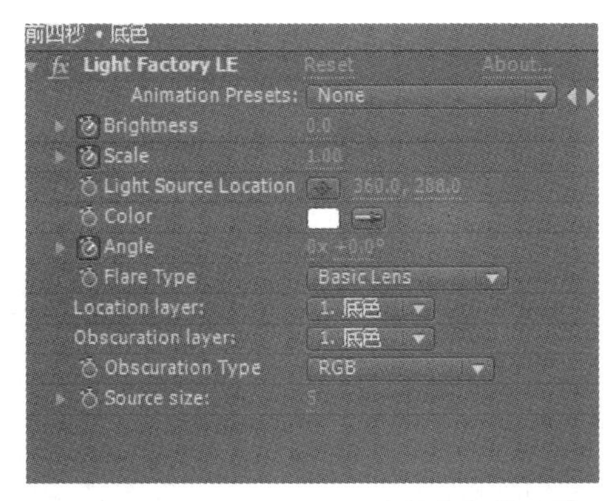

图 5-75　Light Factory LE 特效参数的设置

② 新建一个固态层，颜色为 RGB 值（48，237，53）的绿色，命名为“圆圈”，在画面中央做两个圆形 Mask（遮罩），将内部遮罩的蒙版混合模式变为 Subtract（相减）模式，两个遮罩 Mask Feather（羽化）值调为 40，再将该图层的入点调为 15 帧，然后做“圆圈”图层的 Scale（缩放）动画，数值为 0～220，时间为 15 帧～2 秒 12 帧，设置如图 5-76 所示。

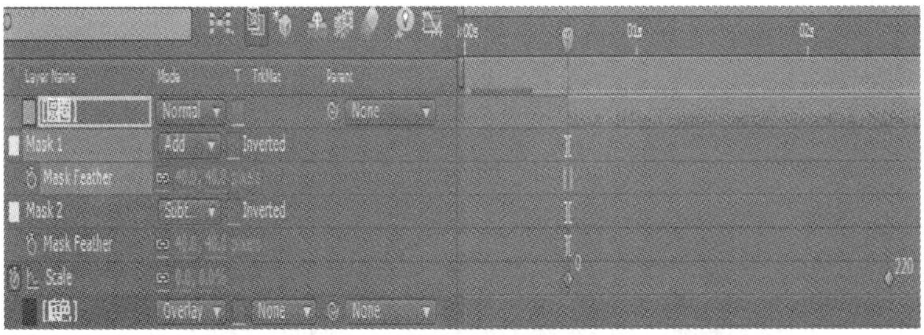

图 5-76　遮罩关键帧设置

按组合键 Ctrl + D，复制两个“圆圈”图层，将入点分别设置为 1 秒 13 帧和 2 秒 5 帧。再新建一个绿色固态层，命名为“椭圆”，在画面中央画一个椭圆遮罩，Mask Feather（羽化）设为 108，做该图层 Scale 的动画，数值为 0～100，时间为 0～15 帧。将图层的混合模式改为 Overlay，如图 5-77 所示，开场动画制作完毕。

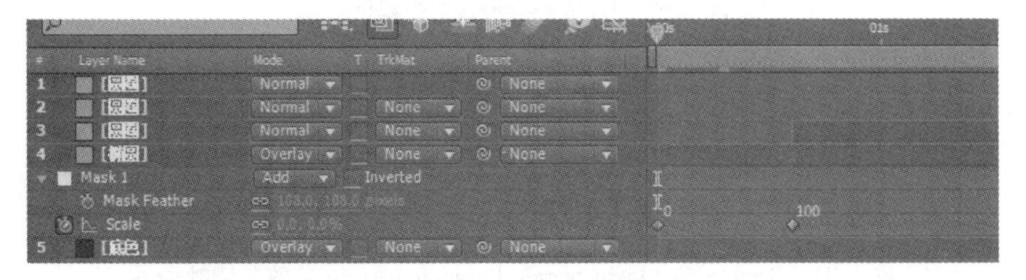

图 5-77　遮罩缩放动画

（2）转场动画制作

① 新建一个合成层，命名“画面上的圆”，大小 720 × 576，时长 5 秒，新建一个白色固态层，画面中央有两个圆形遮罩，内部遮罩蒙版选择 Subtract（相减）模式，羽化值调为 30，画一个遮罩，如图 5-78 所示，做羽化半环遮罩蒙版选择为 Subtract 模式，羽化值调为 210。

新建一个合成层，命名为“画面 1”，大小 720 × 576，时长 5 秒，导入图片素材“美食 1”，通过 Scale 选项调整大小。在画面中央画一个圆形遮罩，羽化值为 105。导入合成“画面上的圆”，画一个遮罩，如图 5-78 所示，羽化值设为 15。复制图层“画面上的圆”，设置复制图层的 Rotation（旋转）值为 0 × 180，调整三个图层形成如图 5-79 所示的效果。

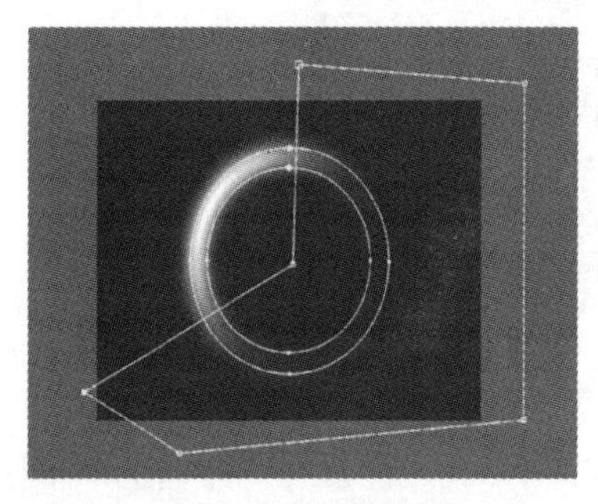

图 5-78 遮罩绘制

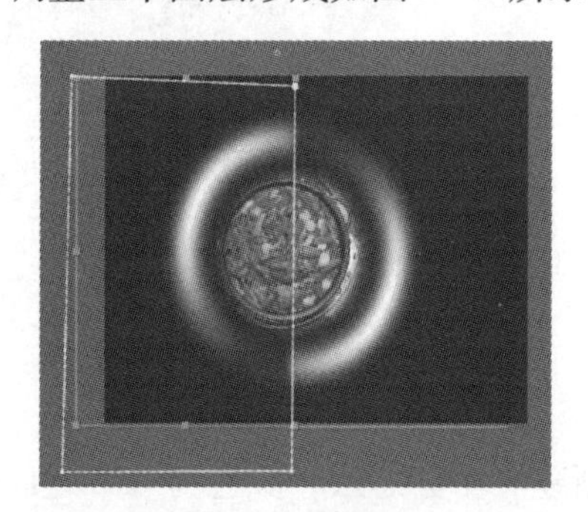

图 5-79 遮罩绘制

按照“画面 1”合成制作方法，同样制作合成“画面 2”、“画面 3”、“画面 4”、“画面 5”。

② 新建合成“后四秒”，大小 720 × 576，时长 10 秒，将合成“前四秒”中的“底色”图层复制到该合成中，并将出点拖动到 10 秒处。修改特效 Light Factory LE 参数，如图 5-80 所示，对 Brightness、Light Source Location 和 Angle 参数做动画，设置如图 5-81 所示。

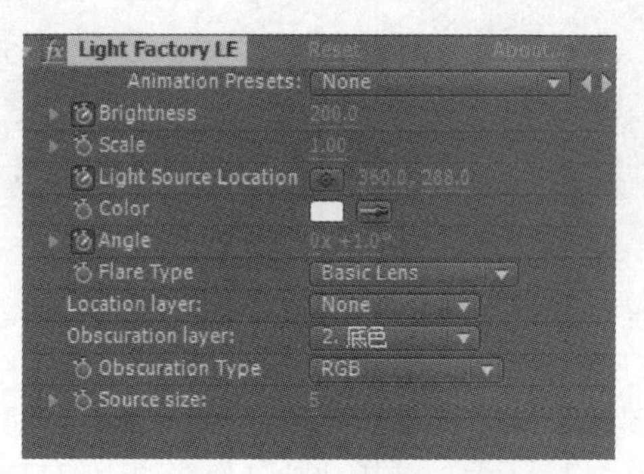

图 5-80 Light Factory LE 参数的设置

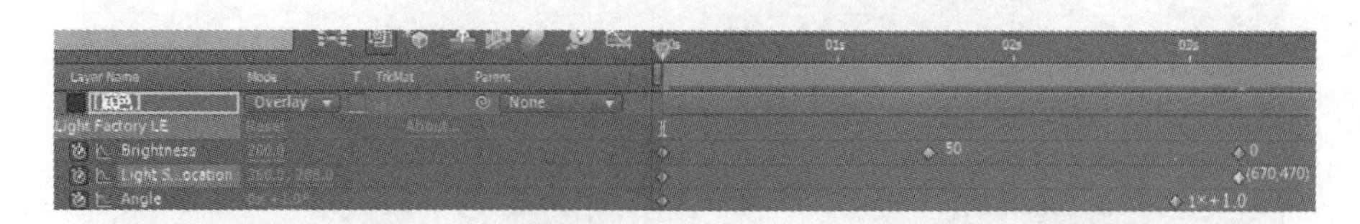

图 5-81 Brightness、Light Source Location、Angle 参数关键帧动画

新建两个固态层，设置颜色的 RGB 值为（48，237，53）的绿色底 1 和绿色底 2，画出不规则遮罩，如图 5-82 所示，羽化值设为 150，为两个固态层添加 Ramp 特效，参数设置如图 5-83 所示。其中，Start Color 和 End Color 的 RGB 值分别是（1，50，3）和（48，237，53）。

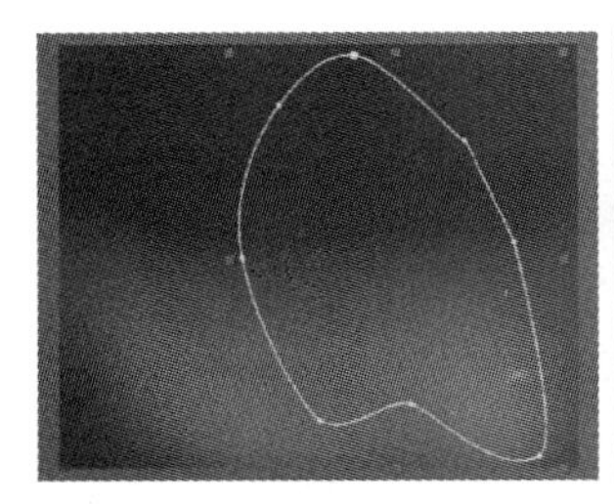
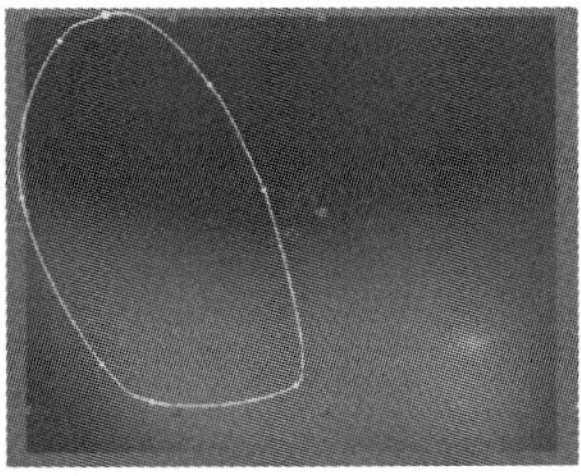

图 5-82　遮罩绘制

图 5-83　Ramp **特效参数设置**

复制“绿色底 1”和“绿色底 2”图层，在复制图层上加特效 Directional Blur，Blur Length 值设为 500，并做参数 Direction 的动画，图层模式改为 Lighten，设置如图 5-84 所示。

图 5-84　Directional Blur **特效关键帧动画**

新建固态层，命名为“粒子”，添加 Particular 特效，在 Emitter 面板中，将 Particles/sec 设置为 50，Emitter Type 设置为 Sphere；在 Particle 面板中，将 Life [sec] 设置为 2.0，Life Random [%] 设置为 50，Sphere Feather 设置为 20，Size Random [%] 设置为 100，Opacity 设置为 60，Color 设置为纯黄色，Color Random 设置为 13；在 Physics 面板中，将 Gravity 设置为 20。做参数 Position XY、Position Z、Velocity、Size 的动画。设置如图 5-85 所示。

图 5-85　Position XY、Position Z、Velocity、Size **参数关键帧动画**

其中，Position XY 为利用 Wiggle（摆动）工具设置完成的，步骤是，设置 Position XY0 秒和 2 秒 6 帧数值，选中两个关键帧，打开 Wiggle 面板将 Frequency 设置为 20，Magnitude 设置为 150，单击 Apply 按钮即可完成。

导入合成“画面 1”、“画面 2”、“画面 3”、“画面 4”、“画面 5”，打开三维开关，做

Position、Scale、Opacity 参数的动画。并调整 5 个图层的入点，具体设置如图 5-86、图 5-87所示。

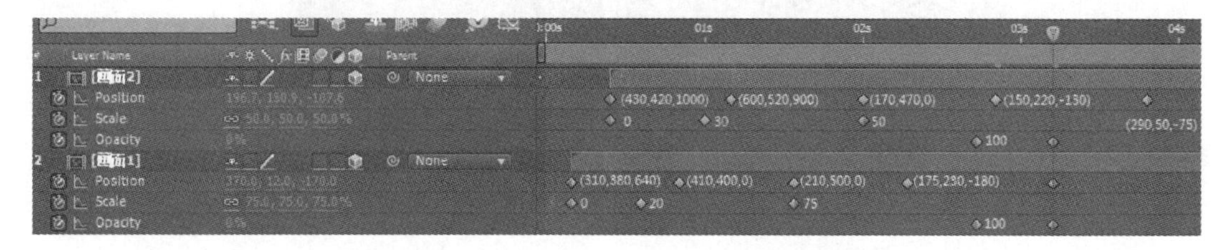

图 5-86 Position、Scale、Opacity 参数关键帧

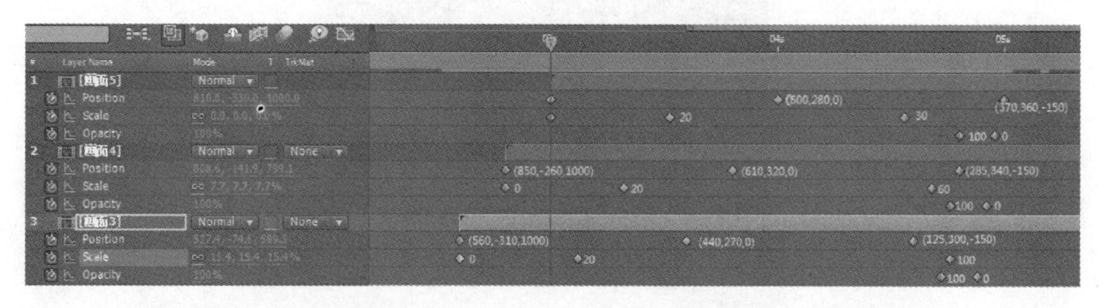

图 5-87 Position、Scale、Opacity 参数关键帧

③ 新建合成层“八秒”，大小 720 ×576，时长 15 秒，导入合成层“前四秒”和“后四秒”，调整“后四秒”入点到 3 秒 6 帧，并做叠化效果，设置如图 5-88 所示。

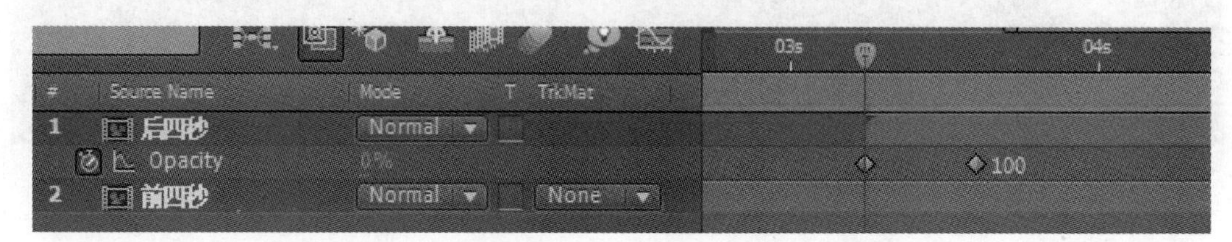

图 5-88 叠化效果处理

新建合成层“总合成”，大小 720 ×576，时长 15 秒，新建一个固态层，颜色 RGB 值为（0，115，80），调整该图层的入点为 7 秒 6 帧，同样做叠化效果，设置如图 5-89 所示。

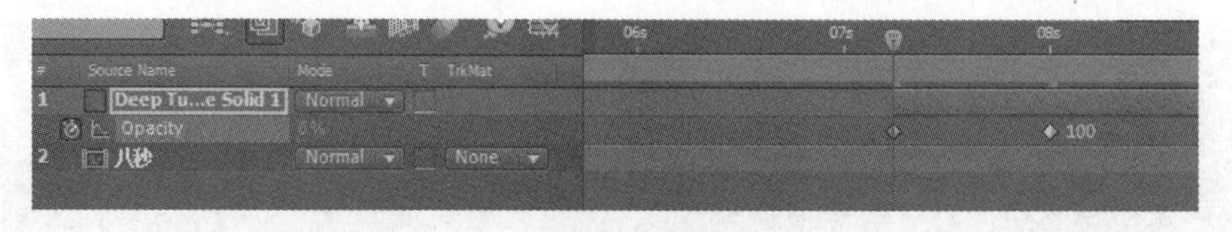

图 5-89 叠化效果处理

复制“后四秒”合成层中的“粒子”图层，对 Particular 特效进行修改。在 Emitter 面板中，关闭参数 Position XY 关键帧的记录器，将值改为（360，288）；关闭 Position Z 参数关键帧的记录器，将值改为 -640；关闭 Velocity 参数关键帧的记录器，将值改为 300。在 Particle 面板中，将 Size Random [%] 设置为 40，Opacity 设置为 25，Opacity Random 设置

为 80。做 Particular 特效 Size 和图层 Transform 中的 Opacity 动画，设置如图 5-90 所示。

图 5-90　Particular 特效关键帧动画

导入 Photoshop 制作的字幕“logo”，在合成窗口中放置合适位置，入点为 7 秒 6 帧，做 Scale、Opacity 动画。设置如图 5-91 所示，加入 Drop Shadow 特效，将 Distance 设置为 14，Softness 设置为 25。加入两个 Light Factory LE 特效，将 Light Factory LE 特效中的 Scale 设置为 2，Color 设置为深绿色，RGB 值（1，50，3），做 Brightness、Light Source Location 动画，设置如图 5-92 所示。将 Light Factory LE2 特效中的 Brightness 设置为 80，Scale 设置为 3、Light Source Location 设置为（134，140），Flare Type 的为 Basic Lens。

图 5-91　Scale、Opacity 参数关键帧动画

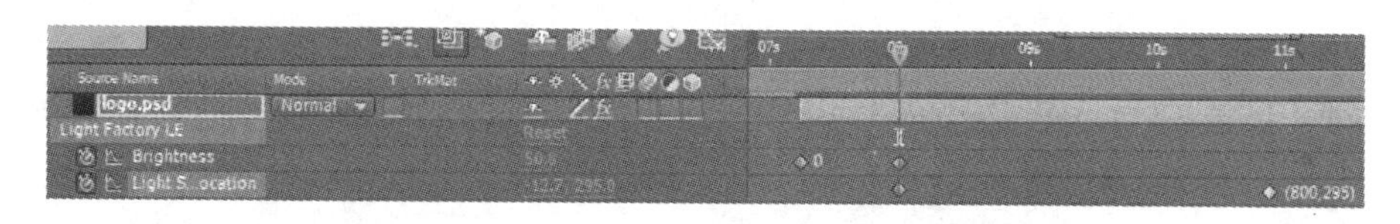

图 5-92　Brightness、Light Source Location 参数关键帧动画

最后导入背景音乐，完成实例制作。

【温馨提示】在完成以上操作后，可以按照本人的不同喜好对各项参数进行设置，以便深入理解。

【训练任务】

制作下列相关内容的节目，题目自拟，方法不限。

（1）利用 Knoll Light Factory 插件制作不同光效。

（2）了解 Particular 插件制作粒子效果。

（3）分析不同新闻、娱乐类节目片头制作的主要步骤。

（4）学习 3D 软件为制作复杂节目片头做准备。

【训练要求】

每名学生至少选择一个任务，要求学生能够认真完成任务，有所创新。

【验收方法】

教师可适当进行操作示范，学生根据操作步骤进行操作，并把制作好的作品发给老师。课堂上，教师组织学生分析作品质量情况，存在优缺点。教师点评、分析出现的问题并总结。课后，学生将作品分析材料交给教师。

5.3.3 粒子经典案例

在 After Effects 中，粒子经常与光效结合，用来制作文字特效、爆炸特效等，使用非常广泛，在众多的粒子特效中，应用最多、效果最丰富的当属 Particular 特效。下面主要讲授如何通过该特效制作炫目粒子的出字效果。

【准备知识】

掌握 Particular 特效对粒子控制的主要项目参数，可以利用该插件制作简单的粒子特效。

【案例 7】表达式及滤镜使用

【具体操作】

(1) 制作光晕。

新建合成层“总合成”，大小 1920×1080，时长 10 秒，在时间线上新建固态层“光晕”，为该图层添加特效 Lens Flare，做参数 Flare Center 动画，时间点为 0 至 1 秒 15 帧，再做参数 Flare Brightness 动画，时间点为 0 至 1 秒 5 帧～1 秒 15 帧，具体数值见图 5-93。然后，添加 Hue/Saturation 特效，将 Colorize 选中，Colorize Hue 值设为 0 × +200。图层混合模式设置为 Screen。

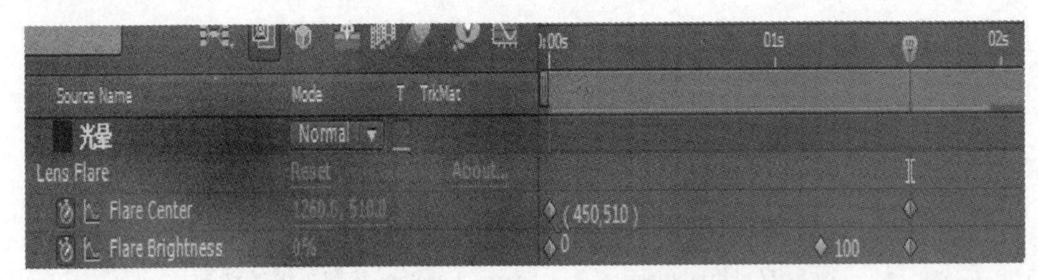

图 5-93 Flare Center、Flare Brightness 参数关键帧动画

(2) 制作多层粒子。

① 在时间线上新建固态层“粒子 1”，为该图设置层添加特效。在 Particular，Emitter 面板中做参数 Particles/sec 动画，1 秒 15～1 秒 16 帧，帧为 450～0；做参数 Position XY 的表达式，让粒子的发射点随着光晕中心运动，设置如图 5-94 所示。在 Particle 面板中，Size 为 3.5，Size over Life 和 Opacity over Life 设置如图 5-95 所示，Color 调为蓝色，HSB 值为（188，96，100），Transfer Mode 设为 Add。在 Physics 面板中，Air/Turbulence FieSld/Affect Position 设为 400，使粒子位置紊乱。在 Rendering 面板中，Motion Blur 设为 On。

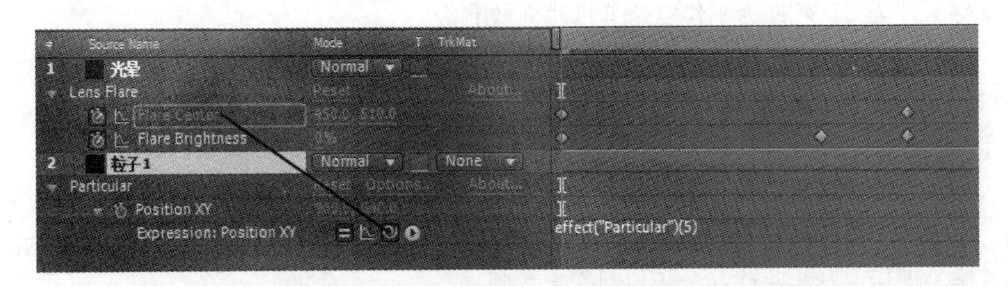

图 5-94 参数 Position XY 的表达式

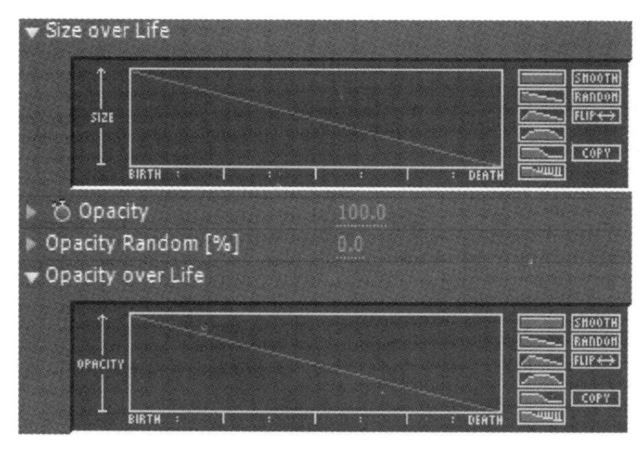

图5-95 Size over Life、Opacity over Life 参数设置

② 为“粒子1”图层加入Glow（辉光）特效，调整Glow Threshold为50。然后复制“粒子1”图层，命名为“粒子2”，将该图层Glow特效中的Glow Intensity值设置为2。完成1、2层的发射粒子制作。

③ 为使粒子的层次感更强，再次复制“粒子2”图层，时间指示器放在1秒15帧，修改Emitter面板中的Particles/sec值为500，Particle面板中的Color为橙色，HSB值为(20，82，100)。将Glow特效中参数Glow Threshold设置为70，Glow Radius为20，Glow Intensity为1.5。再将“粒子3”图层复制，将Glow特效中的参数Glow Intensity设为1。这样，第3、4层发射粒子制作完成。

④ 再次将“粒子4”复制，时间指示器放在1秒15帧，将Emitter面板中的Particles/sec值设置为750，Velocity Random为100，Velocity from Motion为31；Particle面板中的Life[sec]为3.5；Physics面板中的Air/Turbulence Field/Affect Position为250。将Glow特效中参数Glow Threshold设置为30，Glow Intensity为2。这样，第5层发射粒子制作完成。

⑤ 复制“粒子5”命名为“大粒子1”，时间指示器放在1秒15帧，将Emitter面板中Particles/sec值设置为200，Velocity Random为20，Velocity from Motion为20；Particle面板中的Life[sec]为3，Size为6，color为浅蓝色，HSB值为（205，32，100)；Physics面板中的Air/Turbulence Field/Affect Position设为0。将Glow特效中的参数Glow Threshold设置为50，Glow Radius为10，Glow Intensity为1。再将“大粒子1”图层复制以提高该图层亮度。

以上步骤完成多层粒子的制作，时间线中图层情况如图5-96所示。

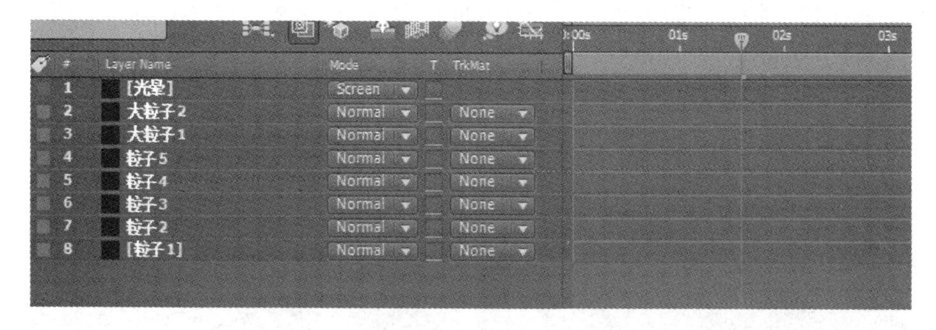

图5-96 图层情况

(3) 制作线条。

① 复制“粒子5”图层，命名为“线条1”将Emitter面板中的Particles/sec值设置为

600，Velocity 为 0，Velocity Random 为 0，Velocity from Motion 为 0；Particle 面板中的 Life［sec］为 4，Size 为 1.4；Physics 面板中的 Air/Turbulence Field/Affect Position 为 200；Rendering 面板中 Motion Blur 为 Off。将 Glow 特效中的参数 Glow Threshold 设置为 40，Glow Intensity 为 0.5。这样，第 1 根线条制作完成。

② 再复制“线条 1”图层，将 Emitter 面板中的 Velocity from Motion 设置为 25；Physics 面板中的 Air/Turbulence Field/Affect Position 为 1000。这样，第 2 根线条制作完成。

③ 复制“线条 2”图层，将 Physics 面板中的 Air/Turbulence Field/Affect Position 设置为 700。将 Glow 特效中的参数 Glow Intensity 设置为 2。这样，第 3 根线条制作完成。

④ 再次复制“线条 3”图层，将 Emitter 面板中的 Particles/sec 值设置为 300；Particle 面板中的 Life［sec］为 3.5，Size 为 0.8；Physics 面板中的 Air/Turbulence Field/Affect Position 设为 30。这样，第 4 根线条制作完成。

（4）制作云雾

① 新建固态层“云雾”，添加 Fractal Noise（分形噪波）特效，将参数 Contrast 设置为 190，Brightness 为 -40，做 Transform 中 Offset Turbulence 动画，时间为 0 ～5 秒，数值为（960，540）～（1200，540），为参数 Evolution 做表达式“time * 100”，如图 5-97 所示。

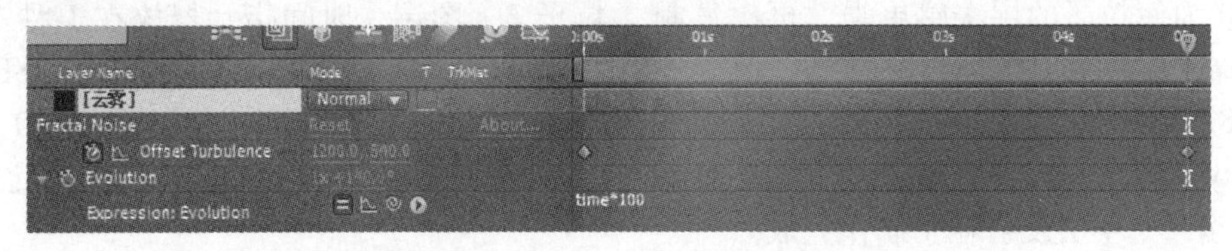

图 5-97 参数 Evolution 表达式

② 为图层画椭圆遮罩，调整羽化值为 100，可通过调整 Mask 的 Mask Expansion 调整云雾大小。再调整 Opacity 值为 20，降低云雾的透明度。

③ 输出为默认视频文件“总合成.avi”。

（5）导入“总合成.avi”，将该素材拖动到项目窗口的 Create a new Composition 按钮上，以视频素材尺寸、时长新建合成层。为“总合成.avi”图层添加 CC Vector Blur 特效，将 Amount 设置为 20，将图层混合模式改为 Screen。导入 PS 制作的定版文字 logo，放在“总合成.avi”图层下面，合成窗口中调整图片大小和位置。为该图层画矩形遮罩，做 Mask Path 的动画，如图 5-98 所示，做 Mask Path 的动画，使文字随着光晕的运动而出现。添加 CC Vector Blur 特效，做参数 Amount 的动画，时间为 18 帧～2 秒 6 帧，数值为 20～0；添加 Turbulent Displace 特效，将 Size 设为 50，做参数 Amount 的动画，时间为 18 帧～2 秒 6 帧，数值为 40～0，如图 5-99 所示。

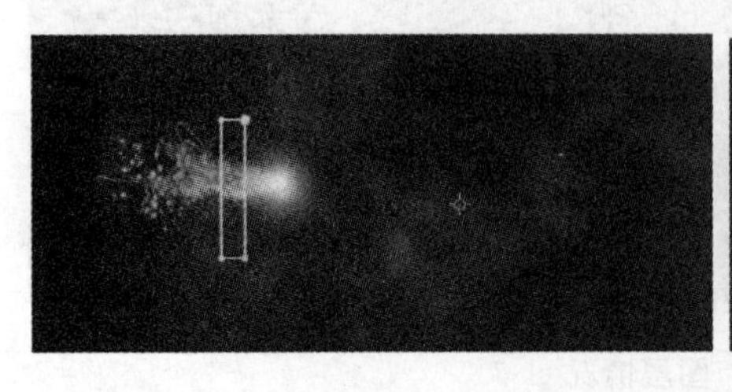

图 5-98 遮罩动画绘制

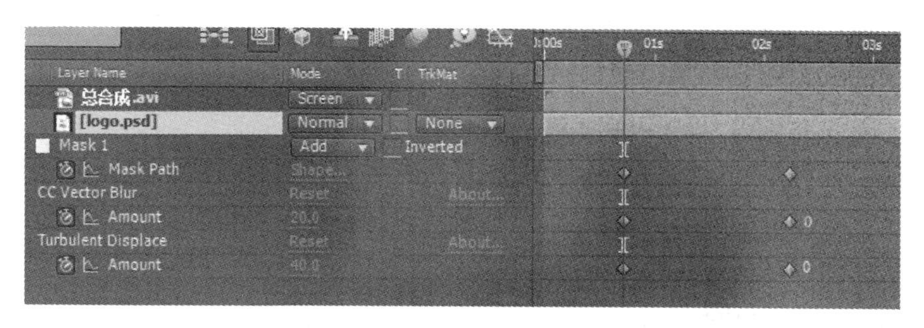

图 5-99　CC Vector Blur、Turbulent Displace 特效关键帧动画

【温馨提示】导出视频时尽量将视频导出为无损的 AVI 格式，尽管文件占用空间非常大，但可以多次利用，减少失真。

【训练任务】

制作下列相关内容的节目，题目自拟，方法不限。

(1) 制作炫彩背景舞动白纱。

(2) 制作火爆枪战效果。

(3) 制作爆炸特效。

【训练要求】

每名学生至少选择一个任务，要求学生能够认真完成任务，有所创新。

【验收方法】

教师可适当进行操作示范，学生根据操作步骤进行操作，并把制作好的作品发给老师。课堂上，教师组织学生分析作品质量情况，存在优缺点。教师点评、分析出现的问题并总结。课后，学生将作品分析材料交给教师。

5.3.4　追踪经典案例

追踪是在影视中经常采用的对源追踪层信息进行置换的一种方法，可以创造出显示不存在的奇特景观。After Effects 自带追踪器 Tracker，采用点追踪，可以进行 1～4 点追踪，本例涉及 2 点追踪。

【准备知识】

了解点追踪的优势与弊端，掌握追踪的方法和步骤，能够利用追踪器创作出各种魔幻的特效作品。

操作流程如下。

(1) 确定源追踪层和目标层，要求源追踪层有明显的运动性。

(2) 保证两个层的融合性，避免产生突兀的效果。

(3) 整理好制作需要的素材，都统一保存在文件夹中，以备今后学习交流时使用。

(4) 输出为标准视频格式，上交并存档。

【案例 9】"追踪"效果制作

【具体操作】

(1) 将视频素材 "BG"、"SKY" 和图片素材 "pyramid" 导入到项目窗口，把 "BG" 拖动到 Create a new Composition 按钮上，以视频素材尺寸、时长新建合成 "BG"。在合成窗口中导入图片 "pyramid" 并调整大小，合成窗口中以金字塔边缘画遮罩 Mask1。为使金字塔与

图 5-100 遮罩绘制

地面融合，在金字塔下部画遮罩 Mask2，羽化值调为 130。时间指示器放在最后一帧处，效果如图 5-100所示。

单击 Window/Tracker 打开 Tracker（追踪）窗口。在时间线上选择 BG. mp4 图层，追踪窗口中的 Motion Source 选择为 BG. mp4，单击 Track Motion 按钮，选择 Rotation。随后，在合成窗口中弹出层窗口，并有两个追踪范围框，将范围框框在图层中的两个与地面晃动状态符合的特征点上，设置如图 5-101 所示。

由于本例视频素材时间短，可多次单击 Analyze（分析）右侧的 Analyze 1 frame backward 按钮 进行反向逐帧追踪。计算机自动进行轨迹运算，在左侧特征点即将出画时，停止追踪，形成如图 5-102 所示的轨迹。

图 5-101 追踪范围框框选

图 5-102 追踪分析后的结果

在时间线上新建 Null Object（空对象），单击追踪窗口的 Edit Target（编辑对象）按钮，在弹出的对话框中将 Layer 选为 Null 1，单击 OK 按钮。然后，单击追踪窗口中的 Apply 按钮，在弹出的对话框中选择 X and Y，单击 OK 按钮。可见 Null 1 图层的 Position 和 Rotation 被自动打上了关键帧。时间指示器指向最后一帧，调整“pyramid”图层位置，然后将该图层的 Parent（父子关系）属性选择为 Null 1，如图 5-103 所示。这样，就完成追踪操作。

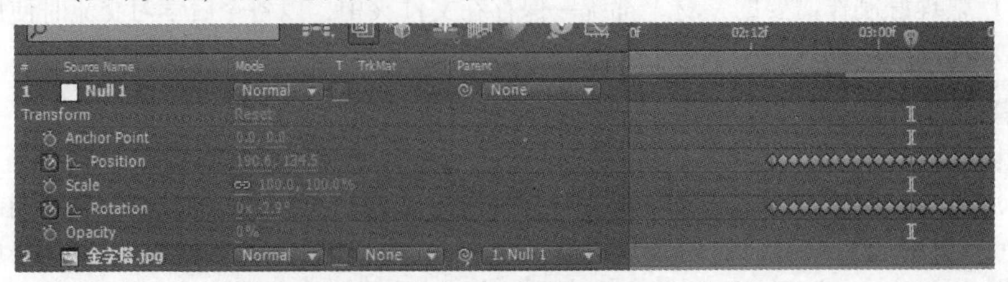

图 5-103 父子关系属性设置

（2）为使画面效果更加逼真，为 pyramid 图层添加 Hue/Saturation 特效，将 Master Saturation 值调为 -60。再添加 Curves 特效，在 Channel（通道）为 RGB 时，调整曲线为下弦线。将 Channel 改为 Red 和 Blue，对应修改的曲线如图 5-104 所示的效果。

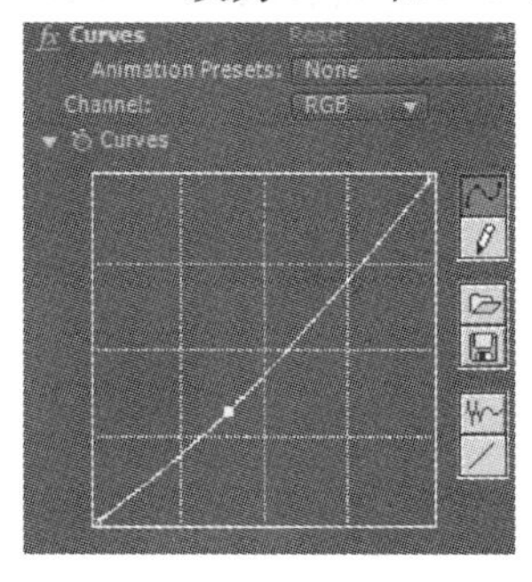

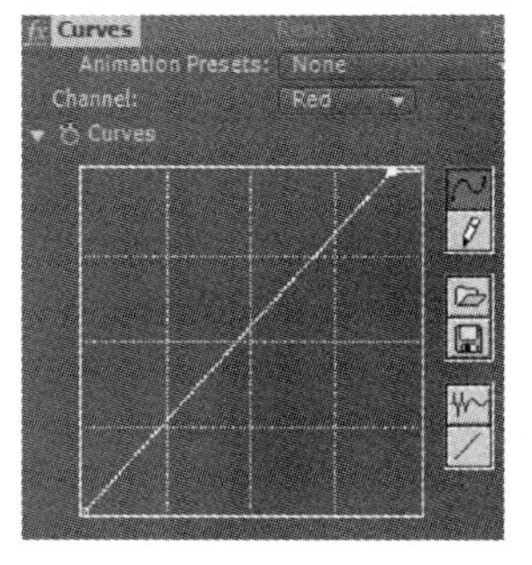

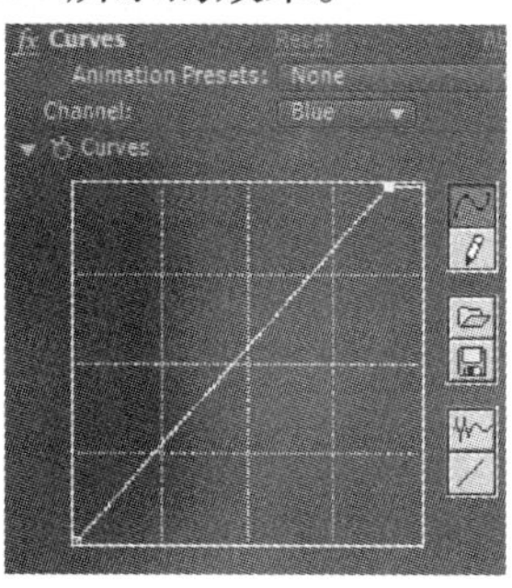

图 5-104　Curves 特效设置

为了使影片变得更加魔幻，在时间线上导入素材 SKY. avi，图层顺序位于 pyramid 和 BG. mp4 之间。将 SKY. avi 图层大小调整为 210，并为图层画矩形遮罩，做遮罩垂直方向的羽化，值设置为 120。再将该图层的 Parent（父子关系）属性选择为 Null 1，则云层跟随地面一起运动。

最后进行整个作品的调色，在时间线上新建 Adjustment Layer（调节层），为该图层添加 Curves 特效。在 RGB 通道中调整曲线效果，在 Red 通道中调整曲线，如图 5-105 所示效果。

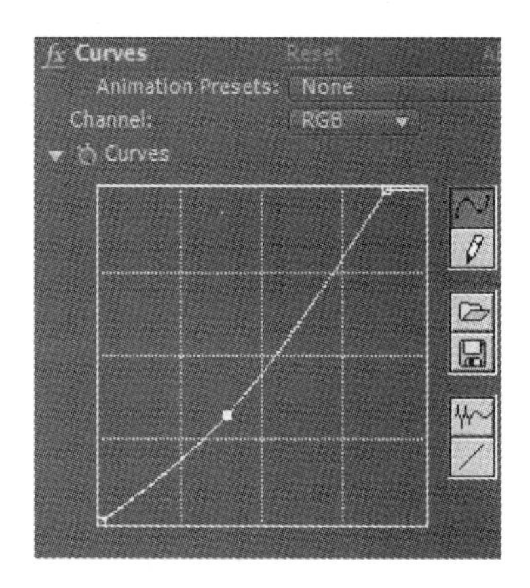

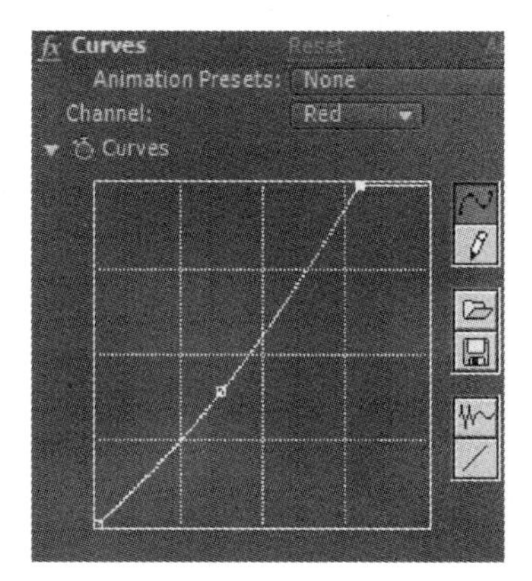

图 5-105　Curves 特效设置

此至，本案例制作完成。

【温馨提示】 追踪过程中尽量避免长时间的自动追踪，最精确的追踪是一帧一帧地追踪，如果要求较高，或情况允许，可以采用这种最原始的方法。

【训练任务】

制作下列相关内容的节目，题目自拟，方法不限。

（1）制作汽车尾气效果。

（2）给人物面部补光。

（3）给火焰掌效果。

【训练要求】

每名学生至少选择一个任务，要求学生能够认真完成任务，有所创新。

【验收方法】

教师可适当进行操作示范，学生根据操作步骤进行操作，并把制作好的作品发给老师。课堂上，教师组织学生分析作品质量情况，存在优缺点。教师点评、分析出现的问题并总结。课后，学生将作品分析材料交给教师。

本节知识总结

理论要点

1. 掌握追踪的基本流程。
2. 掌握粒子系统的主要控制参数。
3. 掌握节目片头制作的基本步骤。
4. 了解使用滤镜的各项参数。

技术把握

1. 熟悉各种调色方法。
2. 熟练应用点追踪器进行精准追踪。
3. 熟练使用粒子系统制作各种特效动画。

操作要点

首先，能够按照步骤完成实例制作。

其次，根据效果，分析案例制作原理。

最后，掌握使用滤镜特效的作用和设置方法。

注意事项

在实例制作中要研究每个参数设置的原因，不要只是简单地复制案例。虽然 After Effects 是软件，但每个特效的制作都是有其科学性的，要弄懂每个案例特效制作的原理。对今后学习过程中举一反三，制作更为复杂、抽象的特效作品打下牢固基础。

5.4 模拟训练

本节的实战技巧训练，教师可以带领学生一起操作，也可以作为教师实训项目任务让学生独立完成。本节列举了一些影视作品中常见的案例和制作准备，通过这些实战训练，使学生能够清晰地了解影视特效类片段制作需要拥有的知识准备和技巧能力。同时，在训练制作的过程中锻炼学生们的协作精神及创新能力，懂得与他人分享、分担成果和责任，了解除了工作之外还有很多伙伴和其他值得珍惜的东西。

5.4.1 滚石来袭

（一）实训目的

熟悉软件的操作界面，掌握软件的使用方法，增强创新节目的制作能力；强化软件学习的牢固性，提高特效制作技术；深入掌握 Mocha 软件的使用，理解追踪在影视后期特效制作中的作用。

（二）实训内容

【准备知识】

本例主要是通过高级追踪软件 Mocha 与 After Effects 软件结合来制作的，追踪摄像机的运动信息，使滚石进入素材中，伪造出现实不存在的滚石袭击特效。

1. 运动追踪

运动追踪是根据对指定区域进行运动的追踪分析，并自动创建关键帧，将追踪的结果应用到其他层或效果上，制作出动画效果。

运动追踪一般用来匹配其他素材与当前的目标像素一致运动，也可用来消除素材自身的晃动。

运动追踪的前提条件是对象为运动着的视频，并且在画面中有明显的运动物体显示，否则无法进行运动追踪。

设置运动追踪前需要确定源追踪层和目标层，源追踪层应选择有明显物体运动的视频层，追踪的过程就是将源追踪层的运动信息附在目标层上。

2. Mocha

After Effects 自带的追踪技术能够提供点追踪，如 1、2、3 或 4 点追踪，但是通过平面信息进行追踪，稳定性和信息量要超过点追踪。

Mocha 是效果功能强大的平面追踪软件，其专有的平面追踪技术可以在很短的时间内准确追踪。

（1）Mocha 软件基本的追踪流程。

① 导入视频素材。

② 画一个宽松的曲线区围绕想追踪的形状。

③ 把“表面”或是角钉放在想加入事物的地方，如果有需要，则可调整追踪。

④ 输出最后的摄像机反求数据。

（2）工作面板。

首先熟悉一下 Mocha 的工作面板。面板中心的是一个画布，大多数工作在这里进行，顶端是工具栏，几乎所有用到的工具都在这里。左右两边是一些控制板，底端是一个调整控制和曲线编辑的控制板。

（3）创建工程。

在开始工作之前，必须打开一个项目，或者是开始一个新的工程，即选择 File \ New Object 完成新工程的创建。

（4）导入视频。

单击窗口最上面一行的右边文件夹图标，将弹出一个浏览器窗口，从中可以选择几乎所有的标准的视频文件，图片序列将会被作为一个特殊的画面显示，可以选择任何一帧，当导入时会将序列合成一个完整的视频。导入序列时，需要注意画面帧速率（FPS）的设置，与 After Effects 中的合成参数保持一致。

（5）基础追踪。

确定追踪区域后，通过工具栏中的平滑曲线或贝斯曲线绘制区域，进行追踪。而区域尽量选择运动趋势相同、对比度高的地方进行绘制。

有些情况需要排除反光面和障碍物，在大区域绘制完成后，对障碍物边缘绘制图形，软件会自动将障碍物排除或反光面在追踪信息外。

绘制后单击 Track Forwards 即可进行追踪。追踪过程中出现出画的区域或未被画入绘制区域的情况，要及时调整，以保证追踪的准确性。

追踪过程可以通过单击 Surface 或 Grid 等进行参考，并及时调整。

（6）导出追踪信息

单击 Export Tracking Data 导出信息，根据需要选择导出类型，单击 Copy to Clipboard 即将追踪信息复制。在 After Effects 中，新建一个空对象，把复制到粘贴板的跟踪信息粘贴上即可。

3. 追踪调整

如果对追踪结果不满意，则可以尝试使用以下方法增强追踪能力和精确度。

（1）重新找更合适的特征点和特征区域。

（2）一定程度的扩大区域范围。

（3）个别时候采用逐帧分析或手动调整纠正自动分析不准确的问题。

追踪完成后目标层的色彩与源追踪层保持一致，主要通过 Color Correction 滤镜组进行调节。

【训练任务】

制作下列相关内容的节目，题目自拟，方法不限。

（1）制作水墨画山水特效。

（2）制作《哈利·波特》影片中的魔幻报纸。

（3）制作飞机 Logo。

（4）制作小孩手拖汽车动画。

（5）制作个性追踪动画。

（6）制作人物服装动画。

【选材要求】

利用本教材中讲授的视频编辑软件和后期制作软件完成以上任务，可独立完成，也可与同学合作完成。素材最好是自行拍摄完成的。选择其中一个项目任务在规定时间内完成，时长不限，画质清晰。调整目标层的光效与源追踪层受光情况一致。

（三）实训要求

每一个作品要求效果逼真、自然，符合自然规律。要充分考虑运动物体的规律，并注重细节的把握。每一名学生都需要认真记录笔记，按步骤操作。边操作边思考，更要发挥个性，有所创新。

（四）实训方法

教师可适当进行操作示范，学生根据操作步骤进行操作，把制作好的作品发给老师。课堂上，教师组织学生分析作品质量情况，存在优缺点。教师点评、分析出现的问题并总结。课后，学生将作品分析材料交给教师。

5.4.2 龙卷风

（一）实训目的

熟悉软件的操作界面，掌握软件的使用方法，增强节目创新制作能力。强化软件学习的牢固性，提高特效制作技术。深入掌握制作龙卷风等粒子特效的主要流程，理解粒子系统的主要控制参数的作用。

（二）实训内容

【准备知识】

制作龙卷风的方法有多种，但都是使用粒子系统进行合成的，本例可用 After Effects CS4 自带滤镜 CC Particle World（CC 粒子仿真世界 ）进行制作。CC Particle World 是较为常用的粒子特效滤镜，可以制作一些基本的粒子特效，它操作起来较为简单，出现效果较为迅速。下面介绍该滤镜的主要参数。

CC 粒子必须建立在固态层上，并且固态层的颜色很重要，其中的某些选项依赖于固态层的颜色。

主要参数如下。

（1）Birth Rate：出生速率，决定产生粒子的多少。

（2）Longevity：生命，决定粒子的生命周期，即从出生到死亡的时间。

（3）Producer：发生器（X、Y、Z 方向的位置与半径）。

（4）Physics：物理属性，此选项难度大，但使用频率非常高。

① Animation：动画分为爆炸、方向轴、锥形轴、黏性、扭转、回旋、涡流、喷射、向侧面喷射、全方向分形、单方向分形等 11 种类型。

② Velocity：速度，提升速度后，粒子之间会散得比较开。

③ Inherit velocity：继承速度，继承粒子发射器在运动方向上的速率。当粒子发射器运动时有效果。

④ Gravity：重力，影响粒子运动时受到的重力影响。如果为负值，则粒子向上运动。

⑤ Resistance：阻力，模拟影响粒子运动的阻力。

⑥ Extra：额外，让粒子的运动随机。往正方向调节，速度会变慢，运动的随机值会增加；往负方向调节，速度会变快，运动的随机值会减小。调节运动方向的随机值，当数字调得越高时，随机值越大。

⑦ Extra Angle：额外角度，调粒子的运动方向。

（5）Particle：粒子属性，此选项难度大，但使用频率非常高。主要控制粒子的形状和大小。

① Particle Type：粒子类型分为线形、星形、明暗球、衰减球、明暗 & 衰减球、泡沫、运动多边形、运动正方形、三角形、四边形、纹理三角形、纹理四边形、四面体、立方体、凸透镜、凹透镜、镜头淡化、镜头暗化、镜头泡沫、纹理正方形、纹理圆盘、纹理淡化圆盘。

② Birth Size：出生尺寸，用于控制粒子出生时的大小。

③ Death Size：消失尺寸，用于控制粒子消失时的大小。

④ Size Variation：尺寸变化，值越大，会使粒子大小对比更强烈。

⑤ Max Opacity：最大不透明度，控制粒子的透明度。

⑥ Color Map：彩图，控制粒子的颜色，预置 5 种类型供选择。

⑦ Birth Color：产生颜色，当 Color Map 选择为 Birth to Death 或 Birth to Origin 的时候会激活。控制粒子产生时的颜色。

⑧ Death Color：消失颜色，当 Color Map 选择为 Birth to Death 或 Death to Origin 的时候会激活。控制粒子消失时的颜色。

⑨ Volume Shade：体积阴影，设置粒子的阴影效果。

⑩ Transfer Mode：叠加模式，粒子间相互叠加的模式，预置 4 中模式。

（6）Camera：属性，控制粒子的摄像机动画。

① Distance：距离，控制摄像机与粒子中心的距离。

② Rotation：控制粒子系统的旋转，可沿 X、Y、Z 三个轴向旋转。

③ FOV：视角，控制摄像机的视角。

【训练任务】

制作下列相关内容的节目，题目自拟，方法不限。

（1）制作长明灯。

（2）制作逼真火焰。

（3）制作大雨瓢泼的效果。

【选材要求】

利用本教材中讲授的视频编辑软件和后期制作软件完成以上任务，可独立完成，也可与同学合作完成。素材的需要最好自行拍摄完成。选择其中一个项目任务在规定时间内完成，时长不限，画质清晰。调整目标层的光效与源追踪层受光情况一致。

（三）实训要求

每一个作品要求效果逼真、自然，符合自然规律。要充分考虑运动物体的规律，并注重细节的把握。且每一名学生都需要认真记录笔记，按步骤操作。边操作边思考，更要发挥个性，有所创新。

（四）实训方法

教师可适当进行操作示范，学生根据操作步骤进行操作，把制作好的作品发给老师。课堂上，教师组织学生分析作品质量情况，存在优缺点。教师点评、分析出现的问题并总结。课后，学生将作品分析材料交给教师。

5.4.3 《黑客帝国》数字矩阵

（一）实训目的

熟悉软件的操作界面，掌握软件的使用方法，增强创新节目的制作能力；强化软件学习的牢固性，提高特效制作技术；深入掌握 Particular 粒子特效插件的使用方法；了解各项控制参数的主要功能。

（二）实训内容

【准备知识】

本例主要采用 Particular 粒子特效制作出数字矩阵，Particular 是时下最流行的粒子系统插件，功能齐全，可以制作出云、雾、烟、火、烟花、雪、雨效果，甚至爆炸特效。但与 After Effects CS4 自带滤镜比较，操作复杂，初学者学习起来比较困难。下面介绍 Particular1.5 版本的参数详解，对于学习现今最流行的粒子插件是十分有用的。

1. Emitter 面板

Emitter 面板用于产生粒子，并设定粒子的大小、形状、类型、初始速度与方向等属性。

（1）Particles/sec：控制每秒钟产生的粒子数量，该选项可以通过设定关键帧设定来实现在不同的时间内产生的粒子数量。

（2）Emitter Type：设定粒子的类型，粒子类型主要有 Point、Box、Sphere、Grid、Light、Layer、Layer Grid 等 7 种类型。

（3）Position XY & Position Z：设定产生粒子的三维空间坐标（可以设定关键帧）。

（4）Direction：用于控制粒子的运动方向。

（5）Direction Spread：控制粒子束的发散程度，适用于当粒子束的方向设定为 Directional、Bi-directional、Disc 和 Outwards 等 4 种类型。对于粒子束方向设定为 Uniform 和以灯光作为粒子发生器等情况时不起作用。

（6）X，Y and Z Rotation：用于控制粒子发生器的方向。

（7）Velocity：用于设定新产生粒子的初始速度。

（8）Velocity Random：默认情况下，新产生的粒子的初始速度是相等的，可以通过该选项为新产生的粒子设定随机的初始速度。

（9）Velocity from Motion：让粒子继承粒子发生器的速度。此参数只有在粒子发生器是运动的情况下才会起作用。当该参数设定为负值时能产生粒子从粒子发生器时喷射出来的一样的效果。当设定为正值时，会出现粒子发生器好象被粒子带着运动一样的效果；当该参数值为 0 时，没有任何效果。

（10）Emitter Size X，Y and Z：当粒子发生器选择 Box，Sphere，Grid and Light 时，设定粒子发生器的大小。对于 Layer and Layer Grid 粒子发生器，只能设定 Z 参数。

2. Particle 面板

Particle 面板可以设定粒子的所有外在属性，如大小、透明度、颜色，以及在整个生命周期内这些属性的变化。

（1）Life [sec]：控制粒子的生命周期，它的值是以秒为单位的，该参数可以设定关键帧。

（2）Life Random [%]：为粒子的生命周期赋予一个随机值，这样就不会出现“同生共死”的情况。

（3）Particle Type：在该粒子系统中共有 8 种粒子类型：Sphere（球形）、Glow Sphere（发光球形）、Star（星形）、Cloudlet（云团）、Smokelet（烟雾）、Custom、Custom Colorize、Custom Fill（自定义形）等。Custom（自定义类型）是指用特定的层（可以是任意层）作为粒子，Custom Colorize 类型在 Custom 类型的基础上又增加了可以为粒子（层）根据其亮度信息来着色的能力，Custom Fill 类型在 Custom 类型的基础上又增加了为粒子（层）根据其 Alpha 通道来着色的能力。

对于 Custom 类型的粒子，如果用户选择一个动态的层作为粒子时，还有一个重要的概念，Time Sampling Mode（即时间采样方式）。系统主要提供了以下几种方式。

① Start at Birth——Play Once：从头开始播放 Custom 层粒子一次。粒子可能在 Custom 层结束之前死亡（Die），也可能是 Custom 层在粒子死亡之前就结束了。

② Start at Birth——Loop：循环播放 Custom 层粒子。

③ Start at Birth——Stretch：从头开始或者是对 Custom 层进行时间延伸的方式播放 Custom 层粒子，以匹配粒子的生命周期。

④ Random——Still Frame：随机抓取 Custom 层中的一帧作为粒子，贯穿粒子的整个生命周期。

⑤ Random——Play Once：随机抓取 Custom 层中的一帧作为播放起始点，然后按照正常的速度进行播放 Custom 层。

⑥ Random——Loop：随机抓取 Custom 层中的一帧作为播放起始点，然后循环播放 Custom 层。

⑦ Split Clip——Play Once：随机抽取 Custom 层中的一个片断（Clip）作为粒子，并且只播放一次。

⑧ Split Clip——Loop：随机抽取 Custom 层中的一个片断（Clip）作为粒子，并进行循环播放。

⑨ Split Clip——Stretch：随机抽取 Custom 层中的一个片断，并进行时间延伸，以匹配粒子的生命周期。

（4）Sphere/Cloudlet/Smokelet Feather：控制 Sphere、Cloudlet 和 Smokelet 状粒子的柔和（Softness）程度，其值越大，所产生的粒子越真实。

（5）Custom：该参数组只有在粒子类型为 Custom 时才起作用。

（6）Rotation：用来控制粒子的旋转属性，只对 Star、Cloudlet、Smokelet 和 Custom 类型的粒子起作用。可以对该属性进行设定关键帧。

（7）Rotation Speed：用来控制粒子的旋转速度。

（8）Size：用来控制粒子的大小。

（9）Size Random [%]：用来控制粒子大小的随机值，当该参数值不为 0 时，粒子发生器将会产生大小不等的粒子。

（10）Size over Life：用来控制粒子在整个生命周期内的大小。Trapcode Particular 采用绘制曲线来达到控制的目的。提供两种方式的生成控制曲线：直接在绘图区（Drawing Area）绘制曲线和选择一条预设的曲线。

同时也提供以下用来修改曲线的一些命令。

① Smooth：用来控制平滑曲线，按住 Shift 键可以加快平滑的速度。

② Random：用来产生一条随机的控制曲线。

③ Flip：用来水平翻转控制曲线。

④ Copy：将控制曲线拷贝到剪贴板中。

⑤ Paste：粘贴剪贴板中的控制曲线。

（11）Opacity：用来控制粒子的透明属性。

（12）Opacity Random [%]：用来控制粒子透明的随机值，当该参数值不为 0 时，粒子发生器将产生透明程度不等的粒子。

（13）Opacity over Life：控制粒子在整个生命周期内透明属性的变化方式。

（14）Set Color：选择不同的方式来设置粒子的颜色。

① At Birth：在粒子产生时设定其颜色并在整个生命周期内保持不变。颜色值通过 Color 参数来设定。

② Over Life：在整个生命周期内粒子的颜色可以发生变化，其具体的变化方式通过 Color over Life 参数来设定。

③ Random from Gradient：为粒子的颜色变化选择一种随机的方式，具体通过 Color over Life 参数来设定。

（15）Color：当 Set Color 参数值设定为 At Birth 时，该参数用来设定粒子的颜色。

（16）Color Random [%]：用来设定粒子颜色的随机变化范围，当该参数值不为 0 时，粒子的颜色将在所设定的范围内变化。

（17）Color over Life：该参数决定了粒子在整个生命周期内颜色的变化方式。

Trapcode Particular 采用渐变条编辑的方式来达到控制颜色变化的目的。

其中，Opacity 区域反映出了不透明的属性，粒子系统以此作为 Alpha 通道来控制粒子的透明属性。Result 区域是用户编辑好的颜色渐变条，粒子系统用它来控制粒子在整个生命周期中颜色的变化。

颜色渐变条由一个系统的颜色块组成，在不同的颜色块之间通过内插值的方式进行渐变。用户可以通过增加、移动、删除、改变颜色块的颜色或者选择系统提供的预设等方式来编辑颜色渐变条。

渐变条的命令有：

① Random：随机产生渐变条。

② Flip：水平翻转渐变条。

③ Copy：把渐变条拷贝到剪贴板中。

④ Paste：粘贴剪贴板中的渐变条。

（18） Transfer Mode：该参数用来控制粒子的合成方式。

① Normal：普通的合成方式。

② Add：以 Add 叠加的方式，这种方式对产生灯光和火焰效果非常有用。

③ Screen：以 Screen 方式进行叠加，这种方式对产生灯光和火焰效果非常有用。

④ Lighten：使颜色变亮。

⑤ Normal/Add over Life：在整个生命周期中能够控制 Normal 和 Add 方式的平滑融合。

⑥ Normal/Screen over Life：在整个生命周期中能够控制 Normal 和 Screen 方式的平滑融合。

（19） Transfer Mode over Life：用来控制粒子在整个生命周期内的转变方式。这对于当火焰转变为烟雾时非常有用。当粒子为火焰时，转变方式应该是 Add 或 Screen 方式，因为火焰具有加法属性（Additives Properties）。当粒子变为烟雾时，转变方式应该改为 Normal 型，因为烟雾具有遮蔽属性（Obscuring Properties）。

3. Physics 面板

Physics 面板用来控制粒子产生以后的运动属性，如重力、碰撞、干扰等。

（1） Physics Model：系统提供了两种物理模型 Air 和 Bounce

（2） Gravity：该参数为粒子赋予一个重力系数，使粒子模拟真实世界下落的效果。

（3） Physics Time Factor：该参数可以控制粒子在整个生命周期中的运动情况，可以使粒子加速或减速，也可以冻结或返回等，该参数可以设定关键帧。

（4） Air：这种模型用于模拟粒子通过空气的运动属性，在这里用户可以设置空气阻力、空气干扰等内容。

① Air Resistance：该参数用来设置空气阻力，在模拟爆炸或烟花效果时非常有用。

② Spin：该参数用来控制粒子的旋转属性，当参数值不为 0 时，系统将为粒子赋以在该参数范围内的一个随机旋转属性。

③ Wind：该参数用来模拟风场，使粒子朝着风向进行运动。为了达到更加真实的效果，用户可以为该参数设定关键帧，增加旋转属性和增加干扰场来实现。

④ Turbulence Field：在 Trapcode 3D 粒子系统中的干扰是由 4D Displacement Perlin Noise Fractal（这并非是基于流体动力学）。它以一种特殊的方式为每个粒子赋予一个随机的运动速度，使它们看起来更加真实。这对于创建火焰或烟雾类的特效尤为有用，而且它的渲染速度非常快。

- Affect Size：该参数使用不规则碎片的图形（Fractal）来决定粒子的大小属性，通过设置该参数来影响粒子的位置与大小的属性。该参数对于创建云团效果特别有效。
- Affect Position：该参数使用不规则碎片的图形来决定粒子的位置属性，经常在创建火焰或烟雾效果的场合使用。
- Time Before Affect：设置粒子受干扰场影响前的时间。
- Scale：设置不规则碎片图形的放大陪数。

- Complexity：设置产生不规则碎片图形的叠加层次。用于调节 fractal 的细部特征，值越大细部特征载明显。
- Octave Multiplier：设置干扰场叠加在前一时刻干扰场的影响程度（影响系数）。值越大，干扰场对粒子的影响越大，粒子属性的变化越明显。
- Octave Scale：设置干扰场叠加在前一时刻干扰场的放大陪数。
- Evolution Speed：设置干扰场变化的速度。
- Move with Wind [%]：给干扰场增加一个风的效果。使在创建火焰或烟雾效果时产生更加真实的效果。
- Spherical Field：设置一个球形干扰场，这种场可以排斥或吸引粒子，它有别于力场，当场消失时，受它影响而产生的效果马上消失。
  - ◆ Strength：当该参数为正值时，形成一个排斥粒子的场，当为负值时，形成一个吸引粒子的场。
  - ◆ Position XY & Z：设置场的位置属性。
  - ◆ Radius：设置场的大小。
  - ◆ Feather：设置场的边缘羽化程度。
  - ◆ Visualize Field：设置场是否可见。

（5）Bounce：该模型模拟粒子的碰撞属性。

该参数组用来使用粒子在场景中的层上产生碰撞的效果。粒子系统提供了两种层类型，即地面和墙壁。粒子的碰撞区域可以是层的 Alpha 通道，也可以是整个层区域，也可以设置为一个无限大的层。

【注意事项】场景中的摄像机可以自由移动，但地面与墙面必须是保持静止的，它们不能设置有任何关键帧。

① Floor Layer：该选项用来设置一个地面（层），要求是一个 3D 层，而且不能是文字层（Text Layer）。如果要使用文字层时，用户可以为文字层建立一个 Comp，并关闭 Continous Rasterize 选项。

当用户选择了一个地面（层）以后，系统会自动产生一个名为 Floor [layername] 的灯光层，该层在默认情况下是被锁定并不可见的，用户不能对它进行编辑，该层的作用是为了让粒子系统更好地跟踪地面（层）。

② Floor Mode：该参数让用户选择碰撞区域是无穷大的平面，还是整个层大小或层的 Alpha 通道。

③ Wall Layer：该选项用来设置一个墙壁（层），要求是一个 3D 层，并且不能是文字层。如果要使用文字层时，用户可以为文字层建立一个 Comp，并关闭 Continous Rasterize 选项。

当用户选择了一个墙壁（层）以后，系统会自动产生一个名为 Wall [layername] 的灯光层，该层在默认情况下是被锁定并不可见的，用户不能对它进行编辑，该层的作用是为了让粒子系统更好地跟踪墙壁（层）。

④ Wall Mode：该参数让用户选择碰撞区域是无穷大的平面，还是整个层大小或层的 Alpha 通道。

⑤ Collision Event：该参数用来控制碰撞的方式，系统提供了三种类型的碰撞方式，即弹跳、滑行和消失。

⑥ Bounce：该参数用来控制粒子发生碰撞后弹跳的强度。

⑦ Bounce Random：该参数用来设置粒子弹跳强度的随机程度，使弹跳效果更加真实。

⑧ Slide：该参数用来控制材料的摩擦系统。值越大，粒子在碰撞后滑行的距离越短；值越小，滑行的距离越长。

4. Aux System（辅助系统）面板

粒子可以发射子粒子，或者当粒子与地面（Floor Layer）碰撞以后会产生一批新的粒子。通常将新产生的粒子称为子粒子，或者辅助粒子。辅助粒子的属性可以通过 Aux System 面板和 Options 进行控制。

（1）Emit：用户可以选择子粒子产生的方式是连续发射或碰撞发射。

（2）Particles/sec：每秒钟发射的粒子数。

（3）Life：子粒子的寿命。

（4）Type：粒子类型。

（5）Velocity：子粒子产生的初始速度。

（6）Size：粒子的大小。

（7）Size over Life：控制子粒子在整个生命周期中的大小变化。

（8）Opacity：子粒子的透明属性。

（9）Opacity over Life：控制子粒子在整个生命周期中的透明属性变化。

（10）Color over Life：控制子粒子在整个生命周期中颜色的变化。

（11）Color From Main：设置子粒子继承父粒子的颜色属性。

5. Visibility 面板

Visibility 面板控制粒子在何处可见。

（1）Far Vanish 最远可见距离：当粒子与摄像机的距离超过最远可见距离时，粒子在场景中变得不可见。

（2）Far Start Fade 最远衰减距离：当粒子与摄像机的距离超过最远衰减距离时，粒子开始衰减。

（3）Near Start Fade 最近衰减距离：当粒子与摄像机的距离低于最近衰减距离时，粒子开始衰减。

（4）Near Vanish 最近可见距离：当粒子与摄像机的距离低于最近可见距离时，粒子在场景中变得不可见。

（5）Near & Far Curves：设定粒子衰减的方式，系统提供直线型（Linear）和圆滑型（Smooth）两种类型。

（6）Z Buffer：选择一个基于亮度的 Z 通道，Z 通道带有深度信息，Z 通道信息由 3D 软件产生，并导入到 After Effects 中来，这对于在由 3D 软件生成的场景中插入粒子时非常有用。

（7）Z at Black：以 Z 通道信息中的黑色像素来描述深度（与摄像机之间的距离）。

（8）Z at White：以 Z 通道信息中的白色像素来描述深度（与摄像机之间的距离）。

（9）Obscuration Layer：遮蔽层任何 3D 层（除了文字层）都可以用来使粒子变得朦胧（半透明），如果要使用文字层的话，可以将文字层放到一个 Comp 中，并且关闭 Continuously Rasterize 属性。

Obscuration Layer 放到 TLW（时间层窗口）的最低部。

用户也可以将 Layer Emitter、Wall、地面（Floor）作为 Obscuration Layer 来使用，确保在 TLW 中 Obscuration Layer 处于粒子发生层的下面。

6. Motion Blur 面板

为了更加真实地模拟粒子运动的效果，系统给粒子赋予运动模糊来解决这一问题。在 Trapcode 的 3D 粒子系统中的运动模糊概念与其他应用软件或插件中的概念有些不同，在该粒子系统中，系统在渲染之前直接在粒子队列中插入附加的粒子，而不仅仅融合一些时间偏移帧来得到一个模糊帧，这就意味着不管是哪个方向，运动模糊的效果都是真实的。所以 Trapcode 的 3D 粒子系统能够模拟出更加真实的运动模糊效果。

（1）Motion Blur：该参数有三个选项：On、Off 和 Comp Settings。当使用 Comp Settings 时，Shutter Angle 和 Phase 的值均使用 Comp 的高级设置，同时保证层的运动模糊开关打开。

（2）Shutter Angle：控制摄像机在拍摄时快门的开放时间。

（3）Shutter Phase：偏移时间的快门打开的时间点。

（4）Type：系统提供了以下两种运动模糊的方式。

① Linear：这种运动模糊是在假定粒子在整个快门处于开放状态下始终沿着直线运动。通常这种运动模糊在渲染的时候较快，但有时候效果不是很真实。

② Subframe Sample：这种运动模糊综合考虑了粒子的位移和旋转因素。

（5）Levels：当使用 Subframe Sample 运动模糊时，设定系统采样的点数。

（6）Opacity Boost：当激活运动模糊后，粒子会变得模糊，增加了透明的效果，而该参数设置刚好是为了抵消这种效果的发生，经常用于火花效果或者灯光粒子发生器发射的粒子当中。

（7）Disregard：有时并不是场景中所有的运动物体都需要加运动模糊的，该参数用来设置那些不需要加运动模糊的运动物体。

① Nothing：不需要排除任何运动物体。

② Physics Time Factor（PTF）：排除使用 Physics Time Factor 参数时的情况。比如在爆炸的过程中，使用 Physics Time Factor 冻结时间制作成的特效，而在粒子被冻结的过程中，不希望有运动模糊的效果，此时就可以用该参数来排除这一时段的运动模糊。

③ Camera Motion：在摄像机快门速度非常高的状态下，如果摄像机是运动的，那么会造成非常厉害的运动模糊，该选项就是用来排除这种情况的发生。

④ Camera Motion & PTF：既不排除 Camera motion，也不排除 PTF。

7. Options 面板

（1）License：许可协议。

（2）Emission Extras。

① Pre-run：提前粒子生成的时间，使场景的第一帧为可见粒子。

② Periodicity Rnd：用来设置粒子发生器的间隔。该参数主要用于方向型粒子发生器，并且方向扩散角度设为 0 时。

（3）Random Seed：该参数控制所有的随机参数，通过赋予粒子效果或位置属性一定的随机值，使动画看起来更加真实。

（4）Glow：控制粒子的发光程度，只对球形和星形粒子类型有效。

（5）Grid Emitter：该参数只对 Layer Grid 粒子发生器起作用，用来控制在每个维度发生粒子的数量。系统提供两种粒子发射的类型，即 Periodic Burst（周期性地同时发射粒子，所以粒子将在同一时刻同时发射）和 Traverse（每一时刻只发射一个粒子）

（6）Light Emitters：当使用灯光作为粒子发生器时，对灯光的命名是有要求的，用户可以通过该参数来设定灯光命名的规则。同时还可以选择每秒产生粒子数的影响参数。

（7）Smokelet Shadow：该参数仅适用于粒子类型是 Smokelet 的情况下。其中 RGB 用来定义阴影的颜色，Color Strength 用来定义与粒子原始颜色混合的比例，Opacity 用来定义阴影的透明度。Light name 用来定义产生阴影的灯光名称，用来产生阴影的灯光类型可以是点光源（Point Light），也可以是平行光源（Parallel Light）。

（8）Aux System：当使用 Aux System 时，这些设置将被激活。Emit Probability 用来定义能够发射子粒子（Aux Particles）的父粒子（Main Particles）数量，Inherit Velocity 用来定义有多少子粒子将继承父粒子的速度，Start and Stop Emit 用来定义子粒子产生的时间（相对于父粒子的生命周期）。

【训练任务】

制作下列相关内容的节目，题目自拟，方法不限。

（1）制作星光文字。

（2）制作流星雨。

（3）制作万马奔腾。

（4）制作烟花绽放。

（5）制作燃烧的火环。

【选材要求】

利用本教材中讲授的视频编辑软件和后期制作软件完成以上任务，可独立完成，也可与同学合作完成。选择其中一个项目任务在规定时间内完成。时长不限、题目自拟，最好配有字幕、音乐、时间、说明等必要内容。图片和视频选择，以主题鲜明、内容健康、画质清晰、逻辑性强、风格鲜明、视角新颖、构思巧妙等素材为主。

脚本先行，制作前需要先设计文字策划方案及分镜头脚本，标明制作主题、风格、作品名称、时长及内容的故事简介等信息。根据个人习惯，为了更好地拍摄制作，适当增加其他说明性内容。

（三）实训要求

每一部作品要求故事的完整性，有开始、发展、高潮和结局。内在逻辑性强，无明显错误。节目画面要整洁、镜头过渡自然、转场运用恰当、解说和背景音乐音量适中、无字幕错别字、字体大小合适、无色彩偏差、后期效果好、剪辑符合生活规律等。同时，充分考虑人物神态、注重人物内心描写和动作刻画等。

（四）实训方法

教师可适当进行操作示范，学生根据操作步骤进行操作，把制作好的作品发给老师。课堂上，教师组织学生分析作品质量情况，存在优缺点。教师点评、分析出现的问题并总结。课后，学生将作品分析材料交给教师。

5.4.4　丑女变貂蝉

（一）实训目的

熟悉软件的操作界面，掌握软件的使用方法，增强创新节目的制作能力；深入掌握 After Effects 中导入图层文件和 Flex 插件的用法。

（二）实训内容

【准备知识】

1. After Effects 中导入 Photoshop 图层文件的方式

After Effects 和 Photoshop 作为同属 Adobe 公司的产品，它可以直接导入 Photoshop 所生成的 PSD 格式文件。当选择 PSD 文件时，在导入窗口下方有一个 Import As 选项，单击右边的下拉滑块，会出现以下三个导入方式。

（1）Footage

选择 Footage 方式导入，会弹出一个新的对话框，选择 Merged Layers 选项，则整个PSD 文件会以合并图层的形式导入到 Project 中，如果选择 Choose Layer 则要进一步选择需要导入的具体图层。

（2）Composition

选择 Composition 方式导入，是将 PSD 文件以分层的方式导入。即原 PSD 文件中有多少层，就分多少层导入。导入后的所有图层都包括在一个跟 PSD 文件相同文件名的文件夹中。同时系统会自动创建一个同名的合成，双击这个合成图标，在 Timeline 窗口中可以看到 PSD 文件里所有层在 After Effects 中同样以图层的方式排列显示，并且可以单独对每个层进行动画操作。

（3）Composition Cropped Layers

Composition Cropped Layers 与 Composition 基本相同，区别在于会按照 PSD 文件中每层的图片大小剪切出其在 After Effects 里的定界框大小，因为 PSD 源文件里有的层可能含有透明区域，这部分区域在 After Effects 中有可能是不需要甚至是碍事的，所以可以通过选择该方式剪切掉。

2. RE：Flex 插件

RE：Flex 是著名的变形效果插件（就是我们常说的变脸插件），此款插件有以下特点。

（1）直接通过 After Effects 的几何遮罩（样条和多边形样条）来完成变形效果。

（2）几何遮罩可以是非闭合的。

（3）平滑非多边形弯曲。

（4）支持每通道 8、16 位色深等。

插件界面翻译如下。

- Display：显示。
- Picture key：影片开关，控制 Mask 的变形与否。
- Quality：质量。
- Temporal Smooth：临时处理平滑。
- Boundary：边界。
- Hold Edges：保持边缘。
- Anti-Aliasing：图形保真。
- AA Method：保真模式。
- MipMap：Mip 贴图。
- Accumulate Folds：累加运算合并。
- Strips：剥离。
- Horiz Render：水平渲染。
- Vert Render：垂直渲染。
- Use Auto Blend%：使用自动混合。
- Per-Mask Blend% Comes From：遮罩混合来源。
- Match Vertices：匹配顶点。
- Auto Align：自动对齐。
- Smart Blend：智能混合。

【训练任务】

制作下列相关内容的节目，题目自拟，方法不限。

（1）制作猪八戒现行。

（2）制作圣诞怪杰。

【选材要求】

利用本教材中讲授的视频编辑软件和后期制作软件完成以上任务，可独立完成，也可与同学合作完成。选择其中一个项目任务在规定时间内完成。时长不限、题目自拟，最好配有字幕、音乐、时间、说明等必要内容。图片和视频选择，以主题鲜明、内容健康、画质清晰、逻辑性强、风格鲜明、视角新颖、构思巧妙等素材为主。

脚本先行，制作前需要先设计文字策划方案及分镜头脚本，标明制作主题、风格、作品名称、时长及内容的故事简介等信息。根据个人习惯，为了更好地拍摄制作，适当增加其他说明性内容。

（三）实训要求

每一部作品要求故事的完整性，有开始、发展、高潮和结局。内在逻辑性强，无明显错误。节目画面要整洁、镜头过渡自然、转场运用恰当、解说和背景音乐音量适中、无字幕错别字、字体大小合适、无色彩偏差、后期效果好、剪辑符合生活规律等。同时，充分考虑人物神态、注重人物内心描写和动作刻画等。

要求实训中的每一名同学都需要认真记录笔记，按步骤操作。边操作边思考，发挥个性，有所创新。在实训中，能够互相团结，互相帮助。

（四）实训方法

教师可适当进行操作示范，学生根据操作步骤进行操作，把制作好的作品发给老师。课堂上，教师组织学生分析作品质量情况，存在优缺点。教师点评、分析出现的问题并总结。课后，学生将作品分析材料交给教师。

第6章　3ds Max 软件

6.1　认识3ds Max 软件

6.1.1　3ds Max 简介

3ds Max 是 Autodesk 出品的一款著名 3D 动画软件，3ds Max 的最初版本由 Kinetix 开发，后为 Discreet 公司收购，Discreet 公司又被 Autodesk 收购。Autodesk 是世界领先的设计和数字内容创作的软件公司。

Autodesk 公司的产品主要应用于 4 个平行的市场：后期制作、广播电视、游戏动画开发以及 Web 内容的制作。采用 3ds Max 制作并获奖的作品不胜枚举，如电影方面有《角斗士》、《碟中碟 2》、《星战前传》及《骇客帝国》；游戏方面有《古墓丽影》、《帝国时代》、《法老王》、《后天》等。

3ds Max 广泛应用于角色动画及游戏开发领域，同时与 Autodesk 的最新影视后期合成软件 Combustion 完美结合，提供了非常优秀的视觉效果，是动画及 3D 合成的理想方案。所能见到的建筑效果图、影视后期、游戏、电视片头、产品外观等，多数出自 Autodesk 公司的产品。

3ds Max 是一个功能强大的三维建模、动画制作和渲染软件，它提供了一个非常简便的用户界面。

6.1.2　软件的操作界面

在学习 3ds Max 之前，首先要认识它的操作界面，并熟悉各控制区的用途和使用方法，这样才能在建模操作过程中得心应手地使用各种工具、命令，而且还可以节省大量的工作时间。

当启动 3ds Max 后，显示的主界面如图 6-1 所示。用户界面由标题栏、菜单栏、主工具栏、命令面板、动画播放、动画控制、动画关键点、动画时间栏、坐标输入栏、帮助与提示栏、脚本输入栏、视图操作区等组成。

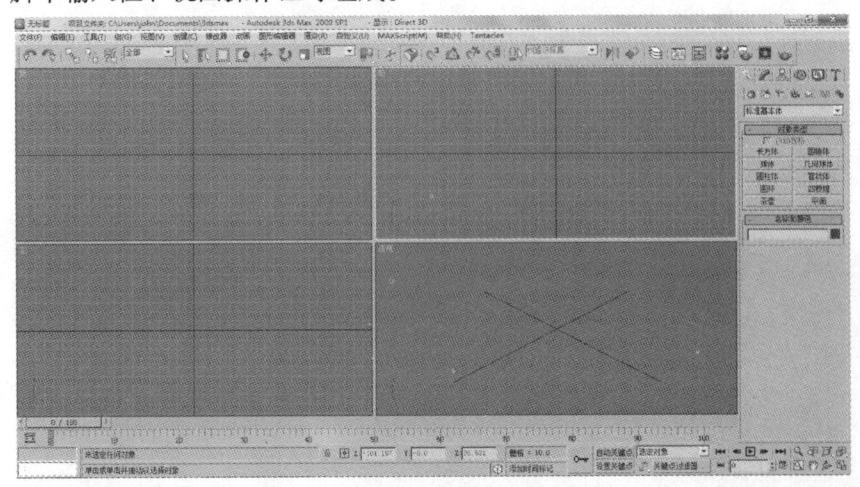

图 6-1　操作界面

菜单栏位于3ds Max操作界面的左上方，为用户提供了一个用于文件管理、编辑修改、渲染和寻求帮助的接口。包括文件、编辑、工具、组、视图、创建、修改器等14个菜单，如图6-2所示。用户用鼠标单击其中任意一个菜单，都会弹出该菜单相应的下拉菜单，用户可以直接选择所要执行的命令。

文件(F)　编辑(E)　工具(T)　组(G)　视图(V)　创建(C)　修改器　动画　图形编辑器　渲染(R)　自定义(U)　MAXScript(M)　帮助(H)　Tentacles

图6-2　菜单栏

工具栏位于菜单栏的下方，包括各种常用工具的快捷按钮，如图6-3所示，使用起来非常方便。在3ds Max系统中，有一些快捷按钮的右下角有一个向下的“小三角形”标记，这表示该按钮下有隐藏的按钮。还有一些按钮在浮动工具栏中，要选择这些按钮，可在工具栏的空白处右击，在弹出的菜单中选择相应的命令，系统会弹出该命令的浮动工具栏。

图6-3　工具栏

命令面板位于3ds Max操作界面的右侧，结构较为复杂。命令面板提供了丰富的工具，用于完成模型的建立与编辑、动画轨迹的设置、灯光和摄影机的控制等操作，外部插件的窗口也位于这里，如图6-4所示。

视图区域是3ds Max操作界面中最大的区域，位于操作界面的中部，它是主要的工作区。在视图区域中，3ds Max系统本身默认为4个基本视图（顶视图、前视图、左视图、透视图），如图6-5所示。

视图控制区位于3ds Max操作界面的右下角，如图6-6（a）所示，该控制区内的功能按钮主要用于控制各视图的显示状态。动画控制区位于视图控制区的左侧，如图6-6（b）所示。主要用于进行动画的记录、动画帧的选择、动画的播放以及动画时间的控制。

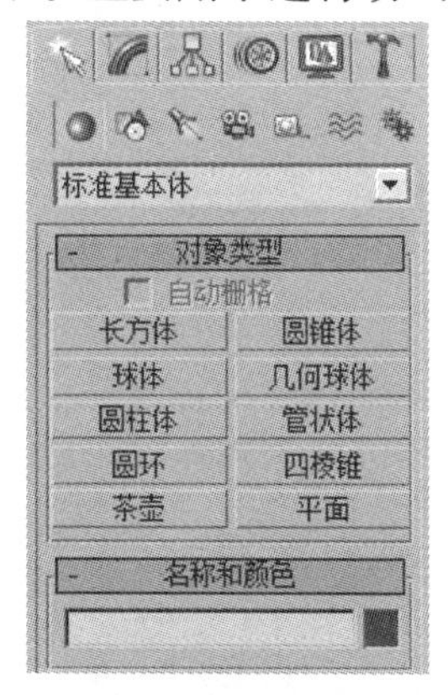

图6-4　命令面板

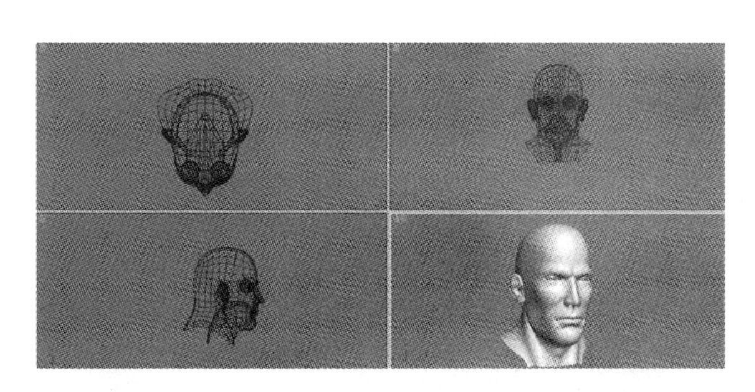

图6-5　视图区

(a)　(b)

图6-6　动画控制区

提示栏主要用于建模时对造型空间位置的提示，如图 6-7 所示；状态栏主要用于建模时对造型的操作说明，如图 6-8 所示。

未选定任何对象 X: -268.899c Y: -886.009c Z: 0.0cm

图 6-7 提示栏

单击或单击并拖动以选择对象

图 6-8 状态栏

本节知识总结

理论要点

1. 了解软件的背景及应用。
2. 熟悉软件的操作界面。

技术把握

1. 掌握软件的启动。
2. 掌握工具栏上的常用命令。

操作要点

在学习本节知识的同时，希望初学者能够查阅资料，了解更多的跟本节内容相关的知识，以便更好的消化本节知识。

首先，了解软件的安装环境及安装方法。

其次，能够自己查阅资料掌握打开文件及保存文件的一些基本操作。

注意事项

安装软件时，注意电脑的配置环境以及操作系统的版本。尤其要掌握 3ds Max 软件注册的方法。

本节训练

1. 目前流行的三维软件有哪些？
2. 自己下载 3ds Max 软件进行安装和注册。
3. 阐述 3D 软件的一般工作流程。

想一想，写下本节感兴趣的知识内容吧！

____

____

____

____

6.2 软件的使用

6.2.1 基本操作

1. 选择对象

选择对象最基本的方法就是使用工具直接单击要选择的对象，如果要同时选择多个对象，可以按住Ctrl键，用鼠标单击或框选要选择的对象；如果想取消其中个别对象的选择，可以按住Alt键，单击或框选要取消选择的对象。

在复杂建模时，场景中通常会有很多的对象，用鼠标进行选择很容易造成误选。3ds Max提供了一个可以通过名称选择对象的功能。该功能不仅可以通过对象的名称选择，还能通过颜色或材质选择具有该属性的所有对象，如图6-9所示。

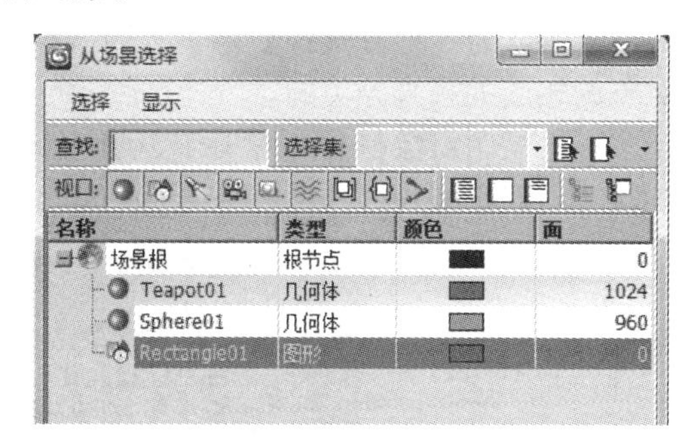

图6-9 按名称选择截图

（1）按H键弹出“选择对象”对话框，从中选择对象。

（2）在工具栏中选择按钮，同样弹出“选择对象”对话框。

“选择过滤器”工具用于设置场景中能够选择的对象类型，这样可以避免在复杂场景中选错对象。在“选择过滤器”工具的下拉列表框中，包括几何体、图形、灯光、摄影机等对象类型，如图6-10所示。

2. 对象的基本变换

利用移动工具按钮可以使对象沿两个轴向同时移动，观察对象的坐标轴，会发现每两个坐标轴之间都有共同区域，当鼠标光标移动到此处区域时，该区域会变黄，按住鼠标左键不放并拖曳光标，对象就会跟随光标一起沿两个轴向移动，如图6-11所示。

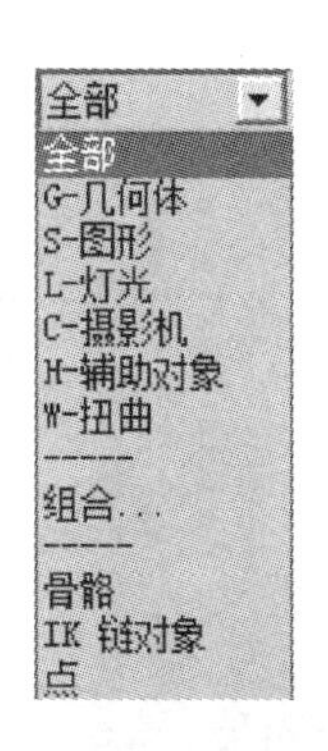

图6-10 选择过滤器菜单

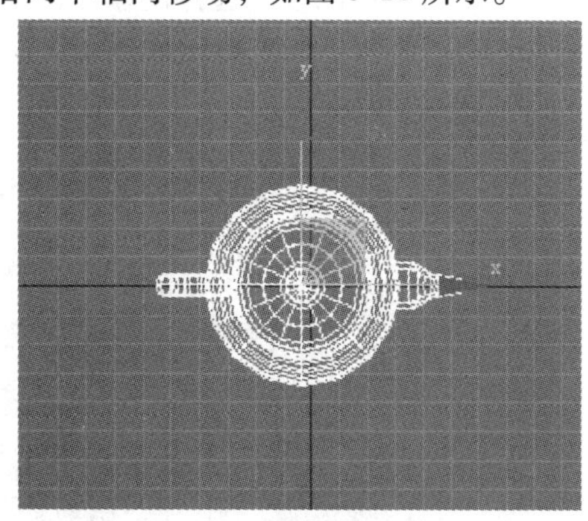

图6-11 移动对象截图

启用移动工具有以下几种方法。

（1）单击工具栏中的“移动”工具按钮。

（2）按W键。

（3）选择对象后右击，在弹出的菜单中选择“移动”命令。

旋转工具可以通过旋转来改变对象在视图中的方向。启用旋转命令，有以下几种方法。

（1）单击工具栏中的“旋转”工具按钮。

（2）按E键。

（3）选择对象后右击，在弹出的菜单中选择“旋转”命令。

缩放工具可以改变对象的大小。启用缩放命令，有以下几种方法。

（1）单击工具栏中的“缩放”工具按钮。

（2）按R键。

（3）选择对象后右击，在弹出的菜单中选择“缩放”命令。

3. 对象的复制

复制分为3种方式：复制、实例、参考，这3种方式主要是根据复制后原对象与复制对象的相互关系来分类的。

直接复制对象操作最常用，运用移动工具、旋转工具、缩放工具按住Shift键移动、旋转、缩放模型均可弹出“克隆选项”对话框，如图6-12所示。

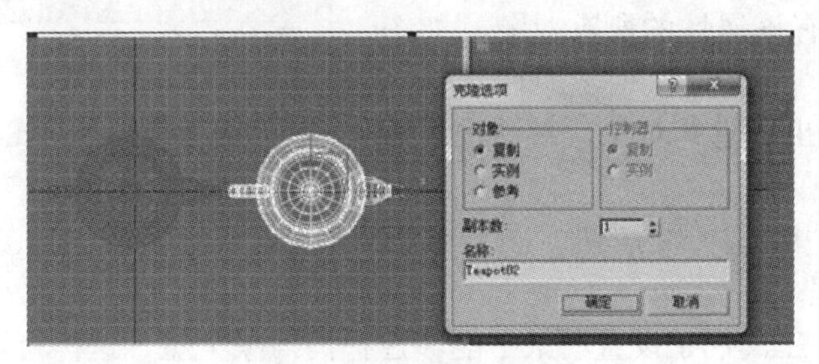

图6-12 直接复制截图

当建模中需要创建两个对称的对象时，如果使用直接复制，对象间的距离就会很难控制，而且直接复制无法使两个对象相互对称，但使用“镜像”工具就能很简单地解决这个问题。

使用“镜像”工具按钮进行复制操作，首先应该熟悉轴向的设置，选择对象后单击“镜像”工具，可以依次选择镜像轴，视图中的复制对象是随镜像对话框中镜像轴的改变实时显示的，选择合适的轴向后单击“确定”按钮即可，单击“取消”按钮即可取消镜像，如图6-13所示。

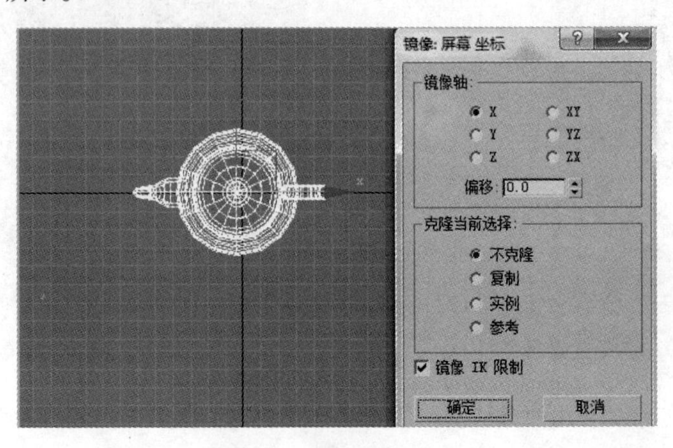

图6-13 镜像复制面板

6.2.2 基本模型创建

1. 基本几何体

长方体是最基础的标准几何对象，用于制作正六面体或长方体。单击 | | 长方体 按钮，在视口中单击并进行拖动，创建长方体的底面，释放鼠标左键，确定长方体底面大小，滑动鼠标创建长方体的高度，单击“确定”按钮完成长方体的创建，如图 6-14 所示。

如果想对创建完成的几何体进行修改，选择命令面板上的按钮，如图 6-15 所示，可以对长方体的名字和颜色进行修改，也可以对长方体的长、宽、高进行修改，并为其设置不同的段数。

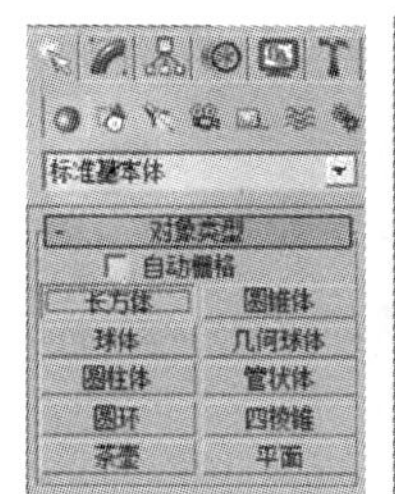

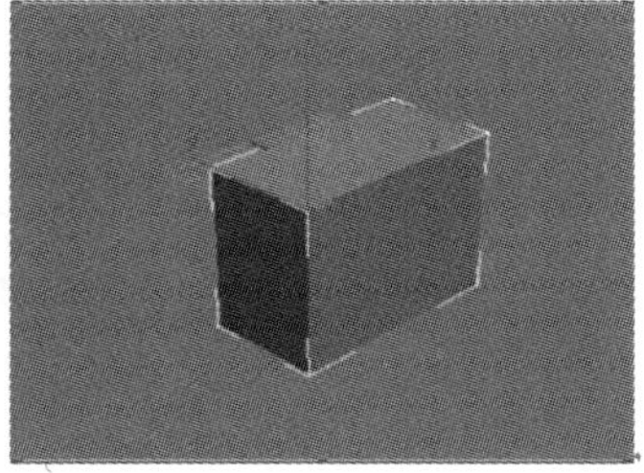

图 6-14 创建长方体

图 6-15 修改器面板

可以用同样的方法创建球体、圆锥体、圆柱体、圆环、平面等基本体。

2. 基本样条线

线的创建是学习创建其他二维图形的基础。单击 | | 线 按钮，在视口中连续单击，右击结束，如图6-15 所示，若要创建闭合的曲线，会弹出是否闭合样条线的对话框，单击“确定”按钮即可，如图 6-16 所示。

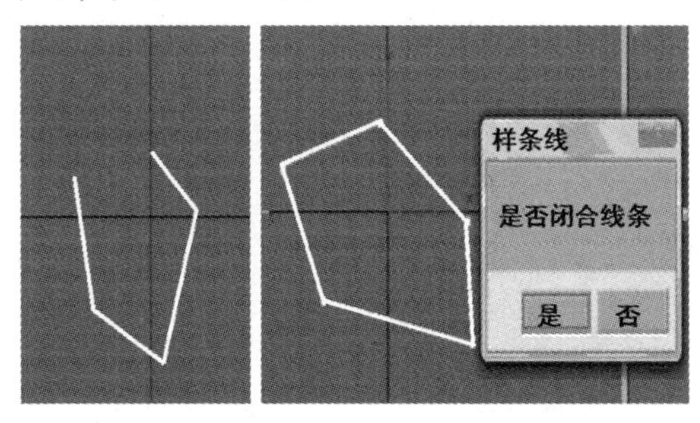

图 6-16 线的创建

线创建完成后，需要对它进行一定程度的修改，以达到满意的效果，这就需要进行调整。线创建完成后单击按钮，在修改命令面板中会显示线的修改参数，可以分别在点、线、线段不同的选择集下进行修改，如图 6-17 所示。

3. 创建文本

文本的创建方法很简单，操作步骤如下。

(1) 单击 | | 文本 按钮，在参数面板中设置创建参数，在文本输入区输入要创建的文本内容。

（2）将光标移到视图中并单击，文本创建完成。还可以在修改命令面板中对文本的字体、大小、和文本内容进行修改，如图 6-18 所示。

图 6-17　线的修改面板

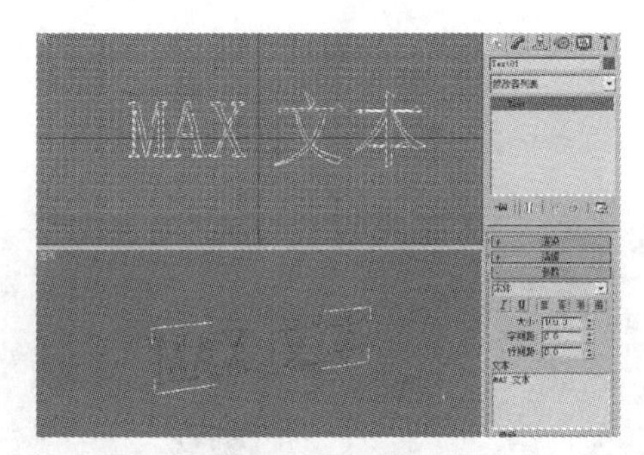

图 6-18　创建文本

可以用同样的方法创建矩形、圆、圆环、星形等其他二维图形。

6.2.3　常用修改器

通过修改命令将二维图形转化为三维模型。

1. 挤出修改器

挤出修改器可以将平面图形增加一定的厚度，使之成为一个有厚度的三维实体，因此此修改器只适用于平面图形。

单击 | | 文本 按钮，在前视图中创建一个文本图形，单击按钮，在修改命令面板中，选择修改器列表中的挤出修改器，如图 6-19 所示。

在参数卷展栏中，设置数量参数控制挤出的量，最终效果如图 6-20 所示。

图 6-19　创建文本

图 6-20　挤出命令

2. 倒角修改器

倒角修改器将二维图形挤出为 3D 对象并在边缘应用平或圆的倒角。此修改器的一个常规用法是创建 3D 文本和徽标，而且可以应用于任意图形。倒角将图形作为一个 3D 对象的基部。然后将图形挤出为四个层次并对每个层次指定轮廓量。

在前视图中创建一个文本图形，选择修改器列表中的倒角修改器，在参数卷展栏中，设置参数，最终效果如图 6-21 所示。

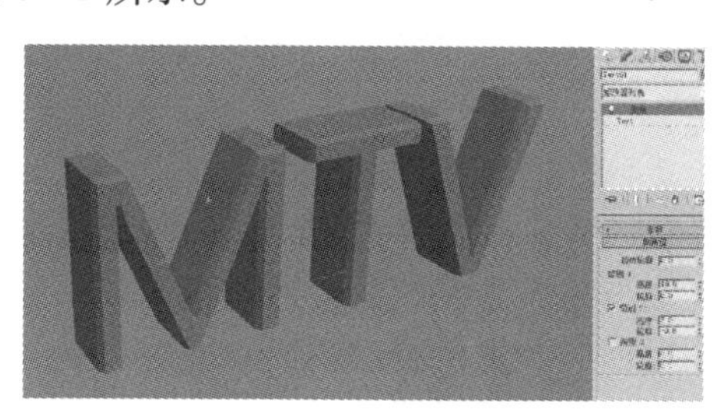

图 6-21　倒角命令

“倒角值”卷展栏参数介绍如下。

起始轮廓——设置原始图形轮廓的偏移距离，设置不同数值会改变原始图形的大小。正值会使轮廓变大，负值会使轮廓变小。

级别 1——控制 Z 轴底部起始级别的改变。

- 高度：设置级别 1 在起始级别的距离。
- 轮廓：设置级别 1 的轮廓到起始轮廓的偏移距离。

级别 2——在级别 1 之后添加一个级别。

- 高度：设置级别 2 的距离。
- 轮廓：设置级别 2 的轮廓到级别 1 轮廓的偏移距离。

在制作倒角文字时轮廓 2 的值一般为 0，不用设置，可以产生平行的边线。

级别 3——在前一级别之后添加一个级别。

- 高度：设置到前一级别之上的距离。
- 轮廓：设置级别 3 的轮廓到前一级别轮廓的偏移距离。

3. 车削

车削通过绕轴旋转一个图形来创建 3D 对象，主要制作圆柱类型的对象。

首先在前视图中创建二维线形，进入样条线级别，选择样条线，在参数卷展栏中，设置轮廓参数为 5，最终效果如图 6-22 所示。

在修改命令面板、修改命令列表中，添加车削修改命令。在车削命令面板中，“对齐”选项下选择“最小对齐”方式。按 F3 键实体光滑显示。最终效果如图 6-23 所示。

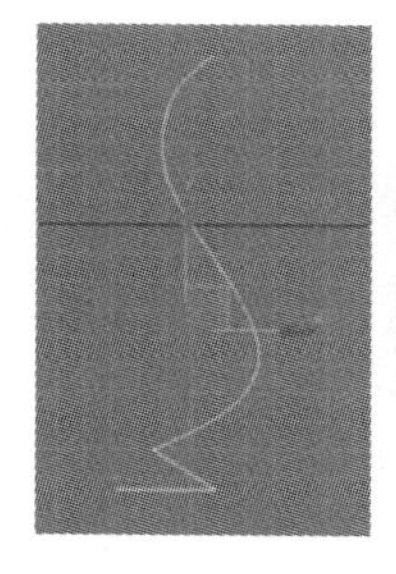

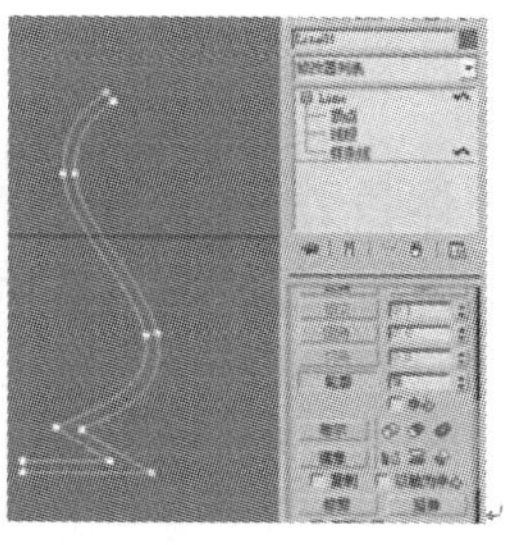

图 6-22　线的绘制

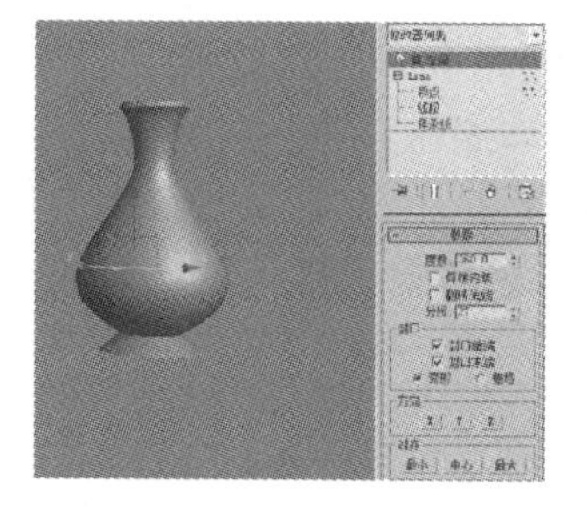

图 6-23　“车削”命令

“车削”卷展栏中的参数介绍如下。

度数——确定对象绕轴旋转多少度。可以给“度数”设置动画。

焊接内核——通过将旋转轴中的顶点焊接来简化网格。使始端面和末端面自动结合，去除中间的衔接面。

翻转法线——依赖图形上顶点的方向和旋转方向，旋转对象可能会内部外翻。切换“翻转法线”复选框来修正它。

分段——控制在曲面上创建多少插值线段。此参数也可设置动画，默认值为16。

6.2.4 材质的创建

3ds Max 中的材质就是用来描述和反映对象物体的漫反射颜色、反映物体如何反射光线与传递光线以及折射的光影效果，而贴图则是用来模拟物体质地的，提供纹理图案、反射和折射等效果。

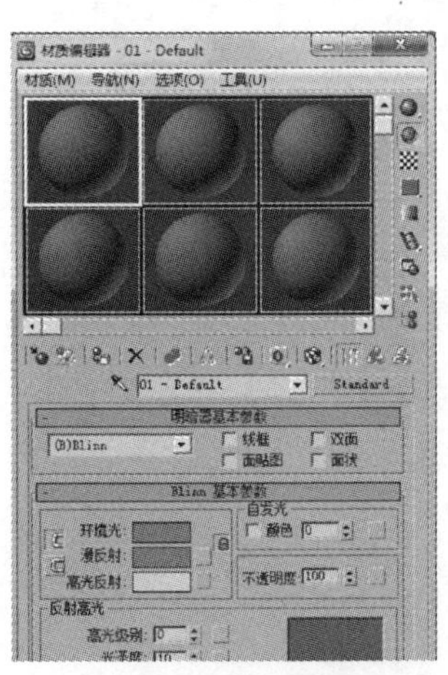

图6-24 菜单编辑器

材质编辑器上半部分分为菜单栏、样本球视窗、水平工具行、垂直工具行，下半部分是参数区域，如图6-24所示。

材质的编辑过程中大致分为以下几个过程。

（1）在场景中选择要赋予材质的对象，按M键打开材质编辑器。

（2）对材质球进行命名，然后选择材质类型，设置材质的明暗方式。

（3）设置基本的参数，然后通过“贴图”卷展栏为材质指定贴图。

（4）对贴图参数进行设置，然后返回到父级材质层级，将材质指定给场景中选中的对象。

6.2.5 灯光与摄像机

（1）在3ds Max 中灯光一般分为标准灯光与光度学灯光两大类，以方便应用在不同的渲染环境或不同的表现手法中，其中标准灯光是基于计算机的模拟灯光对象，如阳光的光照、灯泡的照明等，光度学灯光是一种用于模拟真实灯光并可以精确地控制亮度的灯光类型。通过选择不同的灯光颜色并载入光域网文件（*.IES灯光文件），可以模拟出逼真的照明效果。

在3ds Max 中，标准灯光一共包括8种不同类型的灯光，它们分别为目标聚光灯、目标平行光、自由聚光灯、自由平行光、泛光灯、天光以及mr 区域泛光灯、mr 区域聚光灯。

下面以聚光灯为例讲解一下灯光的使用方法。

【案例1】聚光灯效果

【具体操作】

① 先在3ds Max 场景视图中创建两个几何体和平面，并按图6-25所示的位置放置。

为几何体设置材质，按M键打开材质编辑器，选择建筑材质中的玻璃材质模板，如图6-26所示。

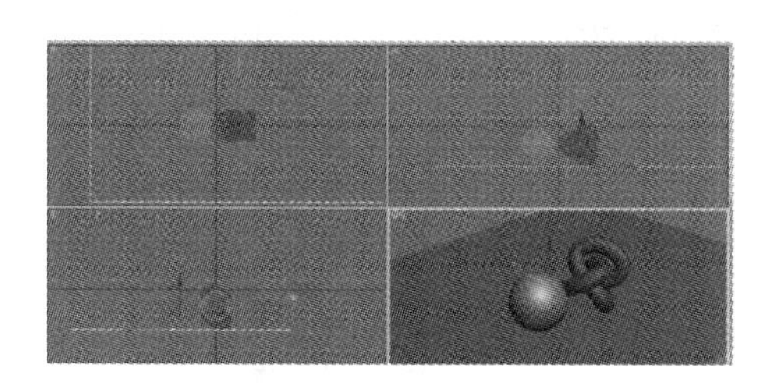

图 6-25　创建基本几何体

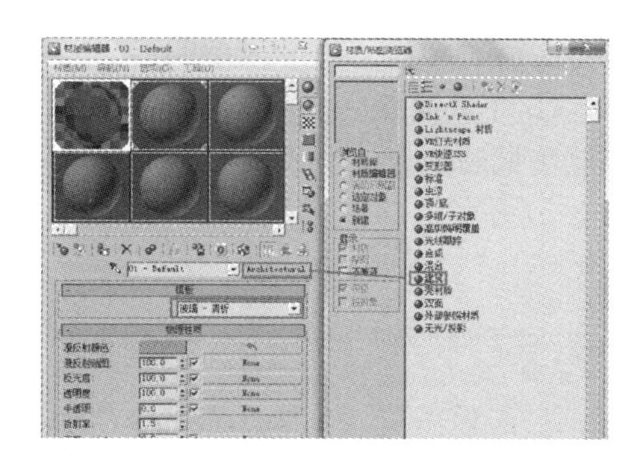

图 6-26　设置材质

② 单击 | | 目标聚光灯 按钮，注意要以缺省参数创建，将鼠标移至 Front 视图中，左击由右上方向左下方拖曳，之后松开左键。这时目标聚光灯的场景就创建完成了，结束目标点是灯光结束的位置，如图 6-27 所示。

③ 在修改面板对灯的参数进行修改，开启阴影，通过设置倍增值来调整灯的亮度。颜色面板来调节灯的颜色，如图 6-28 所示。

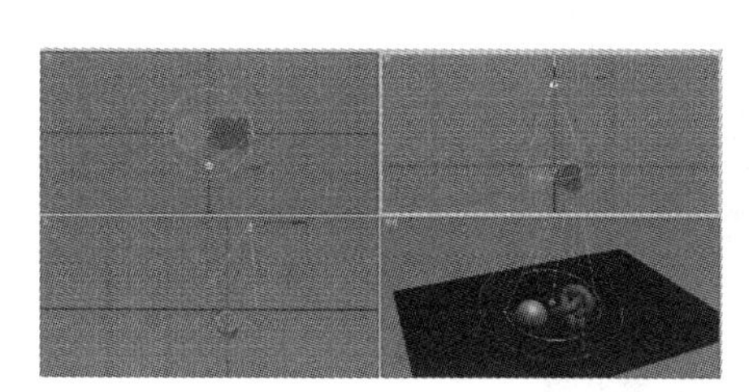

图 6-27　添加聚光灯

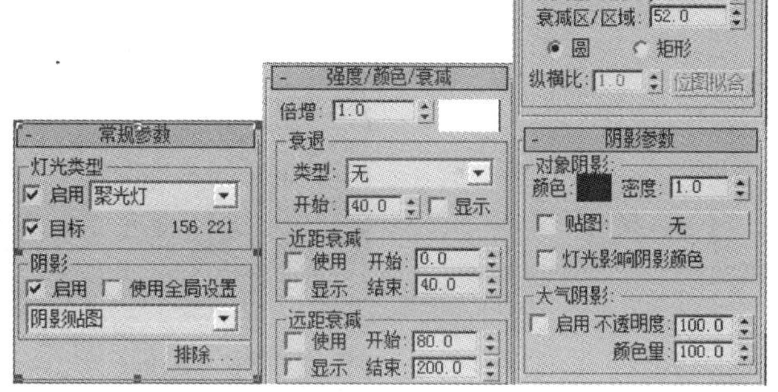

图 6-28　调整灯的参数

④ 最终渲染如图 6-29 所示。

图 6-29　渲染效果

（2）在 3ds Max 中，Camera（摄影机）提供了可以从专业的、美感的角度来观看场景的功能，主要有 Target Camera（目标摄影机）和 Free Camera（自由摄影机）。

相比较而言，Free Camera 的优势在于它像一个真正的摄影机，能够被推拉、倾斜及自由移动。Free Camera 显示一个视点和一个锥形图标，它的一个用途是在建筑模型中沿着路径漫游。Free Camera 没有目标点，摄影机是唯一的对象。

下面通过一个实例操作来对其作用加深了解。

【案例 2】Free Camera 的作用

【具体操作】

① 打开文件名为“摄像机基础”的文件。

② 单击 | | 目标 按钮，在当前视图中以默认方式单击创建一个摄影机，如图

6-30所示。

③ 在透视视口中右击激活它，按键盘上的 C 键，切换到摄影机视口后，视口导航控制区域的按钮就变成摄影机控制按钮。通过调整这些按钮可以改变摄影机的参数，如图 6-31 所示。

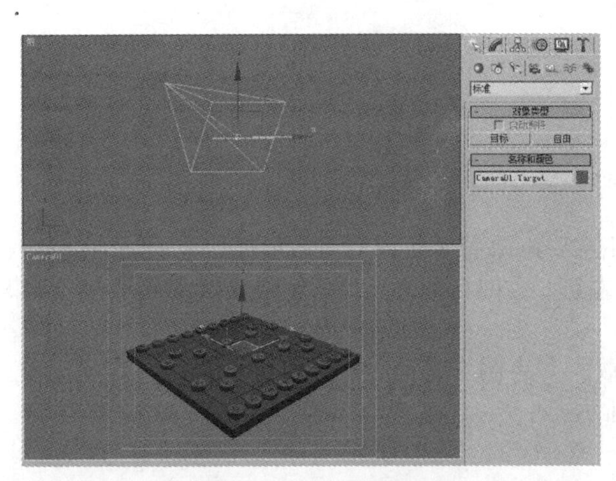

图 6-30　创建摄像机

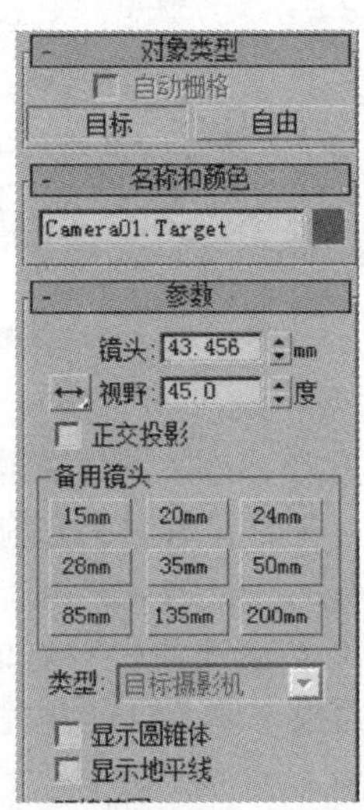

图 6-31　改变摄像机参数

④ 然后以摄影机视口渲染，如图 6-32 所示。

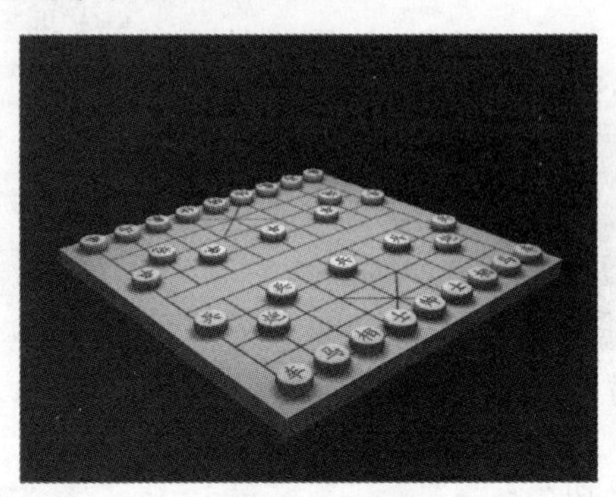

图 6-32　渲染效果

本节知识总结

 **理论要点**

1. 掌握 3ds Max 的基本操作。
2. 掌握基本几何体的创建。
3. 掌握基本二维图形的创建。
4. 掌握材质和灯光的基本使用方法。

 **技术把握**

1. 掌握对象的选择方法。
2. 掌握对象的复制方法。

3. 掌握常用修改器命令的使用方法。

操作要点

首先，掌握基本对象的创建和变换操作。

其次，掌握 3ds Max 的一般工作流程：创建模型、制作材质、布置灯光、制作环境特效和渲染输出。

注意事项

很多复杂的模型都是有基本模型转化而来，要熟练掌握基本模型的创建，掌握模型的基本操作。了解 3ds Max 软件的一般工作流程，做项目才会事半功倍。

本节训练

1. 在 3ds Max 中修改参考复制的对象时，原始对象有何变化？
2. 在三个正交视图中，屏幕坐标系和视图坐标系有何区别？（参考其他学习资料）
3. 运用所学建模方式，用基本模型建造生活中常见物体。
4. 利用二维线形和挤出命令设计一台标。

想一想，写下本节感兴趣的知识内容吧！

____

____

____

____

6.3　案例制作

6.3.1　光影文字案例制作

在 3ds Max 中可以轻松地制作动画，可以将想象到的宏伟画面通过 3ds Max 来实现。使用“自动关键点”按钮可以自动记录动画。“自动关键点”按钮在选中的情况下，设置一个时间点，然后可以在场景中对需要设置动画的对象进行移动、缩放、旋转等变换的操作，也可以调节对象所有的设置和参数，系统会自动将场景中这些操作记录为动画关键点。

【案例 3】光影文字

【准备知识】

通过使用并设置自动关键点修改锥化命令，并对光影文字修改位移和缩放来制作简单文字光影效果，效果如图 6-33 所示。

图 6-33　渲染效果

【具体操作】

(1) 选择“文件” | “重置”命令，将场景重新设置。打开“光影动画 . max”，按 H 键按照名称选择“光影”对象，如图 6-34 所示。

（2）单击按钮，在修改命令面板中，选择修改器列表中的锥化修改器，参数卷展栏中将“数量”参数设置为1，效果如图6-35所示。

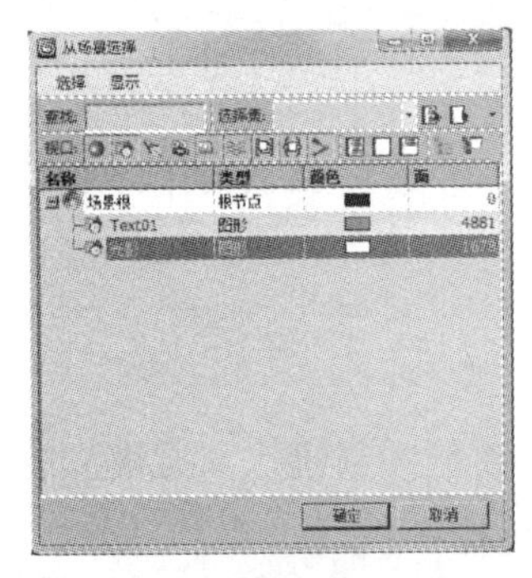

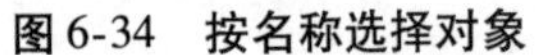
图6-34 按名称选择对象

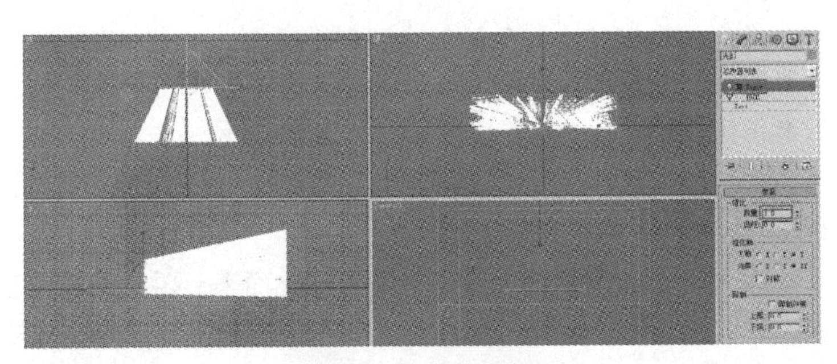
图6-35 设置锥化参数

（3）按快捷键N，打开自动关键帧按钮，将时间滑块拖动到60帧位置，选择“光影”对象，在顶视图，沿Y轴向上拖动，使其与文字对象对齐，效果如图6-36所示。

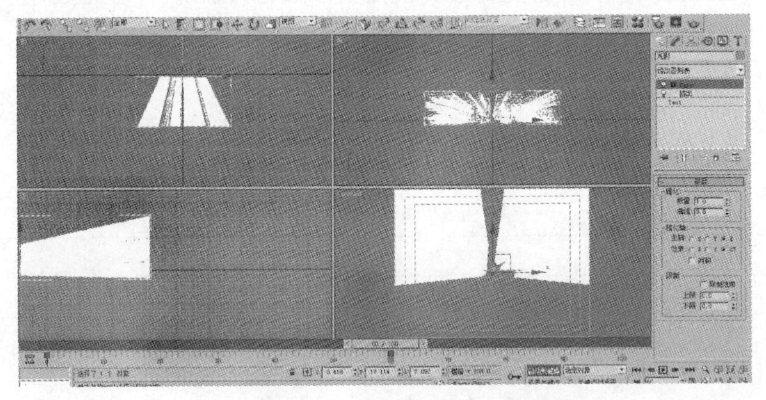
图6-36 设置文字对齐

（4）将时间滑块拖动到第100帧，在“修改命令”面板中，将锥化修改器的“数量”参数设置为0，效果如图6-37所示。

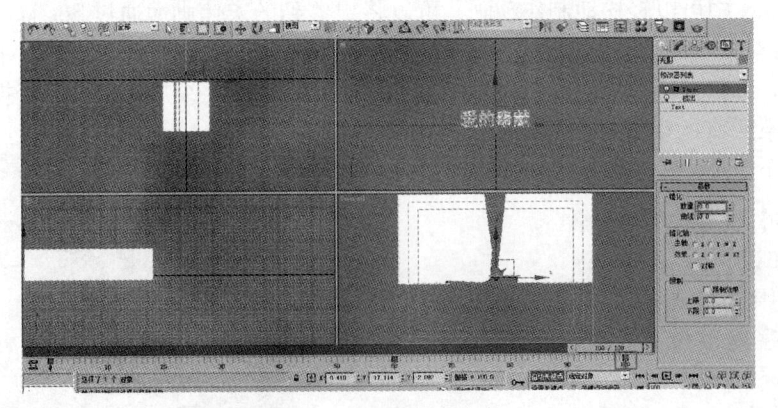
图6-37 设置锥化参数

（5）确定当前帧仍然处于第100帧，在工具栏单击“缩放工具”按钮，在打开的窗口中将偏移屏幕下的Y值设置为1，如图6-38所示，然后关闭该对话框。

（6）关闭自动关键点，按 F10 键打开渲染设置，对输出进行设置，如图 6-39 所示。

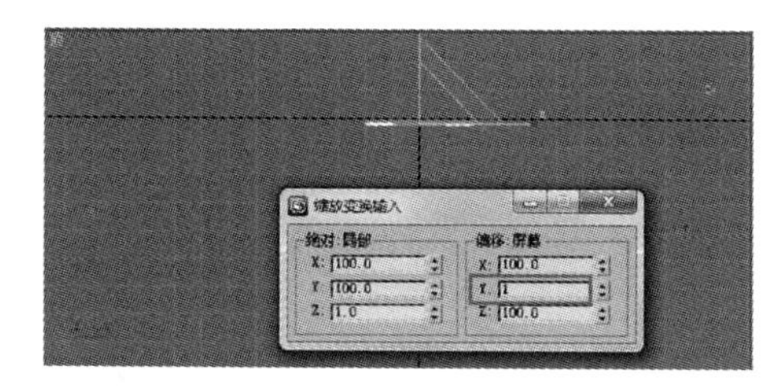

图 6-38　设置缩放

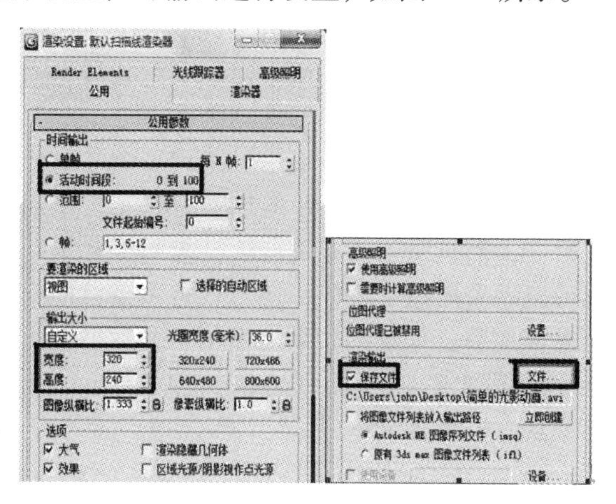

图 6-39　输出设置

输出设置完成后，单击“确定”按钮输出，这样整个光影文字制作效果就完成了。

【训练任务】

制作下列相关内容的节目，题目自拟，方法不限。

（1）精武英雄；

（2）农经视角；

（3）大话西游；

（4）新娱乐新天地；

（5）武林外传。

【训练要求】

每名学生至少选择一个任务，要求学生能够认真完成任务，有所创新。

【验收方法】

教师可适当进行操作示范，学生根据操作步骤进行操作，并把制作好的作品发给老师。课堂上，教师组织学生分析作品质量情况，存在优缺点。教师点评、分析出现的问题并总结。课后，学生将作品分析材料交给教师。

6.3.2　粒子系统案例制作

使用 3ds Max 可以制作各种类型的场景特效，如下雨、下雪、礼花等。要实现这些特殊效果，粒子系统与空间扭曲的应用是必不可少的。

【案例 4】制作下雪效果

通过使用并设置“雪”粒子系统，并对雪粒子视图添加背景，使下雪效果更加生动，如图6-40所示。

图 6-40　下雪效果图

【准备知识】

常用的粒子系统介绍如下。

1. 喷射

发射垂直的粒子流，粒子可以是四面体尖锥，也可以是四方形面片。用来表示下雨效果。这种粒子系统参数较少，易于控制。使用起来很方便，所有数值均可制作动画效果。

2. 雪

“雪”与“喷射”效果几乎没有什么差别，只是粒子的形态可以是六角形面片，以模拟雪花，而且增加了翻滚参数，控制每片雪花在落下的同时进行翻滚运动。“雪”系统不仅可以用来模拟下雪外，还可以将多维材质指定给它，产生五彩缤纷的碎片下落效果，常用来增加节日气氛；如果将雪花向上发射，可以表现出从火中升起的火星效果。

3. 暴风雪

从一个平面向外发射粒子流，与“雪”粒子系统相似，但功能更为复杂。从发射平面上产生的粒子在落下时不断旋转、翻滚，它们可以是标准基本体、变形球粒子或实例几何体，甚至不断发生变形。暴风雪的名称并非强调它的猛烈，而是指定的功能强大，不仅用于普通雪的制作，还可以表现火花迸射、气泡上升、开水沸腾、满天飞花、烟雾升腾等特殊效果。

4. 粒子阵列

以一个三维对象作为分布对象，从它的表面向外发散出粒子阵列。分布对象对整个粒子宏观的形态起决定作用，粒子可以是标准基本体，也可以是其他替代对象，还可以是分布对象的外表面。

5. 粒子云

在一个受限制的空间中产生粒子效果，通常空间可以是球形、柱体或长方体，也可以是任意指定的分布对象，空间内的粒子可以是标准基本体、变形球粒子或替身几何体。常用来制作堆积的不规则群体，如成群的鸟儿、蚂蚁、蜜蜂、人群、士兵、飞机或星空中的星星、陨石、棋盒中的棋子等。

6. 超级喷射

从一个点向外发射粒子流，它的功能比较复杂，它只能由一个出发点发射，产生线型或锥形的粒子群形态。在其他参数的控制上，与“粒子阵列”几乎相同，即可以发射标准基本体，也可以发射其替代对象。通过参数控制，可以实现喷射、拖尾、拉长、气泡晃动、自旋等多种特殊效果，用来制作飞机喷火、潜艇喷水、机枪扫射、水管喷水、喷泉、瀑布等特效。

【具体操作】

(1) 选择“文件” | “重置”命令，将场景重新设置。选择“渲染” | “环境”命令，在打开的“环境和效果”对话框中，单击“环境贴图”下的“无”，在打开的“材质/贴图浏览器”对话框中，双击“位图”贴图，之后在打开的对话框中选择“素材” | “下雪” | “背景.jpg”文件，单击“打开”按钮，如图6-41所示。然后，关闭“环境和效果”对话框。

(2) 激活“透”视图，选择“视图” | “视口背景”命令，在打开的对话框中选择“使用环境背景”、“显示背景”两个复选框，如图6-42所示，单击“确定”按钮。

(3) 选择 | | 粒子系统 | “雪粒子”按钮，在“顶”视图中创建雪发射器，在“参数”卷展栏中，将“视口计数”设置为1000，将“渲染计数”设置为800，将“雪粒子大小”设置为1.8，“速度”设置为8；选择“渲染”中的“面”；将“计时”中的“开始”、“寿命”分别设置为-100、100；将“发射器”中的“宽度”、“长度”分别设

置为377、380，如图6-43所示。

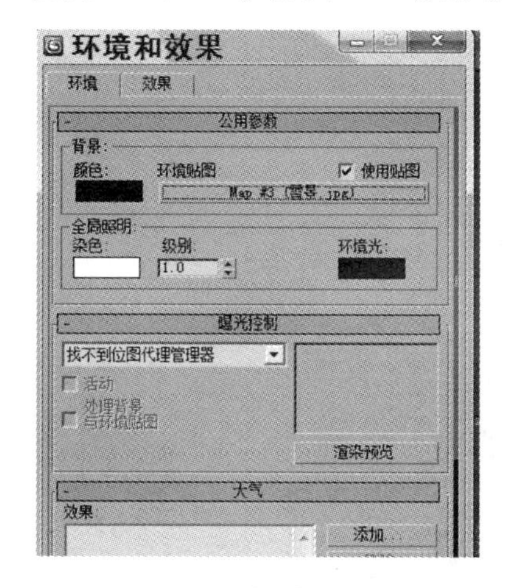

图6-41 设置背景环境

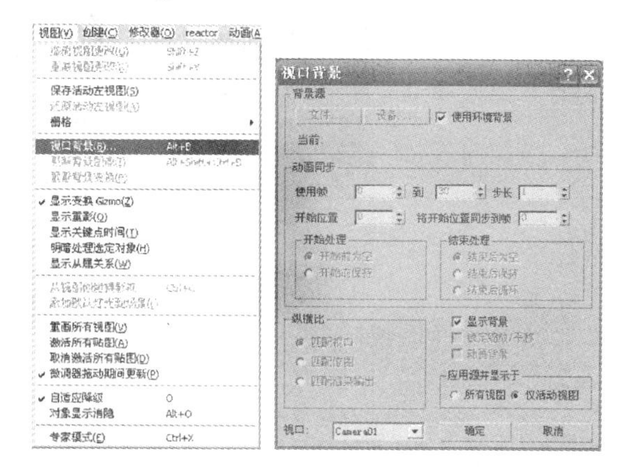

图6-42 显示背景

图6-43 创建雪粒子

（4）按下M键，打开材质编辑器，选择一个样本球，并将其命名为“飘雪”。

（5）在“Blinn基本参数”卷展栏中，选择“自发光”，并将色块RGB设置为（196，196，196）。

（6）在“贴图”卷展栏中，单击“不透明度”右侧的None按钮，在打开的对话框中，双击“渐变坡度”贴图，进入不透明度通道中。在“渐变坡度参数”卷展栏中；将“渐变类型”定义为“径向”；在“输出”卷展栏中，选择“反转”。然后，单击按钮，单击按钮，将材质指定给粒子系统，如图6-44所示。

（7）关闭材质编辑器，在粒子系统上右击，在弹出的快捷菜单中选择“对象属性”命令，在打开的“对象属性”对话框中，选择“运动模糊”下的“图像”选项，将“倍增”设置为0.8，单击“确定”按钮结束，如图6-45所示。

（8）选择 | |“目标”按钮，在“顶”视图中创建一架摄像机，然后在其他视图中调整它的位置，并在“参数”卷展栏中将“镜头”设置为28.971，如图6-46所示。

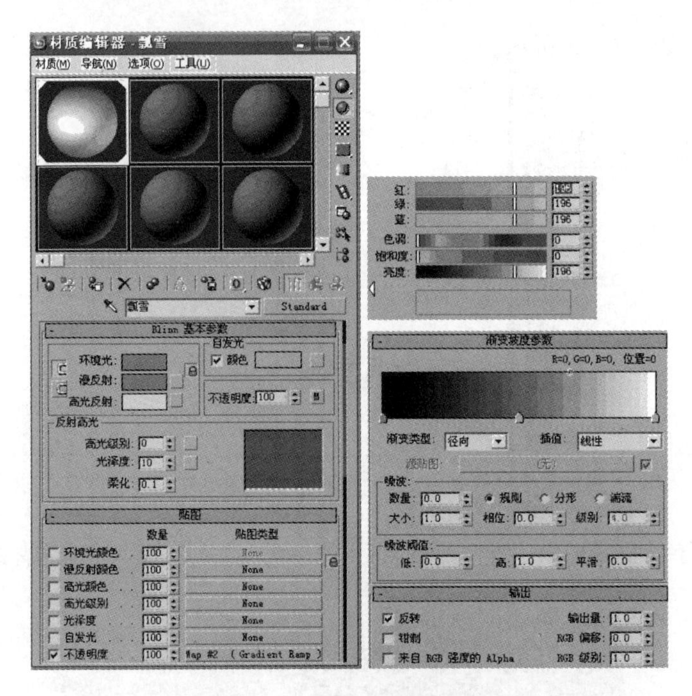

图 6-44 雪材质的设置

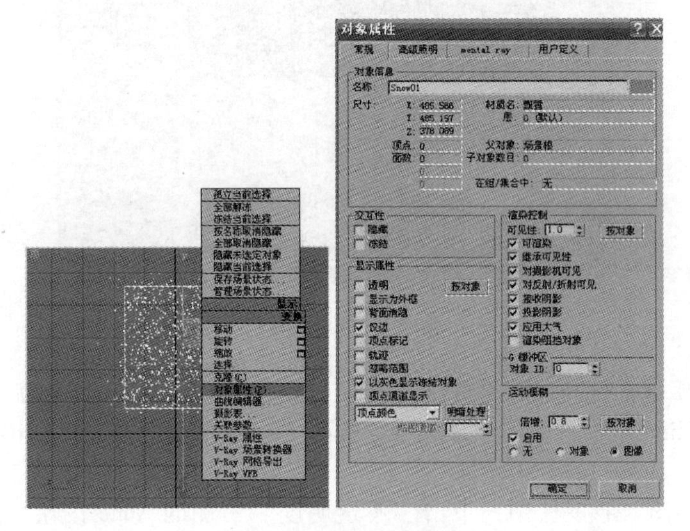

图 6-45 设置运动模糊

（9）将场景进行输出，并将场景进行保存。

【训练任务】

制作下列相关内容的节目，题目自拟，方法不限。

（1）制作雪山下雪效果；

（2）制作初春绿草发芽，下雪效果；

（3）制作鹅毛大雪效果；

（4）制作夜间下雪效果。

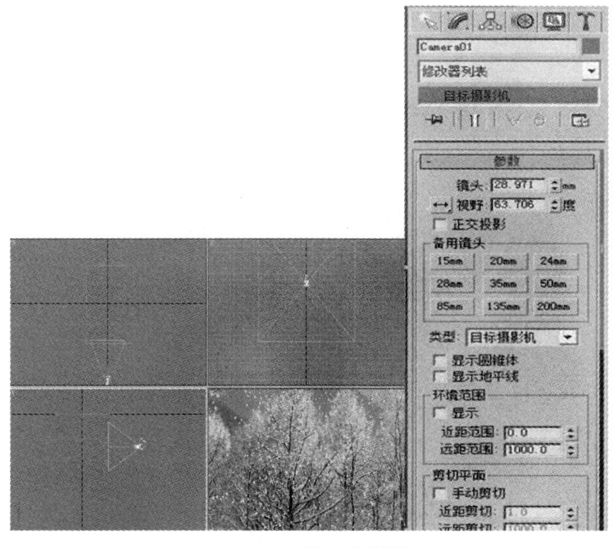

图 6-46　添加摄像机

【训练要求】

每名学生至少选择一个任务，要求学生能够认真完成任务，有所创新。

【验收方法】

教师可适当进行操作示范，学生根据操作步骤进行操作，并把制作好的作品发给老师。课堂上，教师组织学生分析作品质量情况，存在优缺点。教师点评、分析出现的问题并总结。课后，学生将作品分析材料交给教师。

6.3.3　大气效果案例制作

【案例 5】制作雾效果

通过对局部体积雾的设置，学习雾的设置方法，来创建真实的云雾效果，效果如图 6-47所示。

图 6-47　雾效果图

【准备知识】

体积雾有两种使用方法，一种是直接作用于整个场景，但要求场景内必须有物体存在，另一种是作用于大气装置的 Gizmo 物体，在 Gizmo 物体限制的区域内产生云团，这是一种更易控制的方法。

在“环境和效果”对话框中，激活“大气”卷展栏，单击“添加”按钮，在弹出的“添加大气效果”对话框中选择“体积雾”命令，然后单击“确定”按钮。

【具体操作】

（1）选择“文件”｜“重置”命令，对场景进行重新设置，打开“体积雾.max”文件，选择 ｜ ｜“大气装置”｜“球形 Gizmo”按钮，如图 6-48 所示。

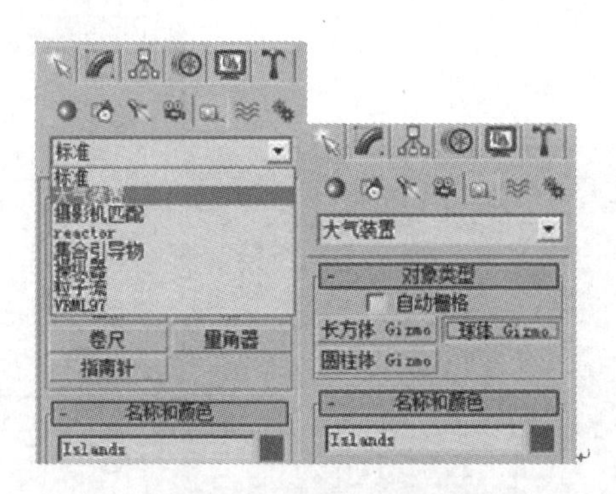

图 6-48 添加大气装置

（2）在顶视图中创建一个半径为 1700 的球形线框，选择“半球复选框”，效果如图 6-49 所示。

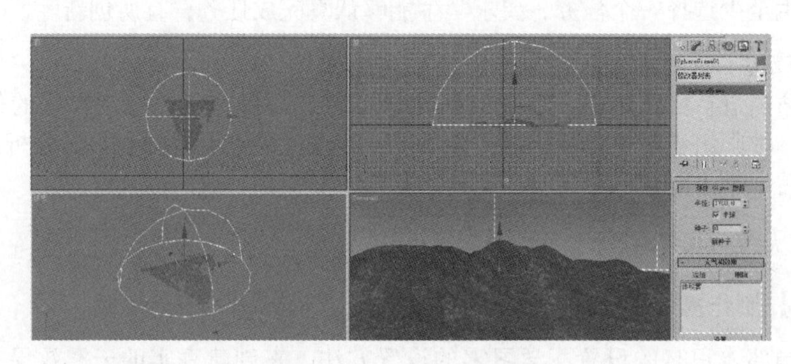

图 6-49 添加大气装置

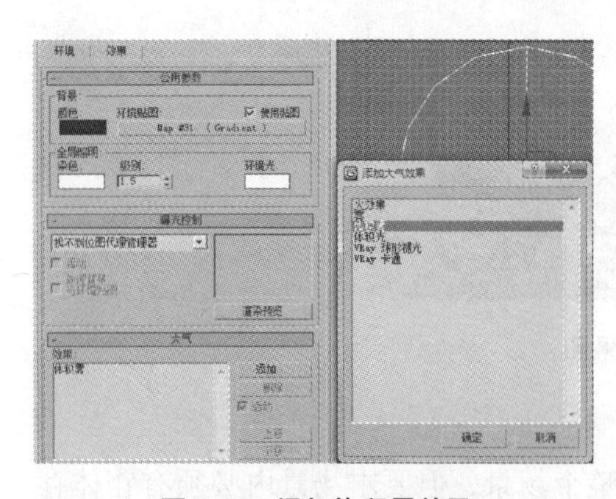

图 6-50 添加体积雾效果

（3）按数字“8”键，打开环境编辑器，在“大气”卷展栏中单击“添加”按钮，在打开的“添加大气效果”对话框中选择“体积雾”，单击“确定”按钮，加入一个体积雾，如图 6-50 所示。

（4）在“体积雾参数”卷展栏中单击拾取“Gizmo”按钮，然后在视图中选择“sphere Gizmool”。如图 6-51 所示。

（5）选择“指数”复选框，将“密度”值设为 32，“步长大小”值设置为 4。选择“噪波”类型为“分形”，将“噪波阈值”下的“高”和“低”值分别设置为 0.3 和 0.2，将“均匀性”设置为 -0.02，“级别”设置为 6.0，“大小”设置为 30。最后，渲染出图，如图 6-52 所示。

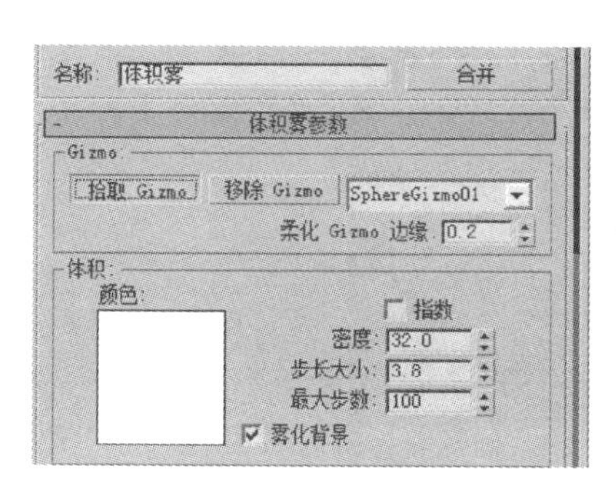

图 6-51　拾取体积雾

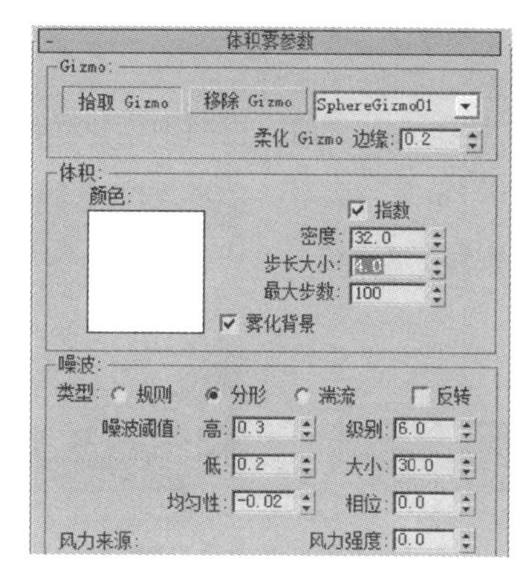

图 6-52　设置体积雾参数

【训练任务】

制作下列相关内容的节目，题目自拟，方法不限。

(1) 制作晨间，校园雾的效果；

(2) 制作模拟仙女升天，雾化效果；

(3) 制作自然奇观雾化效果；

(4) 制作有色彩的雾化效果。

【训练要求】

每名学生至少选择一个任务，要求学生能够认真完成任务，有所创新。

【验收方法】

教师可适当进行操作示范，学生根据操作步骤进行操作，并把制作好的作品发给老师。课堂上，教师组织学生分析作品质量情况，存在优缺点。教师点评、分析出现的问题并总结。课后，学生将作品分析材料交给教师。

6.3.4　镜头效果案例

【案例 6】星光闪耀

通过为粒子设置“镜头效果光晕”、“镜头效果高光”事件，通过设置产生星形的效果如图 6-53 所示。

图 6-53　效果图

【准备知识】

使用“镜头效果高光”对话框可以指定明亮的、星形的高光，可将其应用在具有发光材质的对象上。

通过 Video Post 对话框找到“添加图像过滤事件”对话框，在“过滤器插件”列表中选择“镜头效果高光”事件，然后单击“设置”按钮，即可打开“镜头效果高光”对话框。

镜头效果光晕是最有用的一个镜头特效事件，它可以对对象表面进行灼烧处理，产生一层炽热的光晕，从而使对象更鲜艳。对于火球、热浪、金属字都可以加入发光处理。还可以对粒子系统加入发光处理，产生飞舞的光团或爆裂时迸出的火星。

通过 Video Post 对话框找到“添加图像过滤事件”对话框，在“过滤器插件”列表中选择“镜头效果光晕”过滤器，然后单击“设置”按钮，即可打开“镜头效果光晕”对话框。

【具体操作】

(1) 选择“文件” | “重置”命令，对场景进行重新设置，选择 | | “暴风雪”按钮，在“前”视图中创建暴风雪粒子，如图6-54所示。

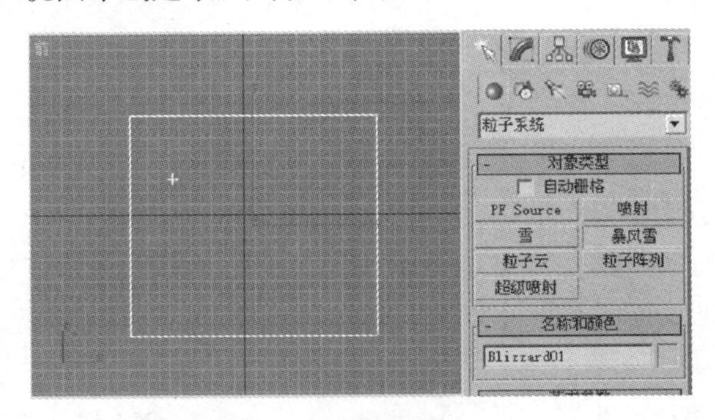

图6-54 创建暴风雪粒子

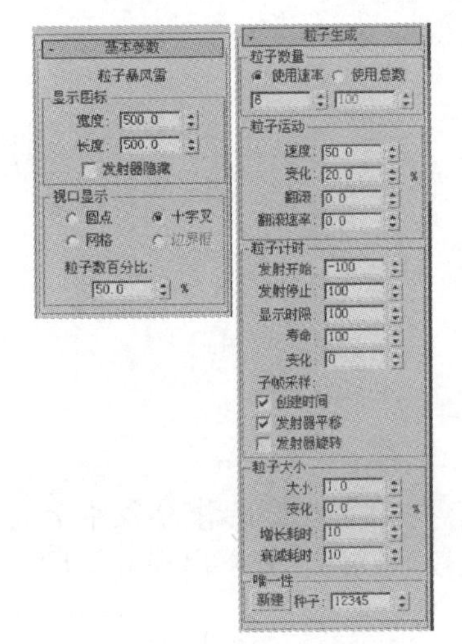

图6-55 设置粒子参数

(2) 切换到命令面板在“基本参数”卷展栏中将“显示图标”中的“宽度”、“长度”都设置为500；选择“视口显示”中的“十字叉”，将“粒子百分比”设置为50%。

(3) 在“粒子生成”卷展栏中选择“使用速率”，并将其参数设置为6，将“粒子运动”中的“速度”设置为50，“变化”设置为20；将“粒子计时”中的“发射开始”设置为-100，“发射停止”设置为100，“显示时限”设置为100，“寿命”设置为100，如图6-55所示。

(3) 在场景中选择粒子系统，激活“左”视图，在工具栏中选择工具，在弹出的对话框中选择“镜像轴”中的“X”，选择“克隆当前选择”中的“不克隆”选项，单击“确定”按钮完成操作，如图6-56所示。

(4) 在场景中右击粒子系统，在弹出的快捷菜单中选择“对象属性”命令，在弹出的“对象属性”面板中将“G缓冲区”中的“对象ID”设置为1，单击“确定”按钮完成操作，如图6-57所示。

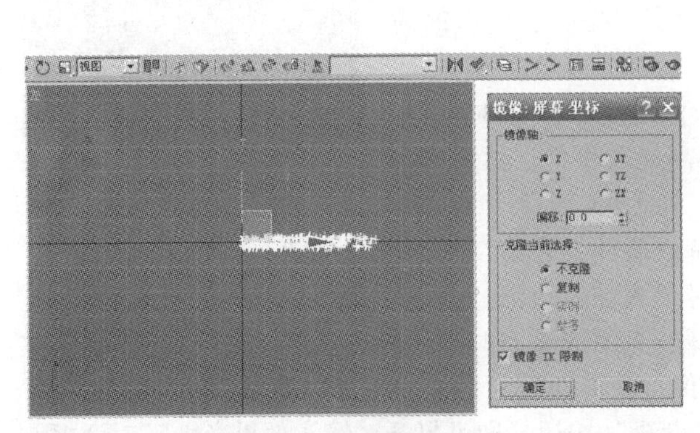

图6-56 改变粒子位置

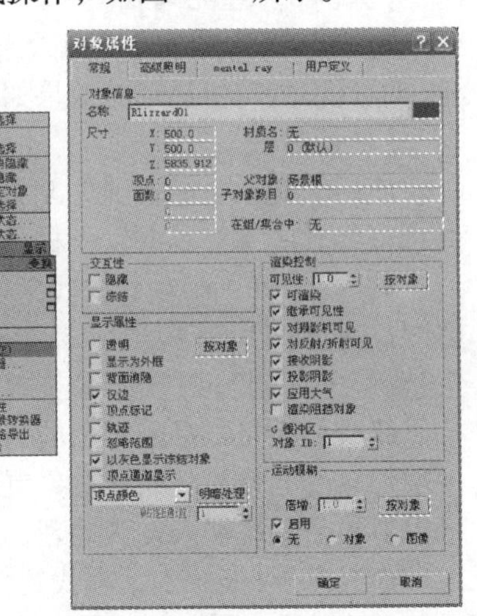

图6-57 设置粒子ID

（5）选择 | “目标”按钮，在“顶”视图中创建目标摄像机，并在场景中调整摄像机的位置，切换到命令面板，在“参数”卷展栏中将“镜头”设置为60，激活“透视”图，按C键，将其转换为摄像机视图，如图6-58所示。

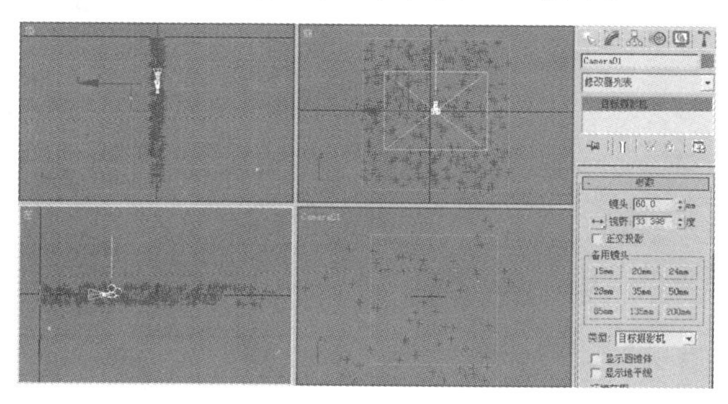

图6-58　创建摄像机组图

（6）按数字“8”键，打开“环境和效果”设置面板，选择“环境贴图”中的“无”，在弹出的“材质/贴图浏览器”对话框中选择“位图”，导入“星空.jpg”文件。单击“确定”按钮完成操作，如图6-59所示。

（7）在菜单栏中选择“渲染”|“Video Post”命令，在弹出的设置面板中单击按钮，在弹出的对话框中使用默认的选项即可，添加场景事件；然后再单击按钮，在弹出的对话框中选择“镜头效果光晕”，单击“确定”按钮，再为场景添加“镜头效果高光”事件，如图6-60所示。

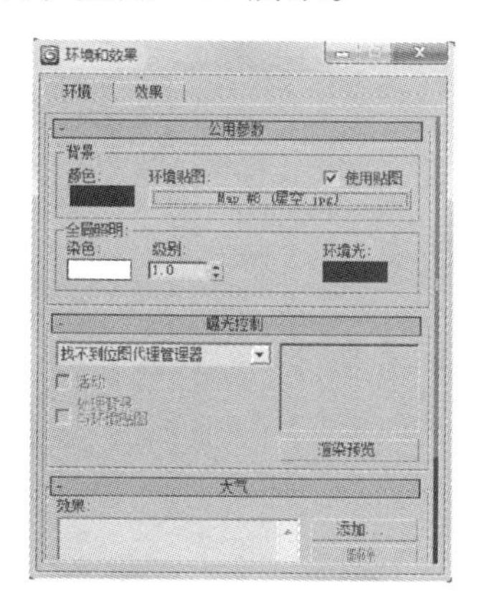

图6-59　设置环境

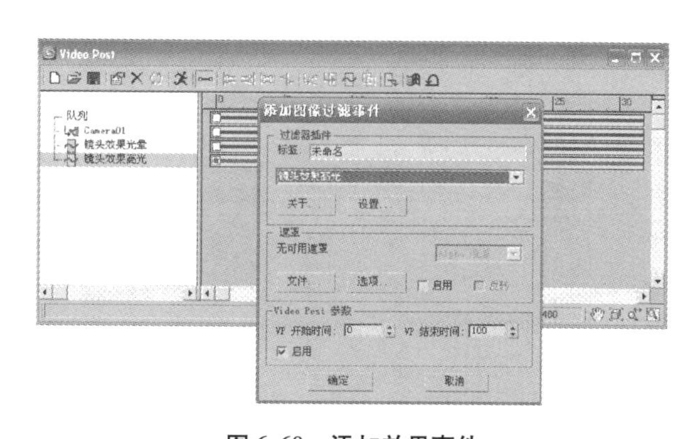

图6-60　添加效果事件

（8）双击“镜头效果光晕”事件，在弹出的对话框中选择“设置”按钮，在弹出的“镜头效果光晕”面板中，选择“预览”按钮和“VP列队”按钮；选择“首选项”选项卡，选择“颜色”中的“像素”选项，将“强度”设置为80；将“效果”中的“大小”设置为1.5，如图6-61（a）所示。

（9）单击“噪波”选项卡，选择“设置”中的“红”、“绿”、“蓝”选项，并将“参数”中的“速度”设置为0.2，如图6-61（b）所示，单击“确定”按钮完成操作。

（10）双击“镜头效果高光”事件，在弹出的对话框中选择“设置”按钮，弹出“镜头效果高光”面板，单击“预览”按钮和“VP列队”按钮，单击“首选项”选项卡板，选择“颜色”中的“渐变”选项，将“效果”中的“大小”设置为10，“点数”设置为4，单击“确定”按钮完成操作，如图6-62所示。

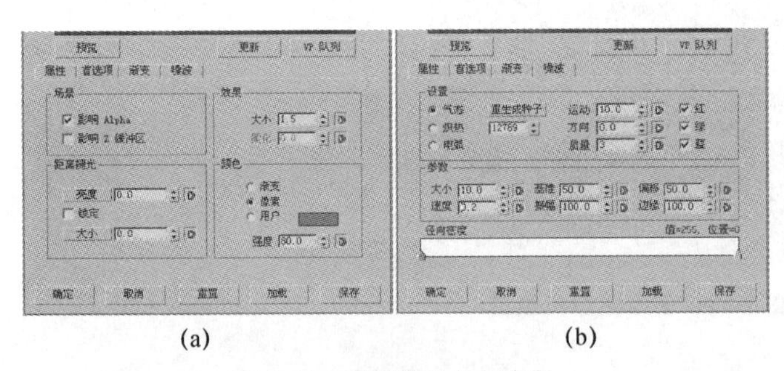

(a) (b)

图6-61 设置镜头效果参数

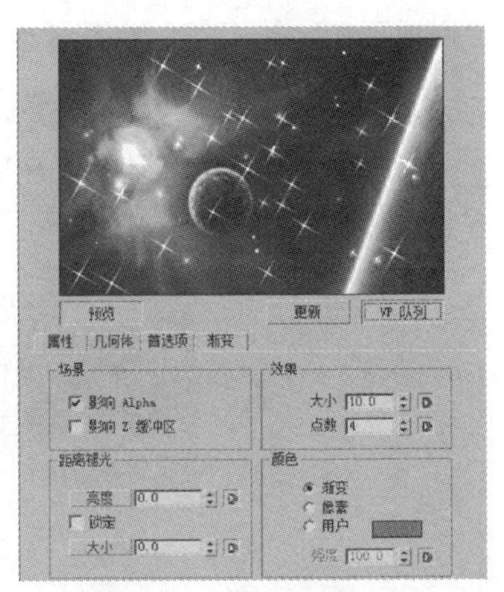

图6-62 设置镜头高光

（11）完成设置后单击按钮，在弹出的对话框中选择“文件”按钮，再在弹出的对话框中选择一个存储路径，为文件命名，并将存储格式定义为“AVI”，单击“保存”按钮，弹出“AVI文件压缩设置”对话框。将“主帧比率”设置为0，单击“确定”按钮完成操作，如图6-63所示。

（12）完成设置后，单击按钮，在弹出的对话框中将“范围”设置为0至100，将“输出大小”定义为320×240，单击“渲染”按钮完成操作，如图6-64所示。最后，将制作完成的场景文件进行存储。

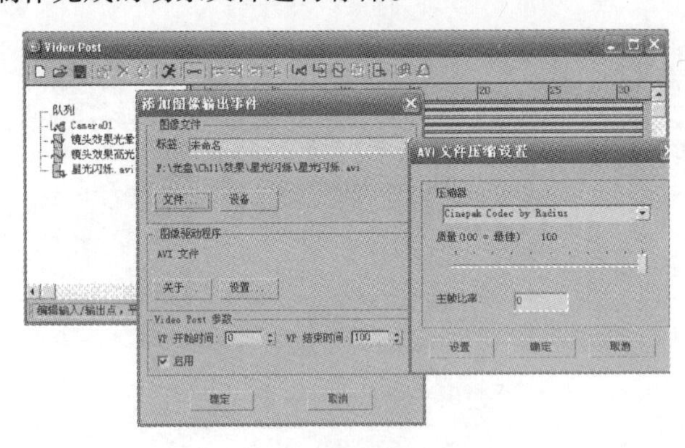

图6-63 创建效果输出事件

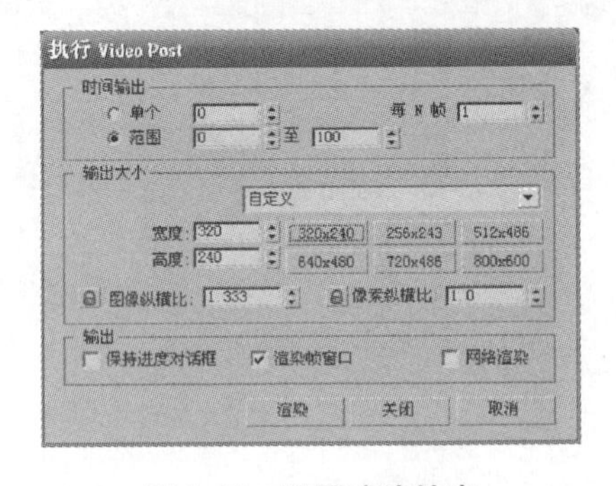

图6-64 设置渲染输出

【训练任务】

制作下列相关内容的节目，题目自拟，方法不限。

（1）制作夜间星光效果；

（2）制作模拟太空星光效果；

（3）制作室内装修星光效果；

（4）制作暖色调星光效果；

（5）制作冷色调星光效果。

【训练要求】

每名学生至少选择一个任务，要求学生能够认真完成任务，有所创新。

【验收方法】

教师可适当进行操作示范，学生根据操作步骤进行操作，并把制作好的作品发给老师。课堂上，教师组织学生分析作品质量情况，存在优缺点。教师点评、分析出现的问题并总结。课后，学生将作品分析材料交给教师。

6.3.5 综合功能使用经典案例

“环境和效果”编辑器和Video Post后期合成。“环境和效果”编辑器不但可以设置背景和背景贴图，还可以模拟现实生活中对象被特定环境围绕的现象，例如雾、火苗等。Video Post后期合成是一个强大的编辑、合成与特效处理工具，它可以将目前场景图像和滤镜在内的各个要素结合起来。通过本章的学习，可以掌握3ds Max环境特效动画的制作方法和应用技巧。

【案例7】制作绚丽文字

对文字设置“镜头效果光晕”，使它产生光晕效果，然后通过“路径约束”将粒子系统指定到路径上，然后为其设置“镜头效果光晕”，输出后的效果如图6-65所示。

图6-65 输出效果

【具体操作】

(1) 选择“文件” | “重置”命令，对场景进行重新设置，打开“美好生活.max”文件，如图6-66所示。

(2) 选择 | | “粒子系统” | “超级喷射”按钮，在“左”视图中创建超级喷射粒子，如图6-67所示。

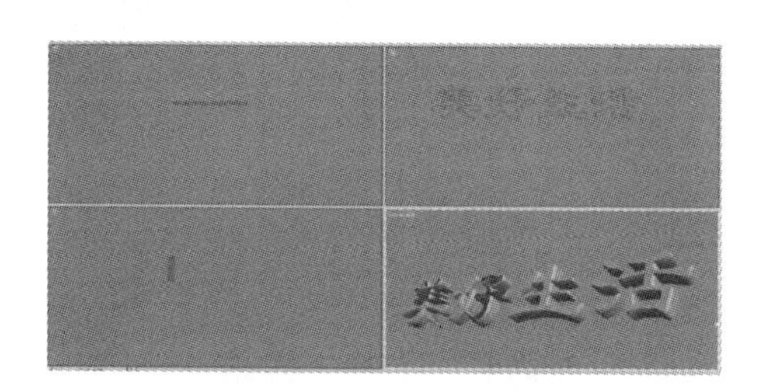

图6-66 打开场景

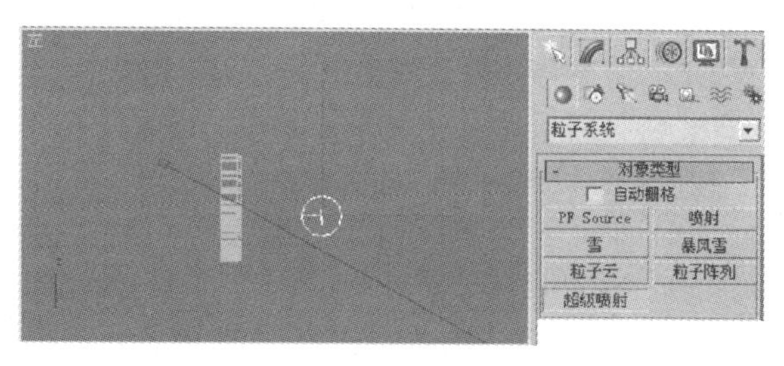

图6-67 创建超级喷射粒子

(3) 在场景中选择超级喷射粒子，切换到命令面板，在“指定控制器”卷展栏中选择“位置”，然后单击按钮，在弹出的“指定位置控制器”对话框中选择“路径约束”选项，单击“确定”按钮完成操作，如图6-68所示。

(4) 在“路径参数”卷展栏中选择“添加路径”按钮，在场景中拾取螺旋线Helix01，选择“路径选项”中的“跟随”选项，如图6-69所示。

(5) 选择超级喷射粒子，切换到命令面板，在“基本参数”卷展栏中将“粒子分布”中的“扩散”设置为180，将“显示图标”中的“图标大小”设置为15；选择“视口显示”中的“网格”选项，如图6-70 (a) 所示。

(6) 在“旋转和碰撞”卷展栏中将“自旋时间”设置为0，“相位”设置为180，如图6-70 (b) 所示。

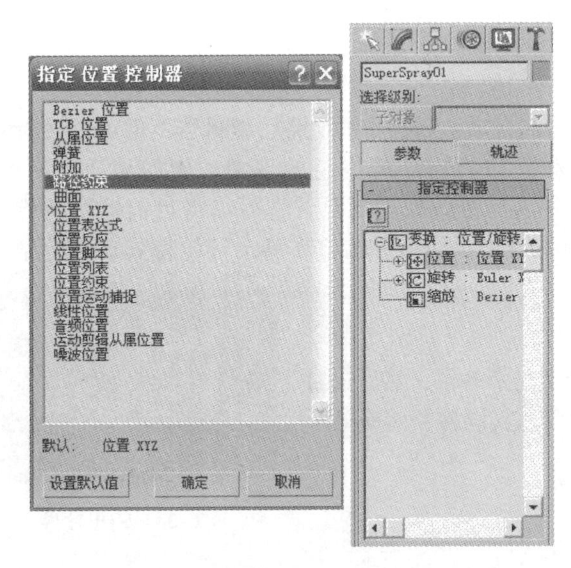

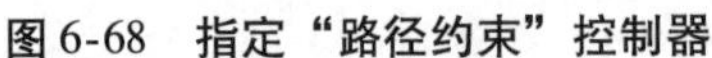
图 6-68　指定“路径约束”控制器

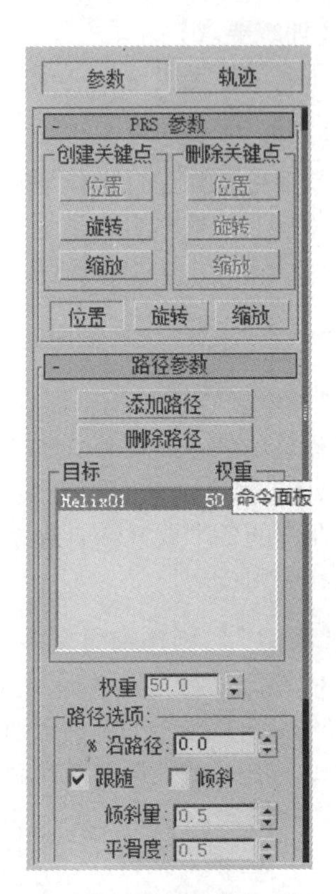

图 6-69　拾取路径

（7）在“粒子生成”卷展栏中选择“使用速率”选项并将其设置为 20；将“粒子运动”中的“速度”设置为 0.46，“变化”设置为 30；将“粒子计时”中的“发射开始”设置为 0，“发射停止”设置为 100，“显示时限”设置为 100，“寿命”设置为 30，“变化”设置为 20；将“粒子大小”中的“大小”设置为 6，“变化”设置为 26，“增长耗时”设置为 8，“衰减耗时”设置为 50，如图 6-70（c）所示。

（8）将“对象运动继承”卷展栏中的“倍增”设置为 0，如图 6-70（d）所示。

（9）在“粒子类型”卷展栏中，选择“标准类型”中的“标准粒子”，选择“标准粒子”中的“面”选项，选择“材质贴图和来源”中的“时间”选项，并将其设置为 45，如图 6-70（e）所示。

（10）接着再来为粒子设置材质，按 M 键打开材质面板，选择一个新的材质样本球，为粒子设置材质，在“Blinn 基本参数”“环境光”和“漫反射”的 RGB 参数将卷展栏中设置为（255，162，0），选择“不透明度”后的灰色方块，在弹出的“材质/贴图浏览器”对话框中选择“渐变”贴图，单击“确定”按钮。

（11）进入不透明的层级面板，在“渐变参数”卷展栏中将“颜色 2 位置”设置为 0.3，选择“渐变类型”为“径向”，单击“颜色#1”后的 None 按钮，在弹出的“材质/贴图浏览器”对话框中选择“粒子年龄”贴图，单击“确定”按钮，进入层级面板。

（12）在“粒子年龄”卷展栏中使用默认参数即可，如图 6-71 所示。

（13）两次单击按钮回到父级材质面板，在场景中选择粒子对象，单击按钮，将材质指定给场景中的粒子对象。

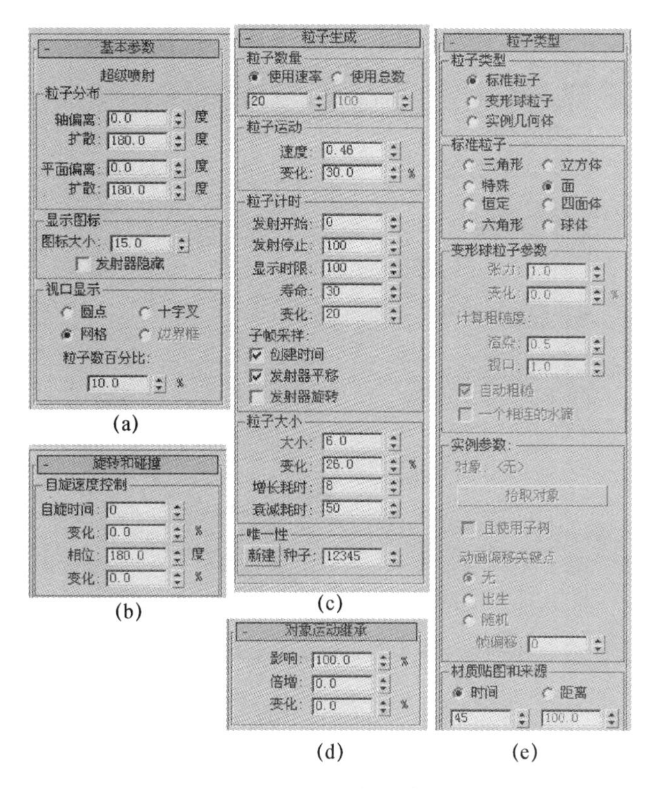

图 6-70　设置粒子参数

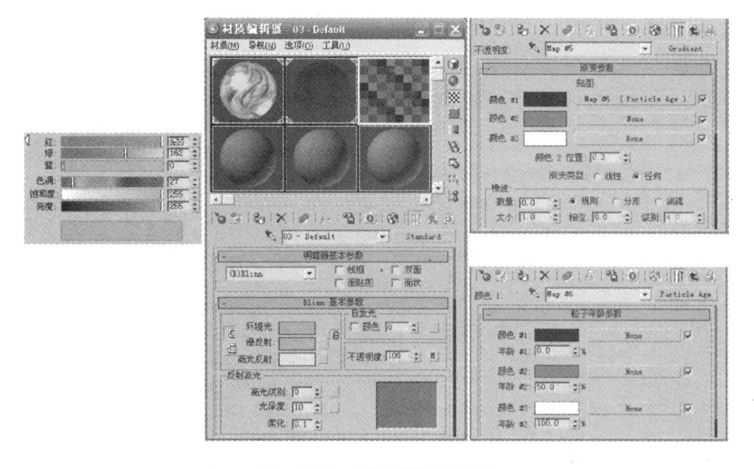

图 6-71　设置粒子材质

（14）关闭材质编辑器，在场景中选择粒子对象，并右击该对象，在弹出的对话框中选择“对象属性”命令，弹出“对象属性”对话框，将“G 缓冲区”中的“对象 ID”设置为 2，单击“确定”按钮，如图 6-72 所示。

（15）在菜单栏中选择“渲染” | Video Post 命令，在弹出的对话框中选择按钮，在弹出的对话框中使用默认参数，添加场景事件。再单击按钮，在弹出的对话框中选择“镜头效果光晕”，如图 6-73 所示，添加两个镜头光晕事件。

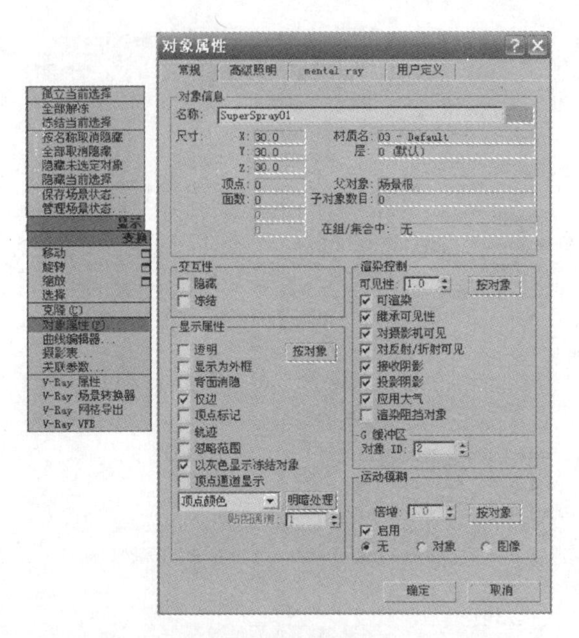

图 6-72 设置对象 ID

(16) 双击第一个“镜头效果光晕”事件，在弹出的对话框中选择“设置”按钮，进入“镜头效果光晕”设置面板，选择“预览”和“VP 列队”按钮，在“属性”选项卡中使用默认参数，单击进入“首选项”选项卡，选择“颜色”中的“用户”，设置用户颜色 RGB 为 (255，104，0)，然后将“强度”设置为 1，单击“确定”按钮完成操作，如图 6-74 所示。

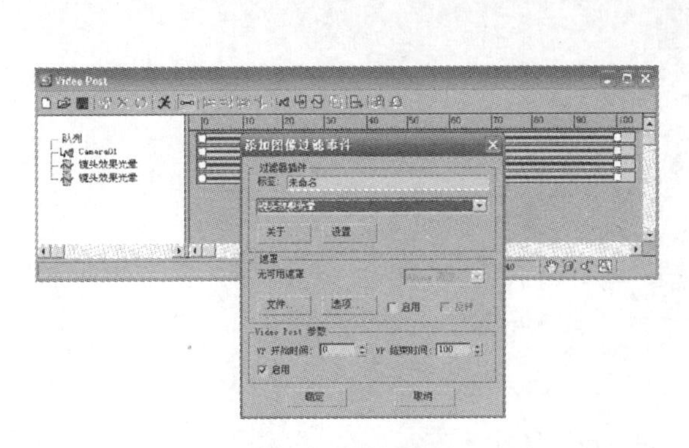

图 6-73 添加事件

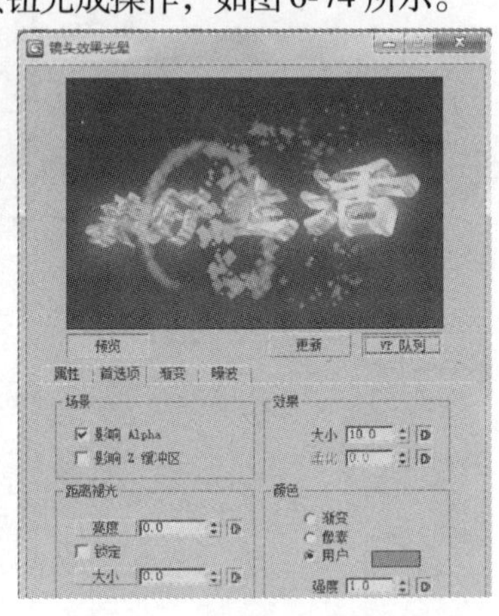

图 6-74 设置镜头光晕参数

(17) 双击第二个“镜头效果光晕”事件，在弹出的“镜头效果光晕”设置面板中，单击“预览”和“VP 列队”按钮，将“属性”选项卡中的“对象 ID”参数设置为 2，如图 6-75 (a) 所示。

(18) 选择“首选项”选项卡，在“颜色”选择“用户”，设置颜色为 (255，104，0)，将“强度”设置为 5，将“效果”中的“大小”设置为 3，如图 6-75 (b) 所示。

(19) 选择“噪波”选项卡，选择“设置”中的“绿”、“蓝”，并选择“炽热”选项，单击“确定”按钮，如图 6-75 (c) 所示。

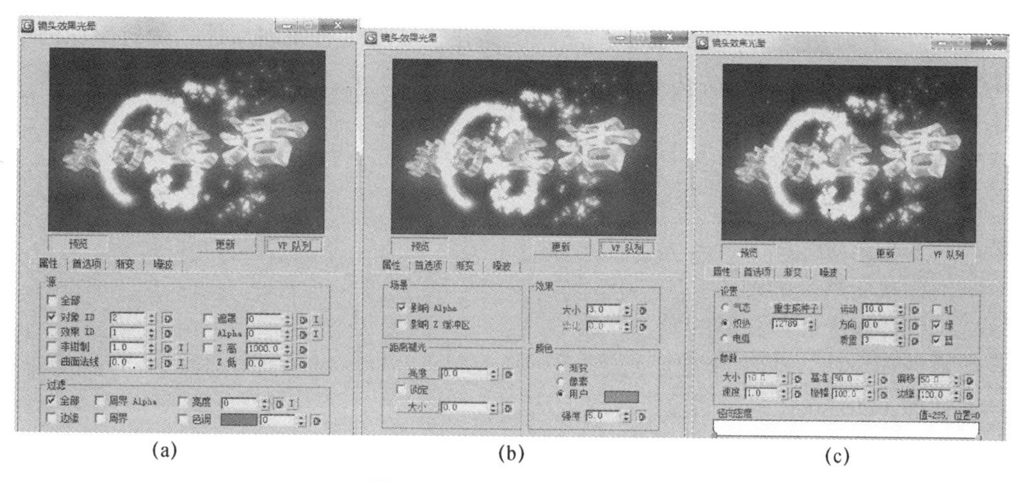

图 6-75　设置镜头光晕参数

（20）最后设置输出事件，在菜单栏中选择按钮，在弹出的对话框中选择“文件”按钮，在弹出的对话框中选择一个存储路径，为文件命名，并设置格式为“AVI”，单击“保存”按钮。在弹出的“AVI 文件压缩设置”对话框中设置“主帧比率”为 0，单击“确定”按钮，创建一个效果输出时间，如图 6-76 所示。

（21）设置完成后，单击按钮，在弹出的对话框中选择“范围”数值设置为 0 至 100，将“输出大小”定义为 320 × 240，单击“渲染”按钮，如图 6-77 所示。最后，将制作完成的场景文件存储。

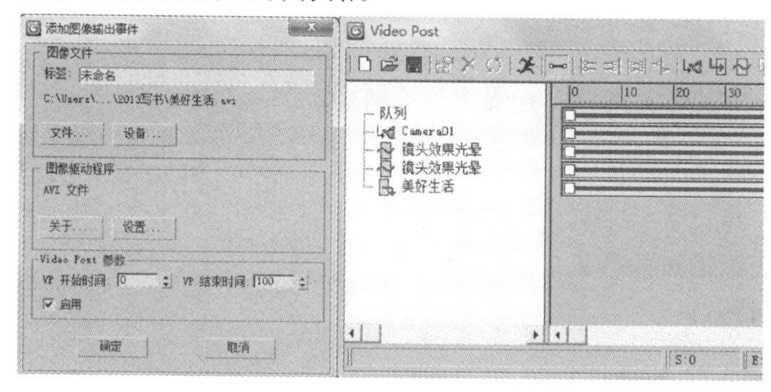

图 6-76　创建效果输出事件

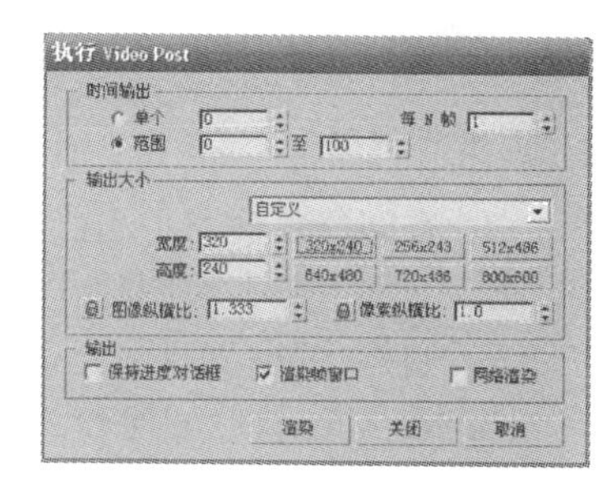

图 6-77　设置渲染输出

【训练任务】

制作下列相关内容的节目，题目自拟，方法不限。

（1）制作“精武英雄”；

（2）制作学校视角；

（3）制作“大话西游”；

（4）制作新娱乐；

（5）制作我被青春“撞”了一下腰。

【训练要求】

每名学生至少选择一个任务，要求学生能够认真完成任务，有所创新。

【验收方法】

教师可适当进行操作示范，学生根据操作步骤进行操作，并把制作好的作品发给老师。课堂上，教师组织学生分析作品质量情况，存在优缺点。教师点评、分析出现的问题并总结。课后，学生将作品分析材料交给教师。

本节知识总结

理论要点

1. 掌握粒子系统的创建。
2. 掌握体积光和体积雾的设置方法。
3. 掌握环境特效动画的制作方法。
4. 掌握 Video Post 的后期渲染合成方法。

技术把握

1. 掌握关键帧动画的设置方法。
2. 掌握雨、雪效果的制作方法。
3. 掌握常用镜头效果光晕和高光的设置方法。

操作要点

首先，掌握基础动画的设置方法。
其次，掌握环境特效动画的设置和渲染方法。
最后，锻炼利用综合知识来解决实际问题的能力。

注意事项

在做本节练习的时候，涉及的知识点大家可以查阅相关资料。

本节训练

1. 查阅资料学习下雨、礼花、喷泉等粒子系统的设置方法。
2. 上网下载一幅图片，制作太阳耀斑的效果。
3. 制作“3ds Max”光影文字特效。
4. 3ds Max 软件如何和 AE 进行结合？

想一想，写下本节感兴趣的知识内容吧！

____

____

____

____

6.4 模拟训练

就现在各大电视播出的片头来看，制作电视片头需要的 3D 技术，主要是依靠质感、色彩、镜头感和剪辑出彩，掌握了基本方法后面的技巧就好学习了。

电视片头制作涉及面广，从前期拍摄到 3D 制作，到后期合成、剪辑以及音乐编辑，能制作出成片后就能基本熟悉电视后期制作的流程。

6.4.1　娱乐类节目片头制作

（一）实训目的

本例主要制作娱乐节目片头文字效果，包括文字的制作和材质的制作，输出后的效果如图6-78所示。

图6-78　输出效果

（二）实训内容

【准备知识】

3ds Max 制作电视片头的基本方法。

（1）使用Max做出3D部分，确定好每个分镜头和镜头的运动。

（2）使用合成软件，合成分层渲染的3D图像。可使用Combustion 3或After Effect Pro等制作软件。

（3）编辑音乐，一般使用Cool EDIT 2.0或Sound Forge 6.0音频编辑软件制作音乐。

（4）剪辑影片合成音乐。推荐使用Premiere Pro或更高版本软件剪辑。

（5）通过输出设备输出到广播机的磁带上。

【具体操作】

（1）选择“文件”|“重置”命令，对场景进行设置，打开“素材”|“片头素材.max”文件，如图6-79所示。

（2）隐藏场景中的所有对象，在前视图创建文本“M”，“大小”设置为110，左对齐，参数设置如图6-80所示。

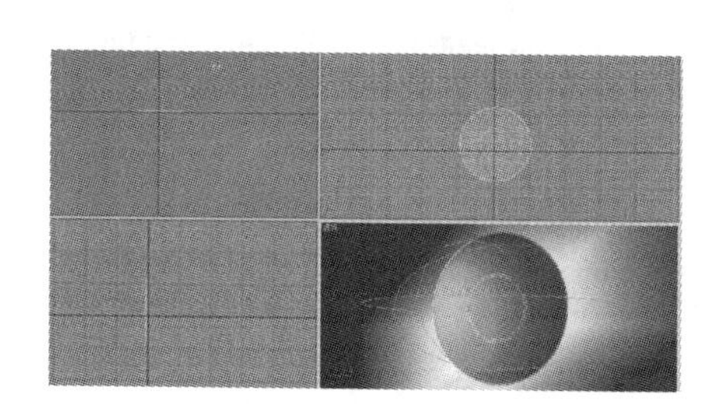

图6-79　打开文件

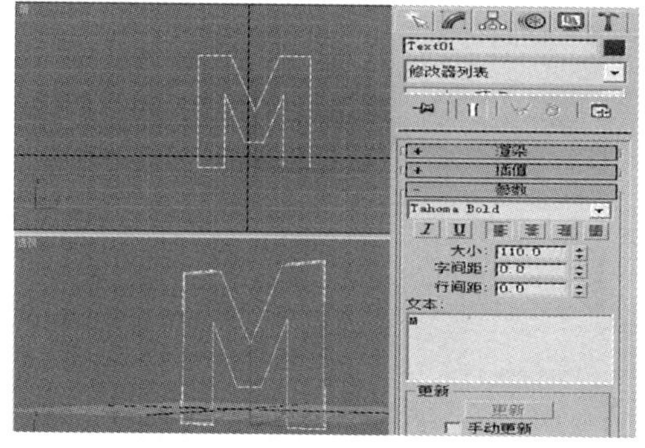

图6-80　创建文本文件

（3）在修改器列表添加“编辑样条线命令”，在点的选择集下，修改点的位置，最终调整文字形状如图6-81所示。

（4）在修改器列表添加“挤出命令”，效果如图6-82所示。

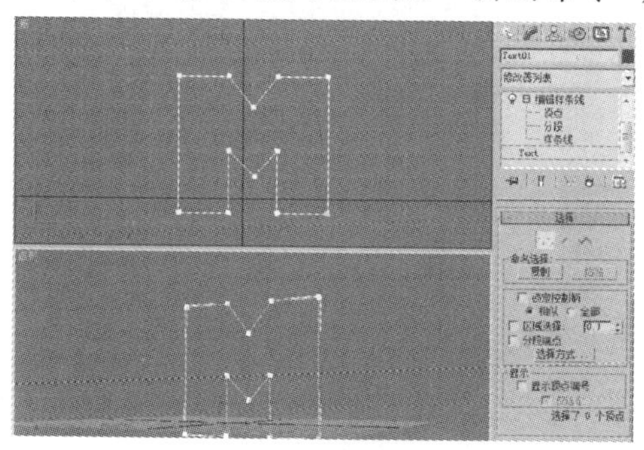

图6-81　修改文本

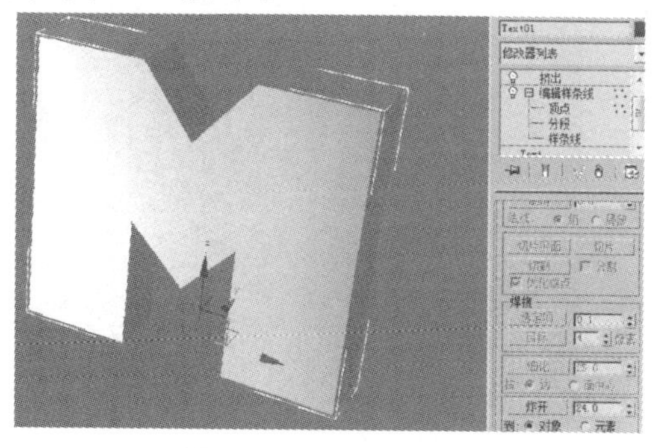

图6-82　添加挤出命令

（5）在修改器列表中添加“编辑网格命令”，在多边形选择集下，选择如图 6-83 所示的“多边形”，材质设置为 1、2，如图 6-83 所示。

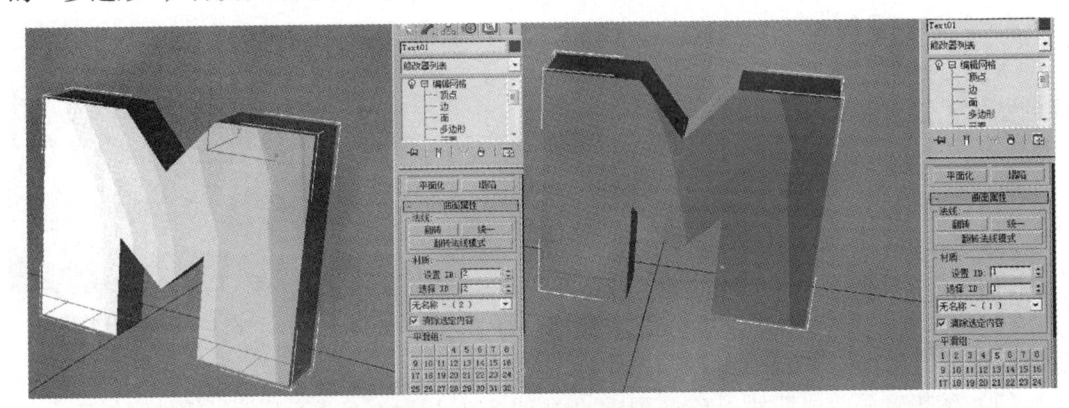

图 6-83　添加编辑网格命令

（6）选择 text1 文件，按 Ctrl + V 克隆对象，添加“晶格命令”，效果如图 6-84 所示。

（7）在前视图绘制如图所示二维图形，添加“挤出”命令，在“参数”卷展栏中，将“数量”设置为 12，分段设置为 1，如图 6-85 所示。

图 6-84　添加晶格命令后效果

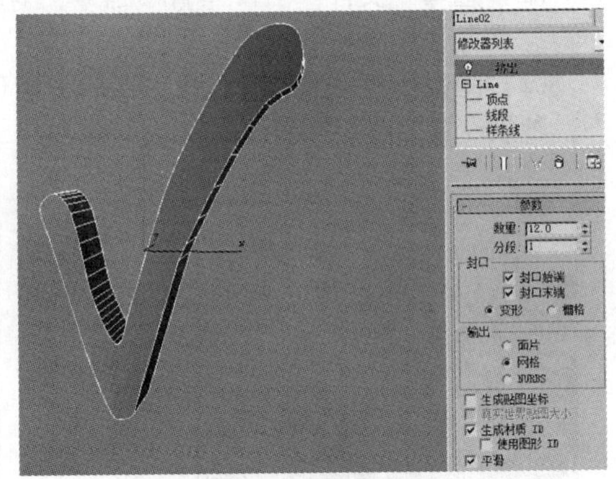

图 6-85　添加“挤出”命令

（8）按 Ctrl + V 克隆对象 Lineo4，删除“挤出”命令，选择“在渲染中启用”和“在视口中启用”，如图 6-86 所示。

（9）用同样的方法创建“T 形”文字，最终效果如图 6-87 所示。

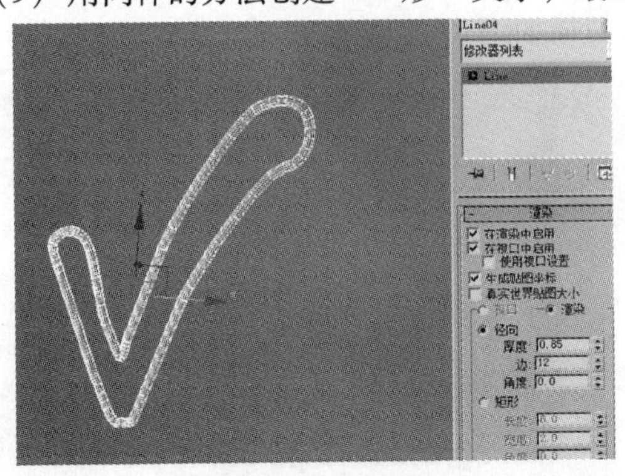

图 6-86　显示线条

图 6-87　文字效果

（10）为“M”设置多维子对象材质，材质 ID1 设置为标准材质，漫反射颜色设置为浅绿色，材质 ID2 设置为无光投影材质，如图 6-88 所示。

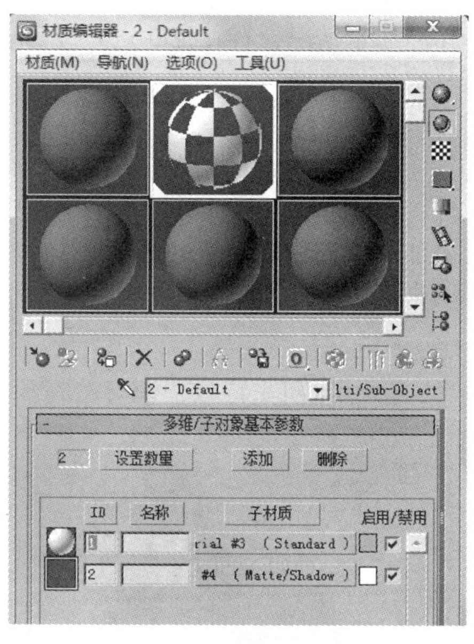

图 6-88　设置“M”材质

（11）为“TV”设置材质，边线设置为标准材质，漫反射颜色设置为浅绿色，内部设置为无光投影材质，最终效果如图 6-89 所示。

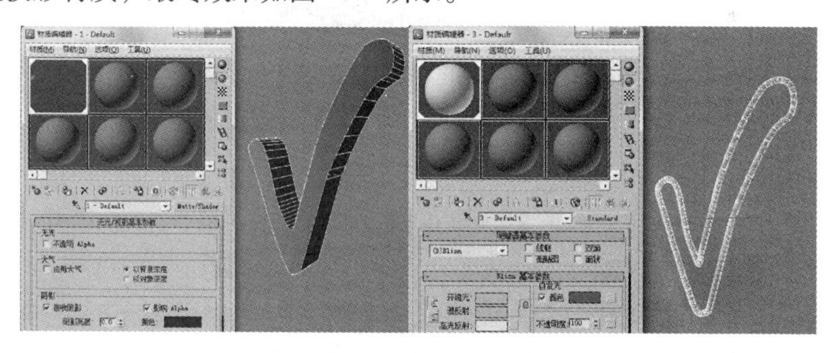

图 6-89　设置“TV”材质

（12）最后渲染出图，其他对象的设置可以参考原文件。

【训练任务】

制作下列相关内容的节目，题目自拟，方法不限。

（1）模仿老师的步骤进行自拟文字标题，制作个性片头；

（2）试制作访谈类节目片头；

（3）模仿案例，制作娱乐节目片头，题目自拟。

（三）实训要求

每一部作品都要求故事具有完整性，有开始、发展、高潮和结局；内在逻辑性强，无明显错误；节目画面整洁、镜头过渡自然、转场运用恰当、解说和背景音乐音量适中、无字幕错别字、字体大小合适、无色彩偏差、后期效果好、剪辑符合生活规律；充分考虑人物神态、注重人物内心描写和动作刻画等。

（四）实训方法

教师可适当进行操作示范，学生根据操作步骤进行操作，把制作好的作品发给老师。课堂上，教师组织学生分析作品质量情况，存在优缺点。教师点评、分析出现的问题并总结。课后，学生将作品分析材料交给教师。

6.4.2 电视栏目片头制作

作为一款优秀的三维软件，3ds Max 在电视栏目片头制作中应用已相当广泛，本实例主要通过设置灯光、为灯光添加体积光特效、为主题球制作旋转动画及为环绕文字添加约束控制、制作摄像机动画等，来讲解 3ds Max 在电视栏目片头制作中的流程方法。

（一）实训目的

学习灯光知识和灯光设置；学习体积光特效、学习路径约束动画、学习摄像机动画。效果如图 6-90 所示。

图 6-90　最终效果

（二）实训内容

【具体操作】

（1）选择“文件”|“重置”命令，对场景进行重新设置，打开“素材”|“片头素材 . max”文件。

（2）选择 | | “球体”命令创建球体类型，在顶视图中创建一个球体，并在其他视图中调整球体的位置。在“参数”卷展栏中，将“半径”设置为 152. 102，分段设置 60；选择“平滑”、“切除”、“生成”选项，如图 6-91 所示。

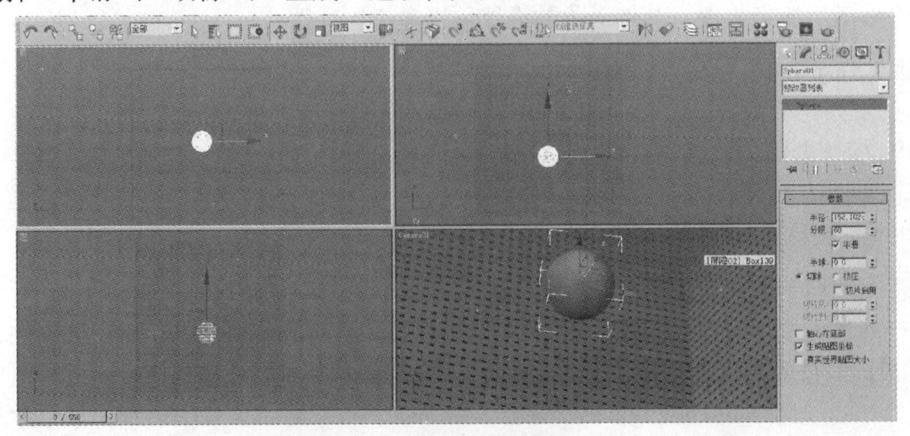

图 6-91　创建并调整球体效果

（3）在顶视图中，为主题球制作一个旋转的动画关键帧，并创建长方体对象，按住 Shift 键，使用旋转工具旋转创建的长方体对象，对长方体对象进行旋转复制，如图 6-92 所示。

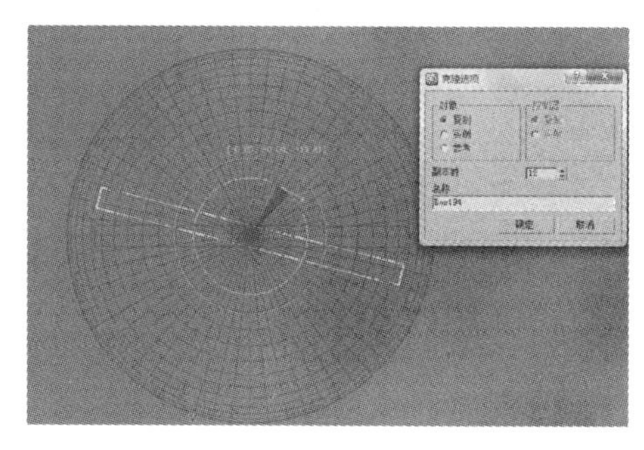

图 6-92　**创建并复制长方体**

（4）选择创建与复制的长方体对象，执行菜单栏中的成组命令，将选择的对象成组，并重命名为“屏障 03”，如图 6-93 所示。在前视图中将成组的“屏障 03”向下移动到如图 6-94 所示的位置。

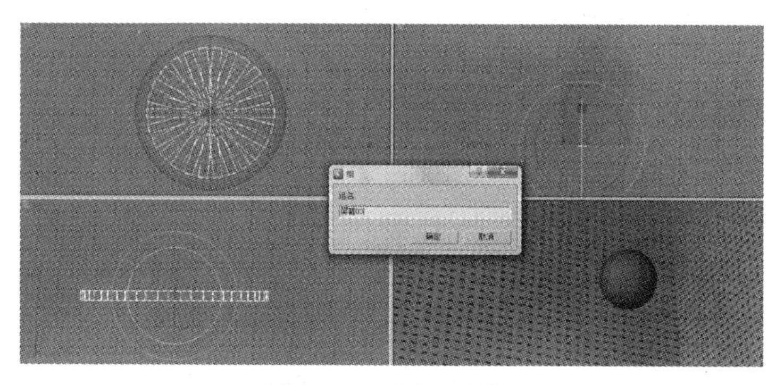

图 6-93　**重命名对象**

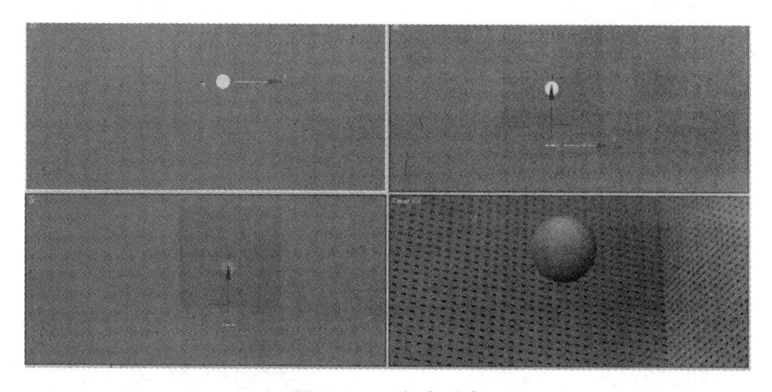

图 6-94　**移动对象**

（5）在前视图中，创建一盏目标聚光灯，在各个视图中调整该灯光的位置，完成效果如图 6-95 所示。在目标聚光灯的修改面板中设置如图 6-96 所示的灯光阴影、倍增值参数。

（6）设置灯光衰减参数以及聚光灯参数卷展栏参数，然后在高级效果参数卷展栏中设置如图 6-97 所示的参数。

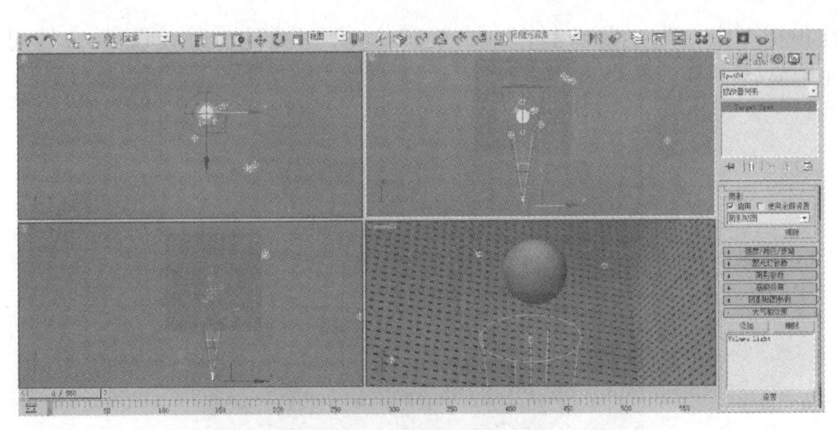

图 6-95 创建并调整灯光

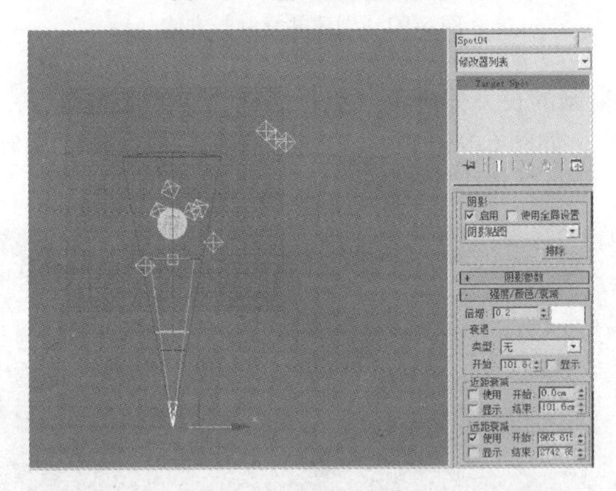

图 6-96 设置灯光参数

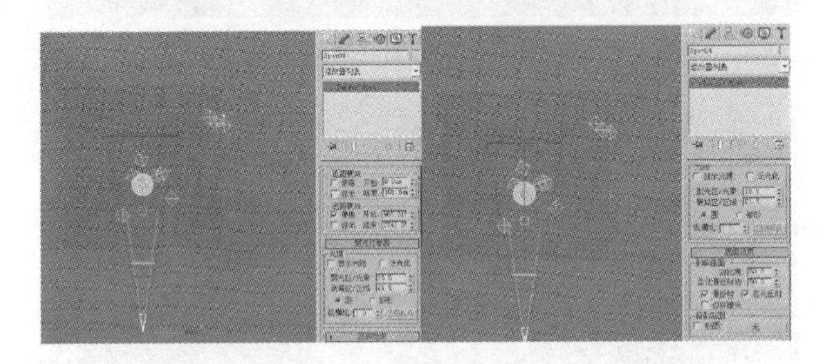

图 6-97 设置灯光参数

（7）打开环境和特效窗口，选择体积光效果，并将刚创建的聚光灯进行拾取操作，如图 6-98 所示。

（8）在顶视图中创建圆对象，在前视图中，使用移动工具以及旋转工具调整圆环对象，完成效果如图 6-99 所示。

（9）按 Shift 键，对创建的圆环对象进行移动复制操作，复制出 5 个圆环，完成效果如图 6-100 所示。

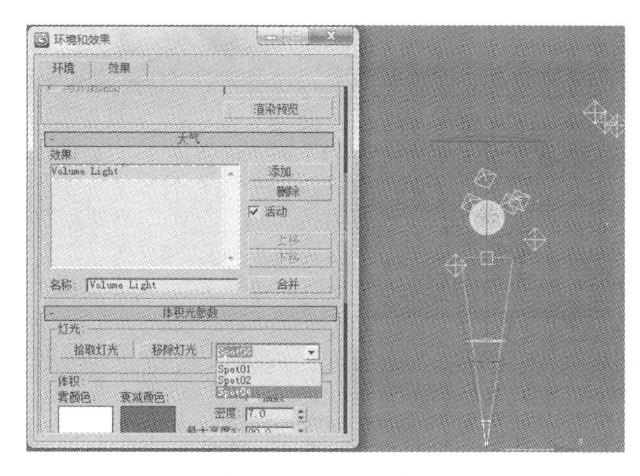

图 6-98　拾取聚光灯

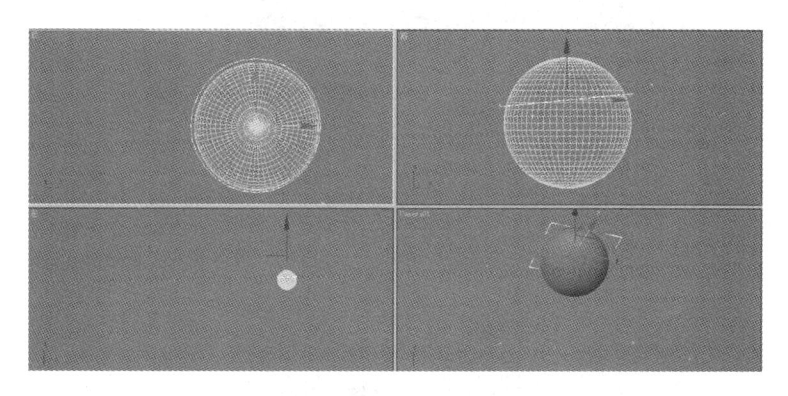

图 6-99　创建圆环对象

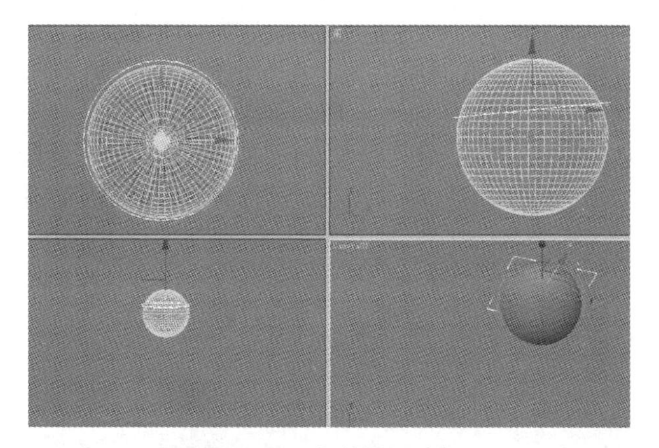

图 6-100　复制圆环对象

（10）在前视图中创建文本文件，将该对象命名为“休闲”，使用同样的方法与同样的参数设置，分别创建文本“娱乐”、“音乐”、“生活”、“时尚”，完成效果和参数设置如图 6-101 所示。

（11）为文字添加“挤出”命令，最终效果如图 6-102 所示，利用同样的方法为其他文字添加挤出命令。

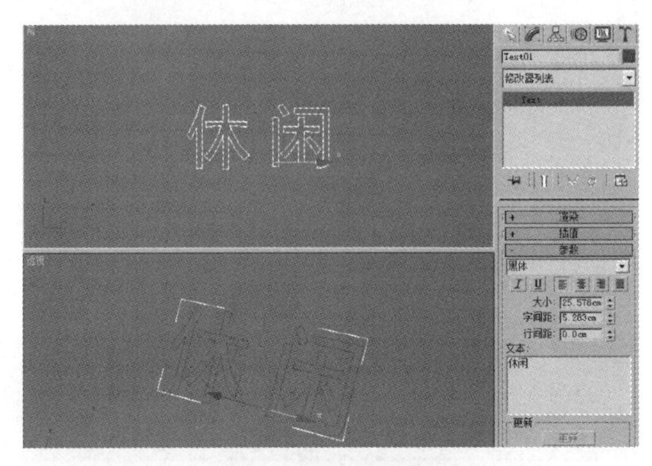

图 6-101　创建文字

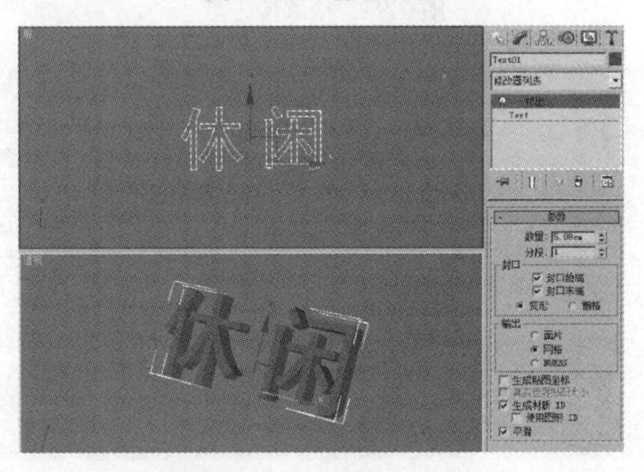

图 6-102　添加挤出命令

（12）由于场景中的对象较多，为了方便制作文字的环绕动画，可将主题球、圆环对象以及文字以外的对象隐藏。在视图中右击，在弹出的快捷菜单中选择“隐藏选择”命令，执行该命令后，场景中选择的对象被隐藏。

（13）在动画播放控制栏中单击时间配置按钮，在开启的时间配置对话框中设置如图 6-103 所示的参数，选择“休闲”对象，在运动面板中展开指定控制器卷展栏。

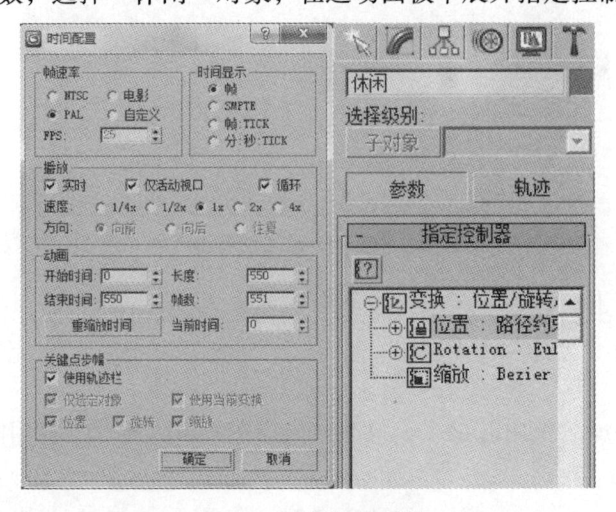

图 6-103　添加控制器

（14）单击指定控制器按钮，在弹出的“指定位置控制器”对话框中选择“路径约束”控制器，在“路径参数”卷展栏中，单击“添加路径”按钮，在前视图中单击最顶层得到圆环对象 Circle 01，如图 6-104 所示的对象是为“休闲”对象添加了控制器后的效果，在运动面板中选择“跟随”复选框，在视口中调整“休闲”对象，完成效果如图 6-104 所示。

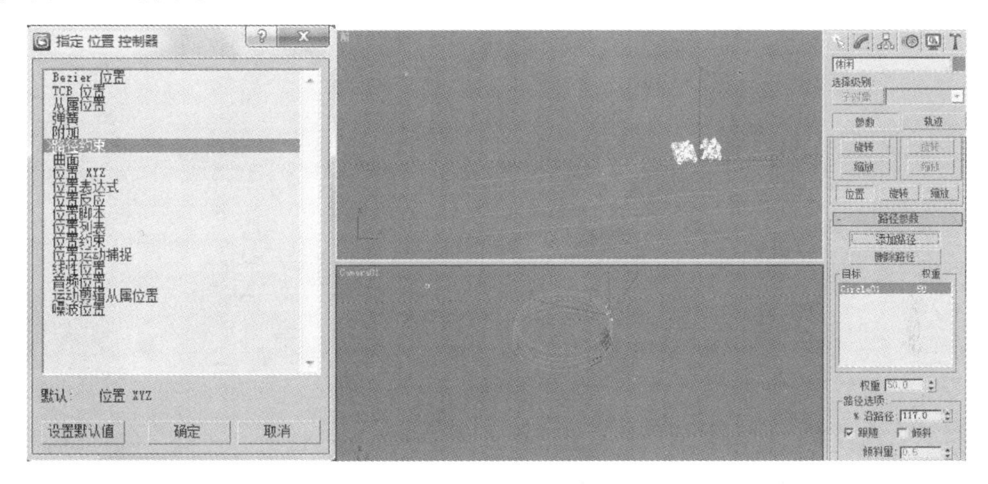

图 6-104　指定路径约束

（15）按 N 键，激活自动关键帧按钮，将时间滑块拖动至第 0 帧，设置“沿路径”参数，如图 6-105 所示，将时间滑块拖动到第 550 帧，参数设置如图 6-106 所示。

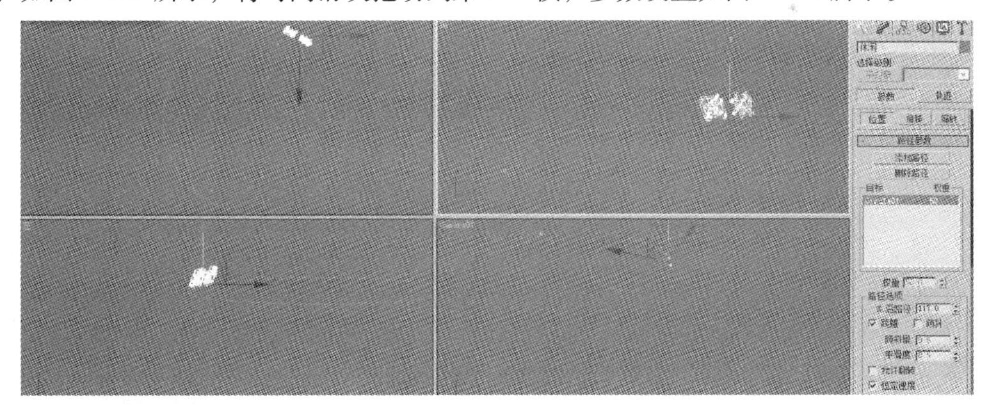

图 6-105　设置第 0 帧沿路径参数

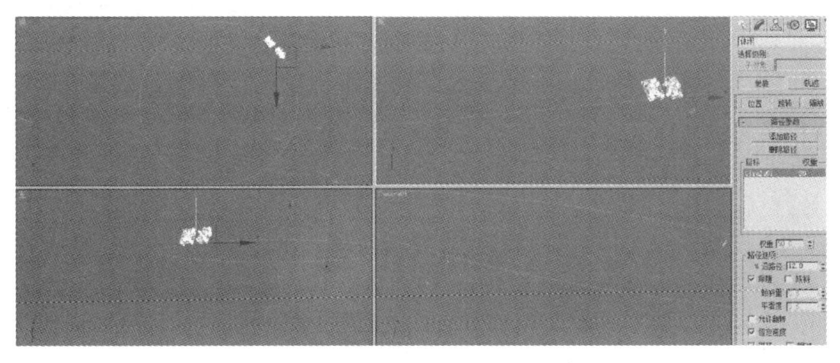

图 6-106　设置第 550 帧沿路径参数

（16）在轨迹栏中将第550帧的关键帧移动到第450帧，选择“娱乐”对象，为其添加“路径约束”控制器。在“路径参数”卷展栏中单击“添加路径”按钮，为“娱乐”对象指定Circle 03的约束路径，完成效果如图6-107所示。

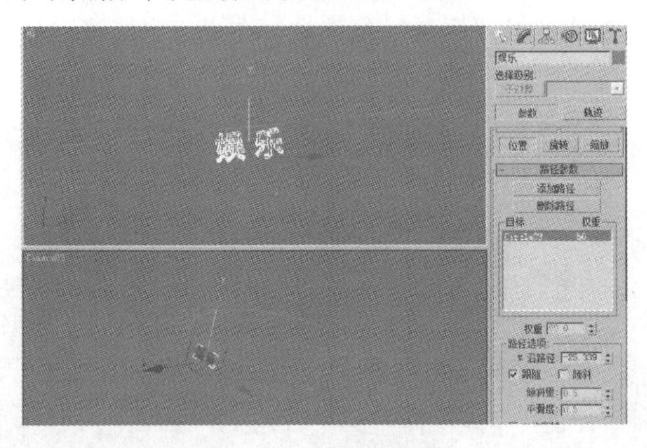

图6-107　指定路径约束

（17）将时间滑块拖动到第0帧，激活自动关键帧按钮，选中“跟随”复选框，设置“沿路径”参数。将时间滑块拖动至第550帧，设置“沿路径”参数，如图6-108所示，在轨迹栏中将第550帧处的关键帧移动至第450帧。

（18）选择“音乐”对象，为其添加路径约束控制器，并指定Circle 02为其约束路径，选中“跟随”复选框，在视口中调整第0帧时的对象，如图6-109所示。

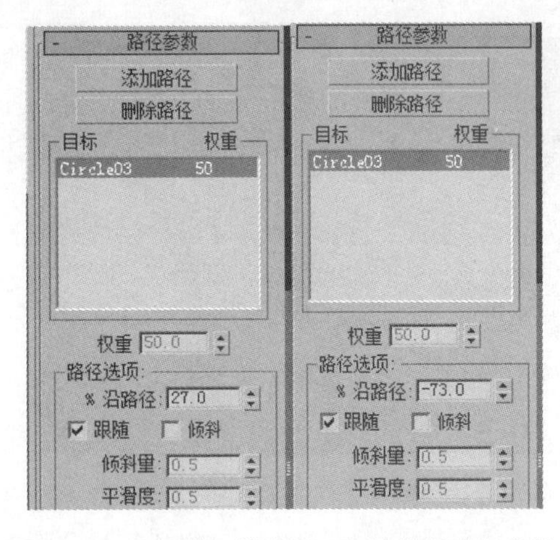

图6-108　设置第0帧和第550帧的沿路径参数

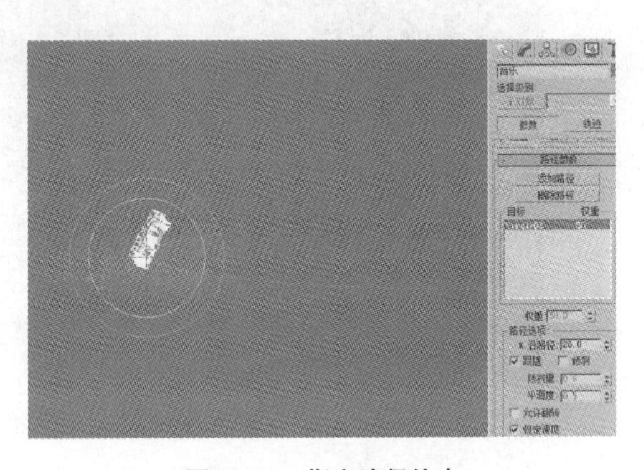

图6-109　指定路径约束

（19）将时间滑块拖动到第0帧，激活自动关键帧按钮，设置“沿路径”参数。将时间滑块拖动至第550帧，设置“沿路径”参数，如图6-110所示，在轨迹栏中将第550帧处的关键帧移动至第450帧，将第0帧的关键帧移动到第100帧。

（20）选择“生活”对象，为其添加“路径约束”控制器，并指定Circle 04为其约束路径，选中“跟随”复选框，在前视图中使用旋转工具调整对象的位置，完成效果如图6-111所示。

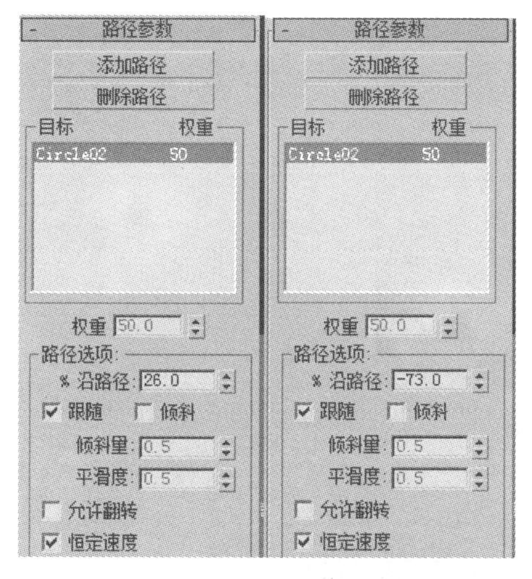

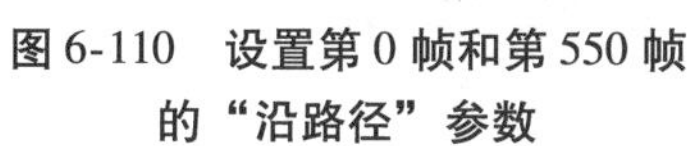
图 6-110　设置第 0 帧和第 550 帧的“沿路径”参数

图 6-111　指定路径约束

（21）将时间滑块拖动到第 0 帧，激活自动关键帧按钮。将时间滑块拖动至第 550 帧，设置“沿路径”参数，如图 6-112 所示。在轨迹栏中将第 550 帧处的关键帧移动至第 450 帧，将第 0 帧的关键帧移动到第 100 帧。

（22）选择“时尚”对象，为其添加路径约束控制器，并指定 Circle 05 为其约束路径，选中“跟随”复选框，在前视图使用旋转工具调整对象的位置，将时间滑块拖动到第 0 帧，激活“自动关键帧”按钮，设置如图 6-113 所示的沿路径参数。将第 0 帧的关键帧移动到第 100 帧。

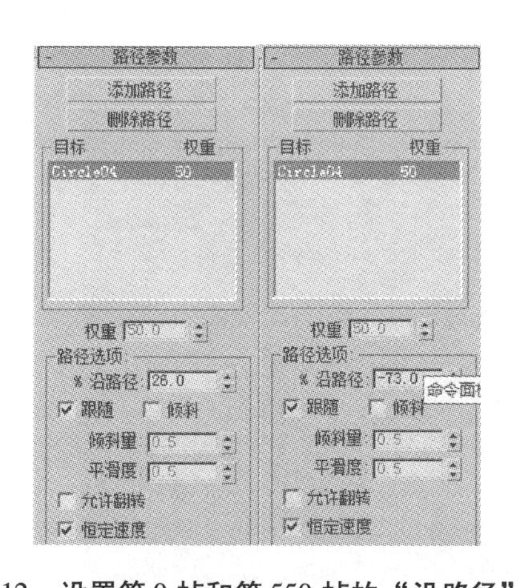

图 6-112　设置第 0 帧和第 550 帧的“沿路径”参数

图 6-113　设置第 0 帧的沿路径参数

（23）利用自动关键点为球体制作旋转动画。

（24）在顶视图创建的摄像机如图 6-114 所示，将透视图切换到摄像机视图。

（25）打开“自动关键点”按钮，将时间滑块拖动到第 150 帧，调整镜头大小，如图 6-115 所示，为摄像机制作镜头拉远的动画。

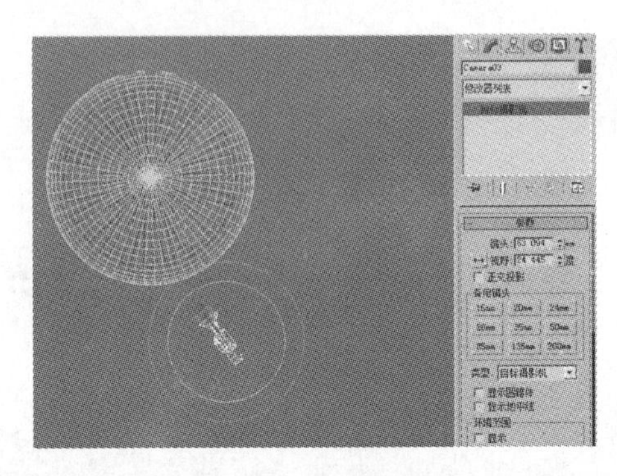

图 6-114 创建摄像机

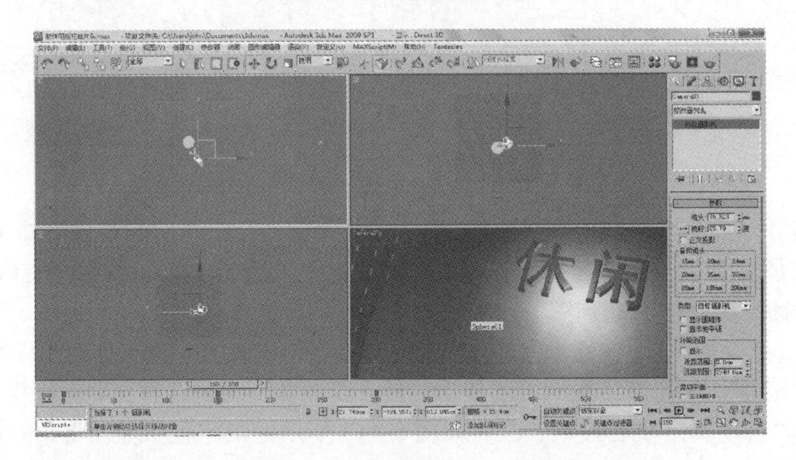

图 6-115 制作镜头拉远动画

（26）将时间滑块拖动到第 300 帧，调整镜头大小如图 6-116 所示，为摄像机制作镜头拉远的动画。

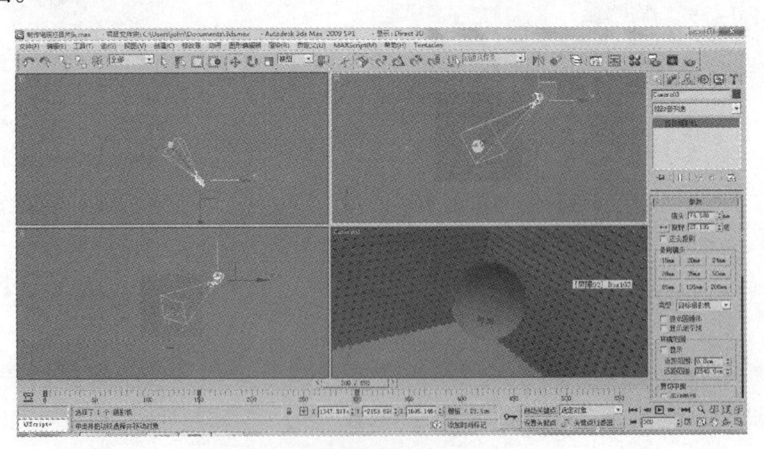

图 6-116 制作镜头拉远动画

（27）对场景进行渲染并输出。

【训练任务】

制作下列相关内容的节目，题目自拟，方法不限。

（1）模仿案例制作电视栏目片头一部；

（2）模仿案例，个性发挥，制作新闻栏目片头，题目自拟；

（3）试制作一部访谈栏目片头。

（三）实训要求

每一部作品都要求故事具有完整性，有开始、发展、高潮和结局；内在逻辑性强，无明显错误；节目画面整洁、镜头过渡自然、转场运用恰当、解说和背景音乐音量适中、无字幕错别字、字体大小合适、无色彩偏差、后期效果好、剪辑符合生活规律；充分考虑人物神态、注重人物内心描写和动作刻画等。

（四）实训方法

教师可适当进行操作示范，学生根据操作步骤进行操作，把制作好的作品发给老师。课堂上，教师组织学生分析作品质量情况，存在优缺点。教师点评、分析出现的问题并总结。课后，学生将作品分析材料交给教师。

第 7 章　Illusion 粒子特效软件

7.1　软 件 介 绍

Illusion 为 Particle Illusion 的简称，官方简称为 Illusion，中文直译为粒子幻觉。它是一个主要以 Windows 为平台独立运作的电脑动画软件。Illusion 的唯一主力范畴是以粒子系统的技术创作，比如文字、爆破、火焰、烟火、云雾、水波、烟尘等视频特效，启动界面如图 7-1 所示。

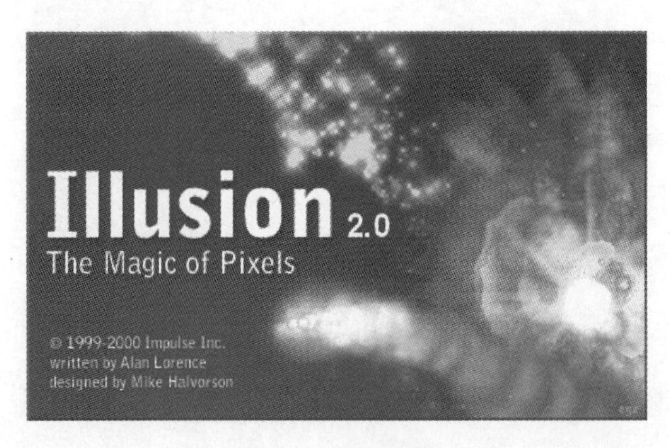

图 7-1　启动界面

7.1.1　功能特点

Illusion 是一个富有创造性的二维后期处理软件，它的名字 Illusion 的中文意思是幻想，它是一个可以使创造力得到无穷发挥的软件，不但可以提高图像制作工作效率，更是一款实时的、所见即所得的后期处理软件。它不需要用长时间的学习，不需要花费大量的时间，也不需要其他三维软件的使用经验，就可以制作出含有三维感觉的奇妙效果。Illusion 对系统配置的要求不高，软件很小，安装不复杂，一般用户的电脑都能满足他的安装要求。

粒子制作软件常见的参数调整，有速度、重量、数量、喷射角度、颜色变化等，完成动态视频的制作。发射器是发射粒子的对象，一个发射器可以由许多组粒子构成。如爆炸效果可能包含有黑色或灰色的烟尘、红色及黄色的火焰等。可以通过发射器来组合几个不同的粒子效果。Particle Illusion 虽然是一套 2D 软件，但其创建的效果比 3D 特效或真实的画面还要逼真。所有粒子都可以自由地调整参数，创建各种形态。

7.1.2　操作界面

如图 7-2 所示，启动 Particle Illusion2. 0 软件以后的默认界面。

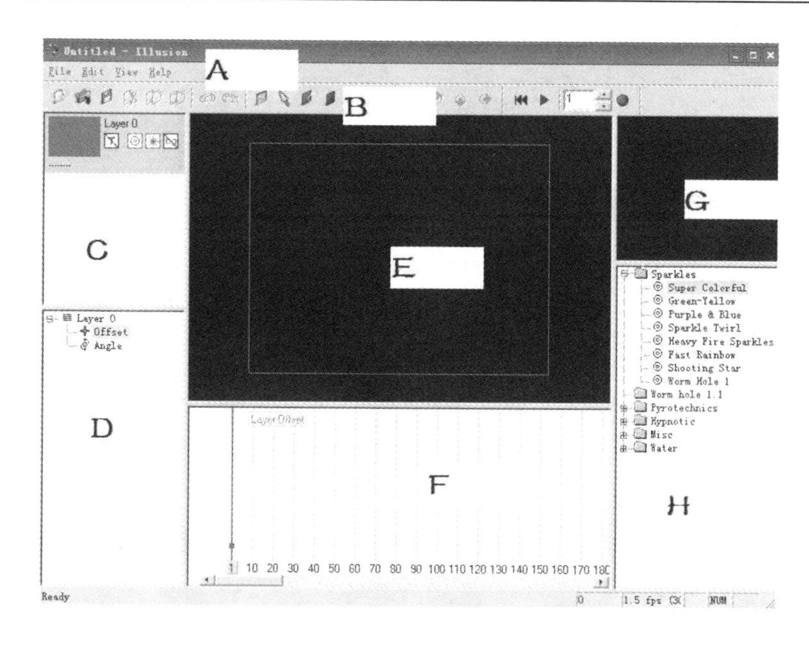

图 7-2　启动界面

A—标题和菜单；B—工具按钮；C—层显示窗口；D—属性窗口；E—场景窗口；
F—时间线窗口；G—粒子预览窗口；H—粒子库窗口

下面对图 7-2 中所示的窗口功能进行介绍。

标题和菜单——用于按主题组织菜单下面的一个基本命令。

工具按钮——如图 7-3 所示，用来完成主要操作，如新建项目、保存项目、粒子复制、像素移动、播放控制和效果输出等。

图 7-3　工具按钮

【温馨提示】 工具按钮的功能是在场景中创建粒子、添加蒙板、反射板和力场等操作后，对场景中的粒子进行移动，播放和渲染输出。

层显示窗口——在里面添加、删除和排列项目中用到的层。体现操作流程，并与 Adobe Photoshop、Adobe After Effects 软件操作类似，都是以层的方式进行的。

属性窗口——对粒子进行详细的参数设置，如一个粒子的发射数量、大小和速度值等，还可以导入动画路径信息，如图 7-4 所示。

场景窗口——用于显示最终的输出结果。

时间线窗口——显示当前的时间位置，参数的动画曲线。跟 Premiere 的 Timeline 功能接近，在这里控制发射源和粒子在一定时间段的各种状态和动画效果。它的使用方法跟 Premiere 滤镜的使用方法一样，先将时间指针拖到相应的位置，然后在工作窗口中做想要的变换。简单来说，就是通过设置关键帧（Keyframe）来实现动画效果。如图 7-5 和图 7-6 所示是设置完关键帧前后的对比图。

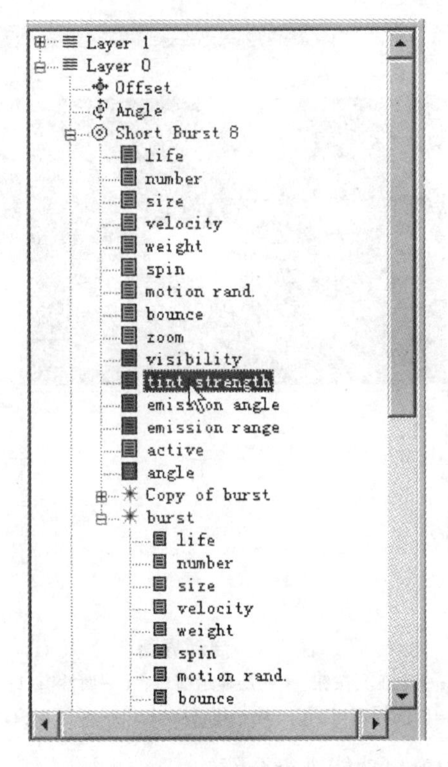

图 7-4 属性窗口

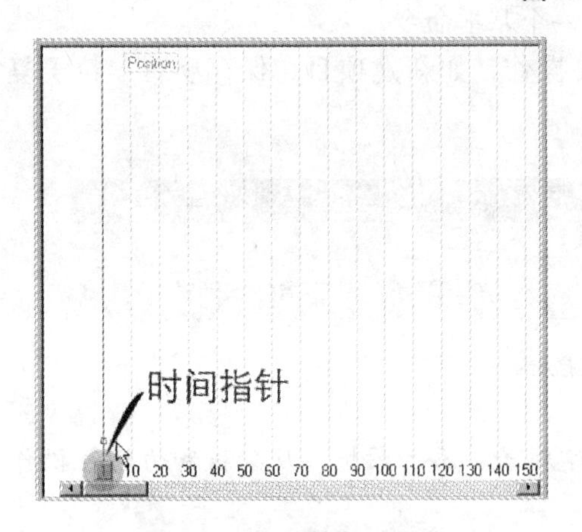

图 7-5 “关键帧”设置前

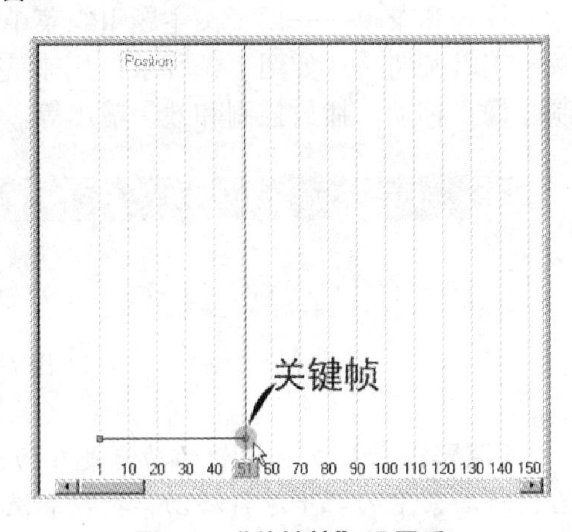

图 7-6 “关键帧”设置后

粒子预览窗口——在粒子库中选择相应的发射源时，发射源会在这里显示粒子的形态和运动方式。也可以把发射源加入项目之前，拖曳到这里看发射源的效果，如图7-7所示。

粒子库窗口——当前库中的所有粒子都以树状方式显示在这里。显示当前可以使用的发射源的列表。该库中的发射源只用单击选中相应的发射源，然后在工作窗口单击就可以把发射源放置到工作窗口中，操作十分简单。图 7-8 所示的是单击鼠标后工作窗口的状态。

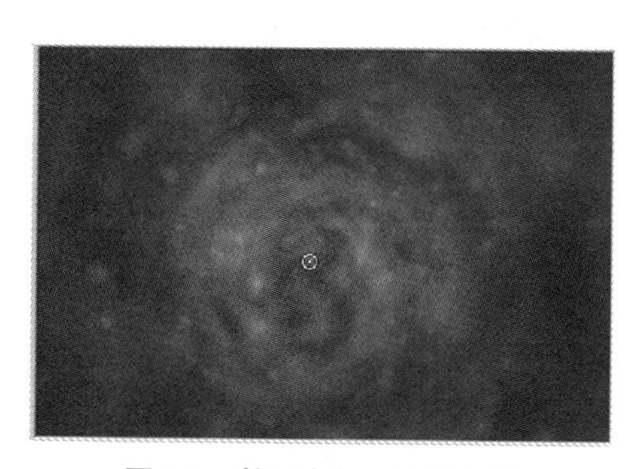

图 7-7　粒子发射源效果显示

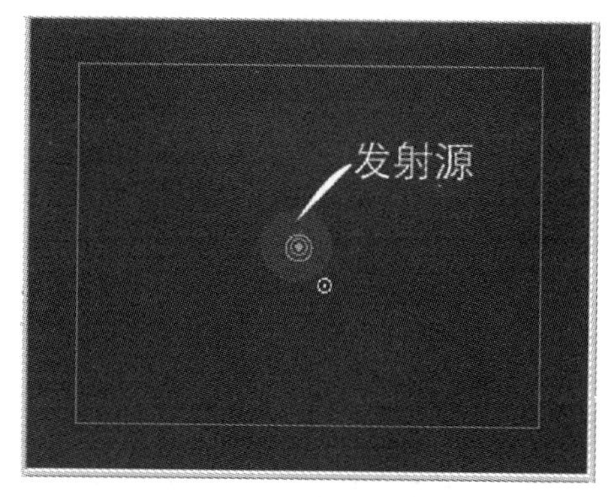

图 7-8　预览窗口

【温馨提示】 通过使用鼠标拖曳各个窗口的分界线来调整各个窗口的尺寸。

【注意事项】 工作窗口的尺寸必须至少和正在进行的项目的尺寸相同，在输出时要保证这一点。如正在做一个 640×480 的项目，工作窗口就至少要有 640×480 大小，否则就得不到全尺寸的输出图片或动画。

Illusion 中的概念介绍如下。

（1）粒子

粒子（Particles）是 Illusion 中可见的实体。不能直接控制单个粒子的大小、方向和数量，它依赖于设置的粒子类型的参数值，直接对发射源进行控制和移动等操作。

（2）粒子类型

粒子类型（Particle Type）是决定粒子的外观和行为的粒子属性的集合，由一幅图片、一种色彩和其他（如重力、尺寸、重量等）不同属性共同构成。

（3）发射源

发射源（Emitters）是不可见的，是从中发射粒子的物体。发射源三种类型，即点（Point）、线（Line）和椭圆（Ellipse）。发射源是由粒子类型组成的，一个发射源可以包含一种或多种粒子类型。

（4）挡板

挡板（Deflectors）是一种不可见的或可见的障碍物，遇到挡板时粒子在上面发生碰撞并反弹。挡板可以是线段或者是由一系列线段组成的平面。

（5）块

块（Blockers）是在画面中定义的一个区域，区域中的粒子将会被挡住。

7.2　使用方法

下面介绍常用工具和高级按钮的使用方法，以粒子爆炸特效制作案例讲授软件的使用方法。

1. 常用工具认识

掌握了 Illusion 的一些基本功能，使用之前简单认识一下工具栏上的工具，如图 7-9 所示工具。

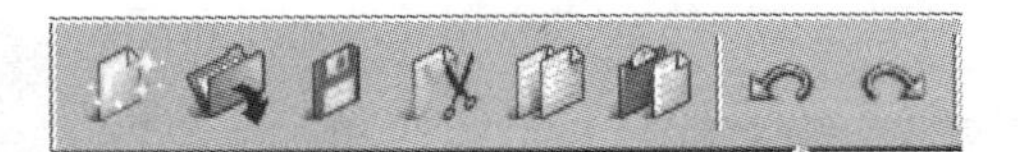

图 7-9　常用工具

新建工程按钮——组合键为 Ctrl + N。

打开工程按钮——组合键为 Ctrl + O。打开已经存在的 Illusion 文件，扩展名为 *. IPF。

存储工程按钮——组合键为 Ctrl + S。每隔 3 分钟中存一次文档是工作的好习惯。

剪切文件按钮——组合键为 Ctrl + X。剪切工作窗口中的各个发射源。

复制文件按钮——组合键为 Ctrl + C。复制工作窗口中的各个发射源。

复制文件按钮——组合键为 Ctrl + V。粘贴工作窗口中的各个发射源。

Undo（撤销上一步操作）按钮——组合键为 Ctrl + Z。与 Photoshop 撤销的功能不同的是 Illusion 的 Undo 可以一直撤销。

Redo（恢复上一步操作）按钮——组合键为 Ctrl + Y。它的功能刚好与 Undo 的相反。

2. 高级编辑按钮认识

如图 7-10 所示，一共有 10 项高级按钮。

图 7-10　编辑按钮

（1）工程设置（Project Settings）按钮，单击工程设置按钮后出现如图 7-11 所示的工程设置 Project Settings 窗口，可以对工程的相关属性进行设置。

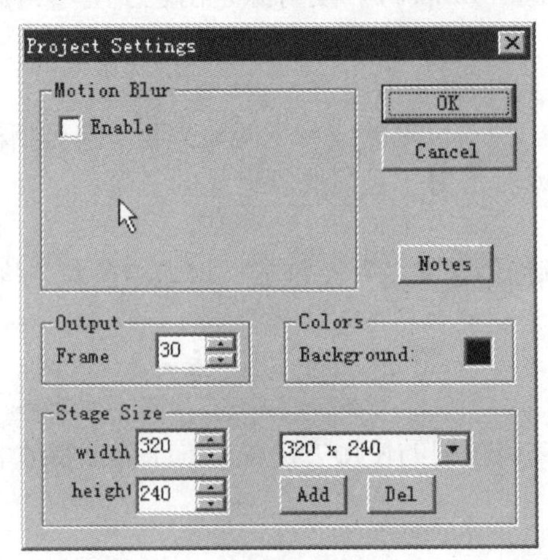

图 7-11　工程设置窗口

Project Settings 窗口中有运动模糊（Motion Blur）、项目的输出帧速（Output）、工作窗口和预览窗口的背景颜色（Background Colors）、工程的尺寸（Stage Size）五个部分设置内容。

① 项目的输出帧速。Output 中的帧速决定了 Illusion 在播放和输出时每秒显示多少帧。

【注意事项】 有的发射源在不同的帧速情况有不同效果。因此，制作前在工作窗口对发射源进行操作前，设置合适的帧速十分必要，否则就得不到预期的结果。

② 背景颜色设置。显示了当前的工作窗口和预览窗口的色彩设置，可以通过单击黑色色块，打开颜色选择窗口，如图 7-12 所示来改变当前设置。

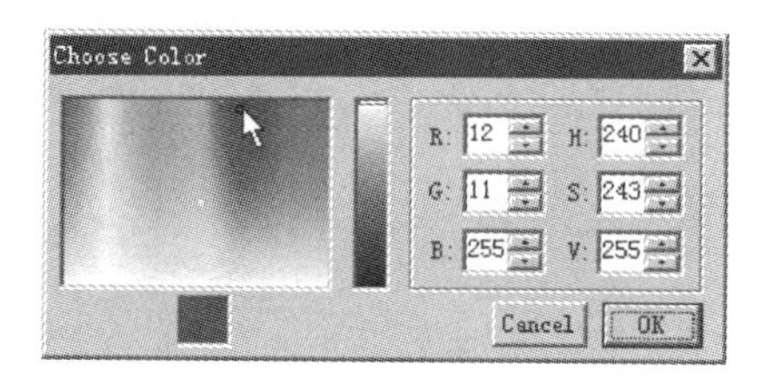

图 7-12　颜色选择窗口

【温馨提示】 很多粒子在黑色背景下看起来效果最好。有时为了在 Premiere 等后期软件中做透明，也经常把背景颜色设置为蓝色。当然，还可以选择生成 TGA 序列通道的图层文件，还原无背景的粒子特效。

③ 工作窗口的尺寸决定了输出时的尺寸，可以直接输入宽度和高度值，如图 7-13 所示。

如果想在下拉式列表中加入一个新的场景尺寸，输入宽度和高度值，单击 Add 按钮完成操作。如果列表中有需要的尺寸，就可以直接选择它，单击 Del 按钮可以删除这个场景尺寸。

④ Motion Blur 选项。它的功能是打开粒子的运动模糊，在工程设置的窗口中选择 Motion Blur 中的 Enable，将会出现如图 7-14 所示的运动模糊设置窗口。

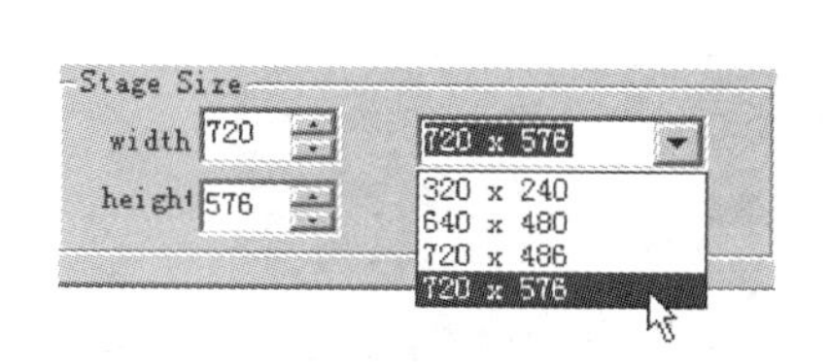

图 7-13　设置工程尺寸

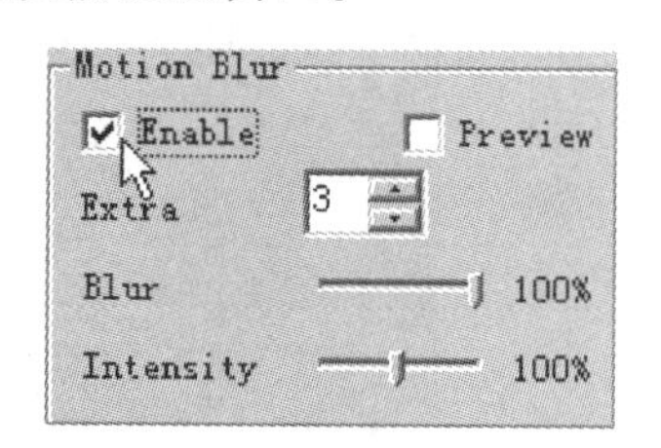

7-14　Motion Blur 设置窗口

- Extra Frame（附加帧数）。产生模糊效果的平均帧数，数值越高，效果越光顺，但花费的处理时间很多。
- Blue Amount（模糊数量）。控制发生模糊的帧数量。当设置为 100% 时，粒子会在整个项目里运动模糊。
- Intensity Adjust（强度调整）。控制粒子模糊时的强度，百分比越高效果越强。

【温馨提示】 在 Illusion 中，给快速移动的粒子应用动态模糊，可以增加真实感，还可以通过单击“项目说明”（Note 按钮）来查看和改变项目说明，如图 7-15 所示。

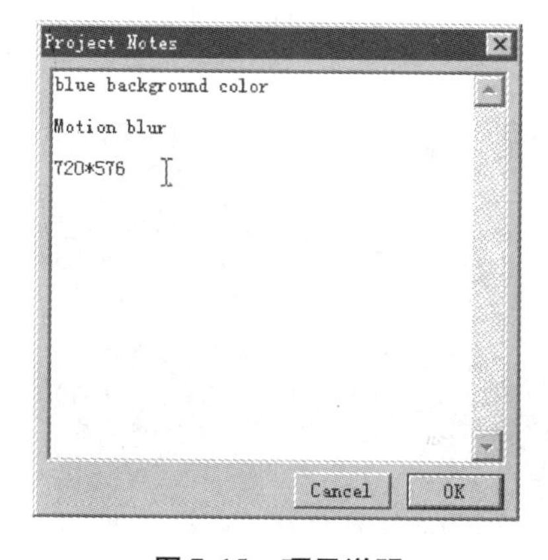

图 7-15　项目说明

（2）Select Emitter（发射源控制）按钮，调整发射源的位置和范围。相当于 Premiere 中的 Select 按钮，单击它后，可以对发射源在工作窗口中的位置或范围进行编辑操作。

【注意事项】 选择 Select Emitter 后，不能在工作窗口中再放置发射源。所以，只有当对发射源的编辑结束时，再将它点回，即恢复未激活状态。

（3）Add a Deflector（添加挡板）按钮，它为发射源提供一个挡板，使发射源发射出的粒子可以被反弹回来，效果如图 7-16、图 7-17 所示。挡板的设置与用鼠标画画方法相同，如图 7-18 所示。画好选区后就可以添加粒子了。

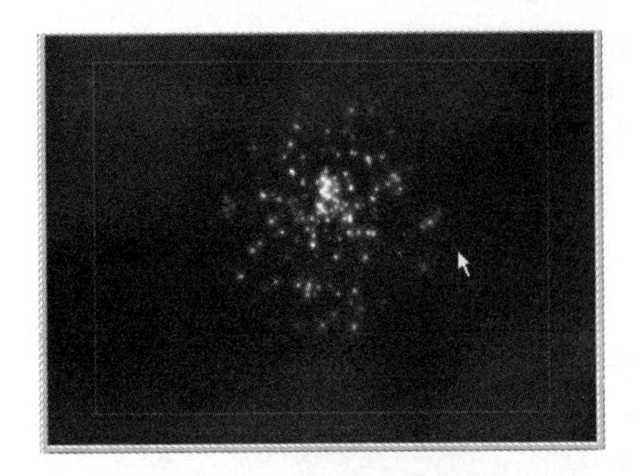

图 7-16 添加挡板前

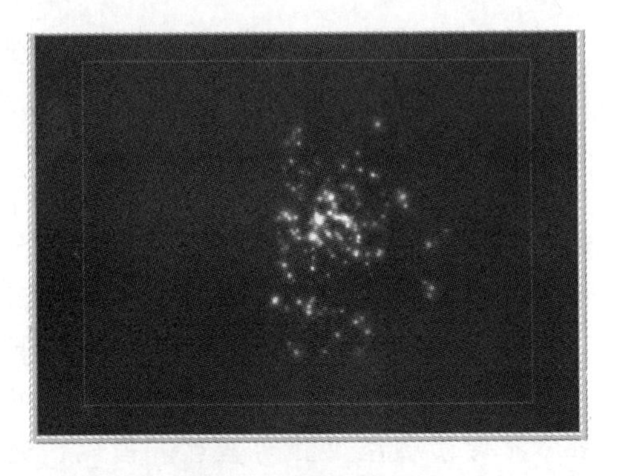

图 7-17 添加挡板后

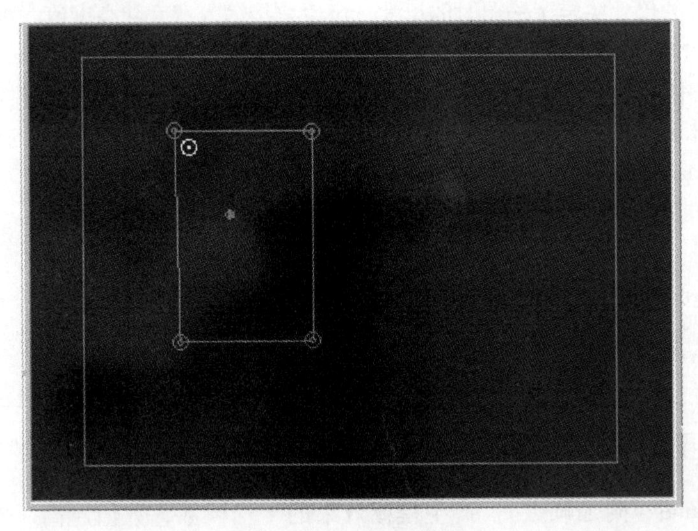

图 7-18 设置挡板区域

（4） Add a Block（添加块）按钮，它为发射源提供一个挡板，用来屏蔽粒子发出的效果，即使发射源发射出的粒子不可见，效果如图 7-18～7-20 所示。挡板和块的用途很广，块的设置跟挡板的设置相同。

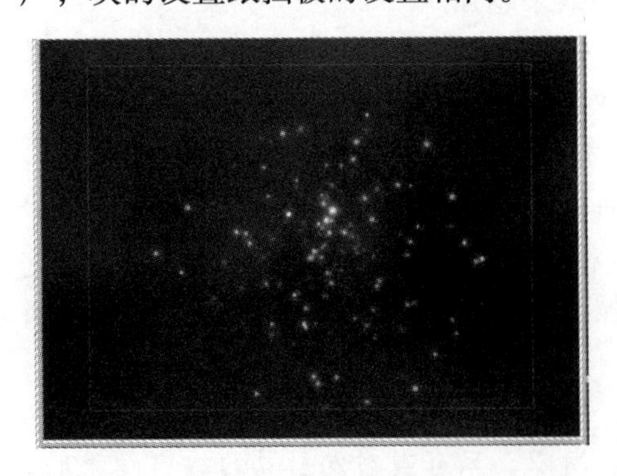

图 7-19 添加块前

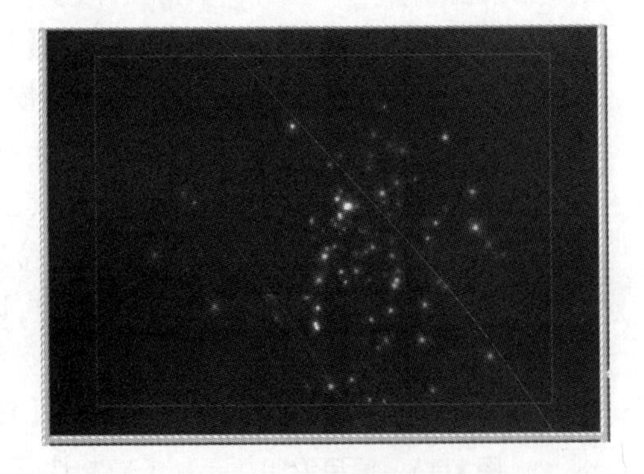

图 7-20 添加块后

（5） Show Or Hide Particles on Stage（在工作窗口内显示、隐藏粒子）按钮，它的功能决定是否在工作窗口内显示粒子，图 7-21 所示是在工作窗口内隐藏粒子（默认情况下），图 7-22 所示的是在工作窗口内显示粒子。

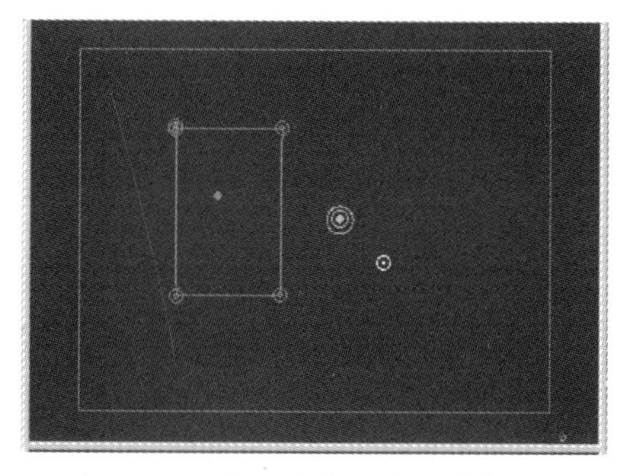

图 7-21 在工作窗口内隐藏粒子

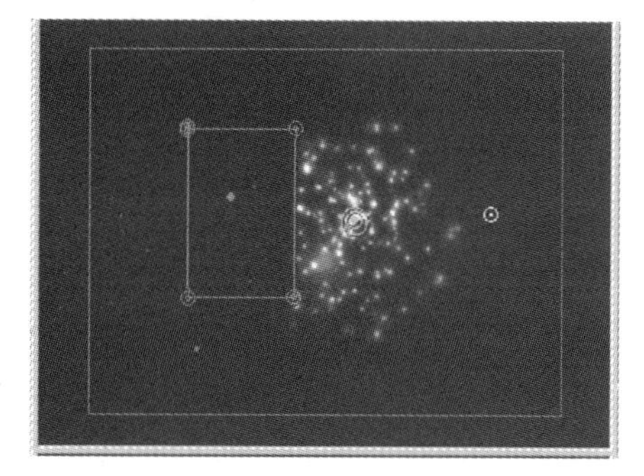

图 7-22 在工作窗口内显示粒子

（6） Move The Object Or Point（整体移动物体或发射源）按钮，只有当选择 Select Emitter后，这个按钮才会被激活。选择后可以整体的移动，如图 7-22 所示的挡板，效果如图7-23 所示。

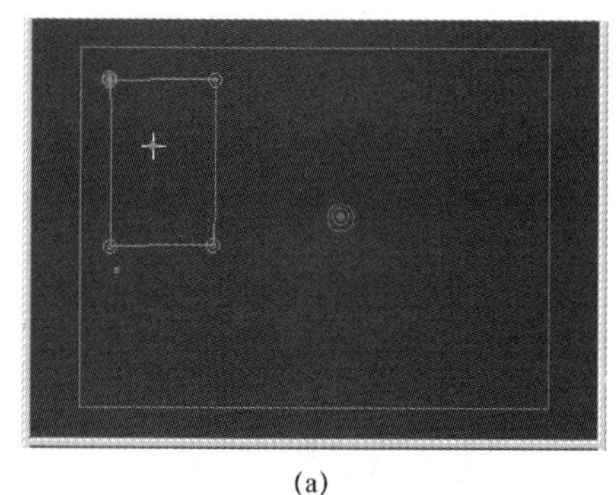

(a)

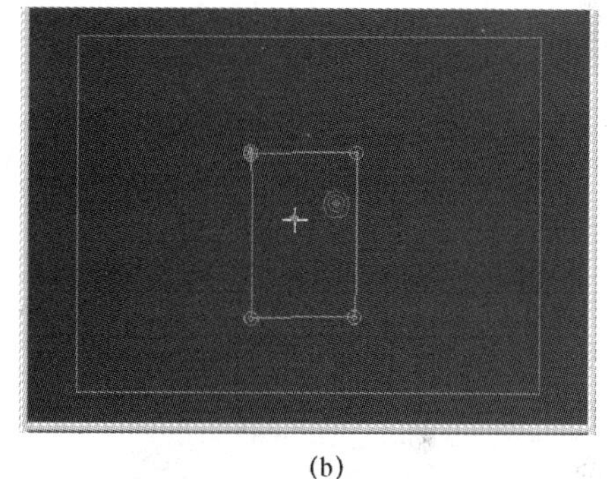

(b)

图 7-23 移动挡板

（7） 微调控制功能是使物体或发射源以一个像素为单位上、下、左、右移动，在选定某一个确定粒子或物体时，微调功能和在进行精确定位时会用到。

7.2.1 粒子库的加载

（1）准备好软件之外的粒子库素材，先将光盘中的 Illusion 粒子库拷贝到硬盘上，然后在 Illusion 的粒子库窗口中右击，选择 Load Library，如图 7-24 所示。

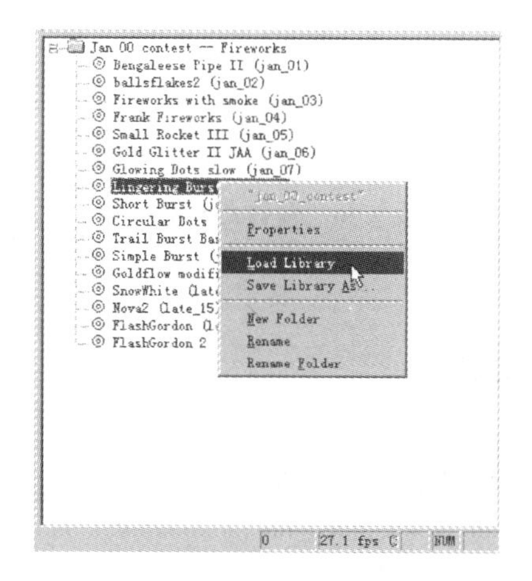

图 7-24 选择 Load Library

（2）在弹出的对话框中选择要加载的项目或效果，如图 7-25 所示选择 Alan_00_06. Iel 文件。

（3）在粒子库窗口中，选择 Misc 文件夹下的 Matrix Falls 项目，如图 7-26 所示。

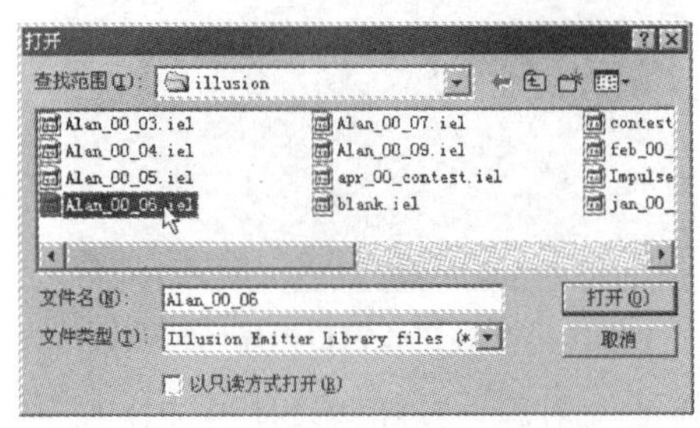

图 7-25 选择要添加的粒子库

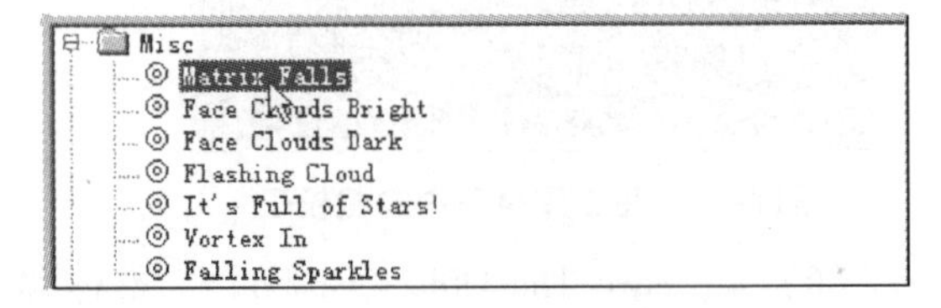

图 7-26 粒子库截图

（4）选择 Matrix Falls 项目后，在预览窗口中看见类似黑客帝国片头的文字效果，如图 7-27 所示。说明粒子库已加载完成。

（5）将鼠标移动到工作窗口中灰白线区域内，先单击，这时会出现一根与第一个发射源相连的直线，如图 7-28 所示，选择有效的范围，选择完以后，双击鼠标或单击退出设置。

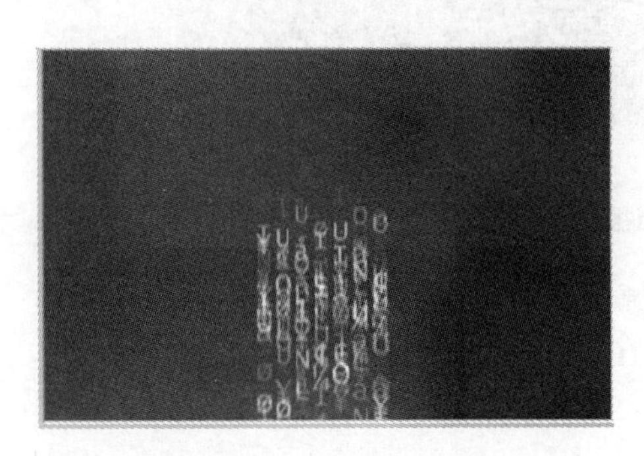

图 7-27 Matrix Falls 效果

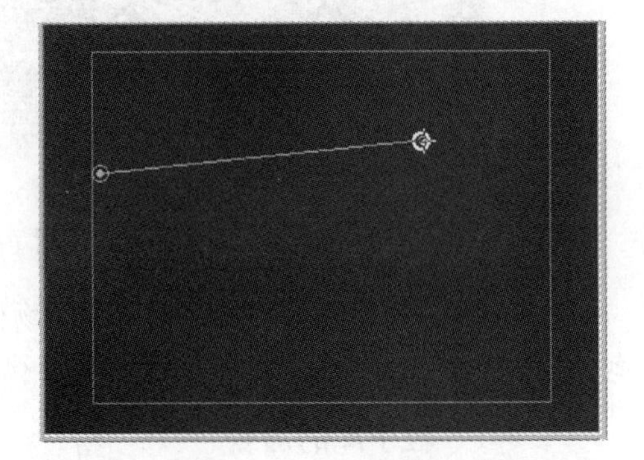

图 7-28 调整范围

（6）此时，Matrix Falls 的发射源已经放置到工作窗口内了。单击工具栏上的 Play 图标来进行预览，如图 7-29 所示。

图 7-29 播放控制区

7.2.2 特效的制作

【案例 1】模拟空间爆炸效果

【具体操作】

（1）导入粒子库爆炸效果，如图 7-30 所示的 Space Explosion（空间爆炸）粒子库，或使用软件自带的爆炸粒子效果。

（2）选择其中的 07 粒子和 03 粒子，重合放置到工作窗口中，单击 Play 按钮，预览整体效果，如图 7-31 所示。

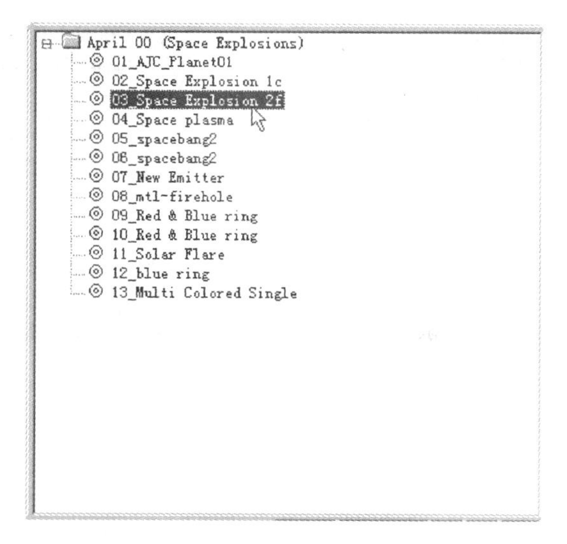

图 7-30　选择 Space Explosion 粒子库

图 7-31　爆炸效果

（3）按下 Show Or Hide Particles on Stage 按钮，将时间指针移到第 9 帧，会在工作窗口中看见如图 7-32 所示的效果。

（4）选择 09 号粒子，把 Show Or Hide Particles on Stage 再点击回原始状态，即取消在工作窗口中看到的粒子效果的功能。把粒子叠加放到前面的两个粒子上，如图 7-33 所示。

【温馨提示】这时取消工作窗口内显示粒子效果的功能，主要是为了方便下一步设置。

图 7-32　第九帧效果图

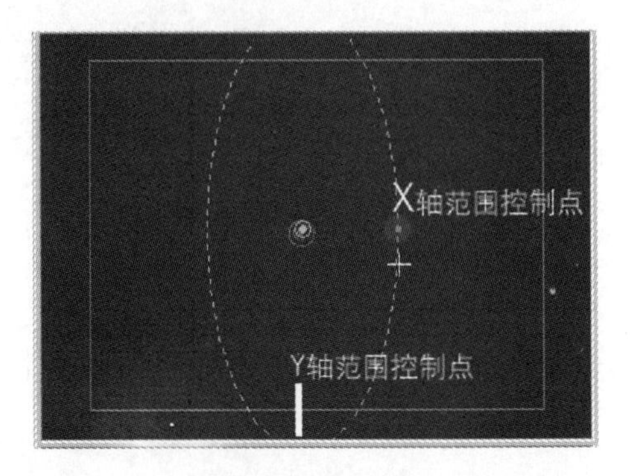

图 7-33　叠加粒子

（5）这时可能看不见 Y 轴的范围设置点，选择 Move the Object Or Point（整体功能）使 09 号这个粒子的范围整体向上移动，用 Select Emitter 功能将 Y 轴的范围设置为要求的范围，再用 Move the Object Or Point 将粒子的中心放回到原来的位置，如图 7-34 所示。

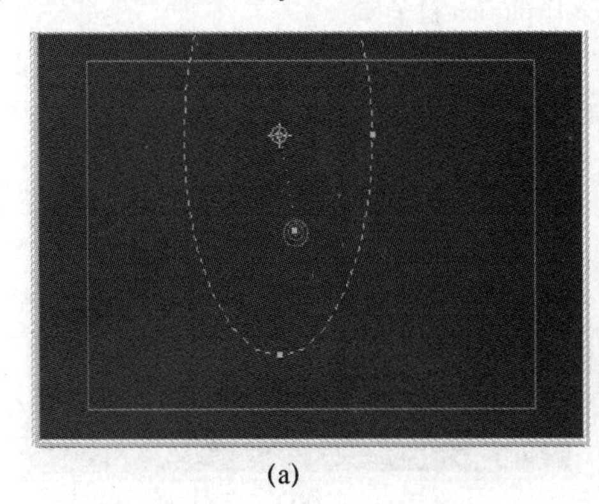

(a)

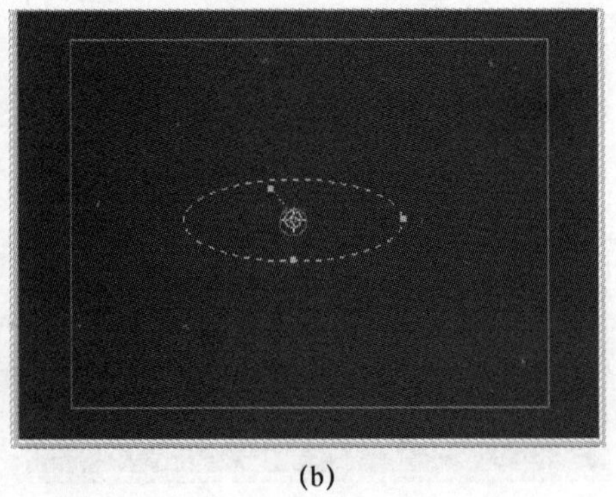

(b)

图 7-34　调整截图

图 7-35　打开 Show Or Hide Particles on Stage 后的工作窗口

【温馨提示】设置范围时，最好打开 Show Or Hide Particles on Stage 功能，这样可以更精确，同时也更有效的设置，如图 7-35 所示。

【注意事项】在 Illusion 中，包括 09 号粒子在内的所有粒子的属性都是默认的，有时候默认的情况并不能满足需要，就需要对它的属性进行设置。

【温馨提示】使 09 号粒子快速的扩展有两个方法，第一个是在属性栏中进行属性设置；第二个方法是直接利用鼠标在工作窗口中操作。当然，大家也可以选用其他的爆炸粒子效果，整合搭配制作爆炸效果。

（6）设置关键帧，让时间指针在第 9 帧的位置上，设置 09 号粒子的范围，然后让时间指针指向第 13 帧，再次设置 09 号粒子的范围，让它完全扩散，如图 7-36 所示。

【注意事项】对粒子进行的所有属性操作，都可以在时间线窗口进行调节。例如，调节 X、Y 轴的范围，可以在时间线窗口进行编辑，如图 7-37 所示。前提是在属性窗口中选择相应的属性，然后在时间线窗口中，才能看到相应的设置方式，如图 7-38 所示。

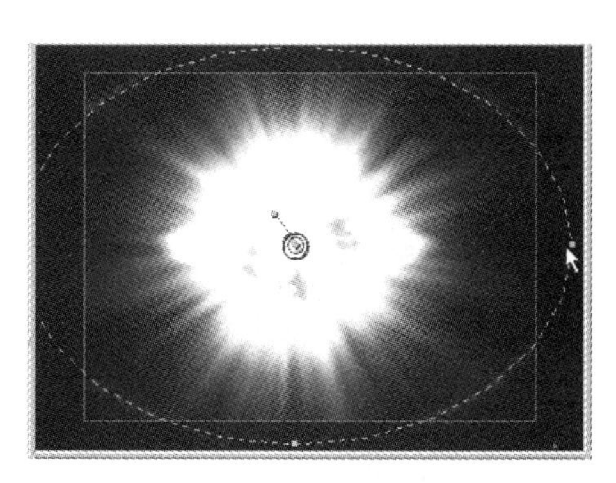

图 7-36 第 13 帧的设置

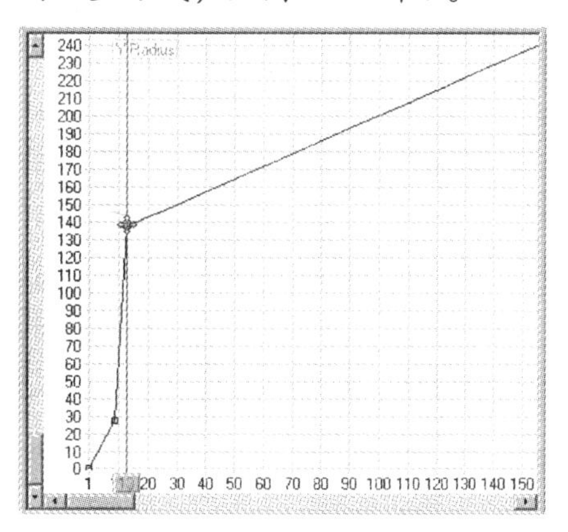

图 7-37 时间线编辑窗口

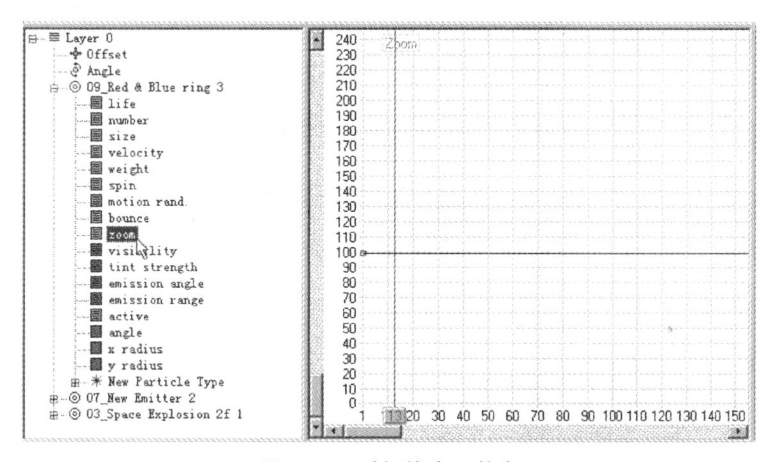

图 7-38 时间线窗口状态

【温馨提示】如果选择相应的属性，就会在时间线窗口内看到相应的编辑状态。

（7）完成了爆炸前的冲击波，接着再加一个爆炸后的冲击波。接着选择 13 号粒子，加在第 48 帧处。根据实际情况选定添加的位置，具体的范围设置分别如图 7-39 和图 7-40 所示。

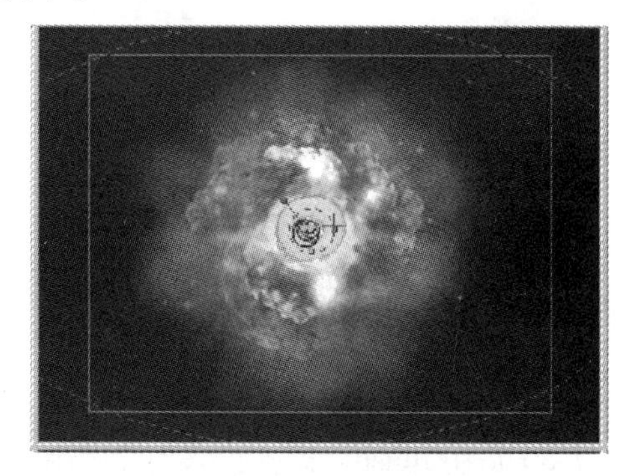

图 7-39 13_ Multi Colored Single 粒子起始设置

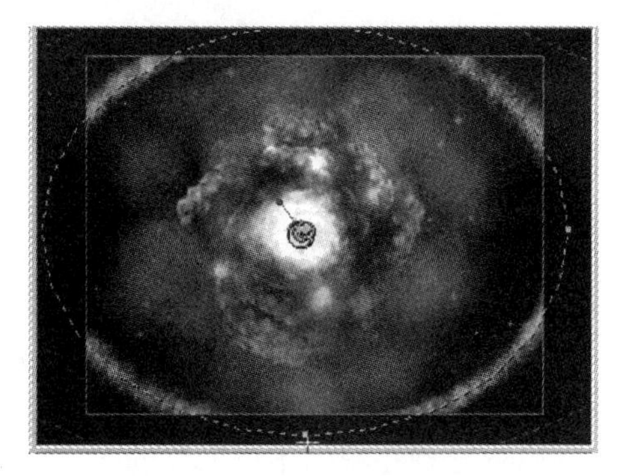

图 7-40 13_ Multi Colored Single 粒子结尾设置

至此，爆炸效果的案例已经完成了，但还有很多可以利用的属性，调节方法大致相同，此处不再赘述。

【案例 2】粒子属性设置

在粒子库窗口中双击某一粒子，出现如图 7-41 所示的属性设置窗口，微调粒子的形态设置。

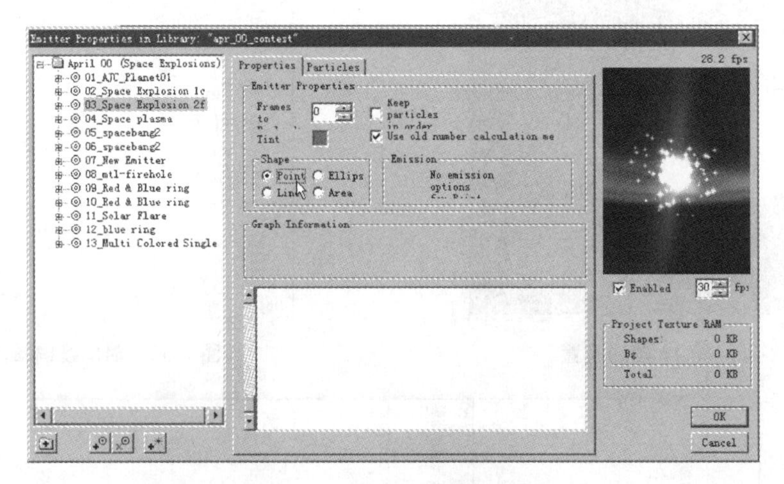

图 7-41　粒子属性设置窗口

Shape（形状）是选择发射源的形状，默认的都是 Point（点），还有如 Ellipse（椭圆）、Line（直线）、Area（区域）的效果都有它独到的地方，图 7-42～图 7-45 分别是这几种发射源不同形状的效果。

图 7-42　Point 形状

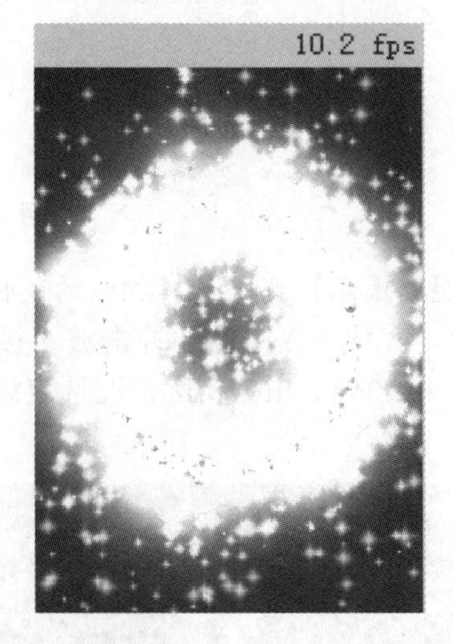

图 7-43　Ellipse 形状

当使用 Area 形状时，Emission（发射源个数）将被激活，如图 7-46 所示。Emit at point 是选择发射源的个数，可以把几个发射源进行叠加。如图 7-47、图 7-48 所示。

Illusion 是一款不可多得的优秀软件，可以用 DV 作品提供丰富的粒子效果，充分地利用 Illusion 会获得很多不可思议的效果。图 7-49、图 7-50 是用 Illusion 模拟出来的星光和水下效果。

图 7-44　Line 形状

图 7-45　Area 形状

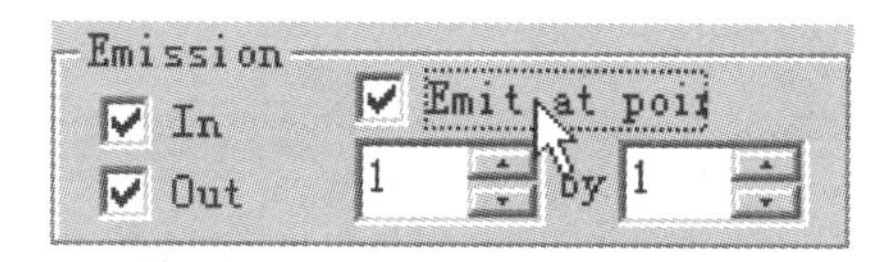

图 7-46　Emit at point 对话框

图 7-47　1 单个效果

图 7-48　多重叠加效果

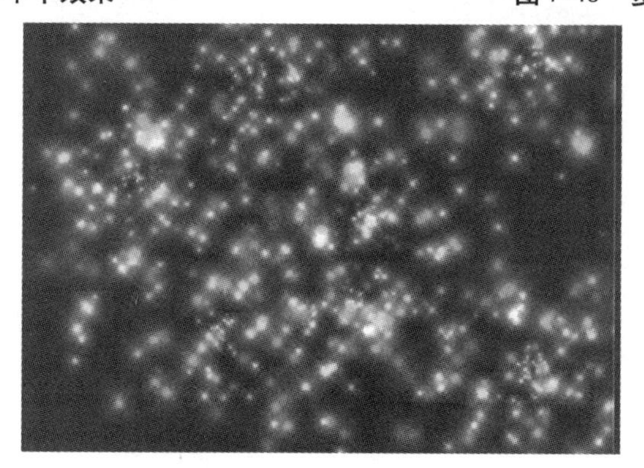

图 7-49　星光效果

图 7-50　水下效果

7.2.3　节目的输出

Illusion 软件允许生成 AVI 及 TIFF、TGA、JPG 等各类图片序列，在图 7-51 中可以看到详细的输出文件类型。

【案例 3】输出 AVI 文件

【具体操作】

（1）单击软件的红色按钮，在弹出的对话框中进行如图 7-51 所示，保存文件。

（2）单击“保存”按钮后，将弹出参数设置对话框，如图 7-52 所示。

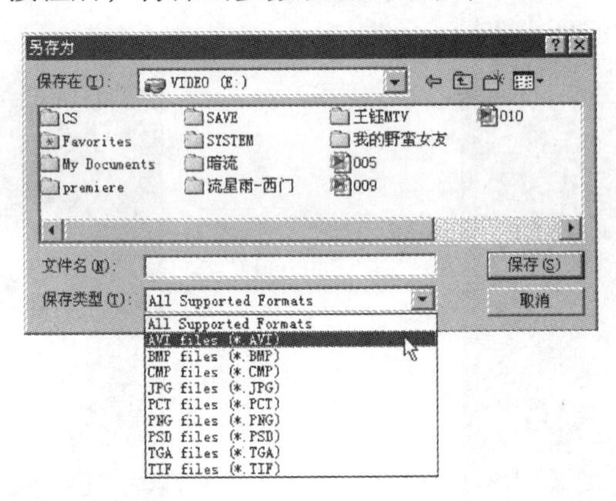

图 7-51　生成文件种类

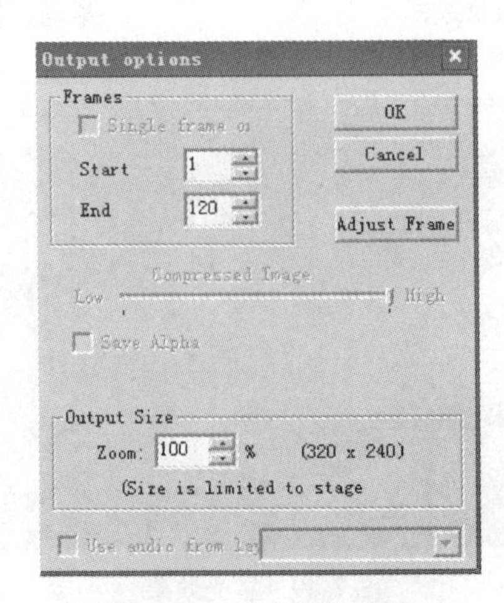

图 7-52　输出参数设置

（3）调整 Start（起始帧）和 End（结束帧）的数值，以节目需要和制作的特效时间长度为准。

（4）单击 OK 按钮，弹出对话框，单击“确定”按钮，开始输出 AVI 文件。

【温馨提示】影片帧速率是25 帧每秒。图 7-52 中 Start 设置为 1，End 设置为 120 是帧数量，需要换算成秒输出文件。

【案例 4】输出 TGA 文件

【具体操作】

（1）单击软件上方的红色输出按钮，在弹出的对话框中将文件保存为 TGA 类型，如图 7-53 所示。

图 7-53　保存文件

【温馨提示】因为序列文件很多，一帧一个文件。需要提前新建文件夹存放，以防止文件混乱而丢失。

（2）单击“保存”按钮后，弹出参数调整对话框，如图 7-54 所示。

（3）如图 7-55 所示，选择 Save Alpha 选项，保留通道图层。

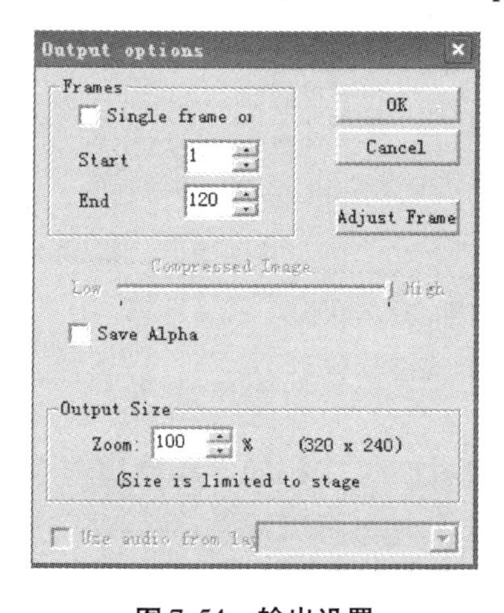

图 7-54　输出设置

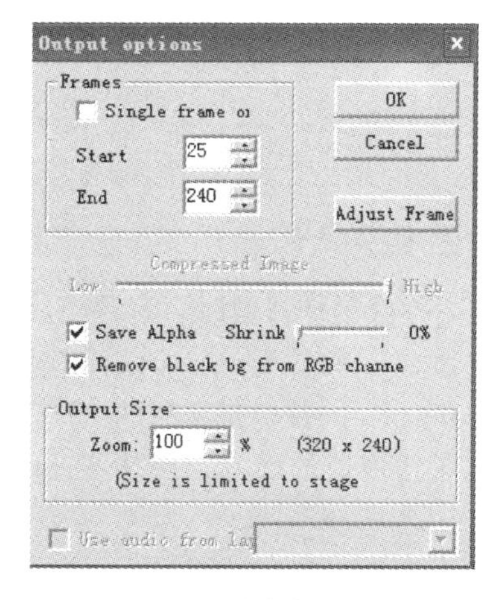

图 7-55　输出参数调整

（4）单击 OK 按钮，弹出确定对话框，如图 7-56 所示，点击“确定”按钮完成操作。

（5）开始输出渲染制作好的特效，如图 7-57 所示。

【温馨提示】此时，需要耐心等待几分钟，直到特效渲染输出完成，即节目播放完成后，方可操作软件，否则会影响节

图 7-56　确认对话框

目的生成，中断节目输出。

当输出完成后，软件会恢复到最后操作步骤的状态，如图 7-58 所示。

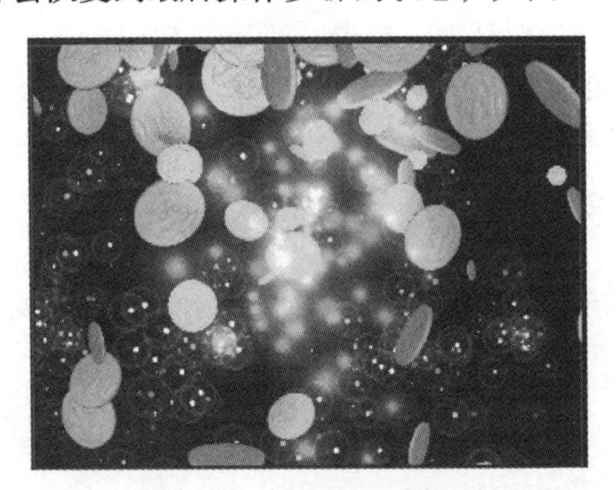

图 7-57 输出渲染截图

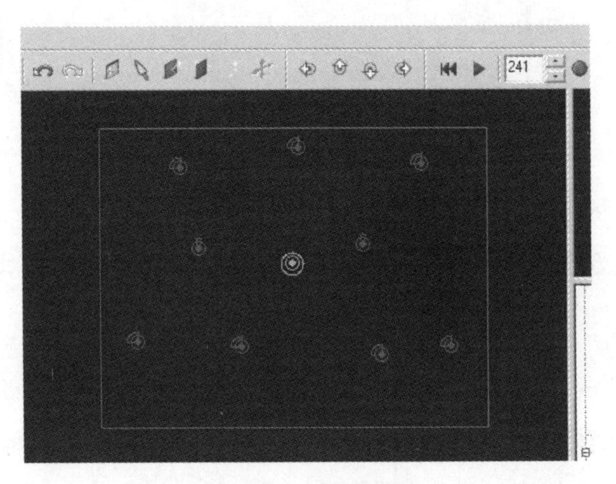

图 7-58 输出完成

7.2.4 注意事项

在使用软件制作特效时，有很多注意事项，现归纳总结如下。

（1）Illusion 软件不是一个三维软件，它只是一个二维软件。

（2）Illusion 的预览是实时的。

（3）工作窗口的尺寸，至少要和正在进行的项目的尺寸相同，在输出时要保证这一点。

（4）有的发射源在不同的帧速情况下，效果不同。需要在操作前，在工作窗口对发射源进行合适的帧速设置，否则得不到预期的结果。

（5）很多粒子特效在黑色背景下看起来效果更佳。

（6）为了在 Premiere 等后期软件中做透明，也经常会把背景色设置为蓝色。或生成 TGA 序列文件。

（7）给快速移动的粒子应用动态模糊（Motion Blur），可以增加真实的感觉。

（8）选择 Select Emitter 后，不能在工作窗口中继续放置发射源。最好当编辑结束后，再将它恢复到未激活状态。

（9）整体移动功能非常实用，先用Select Emitter选择相应的区域，再用整体移动来移动物体。

（10）取消工作窗口内显示粒子效果的功能，主要是方便下一步设置。

（11）看不见Y轴的范围设置点，可以先用Move the Object Or Point（整体功能）使粒子的范围整体向上移动，然后用Select Emitter将Y轴的范围设置为要求的范围，用Move the Object Or Point将粒子的中心放回到原来的位置上。

（12）对粒子进行属性操作时，在时间线窗口进行调节。在属性窗口中选择相应的属性，在时间线窗口中预览相应的设置。

（13）在粒子库窗口中双击某一粒子，在弹出的属性对话框中设置有关属性。

（14）当使用Area形状时，Emission（发射源个数）将被激活，Emit at point是选择发射源的个数，即有几个这样的发射源进行叠加。

至此，Illusion的一些基本功能和使用方法就讲述完了。讲述这些内容，只是引导初学者对Illusion软件的兴趣，若要深入学习或进行高级特效制作，还要进行系统的全面训练和学习。

虽然Illusion是一款可调控性较差的小软件，但其效果看起来却又非常专业。使用它制作出来的效果应用到编辑好的影片或节目中，能够给人带来全新的视觉体验和惊喜。

7.3　模拟训练

（一）实训目的

通过各类案例制作，使学生熟练掌握Illusion软件制作特效的方法和技巧。在制作过程中，启发思考，讲究设计，培养学生的创新思维。

（二）实训内容

【训练任务】

制作下列相关内容的节目，题目自拟，方法不限。

（1）制作水波纹效果；

（2）制作“飞流直下三千尺”的瀑布效果；

（3）制作雨天效果；

（4）制作一望无际的大草原效果；

（5）制作时空穿梭效果；

（6）制作星光灿烂效果；

（7）制作宇宙大爆炸效果；

（8）制作秋叶飘飘效果；

（9）制作冲击波效果；

（10）制作大湿地效果；

（11）制作海底世界效果；

（12）制作漫天飞雪效果。

（三）实训要求

作品要求内在逻辑性强，无明显错误。节目画面整洁、镜头过渡自然。要求实训中的每一名同学都需要认真记录笔记，按步骤操作。边操作边思考，发挥个性，有所创新。

（四）实训方法

教师可适当进行操作示范，学生根据操作步骤进行操作，把制作好的作品发给老师。课堂上，教师组织学生分析作品质量情况，存在优缺点。教师点评、分析出现的问题并总结。课后，学生将作品分析材料交给教师。

参考文献

[1] 肖一峰. EDIUS 视音频制作标准教程 [M]. 北京：科学出版社，2009.
[2] 万志成. 3ds Max 2009 入门与提高 [M]. 北京：科海电子出版社，2009.
[3] 夏祥红. 3ds Max 9 中文版动画制作实例教程 [M]. 北京：人民邮电出版社，2009.
[4] 王海峰. 3ds Max 2009 动画制作标准教程 [M]. 北京：中国铁道出版社，2009.
[5] 陈明红，陈昌柱. 中文 Premiere Pro 影视动画非线性编辑 [M]. 北京：海洋出版社，2010.
[6] 彭超，李清舫. After Effects 6.0 & combustion3 影视特效制作 [M]. 北京：海洋出版社，2005.
[7] 杜宁，苗壮，司阳. After Effects CS6 电视栏目包装实例解析 [M]. 北京：海洋出版社，2012.
[8] 曹茂鹏，瞿颖键. After Effects CS6 从入门到精通 [M]. 北京：中国铁道出版社，2012.
[9] 李涛. Adobe After Effects CS4 高手之路 [M]. 北京：人民邮电出版社，2009.
[10] 吉家进. After Effects 影视特效制作 208 例 [M]. 北京：人民邮电出版社，2012.
[11] 王海波. After Effects 插件影视特效火星风暴 [M]. 北京：人民邮电出版社，2011.
[12] 思雨工作室. After Effects 完美表现 210 例 [M]. 北京：清华大学出版社，2011.

参考文献